UNITEXT – La Matematica per il 3+2

Volume 124

The **UNITEXT – La Matematica per il 3+2** series is designed for undergraduate and graduate academic courses, and also includes advanced textbooks at a research level. Originally released in Italian, the series now publishes textbooks in English addressed to students in mathematics worldwide. Some of the most successful books in the series have evolved through several editions, adapting to the evolution of teaching curricula. Submissions must include at least 3 sample chapters, a table of contents, and a preface outlining the aims and scope of the book, how the book fits in with the current literature, and which courses the book is suitable for.
For any further information, please contact the Editor at Springer:
francesca.bonadei@springer.com
THE SERIES IS INDEXED IN SCOPUS

More information about this series at http://www.springer.com/series/5418

Alessandra Salvan · Nicola Sartori · Luigi Pace

Modelli Lineari Generalizzati

Alessandra Salvan
Dipartimento Scienze Statistiche
Università di Padova
Padova, Italy

Nicola Sartori
Dipartimento Scienze Statistiche
Università di Padova
Padova, Italy

Luigi Pace
Dipartimento di Scienze Economiche
e Statistiche
Università di Udine
Udine, Italy

ISSN 2038-5714 ISSN 2532-3318 (versione elettronica)
UNITEXT
ISSN 2038-5722 ISSN 2038-5757 (versione elettronica)
La Matematica per il 3+2
ISBN 978-88-470-4001-4 ISBN 978-88-470-4002-1 (eBook)
https://doi.org/10.1007/978-88-470-4002-1

L'immagine di copertina è l'elaborazione grafica delle linee di livello delle probabilità stimate di un evento in funzione di due variabili esplicative. Il grafico è stato realizzato con il software R utilizzando il pacchetto "wesanderson".

Questa edizione è pubblicata da Springer-Verlag Italia S.r.l., parte di Springer Nature, con sede legale in Via Decembrio 28, 20137 Milano, Italy

Alle nostre famiglie

Prefazione

Questo volume fornisce un'introduzione alla teoria e alle applicazioni dei modelli lineari generalizzati. È stato scritto a partire da appunti predisposti per l'insegnamento di Modelli Statistici 2 dei corsi di laurea triennale e magistrale in Scienze Statistiche dell'Università di Padova, impartito dall'anno accademico 2016/17 sotto la responsabilità di Alessandra Salvan e con la collaborazione iniziale di Nicola Sartori.

La selezione e l'ordine degli argomenti sono in linea con i principali testi in lingua inglese di contenuto analogo. In particolare, il volume Agresti (2015) è stata una preziosa fonte di ispirazione. I paragrafi che trattano argomenti più metodologici si basano su Pace e Salvan (2001) e sul Capitolo 6 di Pace e Salvan (1996).

Il libro tratta modelli per dati continui, binari, categoriali e di conteggio. Vengono inoltre forniti alcuni elementi introduttivi ai modelli per dati correlati. Sono presentati gli strumenti necessari per l'analisi dei dati tramite i modelli di regressione via via introdotti, utilizzando il software statistico R (R Core Team, 2019). Il taglio adottato è funzionale ad approfondire in modo integrato teoria e applicazioni. In particolare, il paragrafo di esempi con R che correda ciascun capitolo rappresenta una guida a esercitazioni con il computer e richiede che si riproducano in autonomia le analisi descritte e che ci si cimenti con gli esercizi via via suggeriti.

Si presuppone una buona familiarità con i concetti e gli strumenti usualmente presentati in un corso di inferenza statistica, in particolare con i metodi di verosimiglianza. Si presume inoltre una conoscenza del modello di regressione lineare multipla e del suo adattamento tramite R.

Il Capitolo 1 è un'introduzione generale. Gli elementi di inferenza di verosimiglianza e il modello lineare sono riassunti nei paragrafi 1.5 e 1.6. L'adattamento di modelli lineari con R è richiamato negli esempi del paragrafo 1.8, che include anche un esempio di modello di regressione non lineare con errori normali.

Il Capitolo 2 presenta la teoria generale dei modelli lineari generalizzati, che è alla base di tutti i capitoli successivi. In particolare, tratta le famiglie di dispersione esponenziali, l'inferenza per i modelli lineari generalizzati e le tecniche di controllo e selezione del modello. La teoria è illustrata tramite esempi. Il paragrafo 2.6 descrive alcune analisi con R di modelli con risposte Poisson o gamma.

I capitoli successivi si focalizzano su specifiche classi di modelli, a seconda della tipologia della variabile risposta. In particolare, il Capitolo 3 tratta i modelli per risposte binarie, o dicotomiche, il Capitolo 4 i modelli per risposte politomiche, sia nominali sia ordinali, il Capitolo 5 i modelli per risposte che rappresentano conteggi o frequenze in tabelle di contingenza. Il Capitolo 6, dopo una breve introduzione all'inferenza basata su equazioni di stima, illustra i modelli di quasi-verosimiglianza, ove si indeboliscono alcune assunzioni dei modelli parametrici esaminati nei capitoli precedenti. Infine, il Capitolo 7 contiene un'introduzione ai modelli per risposte multivariate con componenti correlate. Sono trattate le equazioni di stima generalizzate, che estendono i modelli di quasi-verosimiglianza, e i modelli con effetti casuali.

A conclusione di ogni capitolo, una nota bibliografica descrive i principali riferimenti storici e fornisce indicazioni per approfondimenti. Sono inoltre proposti vari esercizi di natura sia teorica sia applicativa.

Tutti gli insiemi di dati utilizzati negli esempi e negli esercizi sono raccolti nella libreria R `MLGdata` disponibile nel *repository* GitHub e su CRAN. Un elenco degli insiemi di dati utilizzati nel testo è riportato nell'Appendice A.

L'aspetto tipografico di alcuni *output* di R è stato opportunamente ritoccato. In particolare, l'annotazione ... indica che intere linee sono state cancellate.

Un ringraziamento speciale va ad Alan Agresti che, tramite i suoi volumi, i corsi tenuti presso l'Università di Padova in diverse visite negli ultimi trent'anni, l'amicizia e il costante incoraggiamento, è stato fonte di ispirazione essenziale per questo lavoro. Siamo inoltre grati a tutti coloro che ci hanno aiutato nella preparazione di questo libro, con suggerimenti o commenti, in particolare Ruggero Bellio, Manuela Cattelan e Clovis E. Kenne Pagui. La responsabilità di ogni errore, imprecisione o oscurità è naturalmente da attribuirsi agli autori, che saranno grati a chi ne segnalerà. Ringraziamo anche, per la condivisione di insiemi di dati, Alan Agresti, Adrian Barnett, Ruggero Bellio, Alessandra Brazzale, Angelo Canty, Anthony Davison, Emanuele Giorgi, Kjetil B. Halvorsen, Søren Højsgaard, Simon Jackman, Gunther Schauberger. Ringraziamo infine quanti, nel corso degli anni, colleghi, studenti, famigliari, hanno favorito in varie forme l'ideazione e la realizzazione di questo libro.

Il manoscritto è stato composto con `knitr` (Xie, 2015).

Padova e Udine
maggio 2020

Alessandra Salvan
Nicola Sartori
Luigi Pace

Indice

Capitolo 1
Modelli lineari e modelli lineari generalizzati: richiami ed elementi introduttivi

1.1 Modelli statistici per lo studio di relazioni tra variabili

Un problema centrale della Statistica è studiare la relazione tra una variabile risposta, o una sua trasformazione, e altre variabili, indicate in genere indistintamente con i termini variabili esplicative, o variabili concomitanti, o predittori. Qui si utilizza 'variabili concomitanti' con riferimento alle variabili disponibili nell'insieme di dati da analizzare, mentre si riserva il termine 'variabili esplicative' alle variabili, definite a partire da un insieme selezionato di variabili concomitanti, che compaiono nella formula che specifica un modello di regressione.

Nelle applicazioni che interessano la Statistica, per fissati valori delle variabili esplicative, la risposta non è esattamente prevedibile. La modellazione statistica descrive la variabilità della risposta assumendo che le osservazioni siano realizzazioni di variabili casuali. Interessa studiare se e come la legge di probabilità della risposta è influenzata dai valori delle variabili esplicative.

Di solito si ipotizza che le variabili esplicative assumano valori non stocastici, misurati senza errore. Ciò è giustificato in un contesto propriamente sperimentale. Nelle prove sperimentali i valori delle variabili esplicative per ciascuna unità sono effettivamente fissati dallo sperimentatore. Si subisce quindi solo la variabilità della risposta, trattata come realizzazione di una variabile casuale. In tale contesto, se possibile, è importante fissare in modo opportuno, per le unità statistiche che entrano nello studio, il valore delle variabili concomitanti controllabili. In particolare, poiché lo scopo della sperimentazione è evidenziare differenze sistematiche nelle risposte al variare delle condizioni sperimentali, si intuisce che una grande variabilità delle condizioni sperimentali migliorerà la precisione dell'analisi. Spesso però l'analisi dei dati è richiesta a raccolta effettuata, quando nessuna programmazione dell'esperimento è più possibile.

Negli studi osservazionali, quali sono spesso quelli economici, demografici, sociali, non è possibile, o è poco pratico, effettuare l'osservazione della risposta avendo prefissato il valore delle variabili concomitanti. Tuttavia, l'ipotesi che queste siano non stocastiche viene mantenuta per semplicità matematica, con l'interpreta-

A. Salvan, N. Sartori, L. Pace, *Modelli Lineari Generalizzati*, UNITEXT 124,
https://doi.org/10.1007/978-88-470-4002-1_1

zione che l'analisi è effettuata condizionatamente ai valori osservati delle variabili esplicative.

Le modellazioni statistiche appropriate per la variabile risposta cambiano a seconda della tipologia della variabile risposta stessa. I modelli adatti a trattare variabili risposta qualitative, o **categoriali** (nominali, ordinali), oppure variabili risposta **quantitative** (discrete, continue) sono per forza di cose differenti. La maggior parte dei modelli qui considerati riguarda il caso in cui per ciascuna unità statistica è misurata una variabile **risposta univariata** le cui osservazioni su unità statistiche diverse sono considerate indipendenti. In svariate applicazioni, tuttavia, si osservano più valori della risposta su una singola unità. Si pensi ad esempio, in una sperimentazione clinica, all'osservazione ripetuta in vari tempi di una caratteristica di un soggetto (pressione arteriosa, severità di un sintomo, eccetera). Oppure, se l'unità statistica è un gruppo (*cluster*), ad esempio una famiglia, si può essere interessati alla descrizione di una variabile risposta (ad esempio, il livello di istruzione) per tutti i componenti della famiglia. In questi casi, per ciascuna unità si ha una **risposta multivariata**, che andrà analizzata come realizzazione di un vettore casuale con componenti dipendenti. Le osservazioni su unità statistiche diverse potranno ancora essere considerate indipendenti.

Le variabili esplicative possono, a loro volta, essere quantitative o esprimere tramite variabili indicatrici i livelli di una variabile di classificazione qualitativa, o categoriale, detta anche **fattore**. I valori possibili di un fattore, o modalità, sono anche detti **livelli**. In genere, è possibile formulare modelli, come il modello di regressione lineare multipla normale, adatti a trattare sia variabili esplicative quantitative sia fattori opportunamente codificati per mezzo di variabili indicatrici.

I principali modelli per lo studio di relazioni tra variabili possono essere inquadrati in uno schema quale quello presentato, a titolo esemplificativo, nella Tabella 1.1. Si ricorda che una variabile dicotomica (o binaria) assume due soli valori, tipicamente 0 e 1. Inoltre una variabile di conteggio è una variabile quantitativa discreta con supporto $\mathbb{N} = \{0, 1, \ldots\}$.

I **modelli lineari generalizzati** (GLM: *Generalized Linear Models*) permettono la trattazione unificata di un ampio insieme di modelli di regressione. Sono infatti

Tabella 1.1 Esempi di modelli per tipologia della risposta

Risposta	Modello
continua con supporto $\mathbb{R}$	di regressione normale, lineare o no
continua con supporto $\mathbb{R}^+$	di regressione esponenziale o gamma
dicotomica o binaria	di regressione logistica o probit
nominale con più di 2 modalità	logit con categoria di riferimento
ordinale	di regressione per logit cumulati
conteggio	log-lineare per tabelle di contingenza
conteggio	di regressione Poisson
conteggio	di quasi-verosimiglianza
multivariata	marginale
multivariata	con effetti casuali

una classe generale di cui molti esempi nella Tabella 1.1 risultano casi particolari. L'introduzione dei GLM ha il vantaggio di permettere una esposizione unitaria delle procedure sia di inferenza sui parametri (stima puntuale, intervalli e regioni di confidenza, verifica d'ipotesi) sia di controllo della bontà di adattamento del modello. Anche il *software* sfrutta tale unificazione e, per la maggior parte, gli ambienti di calcolo (R in particolare) dispongono di funzioni generali per l'adattamento di modelli lineari generalizzati.

1.2 Notazione

Le osservazioni sulla variabile risposta, relative alle n unità statistiche, sono indicate con $y = (y_1, \dots, y_n)^\top$. Si assume che y_i sia realizzazione di una variabile casuale (o vettore casuale) Y_i, $i = 1, \dots, n$, con $Y_1, \dots, Y_n$ indipendenti. Dunque y è realizzazione di $Y = (Y_1, \dots, Y_n)^\top$. Per ciascuna unità, sono rilevati inoltre i valori di k variabili concomitanti, $x_{i1}, \dots, x_{ik}$, $i = 1, \dots n$.

I dati da analizzare si presentano dunque secondo la struttura (detta *data frame* in R) mostrata dalla Tabella 1.2.

Per risposte quantitative univariate, come pure per risposte qualitative dicotomiche, o binarie, codificate con valori 0 e 1, le osservazioni y sulla risposta costituiscono un vettore $n \times 1$.

Una risposta qualitativa univariata con c modalità, $c > 2$, detta **risposta politomica**, può essere codificata tramite variabili indicatrici e rappresentata da un vettore con c elementi di cui $c - 1$ sono uguali a 0 e uno è uguale a 1, in corrispondenza della modalità osservata. Ad esempio per la risposta 'diploma di istruzione secondaria superiore' con $c = 4$ modalità: liceo, istituto tecnico, istituto professionale, altro, $y_1 = (0, 1, 0, 0)$, indica che la prima unità statistica presenta la modalità istituto tecnico. In questo caso, le osservazioni $y_1, \dots, y_n$ sulla risposta per le n unità statistiche costituiscono una matrice $n \times 4$. La generica riga di tale matrice, $y_i = (y_{i1}, \dots, y_{i4})$, può essere considerata realizzazione di una variabile casuale multivariata $Y_i = (Y_{i1}, \dots, Y_{i4})$ con componenti dipendenti. Vale infatti $\sum_{j=1}^4 Y_{ij} = 1$.

Tabella 1.2 Struttura dei dati (*data frame*)

unità statistica nel campione	risposta	prima variabile concomitante	...	k-esima variabile concomitante
1	y_1	x_{11}	...	x_{1k}
2	y_2	x_{21}	...	x_{2k}
...	...	...	...	...
i	y_i	x_{i1}	...	x_{ik}
...	...	...	...	...
n	y_n	x_{n1}	...	x_{nk}

1.3 Esempi di strutture di dati

1.3.1 Risposte univariate con dati non raggruppati

Esempio 1.1 (Peso alla nascita) I dati riportati nella Tabella 1.3 (Daniel, 1999, paragrafo 9.6) e contenuti in `Neonati`, rappresentano, per un campione di 32 neonati, il peso alla nascita (in grammi), la durata della gravidanza (in settimane) e il comportamento della madre rispetto al fumo (F = madre fumatrice, NF = madre non fumatrice). Per brevità, le variabili sono indicate con i nomi peso, durata e fumo. Interessa valutare la relazione tra peso e fumo, tenendo conto del fatto che il peso è certamente legato anche alla durata. Si considera quindi come variabile risposta il peso (quantitativa continua) e come variabili concomitanti durata (quantitativa) e fumo (fattore con 2 livelli). Il grafico nella Figura 1.1 mostra che il peso aumenta con la durata, ma i valori sembrano tendenzialmente inferiori per i neonati da madre fumatrice. L'analisi può essere condotta tramite un modello di regressione lineare normale (paragrafo 1.8.1). △

Esempio 1.2 (Tempi di coagulazione) I dati riportati nella Tabella 1.4 (McCullagh e Nelder, 1989, paragrafo 8.4.2), rappresentati nella Figura 1.2 e contenuti nel *data frame* `Clotting` rappresentano tempi di coagulazione (in secondi) del plasma sanguigno relativi a 18 campioni di plasma normale diluito con plasma privo di protrombina in modo da ottenere 9 diverse concentrazioni percentuali, indicate con u. La coagulazione è stata indotta con due diversi lotti di tromboplastina (enzima che concorre alla coagulazione del sangue). I tempi di coagulazione corrispondenti so-

Tabella 1.3 Peso di neonati

neonato	peso	durata	fumo	neonato	peso	durata	fumo
1	2940	38	F	17	3523	41	NF
2	3130	38	NF	18	3446	42	F
3	2420	36	F	19	2920	38	NF
4	2450	34	NF	20	2957	39	F
5	2760	39	F	21	3530	42	NF
6	2440	35	F	22	2580	38	F
7	3226	40	NF	23	3040	37	NF
8	3301	42	F	24	3500	42	F
9	2729	37	NF	25	3200	41	F
10	3410	40	NF	26	3322	39	NF
11	2715	36	F	27	3459	40	NF
12	3095	39	NF	28	3346	42	F
13	3130	39	F	29	2619	35	NF
14	3244	39	NF	30	3175	41	F
15	2520	35	NF	31	2740	38	F
16	2928	39	F	32	2841	36	NF

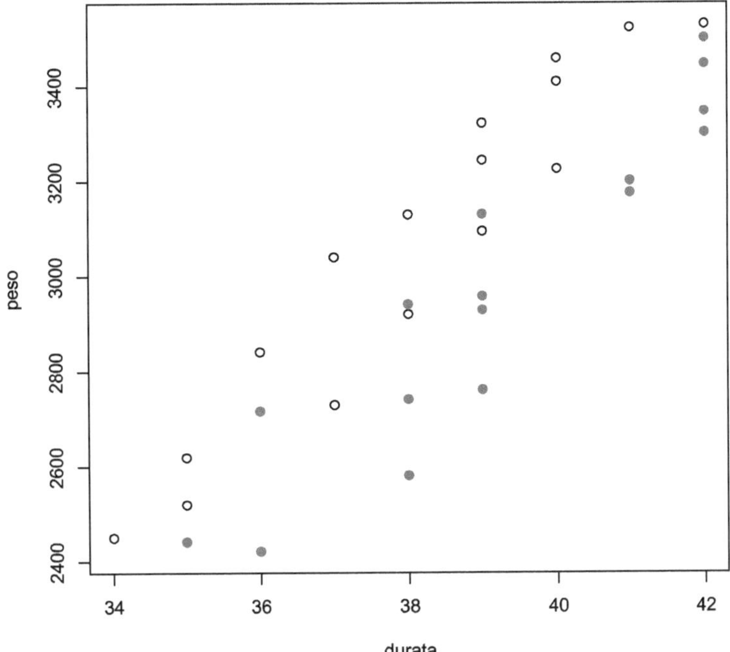

Figura 1.1 Durata della gravidanza e peso alla nascita per un campione di neonati da madri fumatrici, •, e non fumatrici, ∘

Tabella 1.4 Tempi di coagulazione

u	lotto1	lotto2
5	118	69
10	58	35
15	42	26
20	35	21
30	27	18
40	25	16
60	21	13
80	19	12
100	18	12

no nelle colonne lotto1 e lotto2 della tabella. Per ogni campione di plasma, sono dunque disponibili le variabili tempo di coagulazione (tempo), u e lotto. Si considera come variabile risposta il tempo di coagulazione ed interessa la relazione con il lotto (fattore con 2 livelli) e la percentuale u (quantitativa).

La variabile risposta è una durata, ossia il tempo fino al verificarsi di un evento, in questo caso la coagulazione. Dunque un modello di regressione per variabili continue e positive può essere più appropriato di un modello normale. Si vedano le analisi nei paragrafi 1.8.2 e 2.6.2. △

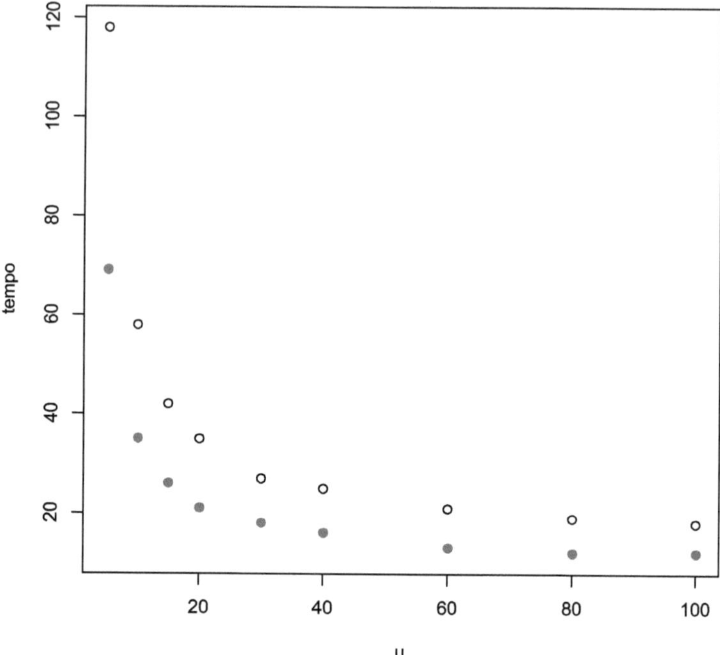

Figura 1.2 Tempi di coagulazione con due lotti di tromboplastina, lotto 1: ∘, lotto 2: •

Esempio 1.3 (Efficacia di un erbicida) I dati nella Tabella 1.5 (Seiden *et al.*, 1998), contenuti in `Chlorsulfuron`, sono relativi a una sperimentazione in agricoltura per valutare gli effetti di diverse dosi di un erbicida sull'estensione dell'area callosa in 51 piante di colza. La struttura di dati è costituita da 51 righe e 2 colonne, corrispondenti a 51 misurazioni dell'area callosa (mm^2) in corrispondenza a 10 dosi (nmol/l) differenti. Per ciascuna dose, il numero di osservazioni varia da un minimo di 5 a un massimo di 8.

Si considera come variabile risposta il logaritmo dell'area (quantitativa) e come esplicativa la dose (quantitativa). Il grafico nella Figura 1.3 suggerisce una relazione non lineare. Un modello di regressione non lineare normale sarà considerato nel paragrafo 1.8.3. △

Esempio 1.4 (Credit scoring) I dati in `Credit` (Fahrmeir e Tutz, 2001, Esempio 1.2), di cui si riporta un estratto nella Tabella 1.6, sono relativi a un'indagine effettuata da una banca tedesca su 1000 clienti. A ciascun cliente, viene associata una variabile dicotomica Y che vale mal se il cliente è insolvente e buen altrimenti. Le variabili concomitanti sono:

- stato del conto corrente, Cuenta, fattore con 3 livelli: bad running, good running, no;
- durata del credito (in mesi), Mes;

Tabella 1.5 Efficacia di un erbicida

pianta	dose	area	pianta	dose	area	pianta	dose	area
1	10.0000	1.07	18	0.3100	615.73	35	0.0080	1020.38
2	10.0000	2.50	19	0.3100	967.71	36	0.0025	2109.94
3	10.0000	2.41	20	0.3000	1007.43	37	0.0025	2242.37
4	10.0000	3.88	21	0.0800	2238.44	38	0.0025	1495.46
5	10.0000	2.05	22	0.0800	1815.62	39	0.0025	2187.74
6	3.1000	4.55	23	0.0800	1967.02	40	0.0008	2624.75
7	3.1000	1.70	24	0.0800	2486.96	41	0.0008	1006.41
8	3.1000	12.81	25	0.0800	817.78	42	0.0008	1664.04
9	3.1000	2.86	26	0.0250	1119.15	43	0.0008	730.17
10	3.1000	7.86	27	0.0250	971.82	44	0.0000	1974.79
11	1.0000	19.8	28	0.0250	894.91	45	0.0000	1953.59
12	1.0000	21.69	29	0.0250	1731.40	46	0.0000	2552.22
13	1.0000	171.44	30	0.0250	2695.18	47	0.0000	1400.44
14	1.0000	7.50	31	0.0080	1654.18	48	0.0000	1907.39
15	1.0000	124.62	32	0.0080	1839.95	49	0.0000	3584.29
16	0.3100	1135.44	33	0.0080	2212.15	50	0.0000	1433.51
17	0.3100	248.34	34	0.0080	1101.57	51	0.0000	1492.52

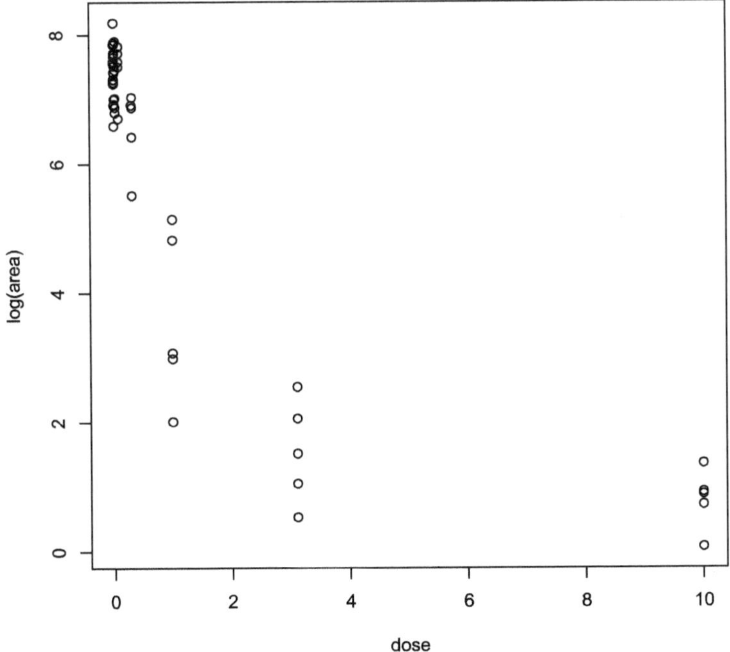

Figura 1.3 Efficacia di un erbicida

Tabella 1.6 Credit scoring

Y	Cuenta	Mes	Ppag	Uso	DM	Sexo	Estc
buen	good running	12	pre buen pagador	privado	522	hombre	no vive solo
buen	good running	15	pre buen pagador	privado	3812	mujer	vive solo
buen	good running	18	pre buen pagador	profesional	1950	hombre	no vive solo
buen	good running	36	pre buen pagador	privado	9566	mujer	vive solo
buen	good running	12	pre buen pagador	privado	1262	hombre	no vive solo
mal	bad running	18	pre buen pagador	profesional	884	hombre	no vive solo
mal	no	12	pre buen pagador	profesional	759	hombre	no vive solo
buen	good running	24	pre buen pagador	privado	2603	mujer	vive solo
buen	bad running	12	pre buen pagador	privado	983	mujer	vive solo
buen	good running	21	pre buen pagador	profesional	1572	mujer	vive solo

- pagamento di crediti precedenti, Ppag, fattore con 2 livelli: pre buen pagador, pre mal pagador;
- uso previsto del credito, Uso, fattore con 2 livelli: privado, profesional;
- ammontare del credito, DM, variabile quantitativa;
- sesso, Sexo, fattore con 2 livelli: hombre, mujer;
- stato civile, Estc, fattore con due livelli: non vive solo, vive solo.

La variabile risposta è dicotomica. Per l'analisi statistica interessa un modello che spieghi la probabilità che un cliente sia insolvente in funzione di opportune variabili esplicative dedotte dalle variabili concomitanti rilevate. L'analisi può essere condotta tramite un modello di regressione per risposte dicotomiche e sarà considerata nel paragrafo 3.9.2. △

Esempio 1.5 (Mortalità per AIDS) I dati riportati nella Tabella 1.7 e contenuti in `Aids` rappresentano i casi di mortalità per AIDS in Australia per periodi di 3 mesi fra il 1983 e il 1986 (Dobson, 1990, Esempio 3.3). Le variabili sono indicate come casi e tempo. Interessa valutare l'evoluzione temporale dei casi di malattia osservati. Si considera quindi come variabile risposta casi (quantitativa discreta con valori in $\mathbb{N} = \{0, 1, \ldots\}$) e come variabile esplicativa tempo (quantitativa). Il grafico nella Figura 1.4 evidenzia un aumento del numero di casi con il tempo. Anche la variabilità della risposta sembra aumentare con il tempo. La risposta è un conteggio e l'analisi può essere condotta tramite un modello di regressione Poisson (Esempi 2.5–2.10, 2.15 e paragrafo 2.6.1). △

Tabella 1.7 Morti per AIDS

casi	0	1	2	3	1	4	8	17	23	32	20	24	37	45
tempo	1	2	3	4	5	6	7	8	9	10	11	12	13	14

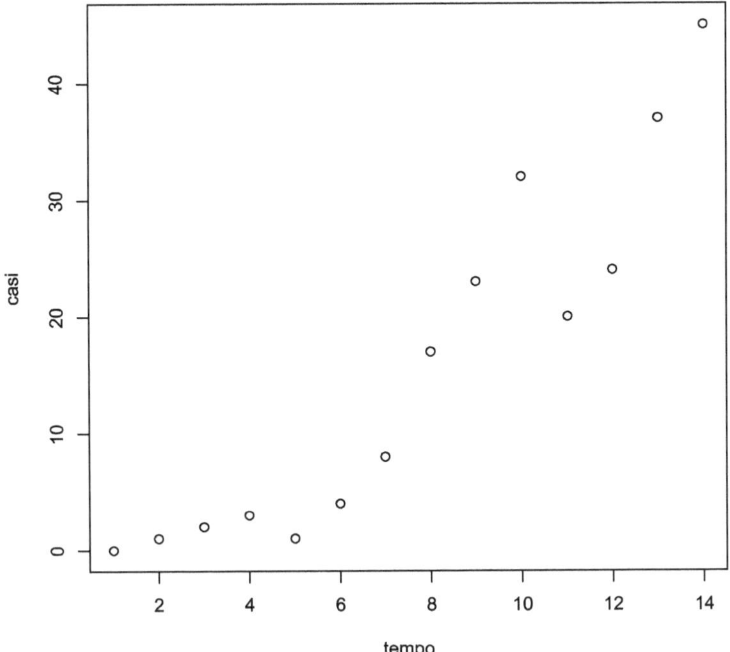

Figura 1.4 Casi di mortalità per AIDS in Australia fra il 1983 e il 1986

1.3.2 Risposte univariate con dati raggruppati

Esempio 1.6 (Efficacia di un insetticida: un modello dose–risposta) La Tabella 1.8 (Bliss, 1935) riporta il numero di scarafaggi esposti e di scarafaggi morti, dopo cinque ore di esposizione a varie dosi di un insetticida, CS_2 (solfuro di carbonio). I dati sono contenuti in `Beetles`.

Tabella 1.8 Efficacia di un insetticida

x_i	m_i	s_i
$\log_{10}$(dose) ($\log_{10}$ CS_2 mg l^{-1})	numero di insetti esposti	numero di insetti uccisi
1.6907	59	6
1.7242	60	13
1.7552	62	18
1.7842	56	28
1.8113	63	52
1.8369	59	53
1.8610	62	61
1.8839	60	60

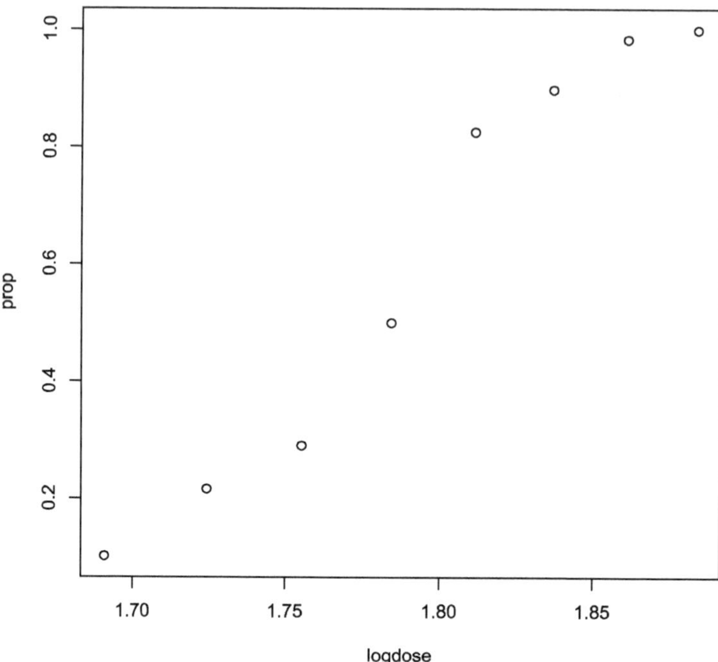

Figura 1.5 Efficacia di un insetticida: logdose $= x_i$, prop $= s_i/m_i$

Qui la risposta è la proporzione di insetti uccisi, ossia il rapporto s_i/m_i tra uccisi e esposti, mentre $x = \log_{10}(\text{dose})$ è la variabile concomitante. Per l'analisi statistica interessa un modello che mostri come varia la probabilità $\pi(x)$ che uno scarafaggio sia ucciso dall'insetticida, al variare della dose x, espressa su scala logaritmica. I dati sono rappresentati nel diagramma di dispersione nella Figura 1.5. Si nota una relazione monotona crescente non lineare tra log-dose e proporzione di insetti uccisi. Questi dati saranno analizzati nel paragrafo 3.9.1 tramite modelli per risposte binomiali. △

I dati considerati nell'Esempio 1.6 corrispondono a una struttura di **dati raggruppati**. Non vengono riportati i valori della risposta per ciascuna unità statistica. Si tratterebbe di una risposta dicotomica, con modalità ucciso, non ucciso, per ciascuno dei 481 insetti esposti. Vengono invece riportati il numero complessivo di successi e di esposti per ciascun valore della variabile x. In generale, i dati raggruppati hanno una struttura del tipo schematizzato nella Tabella 1.9. I gruppi sono costituiti dalle unità che hanno uguale valore delle concomitanti.

I dati dell'Esempio 1.6, riorganizzati secondo questa struttura, sono riportati nella Tabella 1.10.

Tabella 1.9 Dati raggruppati

gruppo	numerosità	risposta media	prima variabile concomitante	...	k-esima variabile concomitante
1	m_1	$\bar{y}_1$	x_{11}	...	x_{1k}
2	m_2	$\bar{y}_2$	x_{21}	...	x_{2k}
...	...	...	...	...	...
i	m_i	$\bar{y}_i$	x_{i1}	...	x_{ik}
...	...	...	...	...	...
g	m_g	$\bar{y}_g$	x_{g1}	...	x_{gk}

Tabella 1.10 Efficacia di un insetticida: dati raggruppati

gruppo	numerosità	risposta media	$\log_{10}(\text{dose})$
1	59	6/59	1.6907
2	60	13/60	1.7242
3	62	18/62	1.7552
4	56	28/56	1.7842
5	63	52/63	1.8113
6	59	53/59	1.8369
7	62	61/62	1.8610
8	60	60/60	1.8839

1.3.3 Risposte politomiche

Esempio 1.7 (Soddisfazione della clientela) I dati contenuti in `Customer`, la cui struttura è mostrata nella Tabella 1.11, si riferiscono ad un'indagine sulla soddisfazione dei passeggeri di una linea di autobus (Madsen e Thyregod, 2010, Esempio 4.12). A un campione casuale di 12 231 passeggeri è stato presentato un questionario in cui si chiedeva di rispondere alla domanda *"How satisfied are you with the punctuality of this bus?"* scegliendo tra le possibili risposte: *Very unsatisfied* (VU), *Unsatisfied* (U), *Neutral* (N), *Satisfied* (S), *Very satisfied* (VS). Per ogni passeggero intervistato è stato registrato anche il ritardo dell'autobus (delay) classificato in 0, 2, 5 o 7 minuti.

Scale ordinali come quella del questionario analizzato sono spesso chiamate scale di Likert, dal nome del proponente. Una scala di tipo Likert consiste in una serie di asserzioni, per ciascuna delle quali si richiede all'intervistato di indicare se è in accordo o in disaccordo. La scala più comune fornisce cinque possibili opzioni: totale accordo, accordo, neutro, disaccordo, totale disaccordo. Altre scale di tipo Likert includono quattro o sei opzioni, invece di cinque, escludendo l'opzione neutra.

Si considera come variabile risposta il grado di soddisfazione (satisfaction, qualitativa ordinale con 5 livelli) e come concomitante il ritardo (delay).

Può essere utile sintetizzare i dati con la struttura della Tabella 1.11 riportando il numero di casi a cui corrisponde lo stesso valore della risposta e della variabile concomitante. Si ottengono così le frequenze nella Tabella 1.12. I dati, organizzati secondo le due diverse strutture, saranno analizzati con un modello per risposte ordinali nel paragrafo 4.4.2. △

Tabella 1.11 Soddisfazione dei passeggeri

passenger	satisfaction	delay
1	VU	0
2	N	5
...	...	...
12 231	VS	2

1.3.4 Tabelle di frequenza

Spesso, come nella Tabella 1.12, i dati da analizzare hanno la struttura di dati raggruppati e sono organizzati nella forma di tabelle di frequenza. Le osservazioni sono state previamente classificate in base alle modalità, o insiemi di modalità, di una o più variabili, qualitative o quantitative. La tabella riporta la frequenza assoluta di ciascuna classe. Con due o più variabili di classificazione, una tabella di frequenza è anche detta tabella di contingenza. I due esempi che seguono presentano, nell'ordine, una tabella di contingenza con due variabili di classificazione qualitative e una con tre variabili di classificazione dicotomiche.

Esempio 1.8 (Guasti di compressori) In un fissato periodo di tempo, si è registrato il numero di guasti degli anelli di tenuta dei pistoni in ciascuno dei tre componenti di quattro compressori a vapore simili. I dati sono riportati nella Tabella 1.13 (Hand *et al.*, 1994, p. 11). Le variabili di classificazione sono due fattori: componente e compressore, il primo con 3 livelli, il secondo con 4 livelli. Interessa valutare se le probabilità di guasto dei tre componenti variano al variare del compressore. △

Esempio 1.9 (Uso di alcol, sigarette e marijuana) I dati nella Tabella 1.14 (Agresti, 2015, Esempio 7.2.6) riportano gli esiti di un'indagine condotta su $n = 2\,276$ studenti dell'ultimo anno di una scuola superiore in Ohio. Si chiedeva agli studenti di dire se avevano consumato, almeno una volta, alcol, sigarette o marijuana. La

Tabella 1.12 Soddisfazione dei passeggeri e ritardo

delay	VU	U	N	S	VS
0	234	559	1157	5826	2553
2	41	100	145	602	237
5	42	76	89	254	72
7	35	48	39	95	27

Tabella 1.13 Guasti di compressori

	componente			
compressore	A	B	C	totale
1	17	17	12	46
2	11	9	13	33
3	11	8	19	38
4	14	7	28	49
totale	53	41	72	166

Tabella 1.14 Uso di alcol, sigarette e marijuana

Alcol (A)	Sigarette (C)	Marijuana (M)	
		Sì	No
Sì	Sì	911	538
	No	44	456
No	Sì	3	43
	No	2	279

tabella di frequenze è una tabella di contingenza $2\times2\times2$. Le 3 variabili di classificazione dicotomiche sono indicate con A, C e M. Interessa valutare se la propensione all'uso di una delle 3 sostanze, ad esempio marijuana, è indipendente dall'aver fatto uso di una, o entrambe, le altre. △

L'analisi di tabelle di contingenza può essere condotta tramite diversi modelli. Se l'obiettivo è valutare come la distribuzione di una singola variabile dipenda dai valori delle altre, si possono utilizzare modelli di regressione per risposte binarie o politomiche (Capitoli 3 e 4). Se invece interessa trattare le variabili in modo simmetrico per analizzarne le associazioni e le interazioni, allora l'analisi potrà essere formulata sulla base di modelli log-lineari (Capitolo 5). I dati della Tabella 1.14 saranno analizzati nel paragrafo 5.7.1.

1.3.5 Risposte multivariate

Si considera infine un esempio in cui la risposta è multivariata. Si tratta di dati longitudinali, corrispondenti all'osservazione ripetuta in vari tempi di una caratteristica delle unità.

Esempio 1.10 (Crescita dentale) I dati riportati nella Tabella 1.15, e contenuti in `Orthodont`, sono stati ottenuti in uno studio longitudinale in ambito odontoiatrico per valutare la crescita della dentatura nei bambini (Potthoff e Roy, 1964; Pinheiro e Bates, 2000, Appendice A.17). In particolare, i dati sono relativi a un campione di $n = 27$ bambini, 11 femmine e 16 maschi. Per ciascun soggetto, è riportata la misura, alle età di 8, 10, 12 e 14 anni, della distanza (in mm) tra l'ipofisi e la fessura pterigo-mascellare (quest'ultima si trova tra l'osso sfenoide e la mandibola), dist8a,..., dist14a. Viene inoltre riportato il genere. Interessa valutare se e come la distanza oggetto di studio vari con l'età e se vi sia differenza nella crescita tra maschi e femmine. Non vi è motivo per ritenere che le 4 misurazioni per ciascun soggetto siano realizzazioni di variabili indipendenti. Modelli per risposte multivariate correlate saranno introdotti nel Capitolo 7. L'analisi di questi dati è considerata nel paragrafo 7.5.2. △

Tabella 1.15 Crescita dentale

genere	dist8a	dist10a	dist12a	dist14a
F	21.0	20.0	21.5	23.0
F	21.0	21.5	24.0	25.5
F	20.5	24.0	24.5	26.0
F	23.5	24.5	25.0	26.5
F	21.5	23.0	22.5	23.5
F	20.0	21.0	21.0	22.5
F	21.5	22.5	23.0	25.0
F	23.0	23.0	23.5	24.0
F	20.0	21.0	22.0	21.5
F	16.5	19.0	19.0	19.5
F	24.5	25.0	28.0	28.0
M	26.0	25.0	29.0	31.0
M	21.5	22.5	23.0	26.5
M	23.0	22.5	24.0	27.5
M	25.5	27.5	26.5	27.0
M	20.0	23.5	22.5	26.0
M	24.5	25.5	27.0	28.5
M	22.0	22.0	24.5	26.5
M	24.0	21.5	24.5	25.5
M	23.0	20.5	31.0	26.0
M	27.5	28.0	31.0	31.5
M	23.0	23.0	23.5	25.0
M	21.5	23.5	24.0	28.0
M	17.0	24.5	26.0	29.5
M	22.5	25.5	25.5	26.0
M	23.0	24.5	26.0	30.0
M	22.0	21.5	23.5	25.0

1.4 Specificazione di un modello di regressione

L'analisi dei dati è rivolta al problema di regressione quando si desidera determinare se e come i diversi valori delle variabili concomitanti per le varie unità statistiche influenzano le distribuzioni di probabilità delle risposte indipendenti Y_i, e dunque di $Y = (Y_1, \ldots, Y_n)$.

1.4.1 Gli elementi di un modello di regressione

Date le osservazioni y_i e le variabili concomitanti $(x_{i1}, \ldots, x_{ik})$, $i = 1, \ldots, n$, si possono specificare svariati modelli per affrontare il problema di regressione. La determinazione di un modello per quanto possibile ragionevole, alla luce dei dati e delle conoscenze sostanziali, è spesso frutto, più che di puntuali prescrizioni teoriche, delle abilità, per così dire, di fine artigiano dell'analista dei dati. Molto spesso, la costruzione del modello è frutto di un processo iterativo. Analisi esplorative preliminari suggeriranno un modello iniziale che andrà poi valutato e rielaborato tramite controlli empirici formali (ad esempio test) o informali (tipicamente analisi grafiche).

Nella modellazione statistica conviene scomporre il problema di regressione in sottoproblemi:

a) specificazione di un modello statistico per la distribuzione della risposta Y_i;
b) collegamento tra aspetti della distribuzione di Y_i e le variabili concomitanti.

Per quanto riguarda a), la specificazione della distribuzione di Y_i, come si è già detto, il primo elemento di cui tener conto è la tipologia della variabile risposta. Per risposte univariate, modelli differenti sono adatti a trattare risposte qualitative nominali, qualitative ordinali, quantitative discrete o quantitative continue. La specificazione del modello dovrà poi tener conto, se possibile, delle caratteristiche di variabilità, asimmetria, eccetera, della risposta. Per risposte multivariate, andrà prestata attenzione alla modellazione della dipendenza tra le componenti della risposta, anche in funzione degli obiettivi dell'analisi.

In merito a b), in primo luogo, non è detto che il modello finale debba includere tutte le k variabili concomitanti presenti nella struttura di dati iniziale, cfr. Tabella 1.2. Inoltre, variabili esplicative quantitative possono entrare nel modello tramite loro trasformate reali, ad esempio di tipo logaritmico o polinomiale. Possono poi essere presenti variabili esplicative che codificano numericamente i livelli di un fattore e andrà valutato attentamente se è opportuno introdurre effetti di interazione, tra diversi fattori o anche tra un fattore e variabili quantitative presenti nel modello.

Per la modellazione, ai valori osservati delle variabili concomitanti per l'i-esima unità si associa un vettore riga $\boldsymbol{x}_i = (x_{i1}, \ldots, x_{ip})$ di costanti numeriche, che costituisce il **vettore delle variabili esplicative** per l'i-esima unità. È questa l'unica eccezione alla convenzione seguita in questo testo per cui i vettori sono considerati, di *default*, vettori colonna. L'eccezione è segnalata dall'uso del grassetto. Il vettore $\boldsymbol{x}_i$ potrà contenere valori di variabili concomitanti quantitative o loro trasformazioni reali (ad esempio logaritmiche o quadratiche), valori di variabili indicatrici che codificano livelli di fattori, prodotti di variabili quantitative o indicatrici, che esprimono effetti di **interazione**. La matrice X, $n \times p$, con righe $\boldsymbol{x}_1, \ldots, \boldsymbol{x}_n$ è detta **matrice del modello**. Le colonne di X saranno indicate con $\underline{x}_r$, $r = 1, \ldots, p$. Spesso conviene includere tra le colonne di X il vettore unitario $n \times 1$, $\underline{1}_n = (1, \ldots, 1)^\top$. Si assume nel seguito $p < n$ e X di rango pieno p. Ciò equivale ad assumere l'indipendenza lineare di $\underline{x}_1, \ldots, \underline{x}_p$.

L'aspetto della distribuzione di Y_i di interesse primario è di solito il valore atteso, $\mu_i = E(Y_i)$, detto **risposta sistematica**, di cui interessa studiare la relazione con le variabili esplicative. La situazione più semplice, l'unica che sarà considerata nel seguito, si ha quando tale relazione è assunta nota a meno del valore di alcuni parametri, detti **parametri di regressione**. Quindi $\mu_i = \mu(\boldsymbol{x}_i; \beta)$, per $i = 1, \ldots, n$. Si suppone inoltre che β assuma valori in un opportuno sottoinsieme di uno spazio euclideo, la cui dimensione finita non dipende da n.

Con una sola variabile concomitante quantitativa, si può avere per esempio $\mu_i = \beta_1 + \beta_2 x_i$, per $i = 1, \ldots, n$, dove β_1 e β_2 sono ignoti valori reali, comuni a tutte le unità statistiche. In forma matriciale, si scrive

$$E(Y) = \begin{pmatrix} \mu_1 \\ \vdots \\ \mu_n \end{pmatrix} = X\beta \, ,$$

dove $\beta = (\beta_1, \beta_2)^\top \in \mathbb{R}^2$ ignoto e la matrice del modello, con colonne $\underline{1}_n$ e $\underline{x} = (x_1, \ldots, x_n)^\top$, è

$$X = \begin{pmatrix} 1 & x_1 \\ \vdots & \vdots \\ 1 & x_n \end{pmatrix} .$$

Un modello quadratico nella stessa variabile avrebbe $\mu_i = \beta_1 + \beta_2 x_i + \beta_3 x_i^2$, per $i = 1, \ldots, n$, dove $\beta = (\beta_1, \beta_2, \beta_3)^\top \in \mathbb{R}^3$ ignoto. Dunque $E(Y) = X\beta$ con matrice del modello

$$X = \begin{pmatrix} 1 & x_1 & x_1^2 \\ 1 & x_2 & x_2^2 \\ \vdots & \vdots & \vdots \\ 1 & x_n & x_n^2 \end{pmatrix} .$$

Un fattore va codificato numericamente utilizzando variabili indicatrici, ad esempio il fattore *sesso* può essere rappresentato da $x_i = 0$ se l'i-esima unità statistica è un soggetto di sesso maschile e da $x_i = 1$ se è di sesso femminile. In generale, un fattore con h livelli può essere rappresentato da $h - 1$ variabili indicatrici. Come opzione di *default*, R assegna variabili indicatrici ai livelli dal secondo all'ultimo. I livelli sono considerati secondo l'ordine alfabetico, a meno che non siano stati ridefiniti con la funzione `relevel`, si veda il paragrafo 1.8.1. Altri *software* possono avere differenti *default* di codifica di fattori, ad esempio utilizzare come riferimento l'ultima modalità e dunque associare variabili indicatrici alle prime $h - 1$ modalità. Una codifica che utilizza una modalità di riferimento è anche detta **parametrizzazione ad angolo**. La codifica dei fattori è ininfluente per l'inferenza sulla media della risposta, ma va tenuta presente nell'interpretazione dei parametri.

Ad esempio, se la risposta è il voto di laurea di certi candidati, si può considerare come esplicativa il fattore stato professionale del padre, con i 3 livelli: operaio, impiegato, dirigente. Si possono codificare i livelli con le variabili indicatrici $x_{i2} = 1$ se lo stato professionale del padre del candidato i è impiegato (e zero altrimenti) e $x_{i3} = 1$ se lo stato professionale del padre del candidato i è dirigente (e zero altrimenti). Con risposta $y = (y_1, \ldots, y_n)^\top$, un possibile modello di regressione assume

$$\mu_i = \beta_1 + \beta_2 x_{i2} + \beta_3 x_{i3} \, .$$

La matrice del modello corrispondente ha la struttura

$$X = \begin{pmatrix} 1 & 0 & 0 \\ \vdots & \vdots & \vdots \\ 1 & 0 & 0 \\ 1 & 1 & 0 \\ \vdots & \vdots & \vdots \\ 1 & 1 & 0 \\ 1 & 0 & 1 \\ \vdots & \vdots & \vdots \\ 1 & 0 & 1 \end{pmatrix} .$$

Il valore β_1 rappresenta il voto medio per figli di operai, $\beta_1+\beta_2$ per figli di impiegati e $\beta_1+\beta_3$ per figli di dirigenti. Il parametro β_2 è la differenza di voto medio tra figli di impiegati e figli di operai, β_3 è la differenza di voto medio tra figli di dirigenti e figli di operai e $\beta_3-\beta_2$ è la differenza di voto medio tra figli di dirigenti e figli di impiegati.

Negli esempi appena considerati, il vettore delle esplicative $\boldsymbol{x}_i$ determina la media della risposta tramite il **predittore lineare**

$$\eta_i = \boldsymbol{x}_i \beta ,$$

con $\beta = (\beta_1, \ldots, \beta_p)^\top \in \mathbb{R}^p$. Dunque $\eta_i = \beta_1 x_{i1} + \ldots + \beta_p x_{ip}$. Se $x_{i1} = 1$ per ogni i, β_1 rappresenta un termine di intercetta. Come si intuisce dagli esempi, la linearità essenziale è quella rispetto a β: il vettore $\boldsymbol{x}_i$ può contenere funzioni non lineari di variabili concomitanti quantitative o anche prodotti tra variabili quantitative e variabili indicatrici per analizzare eventuali effetti di interazione.

In secondo luogo, dopo la risposta sistematica, è di interesse la **variabilità della risposta**,

$$\sigma_i^2 = Var(Y_i) = E\left((Y_i - \mu_i)^2\right) , \quad i = 1, \ldots, n .$$

Anche σ_i^2 dipende in generale dalle condizioni sperimentali che accompagnano l'osservazione di Y_i. La situazione più semplice si ha quando la varianza è una funzione (costante, lineare, quadratica, eccetera) della media e dipende dunque dalle variabili esplicative tramite il medesimo predittore lineare che determina la media della risposta. Sarà così nei modelli lineari generalizzati.

1.4.2 Livelli di specificazione di un modello di regressione

A seconda delle informazioni disponibili, sono possibili diversi livelli di specificazione, sia per quanto riguarda la distribuzione della risposta sia relativamente al tipo di relazione con le variabili esplicative. A seconda del livello di specificazione, i modelli statistici possono essere parametrici, semiparametrici, non parametrici.

- Modello parametrico: la distribuzione della risposta, per fissati valori delle variabili esplicative, è specificata a meno di un parametro con un numero finito di componenti. Alcuni esempi notevoli di modelli parametrici di regressione sono richiamati subito sotto, cfr. Appendice B per le distribuzioni coinvolte.
  - Modello lineare normale. Per una risposta quantitativa continua, si assume che $Y_1, \ldots, Y_n$ siano variabili casuali normali indipendenti con media $\mu_i = \eta_i = \boldsymbol{x}_i \beta = \beta_1 x_{i1} + \ldots + \beta_p x_{ip}$, dove $\beta = (\beta_1, \ldots, \beta_p)^\top \in \mathbb{R}^p$, e varianza costante $\sigma^2 > 0$, in breve $Y_i \sim N(\boldsymbol{x}_i \beta, \sigma^2)$. Fissati i vettori $\boldsymbol{x}_i$, la distribuzione di $Y = (Y_1, \ldots, Y_n)$ è individuata completamente dal parametro $(p+1)$-dimensionale $(\beta_1, \ldots, \beta_p, \sigma^2)$.
  - Modello di regressione logistica. Per una risposta dicotomica, si assume che $Y_1, \ldots, Y_n$ siano variabili casuali indipendenti binomiali elementari, o di Bernoulli, con Y_i avente probabilità di successo $\pi_i = Pr(Y_i = 1) = \exp(\eta_i)/(1 + \exp(\eta_i)) = \exp(\boldsymbol{x}_i \beta)/(1 + \exp(\boldsymbol{x}_i \beta))$, dove, come per il modello lineare normale, $\beta = (\beta_1, \ldots, \beta_p)^\top \in \mathbb{R}^p$, in breve $Y_i \sim Bi(1, \pi_i)$. Qui, data X, β individua completamente la distribuzione della risposta $Y_1, \ldots, Y_n$.
  - Modello di regressione Poisson. Per una risposta che rappresenta un conteggio, con valori in $\mathbb{N}$, si assume che $Y_1, \ldots, Y_n$ siano variabili indipendenti con distribuzione di Poisson, con Y_i avente media $\exp(\eta_i) = \exp(\boldsymbol{x}_i \beta)$. Il parametro è $\beta = (\beta_1, \ldots, \beta_p)^\top \in \mathbb{R}^p$, in breve $Y_i \sim P(\exp(\eta_i))$. Anche qui, data X, β individua completamente la distribuzione della risposta.
- Modello semiparametrico: la distribuzione della risposta è individuata da un parametro con un numero finito di elementi e da una componente funzionale, non indicizzabile con un numero finito di parametri reali.
  Un esempio notevole di modello semiparametrico per una risposta quantitativa continua è il modello di regressione lineare con ipotesi del secondo ordine che assume $Y_i = \boldsymbol{x}_i \beta + \sigma \varepsilon_i$, $i = 1, \ldots, n$, con $\varepsilon_1, \ldots, \varepsilon_n$ variabili casuali con media zero, varianza unitaria e incorrelate. La distribuzione di Y è individuata dai parametri β e σ^2 e dalla distribuzione congiunta di $\varepsilon_1, \ldots, \varepsilon_n$, non indicizzabile con un numero finito di parametri reali.
- Modello non parametrico: la distribuzione della risposta è identificabile esclusivamente tramite componenti funzionali, non determinate da un numero finito di parametri reali.
  Un esempio di modello di regressione non parametrica per una risposta quantitativa continua è $Y_i = f(\boldsymbol{x}_i) + \varepsilon_i$, $i = 1, \ldots, n$, con $f(\cdot)$ funzione continua non ulteriormente specificata e $\varepsilon_1, \ldots, \varepsilon_n$ variabili casuali indipendenti con media zero e dunque $\mu_i = f(\boldsymbol{x}_i)$.

1.4.3 Note di cautela

Qualunque sia l'analisi condotta per affrontare un problema di regressione, sono importanti alcune avvertenze sull'interpretazione e l'impiego del modello adattato.

- Anche se si è ottenuto un modello che si adatta perfettamente ai dati, non si può affermare che esista un nesso causale tra una o più variabili esplicative e la risposta. Si può pensare ad una relazione causale tra una variabile esplicativa e la risposta quando, per una singola unità, variazioni della variabile esplicativa comportano necessariamente variazioni nella risposta, fissata ogni altra variabile rilevante. Tuttavia, difficilmente si possono tenere sotto controllo, o addirittura misurare, tutte le variabili rilevanti. Per un'introduzione all'inferenza causale si veda Pearl *et al.* (2016).
- Le estrapolazioni del modello adattato a valori non osservati delle variabili concomitanti andranno condotte con grande prudenza, e i loro risultati interpretati più come indicazioni qualitative offerte dal modello che come effettive predizioni.
- Spesso il modello viene selezionato tramite procedure automatiche (si veda il paragrafo 2.5). Le conclusioni sulla base del modello finale vanno allora tratte con particolare cautela. In primo luogo, la selezione automatica può portare ad escludere dal modello variabili esplicative irrinunciabili per l'interpretazione. Inoltre, i test di ingresso e uscita delle variabili sono condotti confrontando il valore minimo o massimo di statistiche con i quantili di distribuzioni nominali di riferimento (normale, t, F, ...) non appropriate perché valide, se lo sono, solo per una analisi singola. Di conseguenza, l'inferenza nel modello finale risulta altamente imprecisa. I livelli di significatività osservati per i singoli coefficienti, calcolati ignorando il processo di selezione, saranno ad esempio più piccoli di quanto dovrebbero e, di conseguenza, gli intervalli di confidenza più stretti di quanto dovrebbero. Lo sviluppo di metodi statistici per la valutazione corretta dell'evidenza in modelli selezionati sulla base dei dati costituisce un ambito di ricerca corrente, per un'introduzione, si veda Taylor e Tibshirani (2015).

1.5 Inferenza di verosimiglianza

L'inferenza nell'ambito dei modelli lineari generalizzati sarà basata sulla funzione di verosimiglianza, introdotta da Fisher (1922). Si richiamano qui gli elementi essenziali, rinviando ad esempio ad Azzalini (2001, Capitoli 2–4) e Pace e Salvan (2001, Capitoli 3–6) per trattazioni più estese.

1.5.1 La funzione di verosimiglianza

Sia $\mathcal{F}$ un modello statistico parametrico per i dati y. Gli elementi di $\mathcal{F}$ sono o tutti funzioni di densità di probabilità (caso continuo) o tutti funzioni di probabilità (caso discreto). In entrambi i casi si può scrivere $\mathcal{F} = \{p_Y(y;\theta), \theta \in \Theta \subseteq \mathbb{R}^d\}$, dove θ è un parametro d-dimensionale con valori nello spazio parametrico $\Theta \subseteq \mathbb{R}^d$ e y assume valori nel supporto di Y sotto θ. Per semplicità, si chiamerà $p_Y(y;\theta)$ **funzione di densità** ove non sia importante distinguere tra caso continuo e discreto. La distinzione sarà sempre ricostruibile dal supporto di Y.

Si assume che θ sia **identificabile**, ossia che la corrispondenza tra Θ e $\mathcal{F}$ sia biunivoca. Sia $p^0(y)$ la vera e ignota densità di Y. Il modello $\mathcal{F}$ è detto **correttamente specificato** se $p^0(y) \in \mathcal{F}$. Se $\mathcal{F}$ è correttamente specificato, il valore θ^0 tale che $p_Y(y;\theta^0) = p^0(y)$ è detto **vero valore del parametro**.

La funzione $L : \Theta \to [0, +\infty)$ definita da

$$L(\theta) = c(y)\, p_Y(y;\theta)\,,$$

con $c(y) > 0$ costante non dipendente da θ, è detta **funzione di verosimiglianza** (*likelihood function*) di θ basata sui dati y. Quando occorre mettere in evidenza nella notazione la dipendenza di $L(\theta)$ dai dati, si userà la scrittura $L(\theta; y)$. Spesso le procedure di inferenza basate su $L(\theta)$ sono espresse tramite la **funzione di log-verosimiglianza** (*log-likelihood function*)

$$l(\theta) = \log L(\theta)$$

dove, se $L(\theta) = 0$, si definisce $l(\theta) = -\infty$. Con $Y = (Y_1, \dots, Y_n)^\top$ e $Y_1, \dots, Y_n$ indipendenti, con densità marginale $p_{Y_i}(y_i;\theta)$, si ha

$$l(\theta) = \sum_{i=1}^{n} \log p_{Y_i}(y_i;\theta)\,.$$

La funzione di verosimiglianza sintetizza l'informazione disponibile su θ alla luce dei dati y. Permette di confrontare l'adeguatezza, alla luce dei dati, di coppie di valori parametrici, θ' e θ'' in Θ, tramite il rapporto di verosimiglianza $L(\theta'')/L(\theta')$.

La funzione di verosimiglianza gode di importanti proprietà strutturali.

Proprietà di invarianza

- $L(\theta)$ è invariante rispetto a trasformazioni biiettive dei dati y. Se, anziché y, si osserva una trasformazione biiettiva $t(y)$ con inversa $y(t)$, la funzione di verosimiglianza per θ basata su $t = t(y)$ è semplicemente $L(\theta; y(t))$. Ad esempio, se i valori di una risposta continua e positiva sono trasformati logaritmicamente, e si dispone della funzione $L(\theta; y_1, \dots, y_n)$ e di $t_1 = \log y_1, \dots, t_n = \log y_n$, si calcola la verosimiglianza $L^T(\theta; t_1, \dots, t_n)$ come $L(\theta; e^{t_1}, \dots, e^{t_n})$ senza dover ottenere la densità di $t(Y)$. Infatti, nel caso continuo, il determinante jacobiano coinvolto nella trasformazione della densità è incorporato nella costante moltiplicativa $c(t)$.

- $L(\theta)$ è invariante rispetto a riparametrizzazioni. Una riparametrizzazione di $\mathcal{F}$ è definita da una trasformazione biiettiva $\omega = \omega(\theta)$ con inversa $\theta(\omega)$. Ad esempio, se $Y \sim Bi(n, \theta)$, una riparametrizzazione è la trasformazione logit $\omega = \log(\theta/(1-\theta))$ con inversa $\theta(\omega) = e^{\omega}/(1+e^{\omega})$. Poiché θ e $\omega(\theta)$ identificano la medesima distribuzione di probabilità in $\mathcal{F}$, la verosimiglianza per ω, $L^{\Omega}(\omega)$, è ottenuta calcolando la verosimiglianza per θ in $\theta(\omega)$, ossia $L^{\Omega}(\omega) = L(\theta(\omega))$. Nell'esempio binomiale, $L(\theta) = c(y)\theta^{y}(1-\theta)^{n-y}$ e $L^{\Omega}(\omega) = c(y)e^{\omega y}(1+e^{\omega})^{-n}$.

Proprietà di sufficienza

La funzione di verosimiglianza contiene tutta l'informazione su θ portata da y, fissato $\mathcal{F}$. Questa proprietà è legata al concetto di statistica sufficiente.

Una statistica è una trasformazione dei dati utilizzata per fare inferenza su θ. Sia $t = f(y)$ una statistica, con f non iniettiva, per cui t rappresenta una effettiva sintesi dei dati. A $T = f(Y)$ è associato il modello statistico parametrico indotto $\mathcal{F}_T$, con elementi $p_T(t;\theta)$. Sotto tenui condizioni di regolarità vale per ogni $\theta \in \Theta$ la fattorizzazione

$$p_Y(y;\theta) = p_T(t;\theta)\, p_{Y|T=t}(y;\theta)\,, \tag{1.1}$$

per y tale che $f(y) = t$. La (1.1) esprime la densità del campione con una specificazione gerarchica, ossia la generazione di y è interpretata come un esperimento in due stadi. Nel primo viene generato t con la legge di T, nel secondo viene ottenuto y con la legge di $Y|T = t$. In generale, la funzione $L(\theta;t) = L^T(\theta;t) = p_T(t;\theta)$, relativa al solo primo stadio, non è equivalente alla verosimiglianza completa $L(\theta;y)$. La mancata equivalenza è interpretabile come una perdita di informazione sul parametro θ se si trascurano i dati originari e si basa l'inferenza su t e $\mathcal{F}_T$.

Si dice che s è una statistica sufficiente per l'inferenza su θ, o sufficiente per $\mathcal{F}$, se la fattorizzazione (1.1) della densità di Y assume la forma

$$p_Y(y;\theta) = p_S(s;\theta)\, p_{Y|S=s}(y)\,, \tag{1.2}$$

dove ora la densità condizionata $p_{Y|S=s}(y)$ non dipende da θ. Una statistica s sufficiente permette dunque una riduzione dei dati e del modello senza perdita di informazione su θ. Infatti, dati generati da una distribuzione che non dipende da θ, quale è ora $Y|S = s$, non possono dare informazione su θ.

Esempio 1.11 (Statistica sufficiente per il campionamento casuale semplice da una binomiale elementare) Se $y_1, \ldots, y_n$ è un campione casuale semplice con numerosità n tratto da una distribuzione binomiale con indice 1 e probabilità π, in breve $Bi(1, \pi)$, la statistica $s = \sum_{i=1}^n y_i$ è sufficiente per l'inferenza su π. Infatti,

$$p_{Y|S=s}(y; \pi) = \frac{p_Y(y; \pi)}{p_S(s; \pi)} = \frac{1}{\binom{n}{s}}$$

per ogni $y \in \{0, 1\}^n$ tale che $\sum_{i=1}^n y_i = s$. I punti del supporto condizionato sono dunque equiprobabili e la distribuzione di $Y|S = s$ non dipende da π. In termini intuitivi, assegnato il numero complessivo dei successi, le specifiche prove elementari in cui si realizza un successo sono, quale sia π, una scelta puramente aleatoria fra le $\binom{n}{s}$ possibili. Quindi, con il modello di campionamento casuale semplice da una binomiale elementare, solo il numero complessivo di successi s è rilevante per l'inferenza su π, non quali prove particolari danno successo. △

Con $s(y)$ sufficiente, per la (1.2), la funzione di verosimiglianza per θ basata su $p_S(s; \theta)$ è uguale, a meno di costanti, a $L(\theta; y)$.

Per verificare se una statistica s è sufficiente, occorre, in base alla definizione, calcolare $p_{Y|S=s}(y; \theta)$ o $p_S(s; \theta)$. La loro determinazione è spesso non banale. Il risultato noto come criterio di fattorizzazione di Neyman–Fisher riconduce l'individuazione di statistiche sufficienti ad una semplice ispezione di $L(\theta; y)$. In particolare, il criterio stabilisce che, in un modello statistico parametrico $\mathcal{F} = \{p_Y(y; \theta), \theta \in \Theta\}$, una statistica s è statistica sufficiente per l'inferenza su θ se e solo se

$$p_Y(y; \theta) = h(y)k(s(y); \theta). \tag{1.3}$$

Per la dimostrazione, si veda ad esempio Pace e Salvan (2001, paragrafo 5.2.2).

Come conseguenza, se $L(\theta; y)$ si può esprimere come funzione di y tramite una statistica riassuntiva $s = s(y)$, allora s è sufficiente per l'inferenza su θ.

Esempio 1.12 (Statistica sufficiente per il campionamento casuale semplice da una distribuzione di Poisson) Se $y_1, \ldots, y_n$ è un campione casuale semplice con numerosità n tratto da $P(\lambda)$, essendo $S = \sum_{i=1}^n Y_i \sim P(n\lambda)$, e poiché $\sum_{i=1}^n y_i = s$,

$$\begin{aligned} Pr_\lambda & \left(Y_1 = y_1, \ldots, Y_n = y_n \mid \sum_{i=1}^n Y_i = s\right) \\ &= \frac{Pr_\lambda(Y_1 = y_1, \ldots, Y_n = y_n)}{Pr_\lambda(\sum_{i=1}^n Y_i = s)} \\ &= \frac{\prod_{i=1}^n e^{-\lambda}\lambda^{y_i}/y_i!}{e^{-n\lambda}(n\lambda)^s/s!} = \frac{s!}{\prod_{i=1}^n y_i!}\left(\frac{1}{n}\right)^s, \end{aligned}$$

corrispondente alla funzione di probabilità di una multinomiale con n esiti possibili, s prove e vettore delle probabilità $\pi = (1/n, \ldots, 1/n)$, in breve $Mn_n(s, \pi)$ (si veda l'Appendice B). In base alla definizione (1.2), s è sufficiente. È più immediato verificare tale proprietà utilizzando il criterio di fattorizzazione di Neyman–Fisher. Basta scrivere la funzione di probabilità

$$p_Y(y;\lambda) = e^{-n\lambda}\frac{\lambda^{\sum_{i=1}^n y_i}}{\prod_{i=1}^n y_i!},$$

e osservare che la (1.3) si applica con $h(y) = 1/\left(\prod_{i=1}^n y_i!\right)$, $s(y) = \sum_{i=1}^n y_i$ e inoltre $k(s(y);\lambda) = e^{-n\lambda}\lambda^{\sum_{i=1}^n y_i}$. △

Per un assegnato modello statistico parametrico con parametro θ, esiste usualmente una pluralità di statistiche sufficienti per l'inferenza su θ. I dati y sono, banalmente, statistica sufficiente, e così ogni trasformazione biettiva di y. Possono anche esistere diverse statistiche sufficienti non banali, che producono un'effettiva riduzione dei dati. Con i dati e il modello dell'Esempio 1.11, sono statistiche sufficienti tanto $s = \sum_{i=1}^n y_i$ quanto

$$s' = (s_1', s_2') = \left(\sum_{i=1}^m y_i, \sum_{i=m+1}^n y_i\right)$$

con $1 \le m < n$. È chiaro però che s è preferibile a s', perché l'informazione su θ presente nei dati è mostrata da s in modo più conciso. Noto il valore di s', è sempre possibile calcolare s, come $s = s_1' + s_2'$.

Più in generale, siano s e s' due statistiche sufficienti per l'inferenza su θ in un modello statistico parametrico $\mathcal{F}$. Se $s = f(s')$ con $f(\cdot)$ non iniettiva, s è preferibile ad s' come riassunto dei dati senza perdita d'informazione sul parametro. La statistica sufficiente massimamente concisa è la **statistica sufficiente minimale**, funzione di ogni altra statistica sufficiente. La proprietà di sufficienza minimale di una statistica s è mantenuta da qualunque trasformazione biunivoca $u = u(s)$. Come orientamento, una statistica sufficiente $s = s(y)$ che ha la stessa dimensione d del parametro θ è generalmente sufficiente minimale.

1.5.2 Stima di massima verosimiglianza

Un valore $\hat{\theta} \in \Theta$ tale che

$$L(\hat{\theta}) \ge L(\theta)$$

per ogni $\theta \in \Theta$ è detto **stima di massima verosimiglianza** di θ. Si osservi che $\hat{\theta}$ può essere determinato, di solito più agevolmente, anche utilizzando la funzione di log-verosimiglianza, di cui pure costituisce un massimo.

Se $\omega(\theta)$ è una riparametrizzazione, come conseguenza dell'invarianza della funzione di verosimiglianza, vale la **proprietà di equivarianza** dello stimatore di massima verosimiglianza: $\hat{\omega} = \omega(\hat{\theta})$.

In un **modello con verosimiglianza regolare** (il supporto di Y non dipende da θ, Θ è un sottoinsieme aperto di $\mathbb{R}^d$ e $l(\theta)$ è una funzione differenziabile almeno tre volte, con derivate parziali continue in Θ), la stima di massima verosimiglianza va cercata tra le soluzioni dell'**equazione di verosimiglianza**

$$l_*(\theta) = 0\,, \tag{1.4}$$

dove $l_*(\theta)$ è il vettore delle derivate parziali prime della funzione di log-verosimiglianza,

$$l_*(\theta) = l_*(\theta; y) = \left(\frac{\partial l(\theta)}{\partial \theta_1}, \ldots, \frac{\partial l(\theta)}{\partial \theta_d}\right)^\top ,$$

detto **funzione di punteggio** o **funzione score** (*score function*). Il generico elemento di $l_*(\theta)$ è $l_r(\theta) = \partial l(\theta)/\partial\theta_r$, $r = 1, \ldots, d$.

La condizione (1.4), dettata dalle condizioni del primo ordine per un massimo locale, è in effetti un sistema di equazioni se $d > 1$. Per alcuni modelli statistici notevoli l'equazione di verosimiglianza è risolubile algebricamente, ma in generale $\hat{\theta}$ va determinato numericamente (cfr. ad esempio Pace e Salvan, 2001, paragrafo 4.2).

Nel seguito, θ, $\hat{\theta}$, o loro blocchi, ove coinvolti in operazioni matriciali, saranno considerati vettori colonna.

La matrice $d \times d$ delle derivate parziali seconde di $l(\theta)$ cambiate di segno,

$$j(\theta) = j(\theta; y) = -l_{**}(\theta) = -\frac{\partial^2}{\partial\theta\partial\theta^\top} l(\theta)\,,$$

è detta matrice di **informazione osservata**. L'informazione osservata è dunque l'hessiano di $l(\theta)$ (con segno opposto) e ne definisce la curvatura. Il generico elemento di $j(\theta)$ è $j_{rs} = j_{rs}(\theta) = -\partial^2 l(\theta)/\partial\theta_r\partial\theta_s$, $r, s = 1, \ldots, d$.

Si dice **informazione attesa** o informazione di Fisher la quantità

$$i(\theta) = E_\theta\left(j(\theta; Y)\right)\,,$$

valore atteso dell'informazione osservata. È una matrice $d \times d$, con generico elemento $i_{rs} = i_{rs}(\theta) = E_\theta(j_{rs})$. Se $Y_1, \ldots, Y_n$ sono indipendenti con funzione di densità $p_{Y_i}(y_i; \theta)$, si ha

$$i(\theta) = \sum_{i=1}^{n} i_{Y_i}(\theta)\,,$$

dove

$$i_{Y_i}(\theta) = E_\theta\left(-\frac{\partial^2}{\partial\theta\partial\theta^\top} \log p_{Y_i}(Y_i; \theta)\right)\,,$$

$i = 1, \ldots, n$, è l'informazione attesa per l'osservazione Y_i.

1.5.3 Verosimiglianza e proprietà campionarie

Proprietà esatte

In modelli con verosimiglianza regolare, per cui in particolare il supporto di Y non dipende da θ, che soddisfano ulteriori condizioni di regolarità, valgono i seguenti risultati esatti:

$$E_\theta(l_*(\theta;Y)) = 0 \text{ per ogni } \theta \in \Theta\,, \tag{1.5}$$

$$E_\theta\left(l_*(\theta;Y)(l_*(\theta;Y))^\top\right) = i(\theta) \text{ per ogni } \theta \in \Theta\,. \tag{1.6}$$

La (1.6) è anche detta identità dell'informazione.

Risultati asintotici

Se $\hat\theta = \hat\theta(y)$ esiste unico con probabilità uno, almeno asintoticamente, la variabile casuale $\hat\theta = \hat\theta(Y)$ è detta stimatore di massima verosimiglianza. Con $y = (y_1,\ldots,y_n)$, sotto condizioni di regolarità, sono disponibili utili approssimazioni asintotiche, ossia per n grande, per la distribuzione di $\hat\theta_n = \hat\theta(Y)$ e di altre quantità di verosimiglianza.

Sotto tenui condizioni, tra cui è rilevante che la dimensione di Θ non dipenda da n, lo stimatore di massima verosimiglianza è consistente (cfr. ad esempio Pace e Salvan, 2001, paragrafo 6.2), ossia sotto θ, vero valore del parametro,

$$\hat\theta_n \xrightarrow{p} \theta\,,$$

dove $\xrightarrow{p}$ indica convergenza in probabilità.

Valgono inoltre i seguenti risultati di approssimazione in distribuzione per n grande, sotto θ, vero valore del parametro,

$$\ell_*(\theta) \dot\sim N_d(0, i(\theta))\,, \tag{1.7}$$

$$\hat\theta - \theta \dot\sim N_d(0, i(\theta)^{-1})\,, \tag{1.8}$$

o anche

$$\hat\theta - \theta \dot\sim N_d(0,\, j(\hat\theta)^{-1})\,, \tag{1.9}$$

dove il simbolo $\dot\sim$ significa 'è approssimatamente distribuito come' e $N_d(\mu,\Sigma)$ indica una distribuzione normale d-variata con vettore delle medie μ e matrice di covarianza Σ (si veda l'Appendice B). Inoltre,

$$W_e(\theta) = (\hat\theta - \theta)^\top j(\hat\theta)(\hat\theta - \theta) \dot\sim \chi^2_d\,, \tag{1.10}$$

$$W_u(\theta) = l_*(\theta)^\top i(\theta)^{-1} l_*(\theta) \dot\sim \chi^2_d\,, \tag{1.11}$$

$$W(\theta) = 2\{l(\hat\theta) - l(\theta)\} \dot\sim \chi^2_d\,, \tag{1.12}$$

dove χ^2_d indica una distribuzione chi-quadrato con d gradi di libertà. Le quantità $W_u(\theta)$, $W_e(\theta)$ e $W(\theta)$ sono asintoticamente equivalenti, differendo per termini trascurabili al divergere di n sotto θ.

I risultati (1.10)–(1.12) identificano tre **quantità pivotali approssimate**, ossia con distribuzione approssimata sotto θ indipendente da θ. Le tre quantità, basate sulla verosimiglianza, $W_e(\theta)$, $W_u(\theta)$ e $W(\theta)$, sono denominate, rispettivamente, **quantità di Wald, score e del rapporto di verosimiglianza** e sono impiegate per costruire test e regioni di confidenza per θ.

Se θ è scalare ($d = 1$), si possono definire le versioni unilaterali di $W_e(\theta)$, $W_u(\theta)$ e $W(\theta)$, con distribuzione approssimata $N(0, 1)$ sotto θ,

$$r_e(\theta) = (\hat{\theta} - \theta)\sqrt{j(\hat{\theta})}\,, \tag{1.13}$$

$$r_u(\theta) = l_*(\theta)/\sqrt{i(\theta)}\,,$$

$$r(\theta) = \mathrm{sgn}(\hat{\theta} - \theta)\sqrt{2\{l(\hat{\theta}) - l(\theta)\}}\,. \tag{1.14}$$

Spesso si è interessati a test e regioni, o intervalli, di confidenza per un sottoinsieme di componenti di θ, detto **parametro di interesse**. In un modello di regressione, vengono in genere riportati i risultati di test di nullità per singole componenti di θ, corrispondenti a parametri di regressione, o per blocchi di componenti di θ, la cui nullità equivale all'esclusione dal modello delle corrispondenti esplicative. Se $\theta = (\psi, \lambda)$ con ψ blocco di d_1 componenti di interesse di θ e λ **parametro di disturbo**, le quantità $\hat{\theta}$, $l_*(\theta)$, $i(\theta)$ e $j(\theta)$ sono suddivise nei blocchi di componenti corrispondenti: $\hat{\theta} = (\hat{\psi}, \hat{\lambda})$, $l_*(\theta)^\top = (l_\psi(\theta)^\top, l_\lambda(\theta)^\top)$,

$$i(\theta) = \begin{pmatrix} i_{\psi\psi} & i_{\psi\lambda} \\ i_{\lambda\psi} & i_{\lambda\lambda} \end{pmatrix}, \qquad j(\theta) = \begin{pmatrix} j_{\psi\psi} & j_{\psi\lambda} \\ j_{\lambda\psi} & j_{\lambda\lambda} \end{pmatrix}.$$

Analogamente, sono suddivise in blocchi le matrici inverse $i^{-1}(\theta)$ e $j^{-1}(\theta)$

$$i(\theta)^{-1} = \begin{pmatrix} i^{\psi\psi} & i^{\psi\lambda} \\ i^{\lambda\psi} & i^{\lambda\lambda} \end{pmatrix}, \qquad j(\theta)^{-1} = \begin{pmatrix} j^{\psi\psi} & j^{\psi\lambda} \\ j^{\lambda\psi} & j^{\lambda\lambda} \end{pmatrix},$$

con le relazioni, valide per le inverse di matrici a blocchi,

$$\begin{aligned} i^{\psi\psi} &= \left(i_{\psi\psi} - i_{\psi\lambda} i_{\lambda\lambda}^{-1} i_{\lambda\psi}\right)^{-1} \\ i^{\psi\lambda} &= -i^{\psi\psi} i_{\psi\lambda} i_{\lambda\lambda}^{-1} \\ i^{\lambda\psi} &= -i^{\lambda\lambda} i_{\lambda\psi} i_{\psi\psi}^{-1} \\ i^{\lambda\lambda} &= \left(i_{\lambda\lambda} - i_{\lambda\psi} i_{\psi\psi}^{-1} i_{\psi\lambda}\right)^{-1} \end{aligned}$$

(senza tener conto della simmetria di $i(\theta)$). Formule analoghe valgono per i blocchi di $j(\theta)^{-1}$.

Per l'inferenza su ψ, sono di rilievo i risultati seguenti, analoghi ai risultati (1.7)–(1.12) utili per l'inferenza globale su θ. Si indichi con $\hat{\theta}_\psi$ la stima di massima verosimiglianza di θ nel sottomodello con ψ fissato. Si ha $\hat{\theta}_\psi = (\psi, \hat{\lambda}_\psi)$, dove $\hat{\lambda}_\psi$ è la stima di massima verosimiglianza di λ per un fissato ψ, soluzione rispetto a λ dell'equazione di verosimiglianza parziale $l_\lambda(\psi,\lambda) = 0$. Si ha

$$\begin{aligned}
\hat{\psi} - \psi &\dot{\sim} N_{d_1}(0, i^{\psi\psi}(\hat{\theta}))\,, \\
\hat{\psi} - \psi &\dot{\sim} N_{d_1}(0, j^{\psi\psi}(\hat{\theta}))\,, \\
l_\psi(\hat{\theta}_\psi) &\dot{\sim} N_{d_1}(0, i^{\psi\psi}(\hat{\theta}_\psi)^{-1})\,, \\
W_{eP}(\psi) &= (\hat{\psi} - \psi)^\top (j^{\psi\psi}(\hat{\theta}))^{-1} (\hat{\psi} - \psi) \dot{\sim} \chi^2_{d_1}\,, && (1.15) \\
W_{uP}(\psi) &= l_\psi(\hat{\theta}_\psi)^\top i^{\psi\psi}(\hat{\theta}_\psi) l_\psi(\hat{\theta}_\psi) \dot{\sim} \chi^2_{d_1}\,, && (1.16) \\
W_P(\psi) &= 2\{l(\hat{\theta}) - l(\hat{\theta}_\psi)\} \dot{\sim} \chi^2_{d_1}\,. && (1.17)
\end{aligned}$$

Nella definizione di $W_{eP}(\psi)$ e $W_{uP}(\psi)$ i risultati di approssimazione valgono sia con le matrici $j^{\psi\psi}(\cdot)$ e $i^{\psi\psi}(\cdot)$ calcolate in $\hat{\theta}$ sia con le stesse calcolate in $\hat{\theta}_\psi$. La prima scelta rende in genere più agevole la determinazione di regioni di confidenza. La funzione $l(\hat{\theta}_\psi) = l(\psi, \hat{\lambda}_\psi)$ è detta **log-verosimiglianza profilo**.

In alcuni casi, la funzione di verosimiglianza ha una struttura per cui l'inferenza su ψ risulta semplificata. La massima semplificazione si ha quando la verosimiglianza è con **parametri separabili**, ossia se vale per la log-verosimiglianza una scomposizione additiva del tipo $l(\psi,\lambda) = l^1(\psi) + l^2(\lambda)$. Risulta allora $\hat{\lambda}_\psi = \hat{\lambda}$, $\hat{\theta}_\psi = (\psi, \hat{\lambda})$ e le componenti di $\hat{\theta} = (\hat{\psi}, \hat{\lambda})$ sono ottenute massimizzando separatamente $l^1(\psi)$ e $l^2(\lambda)$. Le quantità $l_\psi(\theta)$ e $j_{\psi\psi}$ possono essere calcolate a partire da $l^1(\psi)$ solamente e $j_{\psi\lambda} = i_{\psi\lambda} = 0$. Si ha quindi $j^{\psi\psi} = (j_{\psi\psi})^{-1}$, dipendente solo da ψ, e $i^{\psi\psi} = (i_{\psi\psi})^{-1}$, dipendente in genere sia da ψ sia da λ. La quantità rapporto di verosimiglianza si semplifica nella forma $W_P(\psi) = 2\{l^1(\hat{\psi}) - l^1(\psi)\}$. In sintesi, l'inferenza su ψ basata su (1.15) o su (1.17) richiede esclusivamente $l^1(\psi)$. Solo il blocco dell'informazione attesa $i_{\psi\psi}$ nella (1.16) può dipendere da λ che andrà stimato con $\hat{\lambda}$.

Anche se non si ha una verosimiglianza con parametri separabili, può risultare $i_{\psi\lambda} = 0$. Si dice allora che ψ e λ sono **parametri ortogonali**. Tale condizione comporta comunque importanti semplificazioni. Come quando si hanno parametri separabili, $\hat{\psi}$ e $\hat{\lambda}$ sono asintoticamente indipendenti e $i^{\psi\psi} = (i_{\psi\psi})^{-1}$. L'ortogonalità non implica invece necessariamente $\hat{\lambda}_\psi = \hat{\lambda}$, anche se la dipendenza di $\hat{\lambda}_\psi$ da ψ risulta attenuata rispetto al caso generale.

Se ψ è scalare ($d_1 = 1$), si possono definire le versioni unilaterali di $W_{eP}(\psi)$, $W_{uP}(\psi)$ e $W_P(\psi)$, con distribuzione approssimata $N(0,1)$ sotto θ,

$$r_{eP}(\psi) = (\hat{\psi} - \psi)/\sqrt{j^{\psi\psi}(\hat{\theta})}\,, \quad (1.18)$$

$$r_{uP}(\psi) = l_\psi(\hat{\theta}_\psi)\sqrt{i^{\psi\psi}(\hat{\theta}_\psi)}\,, \quad (1.19)$$

$$r_P(\psi) = \mathrm{sgn}(\hat{\psi} - \psi)\sqrt{2\{l(\hat{\theta}) - l(\hat{\theta}_\psi)\}}\,. \quad (1.20)$$

La quantità (1.18) viene utilizzata ad esempio da R (`z value`), come statistica test per verificare la nullità dei singoli parametri di un modello di regressione. Viene inoltre usualmente riportato il livello di significatività osservato approssimato, o *p value*, (`Pr(>|z|)`), calcolato come

$$\alpha^{oss} = 2\left\{1 - \Phi\left(|\hat{\psi}|/\sqrt{j^{\psi\psi}(\hat{\theta})}\right)\right\},$$

dove $\Phi(\cdot)$ indica la funzione di ripartizione della distribuzione $N(0,1)$.

Fissare ψ corrisponde a definire un sottomodello $\mathcal{F}_0$ di $\mathcal{F}$. Un sottomodello è in generale definito da un insieme di vincoli sulle componenti di θ che identificano un sottoinsieme Θ_0 di Θ. Il modello $\mathcal{F}_0$ è detto allora **annidato** in $\mathcal{F}$ poiché $\mathcal{F}_0 \subset \mathcal{F}$. Ad esempio con $d = 5$ si può essere interessati a valutare l'adattamento del sottomodello $\mathcal{F}_0$ con $\theta_2 = \theta_3 = \theta_4 = \theta_5$ rispetto al modello completo con parametro $(\theta_1, \theta_2, \theta_3, \theta_4, \theta_5)$. Lo spazio parametrico di $\mathcal{F}_0$ è Θ_0 con dimensione 2, i cui elementi sono identificati da θ_1 e dal valore comune θ^* di θ_2, θ_3, θ_4 e θ_5. Per verificare l'ipotesi nulla $H_0 : \theta \in \Theta_0$ contro l'alternativa $H_1 : \theta \in \Theta \setminus \Theta_0$, si può utilizzare il test del rapporto di verosimiglianza

$$W_P^{H_0} = 2\{l(\hat{\theta}) - l(\hat{\theta}_0)\},$$

con $\hat{\theta}_0$ stima di massima verosimiglianza di θ in $\mathcal{F}_0$, pari al valore di θ che massimizza $l(\theta)$ per $\theta \in \Theta_0$. La distribuzione approssimata di $W_P^{H_0}$ sotto H_0 è $\chi^2_{d_1}$ con $d_1 = \dim\Theta - \dim\Theta_0$, la differenza di dimensioni tra spazio parametrico generale e spazio parametrico di $\mathcal{F}_0$, quindi, nell'esempio, 3. D'altra parte, con la riparametrizzazione $\psi_1 = \theta_3 - \theta_2$, $\psi_2 = \theta_4 - \theta_2$, $\psi_3 = \theta_5 - \theta_2$, $\lambda_1 = \theta_1$, $\lambda_2 = \theta_2$, si ha $H_0 : (\psi_1, \psi_2, \psi_3) = (0,0,0)$ e $d_1 = 3$. Quindi i gradi di libertà di $W_P^{H_0}$ sono pari al numero di vincoli indipendenti su θ posti da H_0.

1.5.4 Il criterio di informazione di Akaike, AIC

Un approccio per la selezione del modello, diverso dal test del rapporto di verosimiglianza, è basato su penalizzazioni della log-verosimiglianza. Si consideri per i dati y una successione di modelli statistici parametrici annidati, $\mathcal{F}_1 \subset \mathcal{F}_2 \subset \ldots \subset \mathcal{F}_k$, con spazi parametrici corrispondenti

$$\Theta_1 \subset \Theta_2 \subset \ldots \subset \Theta_k \subseteq \mathbb{R}^k.$$

Si indichino con $\theta^{(1)}, \ldots, \theta^{(k)}$ i parametri dei vari modelli. Si supponga per semplicità che il passaggio da $\Theta_k = \{\theta^{(k)} = (\theta_1, \ldots, \theta_k)\}$ a Θ_{k-1} avvenga tramite l'ipotesi $\theta_k = 0$ e che le ulteriori riduzioni del modello corrispondano ad analoghi annullamenti di componenti. Siano $\hat{\theta}^{(1)}, \ldots, \hat{\theta}^{(k)}$ le stime di massima verosimiglianza dei parametri dei vari modelli annidati. Le log-verosimiglianze massime associabili ai vari modelli sono $l(\hat{\theta}^{(1)}; y), \dots, l(\hat{\theta}^{(k)}; y)$. Non è possibile utilizzare direttamente tali log-verosimiglianze per selezionare il modello finale, perché, necessariamente,

$$l(\hat{\theta}^{(1)}; y) \leq l(\hat{\theta}^{(2)}; y) \leq \dots \leq l(\hat{\theta}^{(k)}; y),$$

per cui verrebbe sempre selezionato, come modello con massima verosimiglianza, il modello meno parsimonioso, con parametro k-dimensionale.

Per la selezione del modello sono stati sviluppati nella letteratura statistica vari metodi, basati sempre sulle verosimiglianze massimizzate, penalizzate però per il numero di parametri presenti. I metodi principali legano la penalizzazione a considerazioni sull'informazione predittiva fornita dal modello e dai dati. Nel seguito si assume che le log-verosimiglianze indicate siano il logaritmo della corrispondente funzione di densità. Infatti, per mantenere la comparabilità tra modelli delle log-verosimiglianze, non si devono trascurare addendi non dipendenti dal parametro del modello, a meno che non siano comuni a tutti i modelli confrontati.

Sia θ^0 il vero valore del parametro. Si assuma che $\theta^0 \in \Theta_k$, e che sia anche $\theta^0 \in \Theta_{d^*}$, per un minimo valore $d^* \in \{1, \dots, k\}$. Il problema è allora stimare la dimensione d^* del modello più parsimonioso tra i modelli correttamente specificati. Si consideri la generazione di una osservazione futura y^*, prodotta dallo stesso meccanismo stocastico che ha generato il dato osservato y. L'osservazione futura y^* è realizzazione della variabile casuale Y^* con densità $p_Y(y^*; \theta^0)$, indipendente da Y. Tale densità rappresenta naturalmente lo strumento ideale per formulare previsioni circa y^*. Poiché θ^0 è ignoto, se $\mathcal{F}_d$ è un modello parametrico correttamente specificato con parametro $\theta^{(d)}$, si potrà utilizzare come stima di $p_Y(y^*; \theta^0)$ la **densità predittiva estimativa** $p_Y(y^*; \hat{\theta}^{(d)})$, con $\hat{\theta}^{(d)} = \hat{\theta}^{(d)}(y)$. Tipicamente, si avrà

$$p_Y(y^*; \hat{\theta}^{(d)}) \leq p_Y(y; \hat{\theta}^{(d)})$$

e il valore atteso

$$E_{\theta^0}\left\{\log p_Y(Y^*; \hat{\theta}^{(d)}(Y))\right\} = E_{\theta^0}\left\{l(\hat{\theta}^{(d)}(Y); Y^*)\right\} \tag{1.21}$$

rappresenta una naturale misura dell'efficacia predittiva del modello con d parametri. Infatti, si può pensare che l'efficacia predittiva di un modello $\mathcal{F}_d$ sia tanto maggiore quanto più piccola è la misura di **divergenza di Kullback–Leibler** del modello stimato dal modello vero definita da

$$I(\hat{\theta}^{(d)}, \theta^0) = E_{\theta^0}\left\{\log \frac{p_Y(Y^*; \theta^0)}{p_Y(Y^*; \hat{\theta}^{(d)}(Y))}\right\}. \tag{1.22}$$

È immediato verificare che minimizzare la (1.22) rispetto a d equivale a massimizzare la (1.21).

Akaike (1973) ha mostrato che, per n elevato, se $\mathcal{F}_d$ è correttamente specificato

$$E_{\theta^0}\left\{\log p_Y(Y^*;\hat{\theta}^{(d)}(Y))\right\} \doteq E_{\theta^0}\left\{l(\hat{\theta}^{(d)};Y)-d\right\}.$$

Si può dunque utilizzare come indice per la selezione del modello la log-verosimiglianza penalizzata $l(\hat{\theta}^{(d)};y)-d$. Si selezionerà il modello con la massima efficacia predittiva attesa stimata da $l(\hat{\theta}^{(d)};y)-d$. Il **criterio di informazione di Akaike** (AIC: *Akaike Information Criterion*), è definito come la log-verosimiglianza penalizzata moltiplicata per -2. Corrisponde a selezionare come modello finale quello che presenta il minimo AIC, dove

$$AIC(\mathcal{F}_d) = 2d - 2l(\hat{\theta}^{(d)};y). \tag{1.23}$$

Spesso i pacchetti statistici hanno il criterio di selezione programmato in quest'ultima forma.

Si mostra che, per n sufficientemente grande, il criterio di Akaike non seleziona un d minore di d^*, ossia un modello non correttamente specificato. D'altra parte, il criterio AIC può selezionare un modello sovraparametrizzato. Infatti, per $d > d^*$,

$$\begin{aligned}
&Pr_{\theta^0}(AIC(\mathcal{F}_d) < AIC(\mathcal{F}_{d^*}))\\
&= Pr_{\theta^0}\left\{2\left(l(\hat{\theta}^{(d)};Y) - l(\hat{\theta}^{(d^*)};Y)\right) > 2(d-d^*)\right\}\\
&\doteq Pr(\chi^2_{d-d^*} > 2(d-d^*))
\end{aligned}$$

per n sufficientemente elevato. In effetti, $2\{l(\hat{\theta}^{(d)};y) - l(\hat{\theta}^{(d^*)};y)\}$ è il test log-rapporto di verosimiglianza per l'ipotesi $\theta_{d^*+1} = \cdots = \theta_d = 0$. La probabilità di selezionare il modello sovraparametrizzato $\mathcal{F}_d$ non converge quindi a 0 al divergere di n e si dice perciò che il criterio non è consistente. Ad esempio, $Pr_{\theta^0}(AIC(\mathcal{F}_d) < AIC(\mathcal{F}_{d^*}))$ è approssimativamente uguale a 0.157 con $d - d^* = 1$, a 0.135 con $d - d^* = 2$, a 0.112 con $d - d^* = 3$.

Per recuperare la consistenza, si può utilizzare il criterio del minimo BIC (*Bayesian Information Criterion*), basato su un approccio bayesiano, dove

$$BIC(\mathcal{F}_d) = d\log n - 2l(\hat{\theta}^{(d)};y).$$

La statistica BIC corrisponde a una penalizzazione della log-verosimiglianza del modello $\mathcal{F}_d$ con $-d\log n/2$. Il criterio del minimo BIC è consistente. Per n non elevato, tuttavia, la penalizzazione è eccessiva, e BIC tende a selezionare un modello leggermente sottoparametrizzato. D'altra parte, in una prospettiva in cui la dimensione massima considerata, k, può dipendere da n, la consistenza di BIC perde di rilevanza.

1.6 Il modello di regressione lineare

In questo paragrafo si richiamano gli elementi essenziali relativi al modello lineare. Per trattazioni più approfondite si rinvia ad esempio a Grigoletto *et al.* (2016), Agresti (2015, Capitoli 2 e 3), Pace e Salvan (2001, Capitolo 9).

1.6.1 *Ipotesi di normalità e del secondo ordine*

Il modello lineare normale per osservazioni $y = (y_1, \ldots, y_n)^\top$ su una risposta quantitativa continua con variabili esplicative $\boldsymbol{x}_i = (x_{i1}, \ldots, x_{ip})$, $i = 1, \ldots, n$, assume che y sia realizzazione di Y che soddisfa le ipotesi seguenti:

1. $Y = X\beta + \varepsilon = \eta + \varepsilon$;
2. X matrice di costanti $n \times p$, $p < n$, con righe $\boldsymbol{x}_1, \ldots, \boldsymbol{x}_n$ e rango pieno p;
3. $\varepsilon \sim N_n(0, \sigma^2 I_n)$, con $\sigma^2 > 0$,

dove I_n è la matrice identità di ordine n.

Scrivendo per esteso le matrici e i vettori coinvolti, l'ipotesi 1 è

$$\begin{pmatrix} Y_1 \\ \vdots \\ Y_n \end{pmatrix} = \begin{pmatrix} x_{11} & \cdots & x_{1p} \\ \vdots & & \vdots \\ x_{n1} & \cdots & x_{np} \end{pmatrix} \begin{pmatrix} \beta_1 \\ \vdots \\ \beta_p \end{pmatrix} + \begin{pmatrix} \varepsilon_1 \\ \vdots \\ \varepsilon_n \end{pmatrix},$$

o, evidenziando le singole componenti,

$$Y_i = \beta_1 x_{i1} + \ldots + \beta_p x_{ip} + \varepsilon_i = \eta_i + \varepsilon_i\,, \qquad i = 1, \ldots, n\,.$$

Le ipotesi 1, 2, 3 equivalgono ad assumere Y con componenti indipendenti Y_i, $i = 1, \ldots, n$, dove

$$Y_i \sim N(\mu_i, \sigma^2)\,,$$

con

$$\mu_i = \eta_i = \boldsymbol{x}_i\beta = \beta_1 x_{i1} + \ldots + \beta_p x_{ip}\,.$$

In notazione matriciale, il modello si esprime come

$$Y \sim N_n(X\beta, \sigma^2 I_n)\,. \tag{1.24}$$

Il modello (1.24) è detto **modello di regressione lineare multipla con errori normali** o, più brevemente, **modello di regressione lineare normale**.

Tabella 1.16 Una sintesi dei principali modelli lineari

Predittore lineare	Modello
$X1 + X2 + X3$	di regressione lineare multipla
A	di analisi della varianza a un fattore
$A + B$	di analisi della varianza a due fattori senza interazione (o additivo)
$A * B = A + B + A : B$	di analisi della varianza a due fattori con interazione
$X1 + A + X1 : A$	di analisi della covarianza

Nelle applicazioni del modello (1.24), tipicamente si ha $\underline{x}_1 = \underline{1}_n = (1, \ldots, 1)^\top$. Con $p = 2$ si ha allora il modello di regressione lineare semplice che assume $E(Y_i) = \beta_1 + \beta_2 x_i$, mentre, con $p \geq 3$,

$$E(Y_i) = \beta_1 + \beta_2 x_{i2} + \ldots + \beta_p x_{ip}, \quad i = 1, \ldots, n.$$

La relazione precedente definisce in $\mathbb{R}^p$ un iperpiano, che determina $E(Y_i)$ in base alle condizioni sperimentali $(x_{i2}, \ldots, x_{ip})$. Se il modello è correttamente specificato, i dati $(x_{i2}, \ldots, x_{ip}, y_i)$, $i = 1, \ldots, n$, rappresentati in $\mathbb{R}^p$, tenderanno a disporsi attorno all'iperpiano determinato dal modello. Il parametro β_1 è detto intercetta. I parametri $\beta_2, \ldots, \beta_p$ sono detti coefficienti di regressione (parziali). Per ogni fissato $r \in \{2, \ldots, p\}$, il modello assume infatti che $E(Y_i)$ aumenti di β_r unità se x_{ir} viene incrementato di una unità, **rimanendo inalterati i livelli delle altre variabili esplicative**. Un coefficiente di regressione β_r, $r > 1$, esprime dunque una differenza media della risposta tra sottopopolazioni che hanno identici valori di tutte le altre variabili esplicative, ma differiscono per una unità nella r-esima esplicativa. Talora, per brevità, ci si riferisce a β_r come **'effetto'** sulla risposta della corrispondente esplicativa, al netto delle rimanenti esplicative. Un'interpretazione letterale di effetto come nesso causale è tuttavia in genere inappropriata, specie in contesti osservazionali (cfr. paragrafo 1.4.3).

In alcuni casi viene adottata una notazione sintetica per un predittore lineare. Variabili esplicative quantitative sono indicate con $X1$, $X2$, e così via, e fattori con A, B, eccetera. Un'interazione è rappresentata da $A : B$ o $A : X1$. Ciò indica che nella matrice del modello, oltre alle colonne relative alle due variabili, compaiono anche quelle ottenute dalla loro moltiplicazione elemento per elemento. L'operatore $*$ rappresenta, ad esempio per $A * B$, un modello che include sia gli effetti principali, A e B, sia la loro interazione $A : B$, ossia del tipo $A + B + A : B$. L'intercetta è assunta comunque inclusa nel modello. Se il predittore lineare include i soli effetti principali, il modello è detto con effetti additivi o, in breve, modello additivo. Una sintesi dei principali modelli lineari normali in base alla struttura del predittore lineare è nella Tabella 1.16.

L'ipotesi 3 implica la

3'. $E(\varepsilon) = 0$, $\quad Var(\varepsilon) = \sigma^2 I_n$.

Il modello statistico definito dalle ipotesi 1, 2, 3', più deboli delle 1, 2, 3, è detto modello lineare con errori omoschedastici e incorrelati o modello lineare con ipotesi del secondo ordine. Anche sotto le ipotesi del secondo ordine, $E(Y) = X\beta = \eta$. Il valore atteso di Y è dunque combinazione lineare delle colonne di X. Risulta inoltre $Var(Y) = \sigma^2 I_n$.

1.6.2 Inferenza sui parametri

In un modello di regressione lineare normale la funzione di log-verosimiglianza per (β, σ^2) è definita sullo spazio parametrico $\mathbb{R}^p \times (0, +\infty)$ da

$$\begin{aligned} l(\beta, \sigma^2; y) &= -\frac{n}{2}\log\sigma^2 - \frac{1}{2\sigma^2}\sum_{i=1}^n (y_i - \beta_1 x_{i1} - \ldots - \beta_p x_{ip})^2 \\ &= -\frac{n}{2}\log\sigma^2 - \frac{1}{2\sigma^2}(y - X\beta)^\top (y - X\beta) \\ &= -\frac{n}{2}\log\sigma^2 - \frac{1}{2\sigma^2}\|y - X\beta\|^2 , \end{aligned}$$

dove, per un vettore $u \in \mathbb{R}^n$, $\|u\|^2 = u^\top u$ è il quadrato della norma di u.

La funzione di verosimiglianza dipende dai dati y tramite

$$\sum_{i=1}^n (y_i - \beta_1 x_{i1} - \ldots - \beta_p x_{ip})^2 = \sum_{i=1}^n y_i^2 - 2\sum_{r=1}^p \beta_r \sum_{i=1}^n x_{ir} y_i + \sum_{i=1}^n (\boldsymbol{x}_i \beta)^2 .$$

Quindi

$$s = \left(\sum_{i=1}^n y_i^2, \sum_{i=1}^n x_{i1} y_i, \ldots, \sum_{i=1}^n x_{ip} y_i \right)$$

è statistica sufficiente minimale per l'inferenza su (β, σ^2).

Le stime di massima verosimiglianza risultano

$$\hat{\beta} = (X^\top X)^{-1} X^\top y . \tag{1.25}$$

e

$$\hat{\sigma}^2 = \frac{1}{n}(y - X\hat{\beta})^\top (y - X\hat{\beta}) = \frac{1}{n}\|y - X\hat{\beta}\|^2 . \tag{1.26}$$

La stima $\hat{\beta}$ è anche una stima di β secondo il metodo dei minimi quadrati. Minimizza infatti rispetto a β

$$\sum_{i=1}^n (y_i - \beta_1 x_{i1} - \ldots - \beta_p x_{ip})^2 = \|y - X\beta\|^2 ,$$

il quadrato della distanza tra y e $X\beta$, combinazione lineare delle colonne di X con coefficienti $\beta_1, \ldots, \beta_p$. Se si indica con $\mathcal{V}_X$ il sottospazio vettoriale di $\mathbb{R}^n$, con dimensione p, costituito dai vettori $X\beta$ ottenuti come combinazione lineare di $\underline{x}_1, \ldots, \underline{x}_p$ al variare di β in $\mathbb{R}^p$, $X\hat{\beta}$ è la proiezione ortogonale di y in $\mathcal{V}_X$. Si ottiene imponendo l'ortogonalità tra $y - X\beta$ e i vettori $\underline{x}_1, \ldots, \underline{x}_p$ espressa tramite le **equazioni normali**

$$X^\top(y - X\beta) = 0\,.$$

Risulta $X\hat{\beta} = Py$, con $P = X(X^\top X)^{-1}X^\top$ **matrice di proiezione** da $\mathbb{R}^n$ in $\mathcal{V}_X$. La matrice P ha le seguenti proprietà:

- ha rango uguale alla dimensione p del sottospazio $\mathcal{V}_X$ in cui proietta;
- è idempotente: $P^2 = P$;
- è simmetrica: $P^\top = P$.

Con $p = 2$ e $\underline{x}_1 = \underline{1}_n$, indicati $\bar{y} = n^{-1}\sum_{i=1}^n y_i$ e $\bar{x} = n^{-1}\sum_{i=1}^n x_i$, la (1.25) dà

$$\hat{\beta}_2 = \frac{\sum_{i=1}^n x_i y_i - n\,\bar{x}\,\bar{y}}{\sum_{i=1}^n x_i^2 - n\,\bar{x}^2}\,, \qquad \hat{\beta}_1 = \bar{y} - \bar{x}\hat{\beta}_2\,. \tag{1.27}$$

Il vettore delle risposte attese stimate $\hat{\mu} = \hat{\eta} = Py$ è anche indicato con $\hat{y}$. Sia $\hat{y}_i$ la i-esima componente del vettore $\hat{y}$. I valori $\hat{y}_i$ sono detti **valori predetti**, o calcolati, in base al modello.

Spesso in letteratura la matrice di proiezione P è indicata con il simbolo alternativo H (per *hat matrix*). Infatti trasforma, tramite $\hat{y} = Hy$, il vettore y in $\hat{y}$. Per questo, il generico elemento di P è indicato con h_{ij}, $i, j = 1, \ldots, n$.

Gli scarti $e_i = y_i - \hat{y}_i$ sono i **residui** del modello. Il vettore dei residui è

$$e = y - \hat{y} = y - Py = (I_n - P)y\,.$$

Si ha pertanto la scomposizione ortogonale di y

$$y = \hat{y} + e\,,$$

che dà, per le somme di quadrati,

$$\sum_{i=1}^n y_i^2 = \sum_{i=1}^n \hat{y}_i^2 + \sum_{i=1}^n e_i^2\,.$$

In un modello con intercetta o, più in generale, se $\underline{1}_n \in \mathcal{V}_X$, la somma dei residui è pari a zero e si ha

$$SQT = SQR_p + SQE_p\,, \tag{1.28}$$

dove

$$SQT = \sum_{i=1}^{n} (y_i - \bar{y})^2 \quad \text{devianza totale}$$

$$SQR_p = \sum_{i=1}^{n} (\hat{y}_i - \bar{y})^2 \quad \text{devianza spiegata dal modello di regressione}$$

$$SQE_p = \sum_{i=1}^{n} e_i^2 \quad \text{devianza residua.}$$

Inoltre, la (1.26) dà

$$\hat{\sigma}^2 = \frac{\sum_{i=1}^{n} e_i^2}{n} \ .$$

Sfruttando la scomposizione (1.28), un indice che descrive la bontà dell'approssimazione di y con $\hat{y}$, relativamente alla bontà dell'approssimazione di y con $\bar{y}\underline{1}_n$, è il rapporto fra devianza spiegata dal modello e devianza totale,

$$R^2 = \frac{SQR_p}{SQT} = 1 - \frac{SQE_p}{SQT} \ ,$$

detto **coefficiente di determinazione**.

È immediato osservare che $0 \leq R^2 \leq 1$. Quando R^2 è prossimo a 1, il modello fornisce valori predetti prossimi ai valori osservati, tenuto conto della variabilità dei valori osservati. In altri termini, $y \in \mathbb{R}^n$ non è molto lontano dal sottospazio p-dimensionale $\mathcal{V}_X$, relativamente alla dispersione complessiva dei dati y. Se n è assai maggiore di p, il modello fornisce dunque una considerevole spiegazione dei dati. Quando invece R^2 è prossimo a 0, il modello, che incorpora il possibile effetto delle variabili concomitanti, non riesce a migliorare in modo importante la predizione marginale dei valori y_i basata su $\bar{y}$. L'indicazione ottenuta è dunque che la distribuzione della variabile d'interesse non dipende dai valori delle variabili concomitanti, o ne dipende debolmente.

L'interpretazione di R^2 è confermata dal fatto che R, la radice quadrata aritmetica di R^2, detto **coefficiente di correlazione multipla**, è il coefficiente di correlazione lineare empirico fra i valori osservati y_i e i valori calcolati $\hat{y}_i$. Infatti risulta (cfr. ad esempio Pace e Salvan, 2001, paragrafo 9.6)

$$\sum_{i=1}^{n} (\hat{y}_i - \bar{y})^2 = \sum_{i=1}^{n} (\hat{y}_i - \bar{y})(y_i - \bar{y})$$

per cui

$$R = \frac{\sum_{i=1}^{n} (y_i - \bar{y})(\hat{y}_i - \bar{y})}{\sqrt{\sum_{i=1}^{n} (y_i - \bar{y})^2 \sum_{i=1}^{n} (\hat{y}_i - \bar{y})^2}} \ .$$

Aggiungendo al modello variabili esplicative, la somma dei quadrati dei residui non può aumentare e quindi R^2 non può diminuire. Una versione di R^2, corretta per tener conto del numero di variabili nel modello, in relazione alla numerosità campionaria, è il **coefficiente di determinazione aggiustato**

$$R^2_{adj} = 1 - \frac{SQE_p/(n-p)}{SQT/(n-1)} = R^2 - (1-R^2)\frac{p-1}{n-p}\,.$$

La geometria dei minimi quadrati consente anche di ottenere un'espressione alternativa per la stima di un coefficiente di regressione β_r, utile per l'interpretazione. Si consideri senza perdita di generalità $r = p$ e sia P_0 la matrice di proiezione nello spazio lineare generato dalle colonne di $X_0 = (\underline{x}_1, \ldots, \underline{x}_{p-1})$, ove si assume $\underline{x}_1 = \underline{1}_n$. Il vettore di residui della regressione di y su X_0 è $(I_n - P_0)y$. Il vettore dei residui della regressione di $\underline{x}_p$ su X_0 è $(I_n - P_0)\underline{x}_p$. Entrambi i vettori di residui hanno componenti la cui somma è pari a zero poiché $\underline{1}_n$ è una colonna di X_0. Con un po' di algebra (cfr. ad esempio Pace e Salvan, 2001, p. 304), si verifica che

$$\hat{\beta}_p = \frac{\underline{x}_p^\top (I_n - P_0)y}{\underline{x}_p^\top (I_n - P_0)\underline{x}_p} = \frac{((I_n - P_0)\underline{x}_p)^\top (I_n - P_0)y}{((I_n - P_0)\underline{x}_p)^\top (I_n - P_0)\underline{x}_p}\,, \tag{1.29}$$

dove la seconda uguaglianza segue dal fatto che $I_n - P_0$ è idempotente. Quindi, $\hat{\beta}_p$ è uguale al coefficiente di regressione dei minimi quadrati di $(I_n - P_0)y$ su $(I_n - P_0)\underline{x}_p$ (si veda la formula del coefficiente angolare in (1.27)). La (1.29) esprime $\hat{\beta}_p$ come coefficiente di regressione dei residui della regressione di y su X_0 rispetto ai residui della regressione di $\underline{x}_p$ su X_0. Dunque $\hat{\beta}_p$ rappresenta l'effetto di $\underline{x}_p$ su y, al netto degli effetti di $\underline{x}_1, \ldots, \underline{x}_{p-1}$.

Si richiamano ora le proprietà relative alla distribuzione dello stimatore $(\hat{\beta}, \hat{\sigma}^2)$, con $\hat{\beta} = (X^\top X)^{-1} X^\top Y$ e $\hat{\sigma}^2 = (Y - X\hat{\beta})^\top (Y - X\hat{\beta})/n$ quando (β, σ^2) è il vero valore del parametro.

Sotto ipotesi del secondo ordine, valgono i seguenti risultati.

- $E_{\beta,\sigma^2}(\hat{\beta}) = \beta$.
- $Var_{\beta,\sigma^2}(\hat{\beta}) = \sigma^2 (X^\top X)^{-1}$. In particolare, la varianza di una componente $\hat{\beta}_r$ di $\hat{\beta}$, per $r = 1, \ldots, p$, è

  $$Var_{\beta,\sigma^2}(\hat{\beta}_r) = \sigma^2 w_r^2\,,$$

  dove w_r^2 è l'elemento di posto (r, r) della matrice $(X^\top X)^{-1}$.
- $E_{\beta,\sigma^2}(\hat{\sigma}^2) = (n-p)\sigma^2/n$ (Agresti, 2015, paragrafo 2.4.1) e dunque uno stimatore non distorto di σ^2 è

  $$S^2 = \frac{\sum_{i=1}^n e_i^2}{n-p}.$$

Poiché la non distorsione è legata alla parametrizzazione, $S = \sqrt{S^2}$ **non è** uno stimatore non distorto di σ, deviazione standard della risposta.

- Uno stimatore non distorto di $Var_{\beta,\sigma^2}(\hat{\beta}_r)$ è $w_r^2 S^2$; e lo *standard error*, stima della deviazione standard di $\hat{\beta}_r$, è dunque

$$se(\hat{\beta}_r) = s\sqrt{w_r^2}\,.$$

- Per il teorema di Gauss–Markov (cfr. Pace e Salvan, 2001, p. 296), $\hat{\beta}$ risulta efficiente nella classe degli stimatori di β lineari in Y e non distorti; l'efficienza va intesa nel senso che se si considera un parametro scalare $\psi = \sum_{r=1}^{p} c_r \beta_r$, combinazione lineare delle componenti di β con coefficienti c_r noti, lo stimatore $\hat{\psi} = \sum_{r=1}^{p} c_r \hat{\beta}_r$ risulta efficiente fra gli stimatori non distorti di ψ lineari in Y. Ciò vale in particolare per gli stimatori $\hat{\beta}_r$ delle componenti β_r del vettore β.
- Le proprietà di consistenza e normalità asintotica richiedono che si ipotizzi una successione di modelli di regressione indicizzata da n, quindi in particolare di matrici del modello X_n e di vettori di errori ε_n. Indicata con $\hat{\beta}_n$ la corrispondente successione di stimatori dei minimi quadrati, una condizione sufficiente per la consistenza di $\hat{\beta}_n$, nel caso di errori indipendenti e identicamente distribuiti, è che $X_n^\top X_n/n$ tenda a una matrice finita e definita positiva al divergere di n. Questo implica che tutte le componenti di $\hat{\beta}_n$ hanno varianza che tende a zero. Vale inoltre l'approssimazione $\hat{\beta}_n \dot{\sim} N_p(\beta, \sigma^2(X_n^\top X_n)^{-1})$, sotto condizioni non troppo restrittive. In particolare, sempre assumendo l'indipendenza e identica distribuzione degli errori, è richiesto che $(1/\sqrt{n})X_n^\top \varepsilon_n$ abbia matrice di covarianza finita e definita positiva (White, 2001, paragrafo 5.1). Tali proprietà asintotiche continuano a valere anche con errori non identicamente distribuiti, purché siano soddisfatte ulteriori condizioni sui momenti assoluti di $(1/\sqrt{n})X_n^\top \varepsilon_n$, si veda ad esempio White (2001, Capitoli 3 e 5), dove sono pure trattate le estensioni al caso di errori non indipendenti.

Sotto ipotesi di normalità, valgono i seguenti ulteriori risultati.

- $\hat{\beta} \sim N_p(\beta, \sigma^2(X^\top X)^{-1})$. In particolare, la distribuzione di probabilità di una componente di $\hat{\beta}$, per $r = 1, \ldots, p$, è

$$\hat{\beta}_r \sim N(\beta_r, \sigma^2 w_r^2)\,.$$

- $n\hat{\sigma}^2 = (n-p)S^2 \sim \sigma^2 \chi^2_{n-p}$.
- $\hat{\beta}$ e $\hat{\sigma}^2$ sono indipendenti.
- $\dfrac{\hat{\beta}_r - \beta_r}{\sqrt{S^2 w_r^2}} \sim t_{n-p}\,,$

dove con t_ν si indica una distribuzione t di Student con ν gradi di libertà.

L'ultimo risultato permette di costruire test e intervalli di confidenza per un singolo coefficiente di regressione β_r, $r = 1, \ldots, p$, basati su una quantità pivotale esatta, ossia con distribuzione nota sotto β_r. In particolare, il test t per l'ipotesi di nullità $H_0 : \beta_r = 0$ contro $H_1 : \beta_r \neq 0$ basato su $W_P(\beta_r)$ è equivalente al test che rifiuta H_0 per valori grandi di $|t|$, con

$$t = \frac{\hat{\beta}_r}{\sqrt{s^2 w_r^2}} .$$

Se vale H_0, la statistica t è distribuita come una t_{n-p} e il livello di significatività osservato esatto è

$$\alpha^{oss} = 2(1 - F(|t|)) ,$$

dove $F(\cdot)$ indica la funzione di ripartizione di t_{n-p}.

Un intervallo di confidenza per β_r con livello $1 - \alpha$ è allora

$$\hat{\beta}_r \pm t_{n-p;\,1-\alpha/2} \sqrt{s^2 w_r^2} ,$$

dove $t_{n-p;1-\alpha/2}$ indica il quantile $1 - \alpha/2$ di t_{n-p}.

In un modello lineare normale (con intercetta), interessa spesso verificare un'ipotesi di semplificazione del modello

$$H_0 : \beta_{p_0+1} = \beta_{p_0+2} = \ldots = \beta_p = 0 .$$

Sotto H_0, le variabili esplicative che corrispondono ai parametri $\beta_{p_0+1}, \ldots, \beta_p$ non hanno alcuna influenza sulla distribuzione delle risposte Y.

Il modello con spazio parametrico $\{(\beta, \sigma^2),\ \beta \in \mathbb{R}^p,\ \sigma^2 > 0\}$ è il **modello completo**. Il **modello ridotto**, corrispondente ad H_0, ha spazio parametrico espresso da $\{(\beta_0, 0_{p-p_0}, \sigma^2),\ \beta_0 \in \mathbb{R}^{p_0},\ \sigma^2 > 0\}$.

Sia $\mathcal{F}_1$ il modello minimale di omogeneità delle osservazioni, il modello di campionamento casuale semplice. Sia $\mathcal{F}_p$ il modello completo e $\mathcal{F}_{p_0}$ il modello ridotto, con $1 < p_0 < p$. Vale la scomposizione

$$SQE_{p_0} = SQE_p + SQR_p - SQR_{p_0} ,$$

che mostra che la somma dei quadrati dei residui di $\mathcal{F}_{p_0}$ è analizzabile come somma dei quadrati dei residui di $\mathcal{F}_p$ più un termine non negativo, $SQR_p - SQR_{p_0}$, che rappresenta il miglioramento che si ha passando dal modello ridotto $\mathcal{F}_{p_0}$ al modello $\mathcal{F}_p$.

Il test del rapporto di verosimiglianza $W_P^{H_0}$ conduce a rifiutare H_0 per valori grandi della statistica

$$F = \frac{(\hat{\sigma}_0^2 - \hat{\sigma}^2)/(p - p_0)}{\hat{\sigma}^2/(n-p)} = \frac{(SQR_p - SQR_{p_0})/(p - p_0)}{SQE_p/(n-p)} , \tag{1.30}$$

con distribuzione nulla esatta F di Fisher con $p - p_0$ e $n - p$ gradi di libertà, in breve $F_{p-p_0,n-p}$. Nella (1.30), $\hat{\sigma}_0^2$ è pari a SQE_{p_0}/n, stima di massima verosimiglianza di σ^2 nel modello ridotto.

Tabella 1.17 Prospetto di analisi della varianza

Fonte di variabilità	Gradi di libertà	Somma dei quadrati	Test su miglioramento / Distribuzione nulla
Totale (residui di $\mathcal{F}_1$)	$n-1$	SQT	
Miglioramento con $\mathcal{F}_{p_0}$ rispetto a $\mathcal{F}_1$	p_0-1	SQR_{p_0}	$\dfrac{SQR_{p_0}/(p_0-1)}{SQE_{p_0}/(n-p_0)}$
			$F_{p_0-1,n-p_0}$
Miglioramento con $\mathcal{F}_p$ rispetto a $\mathcal{F}_{p_0}$	$p-p_0$	$SQR_p - SQR_{p_0}$	$\dfrac{(SQR_p - SQR_{p_0})/(p-p_0)}{SQE_p/(n-p)}$
			$F_{p-p_0,n-p}$
Residui di $\mathcal{F}_p$	$n-p$	SQE_p	

I risultati di un test per la semplificazione del modello sono usualmente presentati sotto forma di un prospetto di analisi della varianza, come nella Tabella 1.17. Si assume che il modello minimale di campionamento casuale semplice, $\mathcal{F}_1$, sia un sottomodello di $\mathcal{F}_p$ come pure di $\mathcal{F}_{p_0}$.

Qualora il test per il miglioramento con $\mathcal{F}_p$ rispetto a $\mathcal{F}_{p_0}$ risulti significativo, si pone il problema di individuare quali tra le componenti di $(\beta_{p_0+1}, \ldots, \beta_p)$ siano di fatto significativamente diverse da zero. Se per ciascuna componente si considera un intervallo di confidenza con livello $1-\alpha$, il livello di confidenza complessivo è ovviamente più piccolo di $1-\alpha$ non appena $p - p_0 > 1$; in particolare, se gli stimatori dei parametri fossero indipendenti, sarebbe $(1-\alpha)^{p-p_0}$. Le procedure che permettono di mantenere il livello $1-\alpha$ complessivo, anche nelle situazioni di dipendenza, sono dette di inferenza multipla. Una monografia introduttiva è Bretz *et al.* (2010).

1.6.3 *Minimi quadrati generalizzati*

Spesso non è ragionevole assumere che le osservazioni sulla risposta siano omoschedastiche (con uguale varianza) e incorrelate. Il caso più semplice è quello in cui si hanno dati raggruppati (cfr. Tabella 1.9) a partire da osservazioni che soddisfano le assunzioni del modello lineare (normale o con ipotesi del secondo ordine). Si ha allora

$$Var(\bar{Y}_1, \ldots, \bar{Y}_g)^\top = \sigma^2 \Omega ,$$

con $\Omega = \text{diag}(1/m_1, \ldots, 1/m_g)$.

In generale, se nelle ipotesi 3 (normalità) oppure 3′ (secondo ordine), l'assunzione $Var(\varepsilon) = \sigma^2 I_n$ viene sostituita dalla

$$Var(\varepsilon) = Var(Y) = \sigma^2 \Omega ,$$

con Ω matrice di covarianza $n \times n$ nota definita positiva, è agevole trasformare il modello riconducendosi alle ipotesi standard. Esiste infatti una matrice quadrata B di ordine n tale che $B B^\top = \Omega$ e si scrive $B = \Omega^{1/2}$. Questo risultato è conseguenza della **scomposizione spettrale** di una matrice simmetrica Ω come $\Omega = Q \Lambda Q^\top$, dove Λ è la matrice diagonale degli autovalori di Ω e Q è la matrice ortogonale avente come colonne i corrispondenti autovettori normalizzati. Dunque $B = Q \Lambda^{1/2} Q^\top$. Risulta inoltre $\Omega^{-1/2} = (\Omega^{1/2})^{-1} = Q \Lambda^{-1/2} Q^\top$.

Per il vettore trasformato

$$Y^* = \Omega^{-1/2} Y$$

si ha

$$Y^* = \Omega^{-1/2} X\beta + \Omega^{-1/2}\varepsilon = X^*\beta + \varepsilon^* ,$$

con $X^* = \Omega^{-1/2} X$ e $\varepsilon^* = \Omega^{-1/2}\varepsilon$. Risulta $Var(\varepsilon^*) = \sigma^2 \Omega^{-1/2} \Omega (\Omega^{-1/2})^\top = \sigma^2 I_n$, cosicché valgono per Y^* le assunzioni di un modello lineare normale con matrice del modello X^*. Lo stimatore di β è allora soluzione delle equazioni normali $(X^*)^\top (Y^* - X^*\beta) = 0$, ossia di

$$X^\top \Omega^{-1} (Y - X\beta) = 0 , \tag{1.31}$$

che equivale a

$$(X^\top \Omega^{-1} X)\beta = X^\top \Omega^{-1} Y , \tag{1.32}$$

La (1.32) è soddisfatta per $\beta = \hat\beta_{GLS}$ con

$$\hat\beta_{GLS} = ((X^*)^\top X^*)^{-1} (X^*)^\top Y^* = (X^\top \Omega^{-1} X)^{-1} X^\top \Omega^{-1} Y , \tag{1.33}$$

detto **stimatore dei minimi quadrati generalizzati** (*generalized least squares*, GLS). Lo stimatore $\hat\beta_{GLS}$ è non distorto e con matrice di covarianza

$$Var_{\beta,\sigma^2}(\hat\beta_{GLS}) = \sigma^2 ((X^*)^\top X^*)^{-1} = \sigma^2 (X^\top \Omega^{-1} X)^{-1} .$$

Continua a valere per $\hat\beta_{GLS}$ il teorema di Gauss–Markov e lo stimatore risulta ottimo nella classe degli stimatori lineari in Y e non distorti. Di conseguenza, utilizzare $\hat\beta$ in presenza di eteroschedasticità (varianze diverse) o autocorrelazione può comportare una perdita di efficienza, anche se $\hat\beta$ rimane non distorto.

Lo stimatore non distorto di σ^2 diventa

$$\hat\sigma^2_{GLS} = \frac{(y - \hat\mu)^\top \Omega^{-1} (y - \hat\mu)}{n - p} .$$

con $\hat\mu = X\hat\beta_{GLS}$.

Lo stimatore $\hat{\beta}_{GLS}$ può coincidere con $\hat{\beta}$ anche se $\Omega \neq I_n$. Una condizione necessaria e sufficiente affinché $\hat{\beta}_{GLS} = \hat{\beta}$ è

$$\mathcal{V}_X = \mathcal{V}_{\Omega X}\,, \tag{1.34}$$

dove $\mathcal{V}_X$ è il sottospazio vettoriale di $\mathbb{R}^n$ generato dalle colonne di X e $\mathcal{V}_{\Omega X}$ è il sottospazio vettoriale di $\mathbb{R}^n$ generato dalle colonne di ΩX. Per la dimostrazione dell'equivalenza di (1.34) e di $\hat{\beta} = \hat{\beta}_{GLS}$ si veda l'Appendice C.

Come applicazione importante, si mostra che nel modello con Ω che ha struttura di equicorrelazione, se $\underline{x}_1 = \underline{1}_n$, si ha $\hat{\beta}_{GLS} = \hat{\beta}$. Sia dunque

$$Var(\varepsilon) = \sigma^2 \begin{pmatrix} 1 & \rho & \dots & \rho \\ \rho & 1 & \dots & \rho \\ \vdots & \vdots & \ddots & \vdots \\ \rho & \rho & \dots & 1 \end{pmatrix} = \sigma^2 \Omega$$

e $X = (\underline{1}_n, \underline{x}_2, \dots, \underline{x}_p)$. Allora

$$\begin{aligned}
\Omega X &= \begin{pmatrix} 1 & \rho & \dots & \rho \\ \rho & 1 & \dots & \rho \\ \vdots & \vdots & \ddots & \vdots \\ \rho & \rho & \dots & 1 \end{pmatrix} \begin{pmatrix} 1 & x_{12} & \dots & x_{1p} \\ 1 & x_{22} & \dots & x_{2p} \\ \vdots & \vdots & \ddots & \vdots \\ 1 & x_{n2} & \dots & x_{np} \end{pmatrix} \\
&= \begin{pmatrix} 1+(n-1)\rho & (1-\rho)x_{12} + \rho \underline{1}_n^\top \underline{x}_2 & \dots & (1-\rho)x_{1p} + \rho \underline{1}_n^\top \underline{x}_p \\ 1+(n-1)\rho & (1-\rho)x_{22} + \rho \underline{1}_n^\top \underline{x}_2 & \dots & (1-\rho)x_{2p} + \rho \underline{1}_n^\top \underline{x}_p \\ \vdots & \vdots & \ddots & \vdots \\ 1+(n-1)\rho & (1-\rho)x_{n2} + \rho \underline{1}_n^\top \underline{x}_2 & \dots & (1-\rho)x_{np} + \rho \underline{1}_n^\top \underline{x}_p \end{pmatrix} \\
&= ([1+(n-1)\rho]\underline{1}_n\,, (1-\rho)\underline{x}_2 + \rho(\underline{1}_n^\top \underline{x}_2)\underline{1}_n\,, \dots, (1-\rho)\underline{x}_p + \rho(\underline{1}_n^\top \underline{x}_p)\underline{1}_n)
\end{aligned}$$

per cui tutte le colonne di ΩX sono combinazioni lineari di colonne di X e tutte le colonne di X sono combinazioni lineari delle colonne di ΩX, poiché Ω è non singolare.

1.6.4 Controllo empirico del modello

Il controllo empirico del modello finale fa parte integrante di ogni analisi di regressione. È buona pratica, in primo luogo, confrontare graficamente i valori predetti con i valori osservati. Uno strumento utile è poi l'analisi dei residui, che può aiutare a evidenziare eventuali scostamenti importanti dalle assunzioni del modello.

Il vettore dei residui è realizzazione della variabile casuale $(I_n - P)Y$ con componenti $Y_i - \hat{Y}_i = Y_i - \boldsymbol{x}_i\hat{\beta}$. Se valgono le ipotesi del secondo ordine, risulta

$$E_{\beta,\sigma^2}((I_n - P)Y) = 0, \qquad Var_{\beta,\sigma^2}((I_n - P)Y) = \sigma^2(I_n - P).$$

La matrice di covarianza dei residui è singolare, con rango $n - p$. In altri termini, vi sono vincoli lineari tra le componenti di $(I_n - P)Y$ dovuti ai vincoli lineari imposti dalle equazioni normali.

I **residui standardizzati** sono dati da

$$r_i = \frac{y_i - \hat{y}_i}{\sqrt{s^2(1 - h_{ii})}}, \tag{1.35}$$

dove h_{ii} è l'i-esimo elemento sulla diagonale di $H = P = X(X^\top X)^{-1}X^\top$, pari a $h_{ii} = \boldsymbol{x}_i(X^\top X)^{-1}\boldsymbol{x}_i^\top$. Sotto l'ipotesi di normalità, r_i ha distribuzione esatta t_{n-p}, usualmente approssimabile con una $N(0, 1)$.

L'ambiente R fornisce, tra i risultati di *default* dell'adattamento di un modello lineare, i **cinque numeri di Tukey** (Tukey, 1977) per la distribuzione dei residui, ossia minimo, massimo, e i quartili primo, secondo (mediana) e terzo. L'esame di questi valori fornisce immediatamente un'idea sulla ragionevolezza dell'ipotesi di simmetria, conseguenza dell'ipotesi di normalità. Inoltre, valori grandi in valore assoluto del minimo e del massimo dei residui standardizzati indicano la presenza di eventuali **osservazioni anomale** (*outliers*), ossia di valori della risposta che si discostano dallo schema mostrato dalla maggior parte dei dati e dunque danno luogo a residui grandi in valore assoluto.

Si possono poi analizzare i residui con diversi strumenti grafici. Una valutazione dell'ipotesi di normalità si può ottenere tramite il grafico delle probabilità normali (Q-Q *plot*) per i residui standardizzati. Ulteriori diagrammi utili per evidenziare eventuali non linearità sono quello dei residui rispetto ai valori calcolati e quello dei residui rispetto a ciascuna delle variabili esplicative che entrano nel predittore lineare. Per valutare se è opportuno introdurre ulteriori variabili esplicative, può essere utile il **diagramma della variabile aggiunta**, si veda l'Esercizio 1.8. Se poi le osservazioni y_i sono in sequenza temporale, il diagramma dei residui rispetto all'indice i non deve evidenziare alcun andamento sistematico.

L'i-esimo elemento diagonale di H, h_{ii}, è anche detto **valore leva** (*leverage*) dell'i-esima osservazione. Posto $\hat{Y}_i = \boldsymbol{x}_i\hat{\beta}$, risulta

$$Var(\hat{Y}_i) = \sigma^2 h_{ii}$$

e

$$Var(\hat{Y}_i - Y_i) = \sigma^2(1 - h_{ii}).$$

Dunque, per la non negatività della varianza, $0 \leq h_{ii} \leq 1$. Se h_{ii} è grande e prossimo a 1, il residuo corrispondente ha varianza prossima a zero. Ciò indica che il valore predetto $\hat{Y}_i$ è pressoché determinato dalla singola osservazione Y_i. Risulta anche $Cov(Y_i, \hat{Y}_i) = \sigma^2 h_{ii}$ (Esercizio 1.11).

Spesso interessa identificare un'eventuale osservazione influente. Con tale termine si indica un'osservazione la cui rimozione dall'analisi di regressione comporta una variazione rilevante del modello stimato. Un'osservazione è valutata influente se ad essa corrispondono sia un valore leva elevato sia un residuo elevato in valore assoluto. Una nota misura di influenza, riportata in R nelle analisi grafiche dei residui, è la distanza di Cook. Sia $\hat{\beta}_{(i)}$ il vettore dei coefficienti di regressione calcolato rimuovendo l'i-esima unità. La distanza di Cook per l'i-esima unità è

$$d_i = \frac{(\hat{\beta}_{(i)} - \hat{\beta})^\top (\widehat{Var}(\hat{\beta}))^{-1} (\hat{\beta}_{(i)} - \hat{\beta})}{p} = \frac{r_i^2 h_{ii}}{p(1 - h_{ii})}, \qquad (1.36)$$

dove l'ultima espressione coinvolge il residuo standardizzato (1.35) e il valore leva h_{ii}. Per approfondimenti, si veda McCullagh e Nelder (1989, paragrafo 12.7.3).

1.7 Dal modello lineare normale ai modelli lineari generalizzati

Per una risposta univariata quantitativa continua Y_i il modello di regressione lineare normale assume

$$Y_i \sim N(\mu_i, \sigma^2),$$

con $\mu_i = \eta_i = \boldsymbol{x}_i\beta$ e $\sigma^2 > 0$ varianza comune delle Y_i, non dipendente dalle variabili esplicative. Con la notazione matriciale,

$$Y \sim N_n(X\beta, \sigma^2 I_n).$$

I modelli lineari generalizzati per risposte univariate (introdotti da Nelder e Wedderburn, 1972) rappresentano un'estensione del modello di regressione lineare normale per trattare risposte con distribuzione che può essere diversa dalla normale e media della risposta che è funzione del predittore lineare, non necessariamente la funzione identità. Un modello lineare generalizzato è definito da 3 elementi.

- Distribuzione della risposta: è la distribuzione di probabilità di Y_i, assumendo che le v.c. $Y_1, \ldots, Y_n$ siano indipendenti con $\mu_i = E(Y_i)$.
- Predittore lineare: per un vettore $\beta = (\beta_1, \ldots, \beta_p)^\top$ di coefficienti di regressione e una matrice del modello X, $n \times p$, il predittore lineare è $\eta = X\beta$ con componenti $\eta_i = \boldsymbol{x}_i\beta$.
- Funzione di legame: è la funzione $g(\cdot)$ che collega μ_i al predittore lineare η_i, assunta di forma nota, derivabile con continuità e invertibile,

$$g(\mu_i) = \boldsymbol{x}_i\beta.$$

Rinviando ai capitoli successivi gli aspetti di dettaglio, si anticipa che i modelli lineari generalizzati sono modelli parametrici con distribuzione della risposta in una **famiglia di dispersione esponenziale**. Queste famiglie costituiscono un'ampia classe di modelli parametrici che include distribuzioni sia continue sia discrete. Come casi particolari notevoli, per risposte sia univariate sia multivariate, si trovano le distribuzioni normale, gamma, binomiale, Poisson, normale multivariata, multinomiale. I modelli appartenenti a tale classe presentano alcune caratteristiche attraenti. Queste riguardano: l'individuazione di statistiche sufficienti, il comportamento regolare delle quantità di verosimiglianza relativamente a esistenza e unicità delle stime, gli algoritmi per il calcolo delle stime di massima verosimiglianza, le distribuzioni asintotiche di quantità di verosimiglianza. In taluni casi è possibile individuare test, regioni di confidenza, stimatori, con proprietà di ottimalità.

Poiché il predittore lineare rimane identico a quello di un modello lineare, normale o con ipotesi del secondo ordine, continuano a valere tutte le considerazioni già fatte nel paragrafo 1.4.1, in particolare sulla codifica di fattori.

La funzione di legame $g(\mu_i) = \mu_i$ è detta **funzione di legame identità**. Un modello lineare generalizzato con funzione di legame identità è detto **modello lineare**. L'introduzione di una funzione di legame non necessariamente uguale all'identità è particolarmente conveniente se l'insieme dei valori possibili per μ_i non è $\mathbb{R}$. Questo accade ad esempio per le distribuzioni binomiale, Poisson e gamma. È così possibile modellare in termini lineari la dipendenza da variabili esplicative di risposte la cui distribuzione ha come supporto un sottoinsieme proprio di $\mathbb{R}$, potendo assumere senz'altro $\mathbb{R}^p$ come spazio parametrico per β. Ad esempio, con una variabile risposta dicotomica non degenere i cui valori sono codificati con 0 e 1, la media può assumere valori in $(0, 1)$ e una possibile funzione di legame con codominio $\mathbb{R}$ è $g(\mu) = \log(\mu/(1-\mu))$. Questa scelta non comporta vincoli sulle componenti di β che appare in $g(\mu_i) = \boldsymbol{x}_i\beta$.

Se la funzione di legame è l'identità, l'interpretazione dei coefficienti di regressione è quella discussa nel paragrafo 1.6.1 per il modello lineare normale. Particolare attenzione andrà posta sull'interpretazione dei parametri di regressione quando la funzione di legame $g(\cdot)$ è diversa dall'identità. Comunque, se, ad esempio, $g(\cdot)$ è monotona crescente, un segno positivo (negativo) di β_r, $r = 1, \ldots, p$, corrisponde a una relazione monotona crescente (decrescente) tra μ_i e x_{ir} *ceteris paribus*, ossia fermo restando il valore delle rimanenti variabili esplicative.

Prima dell'introduzione dei modelli lineari generalizzati, l'approccio tradizionale suggeriva di trasformare opportunamente i dati su una scala ove non si abbiano incompatibilità di supporto e sia approssimativamente valida la normalità dell'errore. Quindi, per una opportuna $g(\cdot)$ che stabilizza la varianza (cfr. Appendice D), si può assumere $g(Y_i) \dot{\sim} N(\boldsymbol{x}_i\beta, \sigma^2)$. I modelli lineari generalizzati permettono invece la flessibilità sull'ipotesi distributiva, ammettendo per la risposta una distribuzione diversa dalla normale. Inoltre, mentre il predittore lineare di un modello lineare generalizzato descrive $g(E(Y_i))$, il modello lineare per una trasformazione della risposta assume $E(g(Y_i)) = \eta_i$, rendendo meno diretta l'interpretazione dei parametri di regressione in termini di effetti su $E(Y_i)$ delle variabili esplicative (si tenga presente che $E(g(Y_i)) \neq g(E(Y_i))$ in generale).

I modelli lineari generalizzati possono essere estesi anche al caso multivariato assumendo, per una risposta d-dimensionale, un modello appartenente a una famiglia di dispersione esponenziale di ordine d e una funzione di legame dallo spazio d-dimensionale delle medie in $\mathbb{R}^d$ differenziabile e invertibile. Alcuni esempi con risposte multinomiali e normali multivariate saranno trattati nei Capitoli 4 e 7.

1.8 Laboratori R: modelli di regressione normale

La funzione di R per adattare un modello di regressione lineare è `lm`. Essa produce un oggetto di classe `lm`, a cui possono essere applicate le seguenti funzioni:

`summary`	per un riassunto di una analisi di regressione
`confint`	per gli intervalli di confidenza per i coefficienti di regressione
`anova`	per confrontare modelli annidati tramite test F (cfr. Tabella 1.17)
`plot`	per l'analisi grafica dei residui
`fitted`	per ottenere i valori stimati $\hat{y}_i$
`residuals`	per ottenere i residui del modello
`rstandard`	per ottenere i residui standardizzati (1.35)
`predict`	per ottenere i valori predetti dal modello in corrispondenza a valori assegnati delle variabili esplicative

Gli argomenti delle funzioni saranno mostrati negli esempi che seguono. Ulteriori informazioni si possono ricavare dall'aiuto in linea.

1.8.1 Peso alla nascita: analisi dei dati `Neonati`

Con i dati dell'Esempio 1.1, rappresentati nella Figura 1.1, si consideri il modello lineare normale con

$$E(Y_i) = \beta_1 + \beta_2 x_i + \beta_3 z_i \, , \tag{1.37}$$

dove, per l'i-esima unità, $i = 1, \ldots, 32$, Y_i è la variabile peso, x_i è la durata e z_i è una variabile indicatrice che vale 1 se la madre è fumatrice e zero altrimenti.

Il modello assume $Y_i \sim N(\beta_1 + \beta_2 x_i, \sigma^2)$ per i neonati da madre non fumatrice e $Y_i \sim N(\beta_1 + \beta_3 + \beta_2 x_i, \sigma^2)$ per i neonati da madre fumatrice. A parità di durata x_i, il parametro β_3 rappresenta la differenza media tra peso di neonati da madri fumatrici e non fumatrici. Con i dati a disposizione (cfr. Figura 1.1), ci si attende $\hat{\beta}_3 < 0$.

I dati sono disponibili nel *data frame* `Neonati`, che ha la seguente struttura

```
str(Neonati)
```

```
## 'data.frame': 32 obs. of  3 variables:
##  $ peso  : int  2940 3130 2420 2450 2760 2440 32..
##  $ durata: int  38 38 36 34 39 35 40 42 37 40 ...
##  $ fumo  : Factor w/ 2 levels "NF","F": 2 1 2 1 ..
```

La definizione adottata della variabile indicatrice per la variabile fumo nella (1.37) è coerente con la codifica nel *data frame*. Ciò può essere verificato con

```
contrasts(Neonati$fumo)
```

```
##    F
## NF 0
## F  1
```

L'adattamento del modello lineare normale con predittore lineare specificato dalla (1.37) si ottiene con

```
neonati.lm <- lm(peso ~ durata + fumo, data = Neonati)
```

a cui è associata la matrice del modello 32×3 seguente (`head` visualizza le prime 6 righe)

```
head(model.matrix(~ durata + fumo, data = Neonati))
```

```
##   (Intercept) durata fumoF
## 1           1     38     1
## 2           1     38     0
## 3           1     36     1
## 4           1     34     0
## 5           1     39     1
## 6           1     35     1
```

Una sintesi dei risultati dell'analisi di regressione si ottiene con

```
summary(neonati.lm)
```

```
##
## Call:
## lm(formula = peso ~ durata + fumo, data = Neonati)
##
## Residuals:
##     Min      1Q  Median      3Q     Max
## -223.69  -92.06   -9.37   79.66  197.51
##
## Coefficients:
##             Estimate Std. Error t value Pr(>|t|)
## (Intercept) -2389.57     349.21   -6.84  1.6e-07 ***
## durata        143.10       9.13   15.68  1.1e-15 ***
## fumoF        -244.54      41.98   -5.83  2.6e-06 ***
## ---
```

```
## Signif. codes:  0 '***' 0.001 '**' 0.01 '*' 0.05 '.' 0.1 ' ' 1
##
## Residual standard error: 116 on 29 degrees of freedom
## Multiple R-squared:  0.896,Adjusted R-squared:  0.889
## F-statistic:  125 on 2 and 29 DF,  p-value: 5.29e-15
```

Si osserva che R^2 è piuttosto elevato e tutti i coefficienti di regressione sono valutati significativamente diversi da zero. Si possono anche ottenere intervalli di confidenza per i singoli parametri del modello

```
confint(neonati.lm, level = 0.95)

##               2.5
## (Intercept) -3104  -1675
## durata        124    162
## fumoF        -330   -159
```

L'analisi grafica dei residui non evidenzia allontanamenti dalle ipotesi del modello.

```
par(mfrow = c(2, 2))
plot(neonati.lm, which = 1:4)
```

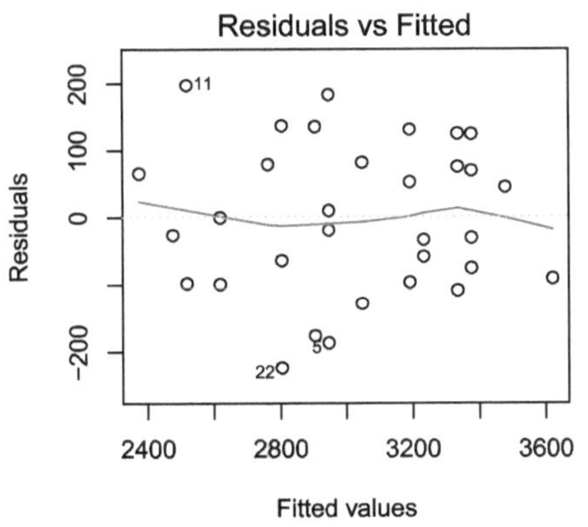

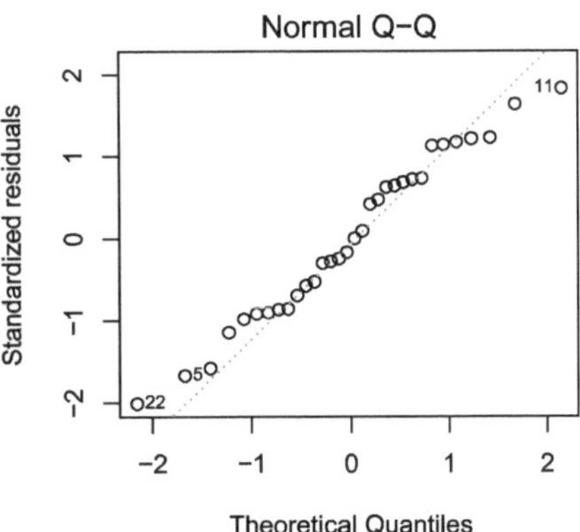

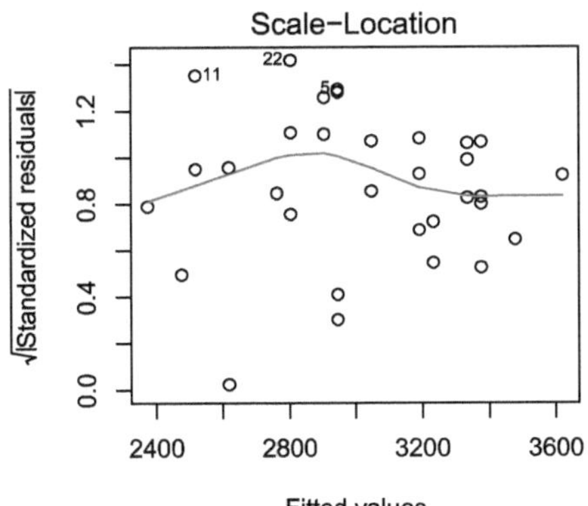

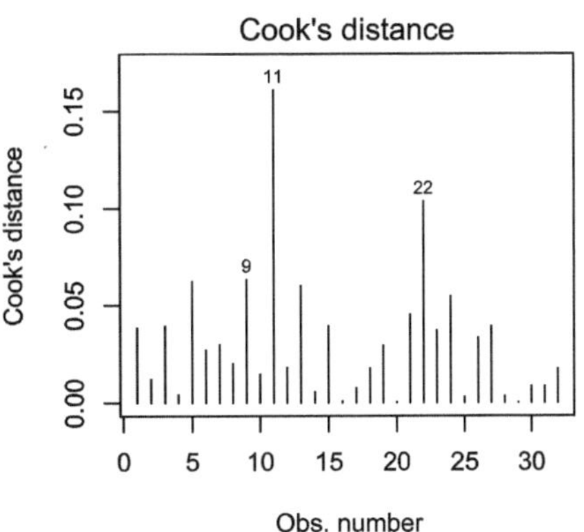

Si consideri ora il modello che include anche il termine di interazione

$$E(Y_i) = \beta_1 + \beta_2 x_i + \beta_3 z_i + \beta_4 x_i z_i \,, \tag{1.38}$$

equivalente ad assumere $Y_i \sim N(\beta_1 + \beta_2 x_i, \sigma^2)$ per i neonati da madre non fumatrice e $Y_i \sim N(\beta_1 + \beta_3 + (\beta_2 + \beta_4)x_i, \sigma^2)$ per i neonati da madre fumatrice. Secondo tale modello, i valori attesi del peso sono funzione lineare della durata, con intercetta e coefficiente angolare differenti per il gruppo di neonati da madre non fumatrice e da madre fumatrice.

L'adattamento del modello lineare normale con predittore lineare specificato dalla (1.38) si ottiene con

```
neonati.lm1 <- lm(peso ~ durata * fumo, data = Neonati)
```

a cui è associata la matrice del modello 32×4 seguente

```
head(model.matrix(~ durata * fumo, data = Neonati))

##   (Intercept) durata fumoF durata:fumoF
## 1           1     38     1           38
## 2           1     38     0            0
## 3           1     36     1           36
## 4           1     34     0            0
## 5           1     39     1           39
## 6           1     35     1           35
```

La sintesi dei risultati

```
summary(neonati.lm1)

##    ...
##
## Coefficients:
##              Estimate Std. Error t value Pr(>|t|)
## (Intercept)  -2546.14     501.07   -5.08  2.2e-05 ***
## durata         147.21      13.12   11.22  7.2e-12 ***
## fumoF           71.57     716.95    0.10     0.92
## durata:fumoF    -8.18      18.52   -0.44     0.66
## ---
## Signif. codes:  0 '***' 0.001 '**' 0.01 '*' 0.05 '.' 0.1 ' ' 1
##
## Residual standard error: 117 on 28 degrees of freedom
## Multiple R-squared:  0.897,Adjusted R-squared:  0.886
## F-statistic: 81.4 on 3 and 28 DF,  p-value: 6.14e-14
```

evidenzia che l'ipotesi nulla $H_0 : \beta_4 = 0$ non viene rifiutata, e quindi non vi è differenza significativa tra i coefficienti angolari delle due relazioni lineari.

Alla stessa conclusione si poteva arrivare confrontando il modello ridotto definito dalla (1.37) con il modello completo corrispondente alla (1.38) tramite il test F (1.30) calcolabile grazie alla funzione `anova`.

```
anova(neonati.lm, neonati.lm1)

## Analysis of Variance Table
##
## Model 1: peso ~ durata + fumo
## Model 2: peso ~ durata * fumo
##   Res.Df    RSS Df Sum of Sq   F Pr(>F)
## 1     29 387070
## 2     28 384391  1      2678 0.2   0.66
```

Una volta adattato un modello soddisfacente, lo si può utilizzare per ottenere stime ed intervalli di confidenza per il valore atteso di Y in corrispondenza a specifici valori delle variabili esplicative. In modo analogo, si possono ottenere previsioni e corrispondenti intervalli. Ad esempio, si può essere interessati alla stima e a un intervallo di confidenza per il peso medio per un neonato con durata della gravidanza di 41 settimane e con madre fumatrice, e l'analogo per una madre non fumatrice.

```
predict(neonati.lm, newdata = data.frame(fumo = c("F", "NF"),
        durata = rep(41, 2)), interval = "confidence",
        level = 0.95)

##    fit  lwr  upr
## 1 3233 3165 3301
## 2 3478 3398 3557
```

Nella stessa situazione, una previsione e un intervallo di previsione sarebbero

```
predict(neonati.lm, newdata = data.frame(fumo = c("F", "NF"),
        durata = rep(41, 2)), interval = "prediction",
        level = 0.95)

##    fit  lwr  upr
## 1 3233 2987 3479
## 2 3478 3228 3727
```

La stima del valor medio e la previsione puntuale coincidono, ma l'intervallo di previsione risulta notevolmente più ampio del corrispondente intervallo di confidenza per il valore atteso (si vedano gli Esercizi 1.5 e 1.6).

Si nota infine che una diversa codifica del fattore fumo avrebbe portato a una diversa parametrizzazione del modello. Ad esempio, utilizzando $z_{i1} = 1$ se la madre è fumatrice e zero altrimenti e $z_{i2} = 1$ se la madre è non fumatrice e zero altrimenti, il modello senza interazione ha

$$E(Y_i) = \beta_1 x_i + \beta_2 z_{i1} + \beta_3 z_{i2} \,. \tag{1.39}$$

Non viene inserito il parametro di intercetta per mantenere l'identificabilità e la non singolarità della matrice del modello. Con tale formulazione, $Y_i \sim N(\beta_2 + \beta_1 x_i, \sigma^2)$ per i neonati da madre fumatrice e $Y_i \sim N(\beta_3 + \beta_1 x_i, \sigma^2)$ per i neonati da madre non fumatrice. A parità di durata x_i, la quantità $\beta_3 - \beta_2$ rappresenta la differenza media tra il peso di neonati con madri non fumatrici e fumatrici.

```
with(Neonati, {
  z1 <- ifelse(fumo == "F", 1, 0)
  z2 <- ifelse(fumo == "F", 0, 1)
  summary(lm(peso ~ -1 + z1 + z2))})

##     ...
##
## Coefficients:
##    Estimate Std. Error t value Pr(>|t|)
## z1   2973.6       87.4    34.0   <2e-16 ***
## z2   3066.1       87.4    35.1   <2e-16 ***
## ---
## Signif. codes:  0 '***' 0.001 '**' 0.01 '*' 0.05 '.' 0.1 ' ' 1
##
## Residual standard error: 350 on 30 degrees of freedom
## Multiple R-squared:  0.988,Adjusted R-squared:  0.987
## F-statistic: 1.19e+03 on 2 and 30 DF,  p-value: <2e-16
```

Una ulteriore parametrizzazione alternativa si può ottenere lasciando l'intercetta nel modello, ma cambiando la variabile indicatrice utilizzata. Questo si può fare con il comando

```
with(Neonati, {
  fumo1 <- relevel(fumo, ref = "F")
  contrasts(fumo1)
  summary(lm(peso ~ durata + fumo1))})

##     ...
##
## Coefficients:
##             Estimate Std. Error t value Pr(>|t|)
## (Intercept) -2634.12     358.87   -7.34  4.4e-08 ***
## durata        143.10       9.13   15.68  1.1e-15 ***
## fumo1NF       244.54      41.98    5.83  2.6e-06 ***
## ---
## Signif. codes:  0 '***' 0.001 '**' 0.01 '*' 0.05 '.' 0.1 ' ' 1
##
## Residual standard error: 116 on 29 degrees of freedom
## Multiple R-squared:  0.896,Adjusted R-squared:  0.889
## F-statistic:  125 on 2 and 29 DF,  p-value: 5.29e-15
```

La funzione `with` permette di eseguire i comandi indicati sulle variabili del *data frame*, in questo caso `Neonati`.

Esercizio Per ciascuna codifica considerata per la variabile dicotomica, si fornisca l'interpretazione dei parametri e delle loro stime e si verifichi che i modelli stimati risultano equivalenti. ◇

1.8.2 *Tempi di coagulazione: analisi dei dati* `Clotting`

Per i dati illustrati nell'Esempio 1.2 si vuole studiare la relazione tra i tempi di coagulazione di plasma sanguigno da un lato e la percentuale di diluizione e il lotto dall'altro. Nel seguito si considererà come variabile esplicativa la percentuale di diluizione in scala logaritmica.

```
with(Clotting, {
  plot(log(u), tempo, type = "n")
  points(log(u[lotto == "uno"]), tempo[lotto == "uno"])
  points(log(u[lotto != "uno"]), tempo[lotto != "uno"],
         pch=19, col=2)
  legend(x = "topright", legend = c("lotto 1", "lotto 2"),
         bty = "n", pch = c(1, 19), col = 1:2)})
```

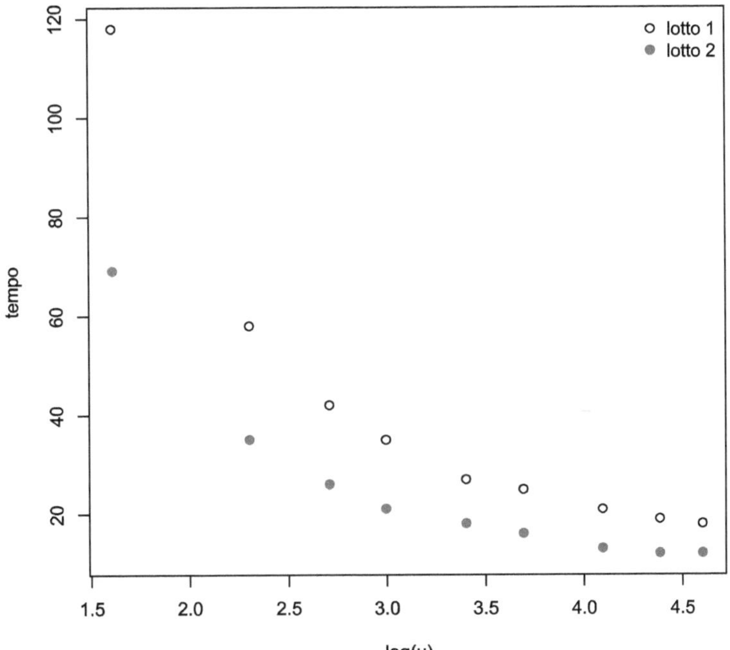

La relazione tra il tempo e il logaritmo della percentuale di diluizione è evidentemente non lineare. Si può provare a trasformare la variabile risposta, ad esempio con una trasformazione logaritmica o con il reciproco.

```
with(Clotting, {
     par(mfrow = c(1, 2), pty = "s")
     plot(log(u), log(tempo), type = "n")
     points(log(u[lotto == "uno"]), log(tempo[lotto == "uno"]))
     points(log(u[lotto != "uno"]), log(tempo[lotto != "uno"]),
            pch = 19, col = 2)
```

```
    legend(x = "topright", legend = c("lotto 1", "lotto 2"),
           bty = "n", pch = c(1, 19), col = 1:2)
    plot(log(u), 1 / tempo, type = "n")
    points(log(u[lotto == "uno"]), 1 / tempo[lotto == "uno"])
    points(log(u[lotto != "uno"]), 1 / tempo[lotto != "uno"],
           pch=19, col=2)
    legend(x = "topleft", legend = c("lotto 1", "lotto 2"),
           bty = "n", pch = c(1, 19), col = 1:2)
})
```

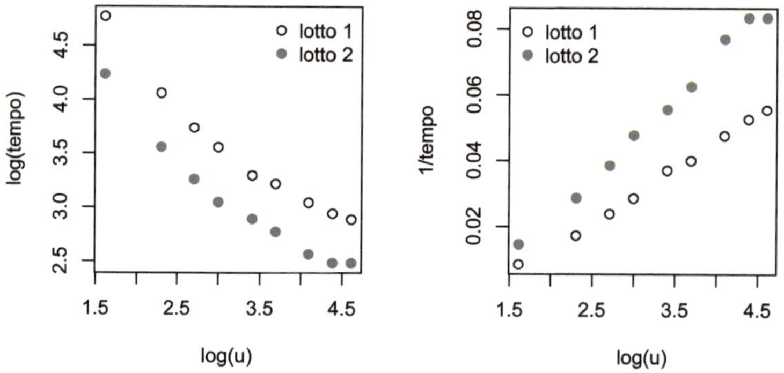

Il reciproco sembra una trasformazione adeguata. Si può provare a stimare un modello lineare avente sia il logaritmo della percentuale di diluizione sia il lotto come variabili esplicative.

```
clotting.lm <- lm(1 / tempo ~ log(u) + lotto, data = Clotting)
summary(clotting.lm)
```

```
##    ...
##
## Coefficients:
##               Estimate Std. Error t value Pr(>|t|)
## (Intercept) -0.01285    0.00408   -3.15   0.0066 **
## log(u)       0.02036    0.00114   17.79   1.7e-11 ***
## lottouno    -0.01998    0.00215   -9.28   1.3e-07 ***
## ---
## Signif. codes:  0 '***' 0.001 '**' 0.01 '*' 0.05 '.' 0.1 ' ' 1
##
## Residual standard error: 0.00457 on 15 degrees of freedom
## Multiple R-squared:  0.964,Adjusted R-squared:  0.959
## F-statistic:  201 on 2 and 15 DF,  p-value: 1.46e-11
```

Esercizio Si valuti l'opportunità di aggiungere al modello l'interazione tra le due variabili esplicative e si concluda l'analisi con lo studio dei residui del modello scelto. ◇

Nel paragrafo 2.6.2 gli stessi dati verranno rianalizzati utilizzando un modello lineare generalizzato con distribuzione gamma.

1.8.3 Efficacia di un erbicida: i dati `Chlorsulfuron`

Si considerino i dati illustrati nell'Esempio 1.3, relativi a una sperimentazione in agricoltura per valutare gli effetti di diverse dosi di un erbicida sull'estensione dell'area callosa in piante di colza. La struttura di dati è costituita da 51 righe e 2 colonne, corrispondenti a 51 misurazioni dell'area callosa (mm^2) con 10 dosi (nmol/l) differenti.

```
plot(log(area) ~ dose, data = Chlorsulfuron)
```

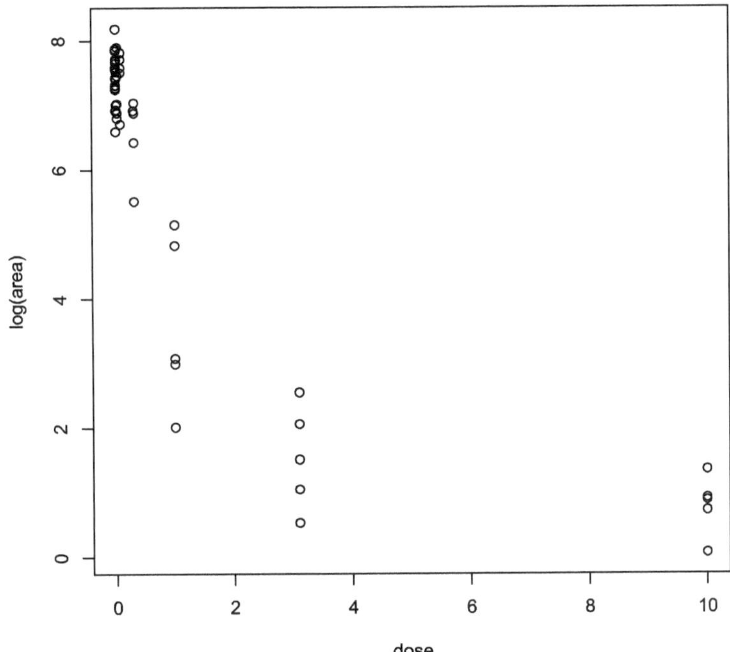

Si noti come la relazione tra il logaritmo dell'area e la dose sia fortemente non lineare. Trasformazioni della variabile risposta non sembrano portare a miglioramenti sotto questo punto di vista. Una possibilità per modellare la relazione tra la variabile risposta e la dose è data dall'uso di curve polinomiali. L'ovvio vantaggio di un polinomio di grado sufficientemente elevato è che risulta facile da stimare e che, almeno localmente, può approssimare qualunque relazione liscia tra la variabile risposta e la variabile esplicativa.

```
# polinomio di primo grado
chlor.lm1 <- lm(log(area) ~ dose, data = Chlorsulfuron)
summary(chlor.lm1)

##    ...
##
## Coefficients:
```

```
##              Estimate Std. Error t value Pr(>|t|)
## (Intercept)   6.7413     0.2346   28.73  < 2e-16 ***
## dose         -0.7115     0.0712   -9.99  2.1e-13 ***
## ---
## Signif. codes:  0 '***' 0.001 '**' 0.01 '*' 0.05 '.' 0.1 ' ' 1
##
## Residual standard error: 1.51 on 49 degrees of freedom
## Multiple R-squared:  0.671,Adjusted R-squared:  0.664
## F-statistic: 99.8 on 1 and 49 DF,  p-value: 2.08e-13
```

```
par(mfrow = c(2,2))
plot(chlor.lm1, which = 1:4)
```

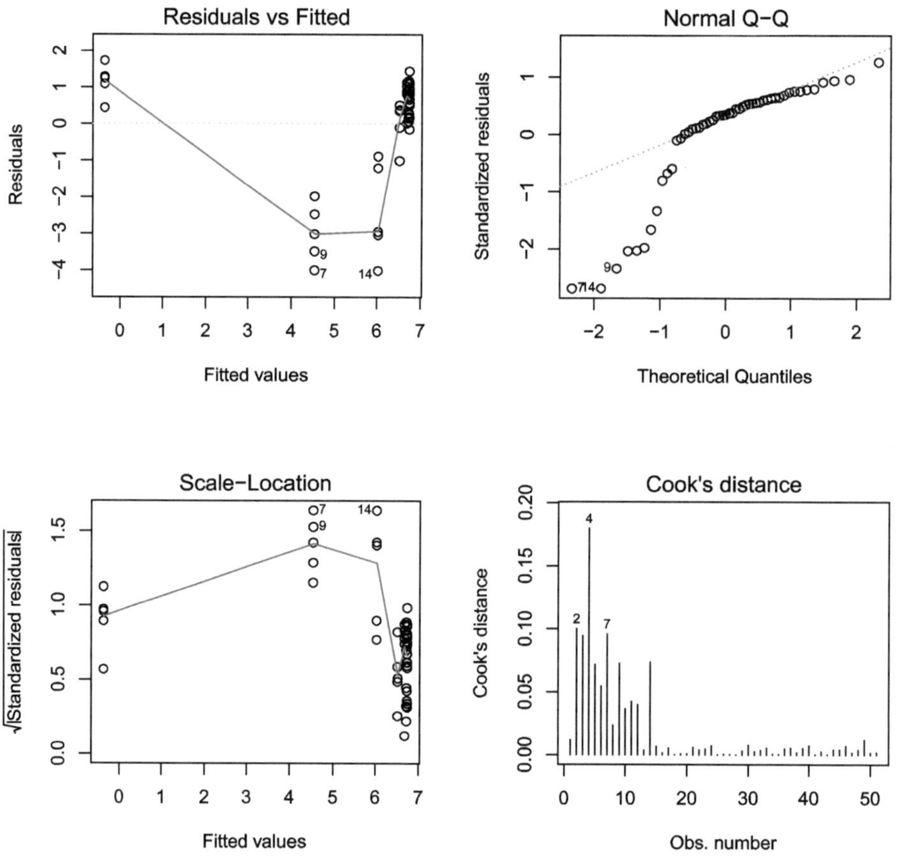

```
# polinomio di secondo grado
chlor.lm2 <- update(chlor.lm1, . ~ . + I(dose^2))
summary(chlor.lm2)
```

```
## Call:
## lm(formula = log(area) ~ dose + I(dose^2), data = Chlorsulfuron)
##
##    ...
```

```
##
## Coefficients:
##             Estimate Std. Error t value Pr(>|t|)
## (Intercept)   7.3345     0.1252    58.6   <2e-16 ***
## dose         -2.6582     0.1610   -16.5   <2e-16 ***
## I(dose^2)     0.2007     0.0162    12.4   <2e-16 ***
## ---
## Signif. codes:  0 '***' 0.001 '**' 0.01 '*' 0.05 '.' 0.1 ' ' 1
##
## Residual standard error: 0.745 on 48 degrees of freedom
## Multiple R-squared:  0.922,Adjusted R-squared:  0.918
## F-statistic:  282 on 2 and 48 DF,  p-value: <2e-16
```

```
plot(chlor.lm2, which = 1:4)
```



```
# polinomio di terzo grado
chlor.lm3 <- update(chlor.lm2, . ~ . + I(dose^3))
summary(chlor.lm3)
```

```
## Call:
## lm(formula = log(area) ~ dose + I(dose^2) + I(dose^3),
```

```
##     data = Chlorsulfuron)
##
##     ...
##
## Coefficients:
##                Estimate Std. Error t value Pr(>|t|)
## (Intercept)     7.5314     0.1125   66.94  < 2e-16 ***
## dose           -4.7982     0.4751  -10.10  2.3e-13 ***
## I(dose^2)       1.1514     0.2029    5.67  8.4e-07 ***
## I(dose^3)      -0.0739     0.0157   -4.70  2.3e-05 ***
## ---
## Signif. codes:  0 '***' 0.001 '**' 0.01 '*' 0.05 '.' 0.1 ' ' 1
##
## Residual standard error: 0.621 on 47 degrees of freedom
## Multiple R-squared:  0.947,Adjusted R-squared:  0.943
## F-statistic:  278 on 3 and 47 DF,  p-value: <2e-16
```

```
plot(chlor.lm3, which = 1:4)
```

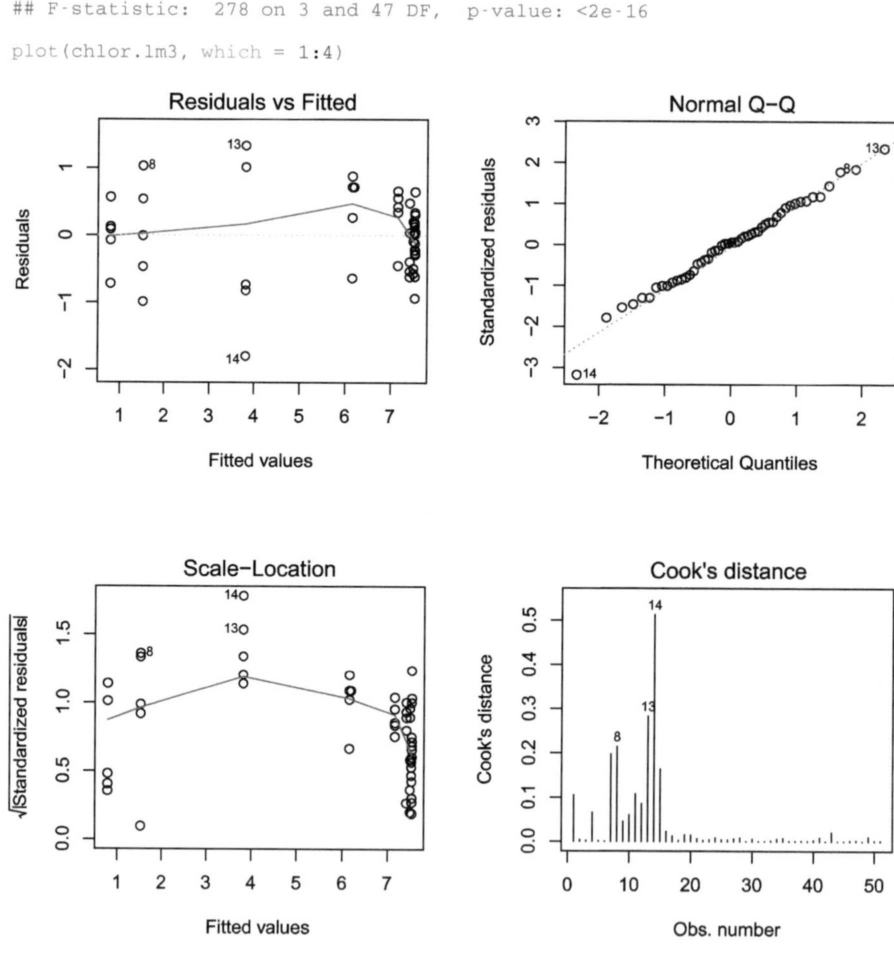

Il polinomio di terzo grado in questo caso porta ad un buon adattamento in termini di R^2 e anche l'analisi dei residui sembra soddisfacente, a parte la possibile presenza di eteroschedasticità. Tuttavia, guardando il modello stimato, si nota come questo possa avere poco senso per i dati in esame.

```
par(mfrow = c(1, 1))
plot(log(area) ~ dose, data = Chlorsulfuron)
abline(chlor.lm1)
bh2 <- coef(chlor.lm2)
curve(bh2[1] + bh2[2] * x + bh2[3] * x^2, from = 0,
      to = 10, add = TRUE, col = 2, lty = 2)
bh3 <- coef(chlor.lm3)
curve(bh3[1] + bh3[2] * x + bh3[3] * x^2 + bh3[4] * x^3,
      from = 0, to = 10, add = TRUE, col = 3, lty = 4)
```

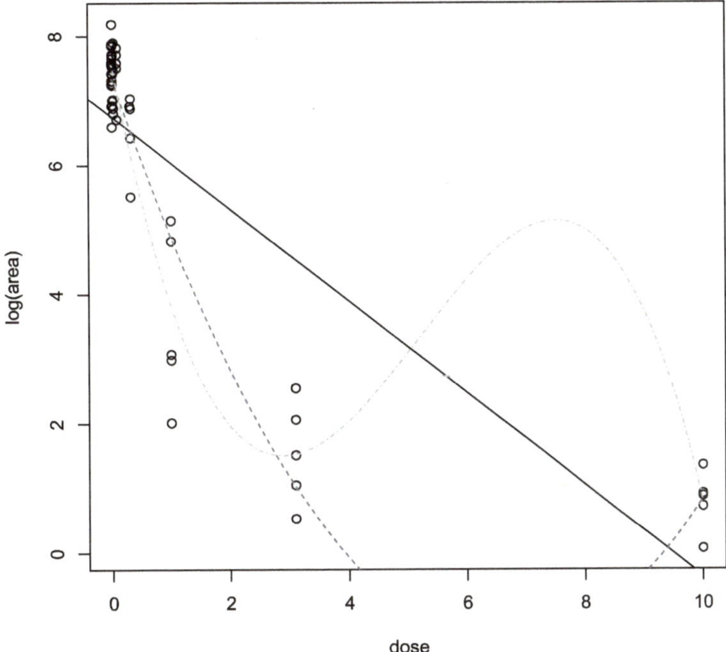

Infatti, il modello necessariamente prevede un andamento prima decrescente, poi crescente, ed infine ancora decrescente. Questo sembra piuttosto bizzarro visto il fenomeno in esame e l'andamento empirico dei dati che sembra, sia pure in modo non lineare, comunque monotono decrescente. In effetti, in questo esempio si sta modellando una curva di (de)crescita che, generalmente, raggiunge un asintoto al crescere della dose, andamento che un polinomio non può rispecchiare. Considerazioni legate alla conoscenza del fenomeno che si sta studiando portano a suggerire una curva di crescita di tipo logistico. Nella fattispecie, si prevede quindi un modello di regressione non lineare dove

$$E(Y_i) = \log\left\{\beta_1 + \frac{\beta_2 - \beta_1}{1 + (x_i/\beta_4)^{\beta_3}}\right\}.$$

I parametri hanno un'interpretazione fisica:

- $\log \beta_2$ è il valore medio della risposta corrispondente a una dose $x_i = 0$;
- $\log \beta_1$ corrisponde a una dose x_i infinita;
- β_4 e β_3 sono rispettivamente legati al punto di flesso della curva (punto intermedio tra i due asintoti) e alla ripidità della curva nel punto di flesso.

Assumendo la normalità delle Y_i, i parametri del modello si stimano massimizzando numericamente la log-verosimiglianza attraverso minimi quadrati pesati iterati, in modo simile a quanto si vedrà nel paragrafo 2.3.6 per i modelli lineari generalizzati (si veda anche Davison, 2003, paragrafo 10.2.2). In R si utilizza la funzione `nls` (*nonlinear least squares*) che richiede dei valori iniziali per i parametri. Questi ultimi vanno generalmente ricavati da un'ispezione grafica dei dati.

```
chlor.nls <- nls(log(area) ~ log(b1 + (b2 - b1) / (1 + (dose / b4)^b3)),
                 start = c(b1 = 2.2, b2 = 1700, b3 = 2.8, b4 = 0.28),
                 data = Chlorsulfuron )
summary(chlor.nls)

##
## Formula: log(area) ~ log(b1 + (b2 - b1)/(1 + (dose/b4)^b3))
##
## Parameters:
##    Estimate Std. Error t value Pr(>|t|)
## b1 2.30e+00   6.24e-01    3.69  0.00057 ***
## b2 1.67e+03   1.82e+02    9.18  4.7e-12 ***
## b3 2.77e+00   3.50e-01    7.92  3.4e-10 ***
## b4 2.61e-01   4.59e-02    5.69  8.0e-07 ***
## ---
## Signif. codes:  0 '***' 0.001 '**' 0.01 '*' 0.05 '.' 0.1 ' ' 1
##
## Residual standard error: 0.599 on 47 degrees of freedom
##
## Number of iterations to convergence: 5
## Achieved convergence tolerance: 8.04e-06
```

L'analisi dei residui sembra soddisfacente, anche se permane un'evidenza di possibile eteroschedasticità. Anche la curva stimata sembra adattarsi bene ai dati.

```
par(mfrow = c(1, 2), pty = "s")
plot(fitted(chlor.nls), resid(chlor.nls))
abline(h = 0) # possibile eteroschedasticita'
qqnorm(resid(chlor.nls))
qqline(resid(chlor.nls)) # normalita' sembra OK
```

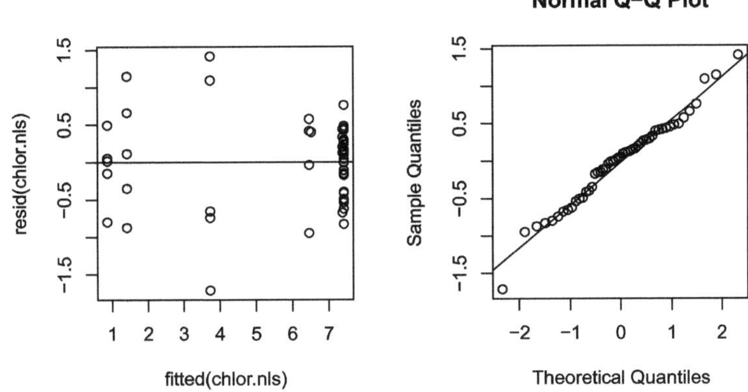


```
par(mfrow = c(1, 1), pty = "m")
plot(log(area) ~ dose, data = Chlorsulfuron)
bh <- coef(chlor.nls)
curve(log(bh[1] + (bh[2] - bh[1]) / (1 + (x / bh[4])^bh[3])),
      from = 0, to = 10, add = TRUE, col = 2, n = 500)
```

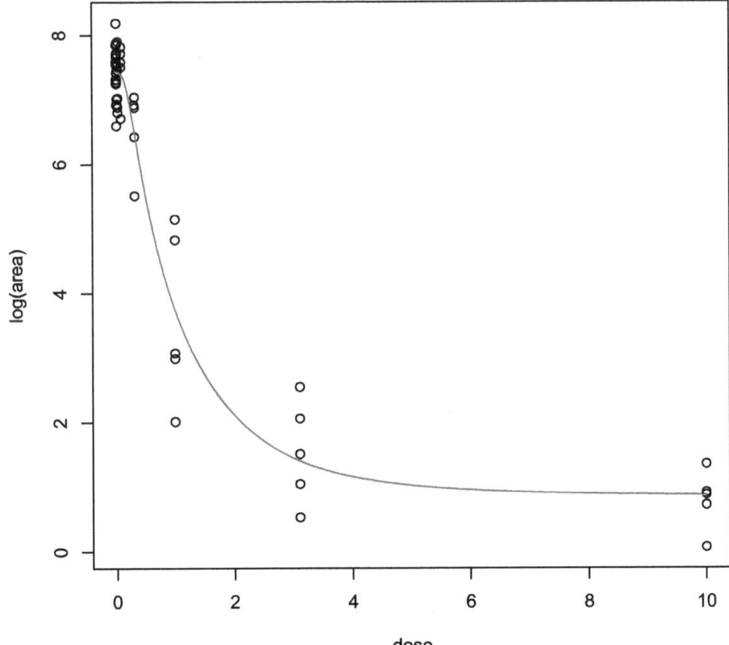

1.9 Nota bibliografica

In aggiunta ai testi introduttivi già indicati nel paragrafo 1.6, tra i volumi ormai classici sui modelli di regressione lineare, si segnalano Draper e Smith (1998), Rao (1973), Searle (1971). Per un primo contatto con gli aspetti storici, si suggeriscono Stigler (1981), Fienberg (1992a), Aldrich (2005). In quest'ultimo articolo si approfondiscono le motivazioni teoriche che spinsero Fisher a ritenere opportuno il condizionamento ai valori osservati delle variabili esplicative, anche oltre il contesto sperimentale. Una approfondita discussione su alcune conseguenze dell'allontanamento dalle ipotesi del modello è in Buja *et al.* (2019).

Per quanto riguarda l'inferenza basata sulla verosimiglianza, va detto che l'accuratezza delle approssimazioni asintotiche per le quantità di verosimiglianza potrebbe non essere soddisfacente quando n non è grande rispetto a p. Ciò può essere verificato tramite simulazione (cfr. Esempio 2.9). Qualora le approssimazioni non risultino soddisfacenti, si può ricorrere ad alternative adeguate per piccoli campioni basate su metodi *bootstrap* (si veda ad esempio Davison e Hinkley, 1997) o su raffinamenti delle approssimazioni asintotiche (per un'introduzione, si veda Pace e Salvan, 1996, Capitoli 8–11). Un problema particolarmente rilevante in modelli di regressione con risposta discreta è che, nei piccoli campioni, la stima di massima verosimiglianza può non esistere finita con probabilità anche non trascurabile. Correzioni all'equazione di verosimiglianza, con l'obiettivo di migliorare le proprietà campionarie dello stimatore, sono state proposte a partire da Firth (1993).

Un testo di riferimento per i modelli di regressione non lineari è Bates e Watts (1988). Per introduzioni alla regressione non parametrica, si rimanda a Green e Silverman (1993) e Simonoff (1996). Una monografia dedicata ai metodi per la selezione del modello è Burnham e Anderson (2002). Per approfondimenti sugli aspetti computazionali e algoritmici, si veda Thisted (1988). La libreria `biglm` (Lumley, 2013) permette l'adattamento di modelli lineari e lineari generalizzati ad insiemi di dati con n molto elevato, ad esempio dell'ordine dei milioni, elaborando iterativamente i dati suddivisi in blocchi. La libreria R `multcomp` (Hothorn *et al.*, 2008) fornisce procedure utili per l'inferenza multipla descritte in Bretz *et al.* (2010).

Per una sintetica introduzione all'ambiente R, si veda il manuale in linea http://cran.r-project.org/manuals.html. Una trattazione più estesa e approfondita è Maindonald e Braun (2010).

1.10 Esercizi

1.1 Con riferimento all'Esempio 1.6, si assuma che i valori s_i siano realizzazioni di variabili casuali indipendenti $S_i = \sum_{j=1}^{m_i} Y_{ij}$, con $Y_{ij} \sim Bi(1, \pi_i)$, $0 < \pi_i < 1$, $i = 1, \dots, 8$. Si mostri che, se le variabili casuali Y_{ij}, $j = 1, \dots, m_i$, sono indipendenti, allora $(s_1, \dots, s_8)$ è statistica sufficiente minimale per $(\pi_1, \dots, \pi_8)$. Dunque il raggruppamento dei dati (cfr. Tabella 1.10) avviene senza perdita di informazione. Si può affermare la stessa cosa se vi è dipendenza fra le Y_{ij}, $j = 1, \dots, m_i$?

1.2 Per le variabili $Y_1, \dots, Y_{10}$, si assumano i seguenti modelli di regressione lineare semplice:

$$Y_i = \beta_1 + \beta_2 x_i + \varepsilon_i \,, \qquad i = 1, \dots, 5,$$

e

$$Y_i = \beta_1 + \beta_3 + \beta_2 x_i + \varepsilon_i \,, \qquad i = 6, \dots, 10,$$

con $\varepsilon_1, \dots, \varepsilon_{10}$ variabili casuali $N(0, 1)$ indipendenti e $x_1, \dots, x_{10}$ costanti fissate. Si intende scrivere i due modelli di regressione sotto forma di un unico modello di regressione lineare multipla del tipo

$$Y_i = \beta_1 x_{i1} + \beta_2 x_{i2} + \beta_3 x_{i3} + \varepsilon_i \,, \qquad i = 1, \dots, 10.$$

(a) Si definiscano le variabili x_{i1}, x_{i2}, x_{i3} necessarie per rappresentare i due modelli di regressione lineare semplice sotto forma di un unico modello di regressione lineare multipla.
(b) Si scriva la matrice del modello X che permette di rappresentare il modello di cui al punto precedente nella forma $Y = X\beta + \varepsilon$. Si indichino lo spazio parametrico e il supporto di Y.
(c) Avendo ottenuto

$$(X^\top X)^{-1} = \begin{pmatrix} 2.5 & -3.5 & 1.5 \\ -3.5 & 5.5 & -2.5 \\ 1.5 & -2.5 & 1.5 \end{pmatrix}, \quad X^\top y = \begin{pmatrix} 0.5 \\ -0.3 \\ 0.8 \end{pmatrix}, \quad y^\top y = 8\,,$$

si calcoli $\hat{\beta}$.
(d) Si fornisca la distribuzione esatta di $\hat{\beta}$.
(e) Si fornisca una statistica test per verificare l'ipotesi che i due modelli di regressione lineare semplice abbiano la stessa intercetta e se ne dia la distribuzione nulla esatta.
(f) Si costruisca un intervallo di confidenza con livello esatto 0.95 per β_2.

1.3 Con riferimento al problema trattato nel paragrafo 1.8.1, si scriva la matrice del modello corrispondente alla (1.39) e si ottengano le stime dei parametri a partire da quelle ottenute per il modello con la parametrizzazione (1.37).

1.4 Si verifichi che, per il modello (1.24), il criterio di informazione di Akaike (1.23) produce la statistica

$$AIC = 2(p + 1) + n \log(2\pi) + n \log \hat{\sigma}^2 + n\,.$$

1.5 In un modello normale di regressione lineare semplice, che si assume valido per qualunque valore della concomitante, si ottenga uno stimatore non distorto per $\mu(x_0;\beta) = \beta_1 + \beta_2 x_0$. Si ottenga la distribuzione campionaria dello stimatore e si ricavi una quantità pivotale utile per costruire intervalli di confidenza per $\mu(x_0;\beta)$. Si mostri che un intervallo di confidenza per $\mu(x_0;\beta)$ con livello 0.95 è

$$\hat\beta_1 + \hat\beta_2 x_0 \pm t_{n-2;0.975}\frac{s}{\sqrt{n}}\sqrt{1 + \frac{n(x_0 - \bar x_n)^2}{\sum_{i=1}^n (x_i - \bar x_n)^2}}\,.$$

1.6 In un modello normale di regressione lineare semplice, che si assume valido per qualunque valore della concomitante, sia x^* un valore fissato della variabile concomitante e Y^* la risposta non ancora osservata corrispondente. Si ottenga la distribuzione esatta di

$$\frac{Y^* - \hat\beta_1 - \hat\beta_2 x^*}{S}$$

e si verifichi che non dipende da $(\beta_1, \beta_2, \sigma^2)$. Si sfrutti il risultato per ottenere un intervallo di previsione per Y^* con livello esatto $1-\alpha$.

1.7 Per i dati dell'Esempio 1.10, si desidera valutare la dipendenza della distanza tra l'ipofisi e la fessura pterigo-mascellare misurata all'età di 14 anni dalla stessa misura effettuata all'età di 8 anni e dal genere.

(a) Si individuino le unità statistiche, la variabile risposta e le variabili concomitanti, indicando la natura di ciascuna variabile (quantitativa continua, quantitativa discreta, qualitativa nominale, qualitativa ordinale).
(b) Si conduca un'analisi grafica per valutare se un modello di regressione lineare può essere adeguato.
(c) Si specifichi un modello di regressione lineare normale utilizzando come variabili esplicative la misurazione all'età di 8 anni e il genere, senza effetto di interazione.
(d) Si adatti con R il modello specificato al punto precedente, indicando le stime e gli intervalli di confidenza per i coefficienti. Si fornisca un'interpretazione dei valori ottenuti per le stime.
(e) Si indichi, per ciascun elemento dell'*output* di `summary` dell'oggetto `lm` ottenuto con R, quale quantità viene calcolata, fornendo una corrispondenza con le formule del paragrafo 1.6.
(f) Si valuti la bontà di adattamento del modello.
(g) Si ottenga un intervallo di confidenza con livello 0.95 per la misura della distanza media all'età di 14 anni per un soggetto di genere maschile con misurazione all'età di 8 anni pari a 26. Per gli stessi valori delle variabili concomitanti, si ottenga un intervallo di previsione per la risposta.
(h) Si ripeta l'analisi dei punti (d)–(g) eliminando l'osservazione numero 24. (*Sugg.*: in R si può utilizzare l'argomento `data` della funzione `lm`, per stimare il modello con il nuovo *data frame* ridotto).

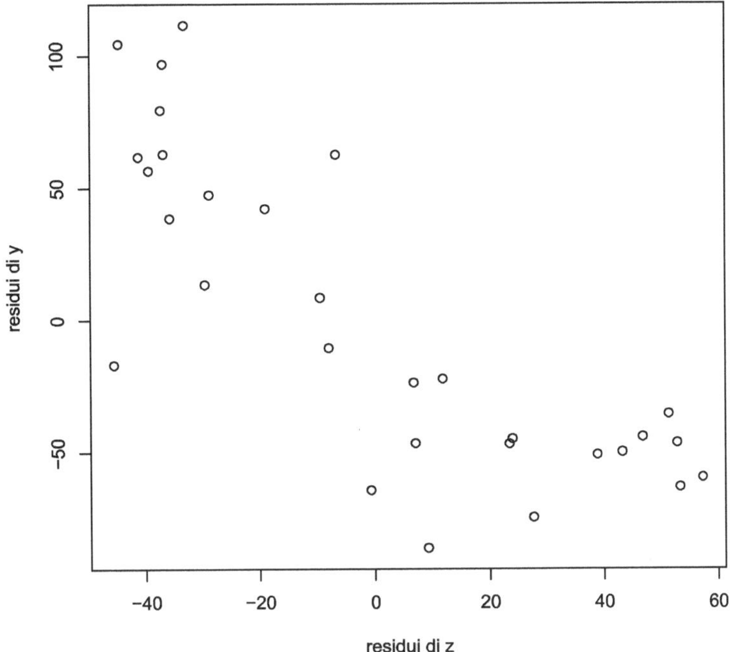

Figura 1.6 Grafico dei residui di z su $x_1, \ldots, x_p$ contro i residui di y su $x_1, \ldots, x_p$

1.8 Si supponga che valga il modello lineare normale $Y = X\beta + \underline{z}\gamma + \varepsilon$, con X matrice $n \times p$ di costanti, con rango $p < n$, $\underline{z}$ vettore $n \times 1$ di valori di una ulteriore variabile esplicativa, β e γ parametri ignoti, $\varepsilon \sim N_n(0, \sigma^2 I_n)$. Viene tuttavia adattato il modello $Y = X\beta + \varepsilon$, ottenendo $\hat{\beta} = (X^\top X)^{-1} X^\top y$ e i residui $e = y - X\hat{\beta} = (I_n - H)y$.

(a) Si mostri che

$$e = (I_n - H)y = (I_n - H)\underline{z}\gamma + (I_n - H)\varepsilon$$

e dunque $E(e) = (I_n - H)\underline{z}\gamma$. Che cosa accade se $\underline{z}$ appartiene al sottospazio vettoriale di $\mathbb{R}^n$ generato dalle colonne di X?

(b) Si spieghi perché il diagramma della variabile aggiunta, ottenuto come diagramma di dispersione dei residui e rispetto ai residui della regressione di $\underline{z}$ su X, può essere utile per valutare l'opportunità di inserire nel modello l'esplicativa $\underline{z}$.

(c) Il grafico della variabile aggiunta è riportato in Figura 1.6. Si commenti il risultato e si suggerisca come modificare il modello adattato.

1.9 Si mostri che, in un modello di regressione lineare multipla, valori coincidenti della variabile risposta danno luogo, nel diagramma dei punti $(\hat{y}_i, e_i)$, a un sottoinsieme di punti allineati lungo una retta con coefficiente angolare -1.

1.10 Si mostri che, in un modello di regressione lineare multipla, la somma degli elementi sulla diagonale della matrice H, uguale alla matrice di proiezione P, vale p e dunque che la media dei valori leva h_{ii}, $i = 1, \ldots, n$, è pari a p/n. Questo giustifica la soglia p/n utilizzata nell'analisi grafica per individuare eventuali punti leva.

1.11 Si mostri che, in un modello di regressione lineare multipla, $Cov(Y_i, \hat{Y}_i) = \sigma^2 h_{ii}$, con h_{ii} definito nella (1.35). Si interpreti il risultato con riferimento alla definizione di punto leva.

1.12 I dati contenuti in `Abrasion` (Hand *et al.*, 1994, p. 4) sono stati ottenuti tramite un esperimento volto a valutare quanto la resistenza all'abrasione di un certo tipo di gomma sia influenzata dalla durezza della gomma e dalla sua resistenza alla trazione. In particolare, 30 campioni di gomma sono stati sottoposti ad abrasione costante per una durata fissata e, alla fine della prova, si è rilevato il valore della perdita di peso dovuta all'abrasione, misurata in grammi per ora. Per ciascun campione, si sono inoltre rilevate le variabili: D pari alla durezza (in gradi Shore), e Re, pari alla resistenza alla trazione (kg/cm^2).

(a) Si individuino le unità statistiche, la variabile risposta e le variabili concomitanti, indicando la tipologia di ciascuna variabile (quantitativa continua, quantitativa discreta, qualitativa nominale, qualitativa ordinale).
(b) Si conduca un'analisi grafica per valutare se un modello di regressione lineare può essere adeguato.
(c) Si specifichi un modello di regressione lineare semplice, scegliendo opportunamente tra le possibili variabili esplicative.
(d) Si adatti con R il modello di regressione lineare semplice del punto precedente.
(e) Si indichino le stime e gli intervalli di confidenza per i coefficienti. Si fornisca un'interpretazione dei valori ottenuti per le stime.
(f) Si indichi, per ciascun elemento dell'*output* di `summary` dell'oggetto `lm` ottenuto con R, quale quantità viene calcolata, fornendo una corrispondenza con le formule del paragrafo 1.6.
(g) Si valuti la bontà di adattamento del modello.
(h) Si adatti con R un modello che prevede anche l'effetto di una seconda variabile esplicativa. Si fornisca un'interpretazione per le stime dei parametri ottenute.
(i) Si valuti la bontà di adattamento del modello.
(j) Si ottenga un intervallo di confidenza con livello 0.95 per la perdita media di peso con durezza pari a 70 gradi Shore e resistenza pari a 180 kg/cm^2. Per gli stessi valori di durezza e resistenza, si ottenga un intervallo di previsione per la risposta.

1.13 I dati in `Calcium` (Davison, 2003, Esempio 10.1) si riferiscono all'assorbimento di calcio, `cal`, da parte di cellule esposte ad una soluzione di calcio radioattivo per un certo ammontare di tempo, `time`. Si vuole modellare la dipendenza dell'assorbimento di calcio, indicato con y, dal tempo dall'inizio dell'esperimento, indicato con x, attraverso una regressione non lineare. In particolare, la dipendenza di y da x può essere descritta da un'equazione differenziale del tipo

$$dy = ((\beta_0 - y)/\beta_1)\,dx\,,$$

con condizione iniziale $y = 0$ quando $x = 0$. La soluzione dell'equazione differenziale è $y = \beta_0\{1-\exp(-x/\beta_1)\}$. Considerando l'errore di misura, con distribuzione che non sembra dipendere da i, si può scrivere il modello

$$Y_i = \beta_0\{1 - \exp(-x_i/\beta_1)\} + \varepsilon_i\,,$$

dove $\varepsilon_i \sim N(0, \sigma^2)$. Si adatti il modello con `nls`, trovando dei punti iniziali adeguati per (β_0, β_1) confrontando la funzione $\beta_0\{1 - \exp(-x/\beta_1)\}$ con il diagramma di dispersione dei dati (Davison, 2003, Esempio 10.9). Si tracci il grafico della curva stimata e si concluda l'analisi con uno studio dei residui del modello.

1.14 Si consideri un modello lineare con matrice del modello X, $n \times p$, con $p < n$ e rango $p-1$. Ciò comporta la non invertibilità di $X^\top X$. Poiché X ha rango $p-1$, lo spazio vettoriale $\mathcal{V}_X$ generato dalle colonne di X ha dimensione $p-1$. Si supponga che sia le prime $p-1$ sia le ultime $p-1$ colonne di X costituiscano una base di $\mathcal{V}_X$.

(a) Si considerino le stime del vettore dei coefficienti di regressione i) nel modello con matrice del modello costituita dalle prime $p-1$ colonne di X e ii) nel modello con matrice del modello costituita dalle ultime $p-1$ colonne di X. I due vettori di stime risulteranno uguali?
(b) Si mostri che $\hat{y}$ è identico nei due modelli. (*Sugg.*: si mostri che la differenza delle corrispondenti matrici di proiezione è nulla).

1.15 Si mostri che, in un modello di regressione lineare multipla con intercetta, se X ha colonne ortogonali, ossia se $\sum_{i=1}^n x_{ir}x_{is} = 0$ per $r, s = 1, \ldots, p$, $r \neq s$, risulta

$$\hat{\beta}_r = \frac{\sum_{i=1}^n x_{ir} y_i}{\sum_{i=1}^n x_{ir}^2}\,, \qquad r = 1, \ldots, p\,.$$

Dunque $\hat{\beta}_r$ non dipende dalle variabili esplicative con indice diverso da r. Come variano le componenti di $\hat{\beta}$ se si inserisce nel modello un'ulteriore variabile esplicativa $\underline{x}_{p+1}$ ortogonale alle prime p colonne di X?

Capitolo 2
Modelli lineari generalizzati

2.1 Famiglie di dispersione esponenziale

2.1.1 Funzione di densità

Nel paragrafo 1.7 sono stati anticipati gli aspetti per i quali i modelli lineari generalizzati estendono il modello lineare normale. Il primo aspetto riguarda la distribuzione della risposta che può essere non solo continua ma anche discreta. Si assume infatti che la funzione di densità (in senso generale) della risposta appartenga a un modello parametrico a sua volta incluso in una ampia classe, la classe delle famiglie di dispersione esponenziale.

La densità di Y_i, $i = 1, \ldots, n$, appartiene a una famiglia di dispersione esponenziale univariata se è esprimibile nella forma

$$p(y_i; \theta_i, \phi) = \exp\left\{\frac{\theta_i y_i - b(\theta_i)}{a_i(\phi)} + c(y_i, \phi)\right\}, \tag{2.1}$$

con $y_i \in S \subseteq \mathbb{R}$, $\theta_i \in \Theta \subseteq \mathbb{R}$, $a_i(\phi) > 0$. Il parametro θ_i è detto parametro naturale, mentre ϕ è detto parametro di dispersione. Spesso, $a_i(\phi) = 1$ e $c(y_i, \phi) = c(y_i)$, nel qual caso si ha una famiglia esponenziale naturale univariata con funzione di densità

$$p(y_i; \theta_i) = \exp\{\theta_i y_i - b(\theta_i) + c(y_i)\}. \tag{2.2}$$

Altrimenti, $a_i(\phi)$ è in genere $a_i(\phi) = \phi$ oppure $a_i(\phi) = \phi/\omega_i$, con $\phi > 0$ e $\omega_i, i = 1, \ldots, n$, pesi noti. Ad esempio, nel caso di dati raggruppati, si veda la Tabella 1.9, quando viene riportata la risposta media dei gruppi, si ha $\omega_i = m_i$.

Specificando nella (2.1) l'espressione delle funzioni $a_i(\cdot)$, $b(\cdot)$ e $c(\cdot, \cdot)$, si ottiene un particolare modello parametrico. Tra i casi più interessanti di particolarizzazione della (2.1), e in alcuni esempi anche della (2.2), si trovano le distribuzioni normale, gamma, binomiale, Poisson, cfr. gli Esempi 2.1–2.4 seguenti.

A. Salvan, N. Sartori, L. Pace, *Modelli Lineari Generalizzati*, UNITEXT 124,
https://doi.org/10.1007/978-88-470-4002-1_2

In tutti gli esempi di famiglie di dispersione esponenziale univariate rilevanti per le applicazioni il supporto S di Y_i non dipende dai parametri e sono soddisfatte le ulteriori condizioni di regolarità richieste per la validità dei risultati esatti e di approssimazione asintotica richiamati nel paragrafo 1.5. Nel caso di distribuzioni continue, il supporto S di Y_i può essere soltanto $\mathbb{R}$, o $[0, +\infty)$, o $(-\infty, 0]$. Inoltre, negli esempi di modelli per variabili discrete, il parametro ϕ è fissato e noto, come pure il supporto.

2.1.2 Media e varianza

Molti risultati possono essere ottenuti in via generale per tutti i modelli parametrici della forma (2.1). In particolare, è agevole ottenere le espressioni di media e varianza di Y_i con densità (2.1). Sia $l(\theta_i, \phi) = l(\theta_i, \phi; y_i)$ la funzione di log-verosimiglianza basata su y_i. Risulta

$$l(\theta_i, \phi) = \frac{\theta_i y_i - b(\theta_i)}{a_i(\phi)} + c(y_i, \phi)$$

con funzione di punteggio per θ_i

$$\frac{\partial l(\theta_i, \phi)}{\partial \theta_i} = \frac{y_i - b'(\theta_i)}{a_i(\phi)}$$

e derivata parziale seconda

$$\frac{\partial^2 l(\theta_i, \phi)}{\partial \theta_i^2} = \frac{-b''(\theta_i)}{a_i(\phi)},$$

dove si sono indicate con $b'(\theta_i)$ e $b''(\theta_i)$ le prime due derivate di $b(\theta_i)$.

In base alle (1.5) e (1.6), valgono le identità

$$E_{\theta_i,\phi}\left(\frac{\partial l(\theta_i, \phi; Y_i)}{\partial \theta_i}\right) = 0$$

e

$$E_{\theta_i,\phi}\left\{\left(\frac{\partial l(\theta_i, \phi; Y_i)}{\partial \theta_i}\right)^2\right\} = -E_{\theta_i,\phi}\left(\frac{\partial^2 l(\theta_i, \phi; Y_i)}{\partial \theta_i^2}\right).$$

Si ottiene così in primo luogo

$$E_{\theta_i,\phi}\left(\frac{Y_i - b'(\theta_i)}{a_i(\phi)}\right) = 0, \qquad \text{che dà} \qquad E(Y_i) = E_{\theta_i,\phi}(Y_i) = b'(\theta_i), \quad (2.3)$$

indipendente da ϕ.

Inoltre, essendo,

$$E_{\theta_i,\phi}\left\{\left(\frac{Y_i - b'(\theta_i)}{a_i(\phi)}\right)^2\right\} = \frac{Var_{\theta_i,\phi}(Y_i)}{[a_i(\phi)]^2} = \frac{b''(\theta_i)}{a_i(\phi)},$$

si ottiene

$$Var(Y_i) = Var_{\theta_i,\phi}(Y_i) = a_i(\phi)b''(\theta_i). \tag{2.4}$$

Poiché $Var_{\theta_i,\phi}(Y_i) > 0$ per ogni θ_i, la funzione $b(\theta_i)$ è convessa e $b'(\theta_i)$ è crescente in θ_i. Pertanto $E_{\theta_i,\phi}(Y_i)$ è funzione biiettiva di θ_i.

La funzione $b(\theta_i)$ determina in effetti tutti i momenti di Y_i ed è detta **generatore dei cumulanti**. Quando $a_i(\phi) = 1$, $K_{Y_i}(t) = b(\theta_i + t) - b(\theta_i)$ è infatti la funzione generatrice dei cumulanti di Y_i, definita da $K_{Y_i}(t) = \log M_{Y_i}(t)$, con $M_{Y_i}(t) = E\left(e^{tY_i}\right)$ funzione generatrice dei momenti di Y_i. Si veda l'Appendice E per una breve introduzione alle funzioni generatrici dei momenti e dei cumulanti.

2.1.3 Funzioni generatrici dei momenti e dei cumulanti

Considerando senza perdita di generalità la notazione del caso continuo, la funzione generatrice dei momenti di Y_i è

$$\begin{aligned}
M_{Y_i}(t;\theta_i,\phi) = E_{\theta_i,\phi}(e^{tY_i}) &= \int_S e^{ty_i}\, p(y_i;\theta_i,\phi)\,dy_i \\
&= \int_S \exp\{ty_i + [\theta_i y_i - b(\theta_i)]/a_i(\phi) + c(y_i,\phi)\}dy_i \\
&= \exp\{[b(\theta_i + ta_i(\phi)) - b(\theta_i)]/a_i(\phi)\} \\
&\quad \times \int_S \exp\{\{[\theta_i + ta_i(\phi)]y_i - b(\theta_i + ta_i(\phi))\}/a_i(\phi) + c(y_i,\phi)\}dy_i \\
&= \exp\{[b(\theta_i + ta_i(\phi)) - b(\theta_i)]/a_i(\phi)\}.
\end{aligned}$$

L'ultimo integrale infatti è pari a uno, essendo l'integrale, esteso a tutto il supporto, di una densità del tipo (2.1) con parametro naturale $\theta_i + ta_i(\phi)$, purché $\theta_i + ta_i(\phi)$ appartenga a Θ. La funzione generatrice dei cumulanti di Y_i risulta pertanto

$$K_{Y_i}(t;\theta_i,\phi) = \{b(\theta_i + ta_i(\phi)) - b(\theta_i)\}/a_i(\phi)$$

e il cumulante di ordine r di Y_i è

$$\kappa_r(Y_i) = \left.\frac{\partial^r K_{Y_i}(t;\theta_i,\phi)}{\partial t^r}\right|_{t=0} = a_i(\phi)^{r-1}\, b^{(r)}(\theta_i), \tag{2.5}$$

dove $b^{(r)}(\theta_i)$ è la derivata r-esima di $b(\theta_i)$, $r = 1, 2, \ldots$.

2.1.4 Parametrizzazione con la media e funzione di varianza

Posto

$$\mu_i = \mu(\theta_i) = E_{\theta_i,\phi}(Y_i) , \tag{2.6}$$

dalla (2.3) si ha

$$\mu_i = \mu(\theta_i) = b'(\theta_i) . \tag{2.7}$$

Dalla (2.4) si ha la relazione notevole

$$Var_{\theta_i,\phi}(Y_i) = a_i(\phi)\frac{d}{d\theta_i}\mu(\theta_i) = a_i(\phi)\mu'(\theta_i) . \tag{2.8}$$

Poiché $Var_{\theta_i,\phi}(Y_i) > 0$ per ogni θ_i, la funzione $\mu(\cdot)$ è monotona crescente con dominio Θ e codominio lo **spazio delle medie** $M = \mu(\text{int}\,\Theta)$, dove $\text{int}\,\Theta$ è l'insieme dei punti interni di Θ. Poiché la media è necessariamente compresa tra minimo e massimo valore di Y_i, lo spazio delle medie coincide con l'insieme dei punti interni dell'insieme generato dalle combinazioni lineari convesse dei punti di S, supporto di Y_i. Quindi non dipende da i.

La (2.6) definisce una riparametrizzazione (μ_i, ϕ) di una famiglia di dispersione esponenziale. Si indica con $\theta(\mu_i)$ la funzione inversa di $\mu(\theta_i)$ che esprime θ_i in funzione di μ_i. La varianza (2.8) nella parametrizzazione (μ_i, ϕ) è

$$Var_{\mu_i,\phi}(Y_i) = a_i(\phi)b''(\theta_i)\Big|_{\theta_i=\theta(\mu_i)} = a_i(\phi)v(\mu_i) ,$$

dove la funzione definita su M

$$v(\mu_i) = b''(\theta_i)\Big|_{\theta_i=\theta(\mu_i)} \tag{2.9}$$

è detta **funzione di varianza**. Conoscendo M e $v(\mu_i)$ è possibile risalire a $b(\theta_i)$ (si veda ad esempio Pace e Salvan, 1996, Teorema 5.2), che, nota la funzione $a_i(\phi)$, definisce uno specifico modello parametrico nella classe dei modelli con densità (2.1). In questo senso, la funzione di varianza, assieme al suo dominio, caratterizza uno specifico modello nella classe delle famiglie di dispersione esponenziale. Si può dunque introdurre la notazione compatta

$$Y_i \sim DE_1\left(\mu_i, a_i(\phi)v(\mu_i)\right) , \quad \mu_i \in M \tag{2.10}$$

per indicare la distribuzione di Y_i.

Adottare una famiglia di dispersione esponenziale come modello per la distribuzione della risposta in un problema di regressione permette di modellare specifiche forme di eteroschedasticità. Ad esempio, un modello di Poisson comporta l'assunzione che la varianza coincida con la media.

2.1.5 Esempi notevoli

Esempio 2.1 (Distribuzione normale univariata) Sia $Y_i \sim N(\mu_i, \sigma^2)$. La densità di probabilità di Y_i può essere scritta nella forma

$$\begin{aligned} p(y_i; \mu_i, \sigma^2) &= \frac{1}{\sqrt{2\pi\sigma^2}} \exp\left\{-\frac{1}{2\sigma^2}(y_i - \mu_i)^2\right\} \\ &= \exp\left\{-\frac{y_i^2}{2\sigma^2} - \frac{\mu_i^2}{2\sigma^2} + \frac{\mu_i}{\sigma^2} y_i - \log(2\pi\sigma^2)/2\right\} \\ &= \exp\left\{\frac{y_i\mu_i - \frac{1}{2}\mu_i^2}{\sigma^2} - \log(2\pi\sigma^2)/2 - \frac{y_i^2}{2\sigma^2}\right\}. \end{aligned} \tag{2.11}$$

La (2.11) ha la struttura indicata dalla (2.1) con parametro naturale $\theta_i = \theta(\mu_i) = \mu_i, a_i(\phi) = \phi = \sigma^2, b(\theta_i) = \theta_i^2/2$ e $c(y_i, \phi) = -\log(2\pi\phi)/2 - y_i^2/(2\phi)$. Risulta $b'(\theta_i) = \theta_i$ e $b''(\theta_i) = 1$. Si riottengono dunque dalle (2.3) e (2.4) le note relazioni $E(Y_i) = \mu_i$ e $Var(Y_i) = \sigma^2$. Dalla (2.5) si ha inoltre $\kappa_3(Y_i) = \kappa_4(Y_i) = 0$. La funzione di varianza è $v(\mu_i) = 1$, costante per $\mu_i \in M = \mathbb{R}$. Con la notazione (2.10), si ha $Y_i \sim DE_1(\mu_i, \phi)$, $\mu_i \in \mathbb{R}$. △

Esempio 2.2 (Distribuzione gamma) Sia Y_i una distribuzione gamma con parametro di forma α e tasso λ_i, in breve $Y_i \sim Ga(\alpha, \lambda_i)$, e densità di probabilità, per $y_i > 0$ e $\alpha, \lambda_i > 0$,

$$\begin{aligned} p(y_i; \alpha, \lambda_i) &= \frac{\lambda_i^\alpha\, y_i^{\alpha-1} e^{-\lambda_i y_i}}{\Gamma(\alpha)} \\ &= \exp\{-\lambda_i y_i + \alpha \log \lambda_i + (\alpha - 1)\log y_i - \log \Gamma(\alpha)\}. \end{aligned}$$

Poiché risulta $E(Y_i) = \mu_i = \alpha/\lambda_i$, si può scrivere la densità con la parametrizzazione (μ_i, α), ossia

$$\begin{aligned} p(y_i; \mu_i, \alpha) &= \exp\left\{-\frac{\alpha}{\mu_i} y_i + \alpha\log\alpha - \alpha\log\mu_i + (\alpha - 1)\log y_i - \log\Gamma(\alpha)\right\} \\ &= \exp\left\{\alpha\left(-\frac{1}{\mu_i} y_i - \log\mu_i\right) + (\alpha - 1)\log y_i + \alpha\log\alpha - \log\Gamma(\alpha)\right\} \end{aligned}$$

che è della forma (2.1) con parametro naturale $\theta_i = -1/\mu_i = -\lambda_i/\alpha$, $\phi = 1/\alpha$, $a_i(\phi) = \phi$, $b(\theta_i) = -\log(-\theta_i)$, $c(y_i, \phi) = (1/\phi - 1)\log y_i - (1/\phi)\log\phi - \log\Gamma(1/\phi)$.

Risulta $b'(\theta_i) = -1/\theta_i$ e $b''(\theta_i) = 1/\theta_i^2$. Si ottengono dunque dalle (2.3) e (2.4) le note relazioni $E(Y_i) = \mu_i$ e $Var(Y_i) = \mu_i^2/\alpha$. La varianza è proporzionale al quadrato della media, mentre il coefficiente di variazione è costante, $\sqrt{Var(Y_i)}/E(Y_i) = 1/\sqrt{\alpha}$. Dalla (2.5) si ha inoltre $\kappa_3(Y_i) = 2\mu_i^3/\alpha^2$ e $\kappa_4(Y_i) = 6\mu_i^4/\alpha^3$. La funzione di varianza è $v(\mu_i) = \mu_i^2$. Con la notazione (2.10), si ha $Y_i \sim DE_1(\mu_i, \phi\mu_i^2)$, $\mu_i \in M = (0, +\infty)$. △

Esempio 2.3 (Distribuzione binomiale) Sia $S_i \sim Bi(m_i, \pi_i)$, $\pi_i \in (0,1)$. La variabile casuale $Y_i = \frac{S_i}{m_i}$ ha funzione di probabilità, sul supporto $S = \{0, 1/m_i, 2/m_i, \dots, 1\}$,

$$p(y_i; m_i, \pi_i) = \binom{m_i}{m_i y_i} \exp\left\{m_i y_i \log\left(\frac{\pi_i}{1-\pi_i}\right) + m_i \log(1-\pi_i)\right\},$$

che può essere scritta nella forma (2.1) come

$$p(y_i; m_i, \pi_i) = \exp\left\{\frac{y_i\theta_i - \log[1+\exp(\theta_i)]}{1/m_i} + \log\binom{m_i}{m_i y_i}\right\},$$

dove il parametro naturale θ_i è la trasformazione logit, $\theta_i = \log(\pi_i/(1-\pi_i))$. Inoltre, $b(\theta_i) = \log[1+\exp(\theta_i)]$, $a_i(\phi) = 1/m_i$, $c(y_i, \phi) = \log\binom{m_i}{m_i y_i}$. Risulta

$$b'(\theta_i) = \frac{\exp(\theta_i)}{\{1+\exp(\theta_i)\}}, \qquad b''(\theta_i) = \frac{\exp(\theta_i)}{\{1+\exp(\theta_i)\}^2},$$

da cui, essendo $\pi_i = \frac{\exp(\theta_i)}{\{1+\exp(\theta_i)\}}$, si ottengono le note relazioni $E(Y_i) = \mu_i = \pi_i$ e $Var(Y_i) = \pi_i(1-\pi_i)/m_i = \mu_i(1-\mu_i)/m_i$.

Dalla (2.5) si ottiene inoltre (Esercizio)

$$\kappa_3(Y_i) = \frac{1}{m_i^2}\frac{\exp(\theta_i)\{1-\exp(\theta_i)\}}{\{1+\exp(\theta_i)\}^3} = \frac{1}{m_i^2}\pi_i(1-\pi_i)(1-2\pi_i)$$

e

$$\begin{aligned}\kappa_4(Y_i) &= \frac{1}{m_i^3}\frac{\exp(\theta_i)\{1-4\exp(\theta_i)+\exp(2\theta_i)\}}{\{1+\exp(\theta_i)\}^4} \\ &= \frac{1}{m_i^3}\pi_i(1-\pi_i)\{1-6\pi_i(1-\pi_i)\}.\end{aligned}$$

Se $\pi_i = 1/2$, la distribuzione è simmetrica e $\kappa_3(Y_i) = 0$. La funzione di varianza è $v(\mu_i) = \mu_i(1-\mu_i)$. Con la notazione (2.10), si ha allora $Y_i \sim DE_1(\mu_i, \mu_i(1-\mu_i)/m_i)$, $\mu_i \in M = (0,1)$. △

Esempio 2.4 (Distribuzione di Poisson) Sia $Y_i \sim P(\mu_i)$, $\mu_i > 0$, con funzione di probabilità sul supporto $S = \mathbb{N}$

$$p(y_i; \mu_i) = \exp\{y_i \log \mu_i - \mu_i\}\frac{1}{y_i!}. \tag{2.12}$$

La funzione di probabilità (2.12) risulta di tipo (2.1), con parametro naturale $\theta_i = \log \mu_i$, $a_i(\phi) = \phi = 1$, $b(\theta_i) = \exp(\theta_i)$ e $c(y_i, \phi) = -\log y_i!$.

Risulta $b'(\theta_i) = b''(\theta_i) = b^{(r)}(\theta_i) = \exp(\theta_i)$, $r = 3, 4, \dots$. Si ottengono dunque dalle (2.3) e (2.4) le relazioni $E(Y_i) = \mu_i$ e $Var\,(Y_i) = \mu_i$. Dalla (2.5) si

Tabella 2.1 Elementi caratterizzanti di alcune famiglie DE_1 notevoli

Modello	$N(\mu_i, \sigma^2)$	$Ga(\alpha, \alpha/\mu_i)$	$\frac{1}{m_i} Bi(m_i, \mu_i)$	$P(\mu_i)$
supporto	$\mathbb{R}$	$[0, +\infty)$	$\{0, 1/m_i, \ldots, 1\}$	$\mathbb{N}$
θ_i	μ_i	$-1/\mu_i$	$\log\left(\frac{\mu_i}{1-\mu_i}\right)$	$\log(\mu_i)$
Θ	$\mathbb{R}$	$(-\infty, 0)$	$\mathbb{R}$	$\mathbb{R}$
$b(\theta_i)$	$\theta_i^2/2$	$-\log(-\theta_i)$	$\log(1+\exp(\theta_i))$	$\exp(\theta_i)$
ϕ	σ^2	$1/\alpha$	1	1
$a_i(\phi)$	σ^2	$1/\alpha$	$1/m_i$	1
M	$\mathbb{R}$	$(0, +\infty)$	$(0, 1)$	$(0, +\infty)$
$v(\mu_i)$	1	μ_i^2	$\mu_i(1-\mu_i)$	μ_i

ha inoltre $\kappa_r(Y_i) = \mu_i$, $r = 3, 4, \ldots$. La funzione di varianza è $v(\mu_i) = \mu_i$. Con la notazione (2.10), si ha $Y_i \sim DE_1(\mu_i, \mu_i)$, $\mu_i \in (0, +\infty)$. △

Entrambi gli esempi di distribuzioni discrete considerati (Esempi 2.3 e 2.4) sono famiglie di dispersione esponenziali con parametro di dispersione noto. Nella Tabella 2.1 vengono riportati gli elementi caratterizzanti delle principali famiglie di dispersione esponenziali univariate.

Per Y_i con densità (2.1) si può mostrare che vale, per $a_i(\phi) \to 0$, l'approssimazione

$$\frac{Y_i - \mu_i}{\sqrt{a_i(\phi)}} \mathrel{\dot\sim} N(0, v(\mu_i)) \, . \tag{2.13}$$

Facendo riferimento a risultati asintotici ottenuti per $a_i(\phi) \to 0$, Jørgensen (1987) introduce la locuzione **teoria asintotica per dispersione piccola** (*small dispersion asymptotics*). Il risultato (2.13) vale esattamente per ogni σ^2 nel caso normale. Dà inoltre i noti risultati di approssimazione normale per $Y_i = S_i/m_i$ con $S_i \sim Bi(m_i, \pi_i)$ con m_i grande e per $Y_i \sim Ga(\alpha, \lambda_i)$ con α grande. Il risultato non si applica invece per un modello Poisson che ha $a_i(\phi)$ costante e pari a 1. Per un modello Poisson, $Y_i \sim P(\mu_i)$, si ha comunque la nota approssimazione $Y_i - \mu_i \mathrel{\dot\sim} N(0, \mu_i)$ quando μ_i è grande.

2.2 Ipotesi di un modello lineare generalizzato e funzione di legame

Il modello lineare classico con errori normali è specificato dalle ipotesi

$$Y_1, \ldots, Y_n \quad \text{v.c. univariate indipendenti,} \tag{2.14}$$

$$E(Y_i) = \mu_i = \eta_i = \boldsymbol{x}_i\beta = \beta_1 x_{i1} + \cdots + \beta_p x_{ip}, \tag{2.15}$$

$$Y_i \sim N(\mu_i, \sigma^2) \, , \tag{2.16}$$

con $\boldsymbol{x}_i = (x_{i1}, \ldots, x_{ip})$ vettore riga noto delle variabili esplicative non stocastiche per l'i-esima osservazione, $i = 1, \ldots, n$, e $\beta = (\beta_1, \ldots, \beta_p)^\top$ vettore di coefficienti di regressione. Nella definizione di un **modello lineare generalizzato** (GLM: *Generalized Linear Model*) si mantiene l'ipotesi di indipendenza (2.14) mentre le ipotesi (2.15) e (2.16) sono generalizzate dalle ipotesi (2.17) e (2.18) seguenti:

$$g(E(Y_i)) = g(\mu_i) = \eta_i = \boldsymbol{x}_i\beta \,, \tag{2.17}$$

con $g(\cdot)$ funzione liscia invertibile nota, detta **funzione di legame** (*link function*);

$$Y_i \sim DE_1(\mu_i, a_i(\phi)v(\mu_i)) \,, \qquad \mu_i \in M \,. \tag{2.18}$$

Le 3 componenti che caratterizzano un modello lineare generalizzato sono quindi le seguenti.

- **Distribuzione della risposta**: $Y_i \sim DE_1(\mu_i, a_i(\phi)v(\mu_i))$, con $Y_1, \ldots, Y_n$ indipendenti, $\mu_i \in M$.
- **Predittore lineare**: $\eta = X\beta$ con componenti $\eta_i = \boldsymbol{x}_i\beta$.
- **Funzione di legame**: è la funzione $g(\cdot)$ che collega μ_i a η_i, $g(\mu_i) = \eta_i = \boldsymbol{x}_i\beta$.

Il parametro di un GLM è (β, ϕ), o solo β qualora ϕ sia noto. Talora, con un lieve abuso di terminologia, ci si riferisce al modello DE_1 come 'distribuzione degli errori' in un GLM. Di fatto, solo nel modello lineare classico si ha la scomposizione additiva di Y_i in componente sistematica η_i più errore casuale.

Nel modello lineare normale, $g(\cdot)$ è la funzione di **legame identità** $g(\mu_i) = \mu_i$. Si assume dunque che il predittore lineare η_i sia uguale a μ_i. La posizione (2.17) è particolarmente conveniente quando lo spazio delle medie M non coincide con $\mathbb{R}$, come accade per le distribuzioni binomiale, Poisson, gamma. È così possibile modellare in termini lineari la dipendenza da variabili concomitanti di variabili risposta il cui supporto è un sottoinsieme proprio di $\mathbb{R}$, potendo assumere senz'altro $\mathbb{R}^p$ come spazio parametrico per β. Ad esempio, nel caso binomiale si ha $M = (0, 1)$ e sono quindi utili funzioni di legame con dominio $(0, 1)$ e codominio $\mathbb{R}$, come il **legame logit** $g(\mu) = \log(\mu/(1-\mu))$. Altre scelte di $g(\mu)$ per lo stesso GLM sono considerate nel Capitolo 3.

Per ciascuna specificazione del modello statistico di dispersione esponenziale per la risposta, fra tutte le possibili funzioni di legame $g(\cdot)$ è privilegiata la funzione

$$g(\mu_i) = \theta(\mu_i) \,, \tag{2.19}$$

adottando la quale il parametro naturale θ_i della DE_1 risulta combinazione lineare delle variabili esplicative con coefficienti β, $\theta_i = \boldsymbol{x}_i\beta$, $i = 1, \ldots, n$. La (2.19) è detta **funzione di legame canonica**. Per modelli lineari generalizzati con distribuzione degli errori normale, gamma, binomiale e Poisson, la funzione (2.19) è immediatamente deducibile dagli Esempi 2.1–2.4 e dalla Tabella 2.1. Per comodità di riferimento, le funzioni di legame canoniche di alcuni modelli notevoli sono riportate nella Tabella 2.2. Hanno tutte codominio $\mathbb{R}$, con l'eccezione del modello

Tabella 2.2 Funzione di legame canonica per alcuni GLM

Modello	$N(\mu_i, \sigma^2)$	$Ga(\alpha, \alpha/\mu_i)$	$\frac{1}{m_i} Bi(m_i, \mu_i)$	$P(\mu_i)$
legame canonico $\theta(\mu_i)$	μ_i	$-1/\mu_i$	$\log\left(\frac{\mu_i}{1-\mu_i}\right)$	$\log(\mu_i)$

gamma. In effetti, per il GLM con distribuzione gamma per la risposta, si preferisce spesso adottare la funzione di legame logaritmica.

Poiché la varianza di Y_i risulta

$$Var(Y_i) = a_i(\phi)v(\mu_i) = a_i(\phi)v(g^{-1}(\boldsymbol{x}_i\beta)), \tag{2.20}$$

nell'ambito dei modelli lineari generalizzati si permettono specifiche forme di eteroschedasticità; non viene invece indebolita l'ipotesi di indipendenza delle osservazioni. Tuttavia, se la flessibilità di modellazione del valore atteso è chiara, altrettanto non può dirsi per la modellazione dell'eteroschedasticità. Si richiede infatti che le varianze delle Y_i dipendano dalla stessa combinazione lineare di variabili concomitanti da cui dipendono i valori attesi $E(Y_i)$.

Esempio 2.5 (Regressione Poisson) Un modello di regressione Poisson con legame canonico assume $Y_1, \ldots, Y_n$ indipendenti con distribuzione di Poisson con media μ_i tale che $\log(\mu_i) = \eta_i$. Dunque

$$Y_i \sim P(e^{\eta_i}), \qquad \text{ossia} \qquad Y_i \sim P(e^{\boldsymbol{x}_i\beta}).$$

Di conseguenza, si assume che $Var(Y_i) = E(Y_i) = e^{\boldsymbol{x}_i\beta}$. △

2.3 Verosimiglianza e inferenza

2.3.1 Log-verosimiglianza e sufficienza

Siano $Y_1, \ldots, Y_n$ variabili casuali distribuite secondo le assunzioni (2.14), (2.17) e (2.18). Allora $Y = (Y_1, \ldots, Y_n)^\top$ ha densità congiunta data dal prodotto delle densità marginali (2.1) e la funzione di log-verosimiglianza risulta

$$l(\beta, \phi) = \sum_{i=1}^{n} \frac{y_i\theta_i - b(\theta_i)}{a_i(\phi)} + \sum_{i=1}^{n} c(y_i, \phi) \tag{2.21}$$

con $\theta_i = \theta(\mu_i) = \theta(g^{-1}(\boldsymbol{x}_i\beta))$.

Non esiste pertanto in generale, anche qualora si supponga ϕ noto, una statistica sufficiente con dimensione inferiore a n. Se tuttavia $g(\mu_i) = \theta(\mu_i)$, ovvero se

$g(\cdot)$ è la funzione di legame canonica, per cui $\theta_i = \boldsymbol{x}_i\beta$, allora, per ogni fissato valore di ϕ, esiste una statistica sufficiente p-dimensionale per l'inferenza su β. In particolare, la (2.21) si semplifica nella forma

$$\begin{aligned} l(\beta,\phi) &= \sum_{i=1}^{n} \frac{y_i \boldsymbol{x}_i\beta - b(\boldsymbol{x}_i\beta)}{a_i(\phi)} + \sum_{i=1}^{n} c(y_i,\phi) \\ &= \beta_1 \sum_{i=1}^{n} \frac{1}{a_i(\phi)} x_{i1} y_i + \ldots + \beta_p \sum_{i=1}^{n} \frac{1}{a_i(\phi)} x_{ip} y_i \\ &\quad - \sum_{i=1}^{n} \frac{b(\boldsymbol{x}_i\beta)}{a_i(\phi)} + \sum_{i=1}^{n} c(y_i,\phi) \end{aligned}$$

e la statistica p-dimensionale

$$\sum_{i=1}^{n} \frac{1}{a_i(\phi)} \boldsymbol{x}_i y_i = \left(\sum_{i=1}^{n} \frac{1}{a_i(\phi)} x_{i1} y_i, \ldots, \sum_{i=1}^{n} \frac{1}{a_i(\phi)} x_{ip} y_i \right)$$

è sufficiente minimale per β per ogni fissato valore di ϕ. Se ϕ è noto (ad esempio se $a_i(\phi) = \phi = 1$, come nell'esempio seguente) la statistica è sufficiente minimale *tout court*.

Esempio 2.6 (Regressione Poisson (cont.)) Nel modello di regressione Poisson con legame canonico (Esempio 2.5), una statistica sufficiente minimale per β è

$$\sum_{i=1}^{n} \boldsymbol{x}_i y_i = \left(\sum_{i=1}^{n} x_{i1} y_i, \ldots, \sum_{i=1}^{n} x_{ip} y_i \right). \quad \triangle$$

Alcuni modelli lineari generalizzati con funzione di legame canonica ammettono statistica sufficiente minimale con dimensione $p + 1$ quando ϕ è ignoto (cfr. Esercizi 2.1 e 2.4).

2.3.2 Funzione di punteggio ed equazioni di verosimiglianza

Per ottenere le derivate della log-verosimiglianza è utile premettere alcuni calcoli di derivate del parametro naturale rispetto ai parametri di regressione. In generale, se $g(\mu_i) = \boldsymbol{x}_i\beta = \eta_i$, allora $\mu_i = g^{-1}(\boldsymbol{x}_i\beta) = g^{-1}(\eta_i)$ e pertanto $\theta_i = \theta(\mu_i) = \theta(g^{-1}(\boldsymbol{x}_i\beta))$. Si ha, per la regola di derivazione della funzione inversa,

$$\frac{\partial \theta_i}{\partial \mu_i} = \theta'(\mu_i) = \left.\frac{1}{\mu'(\theta_i)}\right|_{\theta_i=\theta(\mu_i)} = \left.\frac{1}{b''(\theta_i)}\right|_{\theta_i=\theta(\mu_i)}$$

(cfr. la (2.7)) e, per la (2.9),

$$\theta'(\mu_i) = \frac{1}{v(\mu_i)} .$$

Inoltre, essendo $\mu_i = g^{-1}(\eta_i)$, si ha

$$\frac{\partial \mu_i}{\partial \eta_i} = \frac{1}{g'(\mu_i)}\bigg|_{\mu_i = g^{-1}(\eta_i)} .$$

Si ottiene allora, con la regola di derivazione delle funzioni composte,

$$\frac{\partial \theta_i}{\partial \beta_r} = \frac{\partial \theta_i}{\partial \mu_i}\frac{\partial \mu_i}{\partial \eta_i}\frac{\partial \eta_i}{\partial \beta_r} = \frac{1}{v(\mu_i)}\frac{1}{g'(\mu_i)}x_{ir}, \quad r = 1, \dots, p , \tag{2.22}$$

ove le quantità indicate sono valutate in $\mu_i = g^{-1}(\boldsymbol{x}_i\beta)$.

Si può inoltre scrivere

$$\frac{\partial \theta_i}{\partial \beta_r} = \frac{\partial \theta_i}{\partial \mu_i}\frac{\partial \mu_i}{\partial \beta_r} = \frac{1}{v(\mu_i)}\frac{\partial \mu_i}{\partial \beta_r}, \quad r = 1, \dots, p , \tag{2.23}$$

dove $\mu_i = g^{-1}(\eta_i)$,

Se $g(\cdot)$ è la funzione di legame canonica, $g(\mu_i) = \theta(\mu_i)$, risulta $g'(\mu_i) = 1/v(\mu_i)$, per cui si ha dalla (2.22)

$$\frac{\partial \theta_i}{\partial \beta_r} = x_{ir}, \quad r = 1, \dots, p . \tag{2.24}$$

Il semplice risultato (2.24) non è sorprendente: se $g(\cdot)$ è la funzione di legame canonica, $\theta_i = \boldsymbol{x}_i\beta = x_{i1}\beta_1 + \ldots + x_{ip}\beta_p$.

Derivando la (2.21), si vede che il vettore *score* ha componenti

$$l_r = \frac{\partial l(\beta, \phi)}{\partial \beta_r} = \sum_{i=1}^{n} \frac{1}{a_i(\phi)}\left(y_i \frac{\partial \theta_i}{\partial \beta_r} - \frac{\partial b(\theta_i)}{\partial \beta_r}\right) , \quad r = 1, \dots, p, \tag{2.25}$$

$$l_\phi = \frac{\partial l(\beta, \phi)}{\partial \phi} = -\sum_{i=1}^{n} \frac{a_i'(\phi)}{(a_i(\phi))^2}(y_i\theta_i - b(\theta_i)) + \sum_{i=1}^{n} c'(y_i, \phi) , \tag{2.26}$$

dove $a_i'(\phi) = da_i(\phi)/d\phi$ e $c'(y_i, \phi) = \partial c(y_i, \phi)/\partial\phi$. Si osservi che

$$\frac{\partial b(\theta_i)}{\partial \beta_r} = b'(\theta_i)\frac{\partial \theta_i}{\partial \beta_r} = \mu_i \frac{\partial \theta_i}{\partial \beta_r} ,$$

e pertanto le componenti (2.25) relative a β del vettore *score* possono essere poste anche nella forma

$$l_r = \sum_{i=1}^{n} \frac{1}{a_i(\phi)} (y_i - \mu_i) \frac{\partial \theta_i}{\partial \beta_r}, \quad r = 1, \dots, p . \tag{2.27}$$

Sfruttando la (2.23), si ha allora che le **equazioni di verosimiglianza** per β (assumendo per il momento ϕ noto) sono

$$l_r = \sum_{i=1}^{n} \frac{(y_i - \mu_i)}{Var(Y_i)} \frac{\partial \mu_i}{\partial \beta_r} = 0\,, \quad r = 1, \ldots, p\,. \tag{2.28}$$

Se la funzione di legame è quella canonica, allora utilizzando la (2.24) e la (2.27) le equazioni di verosimiglianza si semplificano, risultando

$$\sum_{i=1}^{n} \frac{1}{a_i(\phi)} y_i x_{ir} = \sum_{i=1}^{n} \frac{1}{a_i(\phi)} \mu_i x_{ir}\,, \qquad r = 1, \ldots, p\,. \tag{2.29}$$

Se $a_i(\phi) = \phi$, si ha l'ulteriore semplificazione

$$\sum_{i=1}^{n} y_i x_{ir} = \sum_{i=1}^{n} \mu_i x_{ir}\,, \qquad r = 1, \ldots, p\,. \tag{2.30}$$

In base alle (2.29), o (2.30), la stima di massima verosimiglianza rende il valore osservato della statistica sufficiente minimale pari al suo valore atteso stimato. Utilizzando la teoria delle famiglie esponenziali, si può mostrare che la soluzione, se esiste, è unica. Esiste (finita) se e solo se la statistica sufficiente non assume valori sulla frontiera dell'insieme generato dalle combinazioni lineari convesse dei punti del supporto della statistica sufficiente. Per approfondimenti, si veda ad esempio Pace e Salvan (1996, paragrafi 6.4 e 5.6).

Le (2.28) possono essere scritte nella forma matriciale

$$D^\top V^{-1}(y - \mu) = 0\,, \tag{2.31}$$

dove $y - \mu = (y_1 - \mu_1, \ldots, y_n - \mu_n)^\top$,

$$V = \text{diag}[Var(Y_i)]\,, \quad i = 1, \ldots, n\,,$$

e D è una matrice $n \times p$ con generico elemento

$$d_{ir} = \frac{\partial \mu_i}{\partial \beta_r} = \frac{\partial \mu_i}{\partial \eta_i} \frac{\partial \eta_i}{\partial \beta_r} = \frac{1}{g'(\mu_i)} x_{ir}\,, \qquad i = 1, \ldots, n, \quad r = 1, \ldots, p.$$

Si ha anche $D = \text{diag}(g'(\mu_i)^{-1})X$. In un modello lineare normale $\mu = X\beta$, $D = X$ e $V^{-1} = (\sigma^2)^{-1} I_n$. In questo caso, le (2.31) danno quindi le equazioni normali

$$X^\top (y - X\beta) = 0\,,$$

che ammettono soluzione esplicita. Negli altri casi, la dipendenza da β si ha non solo in μ, ma anche in V e D. Dunque le equazioni (2.31) vanno risolte con metodi iterativi, cfr. paragrafo 2.3.6.

Esempio 2.7 (Regressione Poisson (cont.)) Nel modello di regressione Poisson con legame canonico (Esempio 2.5), le equazioni di verosimiglianza per β sono

$$\sum_{i=1}^{n} y_i x_{ir} = \sum_{i=1}^{n} e^{x_i \beta} x_{ir} \,, \qquad r = 1, \ldots, p \,.$$

Ad esempio con $\eta_i = \beta_1 + \beta_2 t_i$ va risolto il sistema

$$\begin{cases} \displaystyle\sum_{i=1}^{n} y_i = \sum_{i=1}^{n} e^{\beta_1 + \beta_2 t_i} \\ \displaystyle\sum_{i=1}^{n} y_i t_i = \sum_{i=1}^{n} e^{\beta_1 + \beta_2 t_i} t_i \,. \end{cases} \tag{2.32}$$

Anche in questo semplice caso, almeno per β_2, non si ha soluzione esplicita. Se $\sum_{i=1}^{n} y_i = 0$, e quindi $\sum_{i=1}^{n} y_i t_i = 0$, non si ha soluzione. Questo può succedere anche per altri valori 'estremi' della statistica sufficiente. Ad esempio, succede con $\sum_{i=1}^{n} y_i = 1$ e $\sum_{i=1}^{n} y_i t_i = \max_i(t_i)$, corrispondente a $n-1$ conteggi nulli e un conteggio pari a uno in corrispondenza del massimo dei valori t_i.

Con i dati dell'Esempio 1.5, relativo alla mortalità per AIDS, con y_i pari al numero di casi e t_i pari al tempo, $t_i = i$, $i = 1, \ldots, 14$, si ha $\sum_{i=1}^{n} y_i = 217$ e $\sum_{i=1}^{n} y_i t_i = 2387$. Il sistema di equazioni (2.32), risolto numericamente, dà $\hat{\beta}_1 = 0.304$ e $\hat{\beta}_2 = 0.259$. I valori stimati di $E(Y_i)$ sono quindi

$$\hat{\mu}_i = \exp(0.304 + 0.259 t_i) = \exp(0.304)\exp(0.259 t_i) \,.$$

Tali valori sono riportati nella Tabella 2.3 e corrispondono ai punti sulla linea continua nella Figura 2.1. Il modello stima dunque che, nel periodo considerato, se t_i aumenta di una unità (corrispondente a un trimestre), il numero medio di casi diventi

$$\hat{\mu}_{i+1} = \exp(0.304 + 0.259(t_i + 1)) = \exp(0.259)\hat{\mu}_i \doteq 1.296\hat{\mu}_i \,.$$

In altre parole, vi è un aumento stimato dei casi di morti per AIDS di circa il 30% a trimestre. △

Tabella 2.3 Morti per AIDS e valori predetti

tempo	casi	casi predetti	tempo	casi	casi predetti
1	0	1.76	8	17	10.75
2	1	2.27	9	23	13.93
3	2	2.95	10	32	18.05
4	3	3.82	11	20	23.39
5	1	4.95	12	24	30.30
6	4	6.41	13	37	39.26
7	8	8.30	14	45	50.86

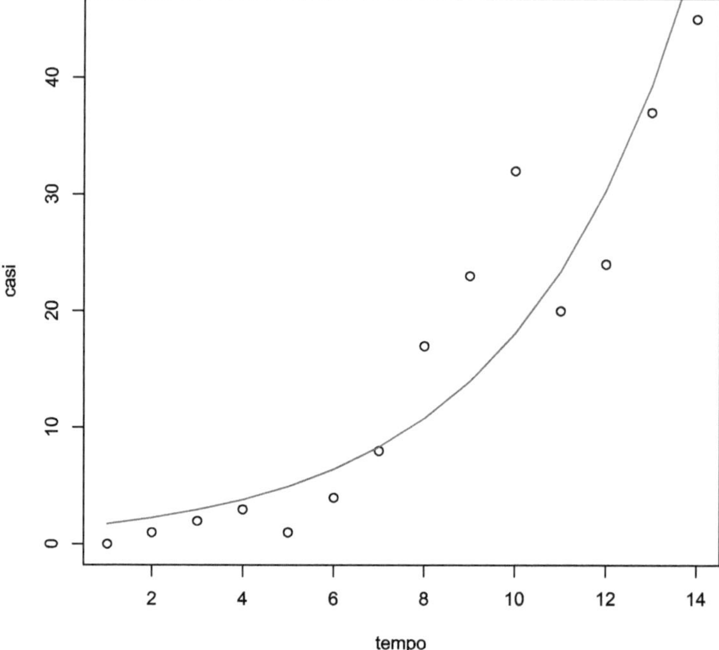

Figura 2.1 Casi di mortalità per AIDS in Australia fra il 1983 e il 1986, modello stimato (linea continua)

2.3.3 Informazione osservata e attesa

Si desidera mostrare in primo luogo che β e ϕ sono parametri ortogonali, ossia che il blocco $i_{\beta\phi}$ dell'informazione attesa ha tutti elementi uguali a zero, $i_{\beta\phi} = 0$. Derivando le (2.27) rispetto a ϕ si ha

$$l_{r\phi} = \frac{\partial^2 l(\beta, \phi)}{\partial \beta_r \partial \phi} = -\sum_{i=1}^{n} \frac{a_i'(\phi)}{(a_i(\phi))^2} (y_i - \mu_i) \frac{\partial \theta_i}{\partial \beta_r}, \quad r = 1, \ldots, p,$$

il cui valore atteso è zero poiché $E(Y_i) = \mu_i$. Una conseguenza dell'ortogonalità è che gli stimatori di massima verosimiglianza di β e ϕ sono asintoticamente indipendenti. Dunque per l'inferenza su β è sufficiente disporre del blocco dell'informazione osservata o attesa relativa a β.

Derivando rispetto a β_s la relazione (2.27) si ottiene

$$j_{rs} = -l_{rs} = \sum_{i=1}^{n} \frac{1}{a_i(\phi)} \left\{ \frac{\partial \mu_i}{\partial \beta_s} \frac{\partial \theta_i}{\partial \beta_r} - (y_i - \mu_i) \frac{\partial^2 \theta_i}{\partial \beta_r \partial \beta_s} \right\}. \tag{2.33}$$

Se il legame è canonico, $\partial^2\theta_i/(\partial\beta_r\partial\beta_s) = 0$. L'espressione di j_{rs} si semplifica e risulta

$$j_{rs} = \sum_{i=1}^{n} \frac{1}{a_i(\phi)} \frac{\partial\mu_i}{\partial\beta_s} \frac{\partial\theta_i}{\partial\beta_r},$$

che è una quantità non stocastica e coincide con il proprio valore atteso. Anche se il legame non è canonico, dalla (2.33), essendo $E(Y_i) = \mu_i$, si vede che l'informazione attesa è più semplice dell'informazione osservata:

$$\begin{aligned} i_{rs} = E(j_{rs}) &= \sum_{i=1}^{n} \frac{1}{a_i(\phi)} \frac{\partial\mu_i}{\partial\beta_s} \frac{\partial\theta_i}{\partial\beta_r} \\ &= \sum_{i=1}^{n} \frac{1}{a_i(\phi)} \frac{1}{g'(\mu_i)} x_{is} \frac{1}{v(\mu_i)} \frac{1}{g'(\mu_i)} x_{ir} \end{aligned}$$

ossia

$$i_{rs} = \sum_{i=1}^{n} \frac{1}{a_i(\phi)} \frac{x_{ir}x_{is}}{(g'(\mu_i))^2 v(\mu_i)}. \tag{2.34}$$

La (2.34) viene spesso riportata nella forma matriciale

$$i_{\beta\beta} = X^\top W X, \tag{2.35}$$

dove

$$W = \text{diag}(w_i), \qquad \text{con } w_i = \frac{1}{(g'(\mu_i))^2 Var(Y_i)}, \qquad i = 1, \ldots, n. \tag{2.36}$$

Se il legame è canonico si ha

$$w_i = \frac{1}{(1/v(\mu_i))^2 a_i(\phi) v(\mu_i)} = \frac{v(\mu_i)}{a_i(\phi)}.$$

Il risultato generale di normalità asintotica dello stimatore di massima verosimiglianza fornisce l'approssimazione

$$\hat{\beta} \dot{\sim} N_p(\beta, (X^\top W X)^{-1}), \tag{2.37}$$

per n elevato. Una stima consistente della matrice di covarianza di $\hat{\beta}$ è pertanto $(X^\top \hat{W} X)^{-1}$, ove $\hat{W}$ indica la matrice W calcolata per $\beta = \hat{\beta}$ e, se ϕ è ignoto, per ϕ pari a una sua stima consistente. Per una discussione approfondita delle condizioni di regolarità, si veda Fahrmeir e Tutz (2001, p. 46).

Esempio 2.8 (Regressione Poisson (cont.)) Nel modello di regressione Poisson con legame canonico (Esempio 2.5), si ha

$$w_i = v(\mu_i) = \mu_i$$

e quindi $W = \text{diag}(\mu_1, \dots, \mu_n)$. Con i dati dell'Esempio 1.5 e il modello dell'Esempio 2.5, risulta

$$\hat{W} = \text{diag}(\hat{\mu}_1, \dots, \hat{\mu}_{14}),$$

con i valori predetti $\hat{\mu}_i$, $i = 1, \dots, 14$, riportati nella Tabella 2.3. Si ottiene quindi

$$\begin{aligned} X^\top \hat{W} X &= \begin{pmatrix} 1 & \cdots & 1 \\ 1 & \cdots & 14 \end{pmatrix} \begin{pmatrix} 1.76 & 0 & \cdots & \cdots & 0 \\ 0 & 2.27 & 0 & \cdots & 0 \\ \vdots & \vdots & \vdots & \vdots & \vdots \\ 0 & \cdots & 0 & \cdots & 50.86 \end{pmatrix} \begin{pmatrix} 1 & 1 \\ \vdots & \vdots \\ 1 & 14 \end{pmatrix} \\ &= \begin{pmatrix} 217 & 2387 \\ 2387 & 28279.05 \end{pmatrix} \end{aligned}$$

da cui si ha

$$\widehat{Var}(\hat{\beta}) = \begin{pmatrix} 217 & 2387 \\ 2387 & 28279.05 \end{pmatrix}^{-1} = \begin{pmatrix} 0.06444 & -0.00544 \\ -0.00544 & 0.0004945 \end{pmatrix}$$

e, in particolare, $\widehat{Var}(\hat{\beta}_2) = 0.0004945$. △

2.3.4 *Intervalli di confidenza e test*

Dalla (2.37), stimando W con $\hat{W}$, si possono ottenere gli intervalli di confidenza di Wald per β_r, $r = 1, \dots, p$, con livello approssimato $1 - \alpha$, dati da

$$\hat{\beta}_r \pm z_{1-\alpha/2} \sqrt{[(X^\top \hat{W} X)^{-1}]_{rr}}, \qquad (2.38)$$

dove $[(X^\top \hat{W} X)^{-1}]_{rr}$ è l'elemento di posto (r, r) di $(X^\top \hat{W} X)^{-1}$. Con le funzioni di R che adattano un GLM è anche agevole ottenere gli intervalli di confidenza con livello approssimato $1 - \alpha$ basati su $r_P(\beta_r)$ (formula (1.20))

$$\{\beta_r : |r_P(\beta_r)| \le z_{1-\alpha/2}\}. \qquad (2.39)$$

Un test per $H_0 : \beta_r = 0$ si può basare su una delle tre quantità (1.18), (1.19) o (1.20). Nel contesto dei modelli lineari generalizzati, si utilizza in genere la versione con l'informazione attesa. In particolare, il test di Wald considera significativi contro H_0 valori grandi in valore assoluto di

$$z_r = \frac{\hat{\beta}_r}{\sqrt{[(X^\top \hat{W} X)^{-1}]_{rr}}} . \tag{2.40}$$

Utilizzando il metodo delta (Appendice D), si possono inoltre ottenere approssimazioni per la varianza di stimatori di funzioni di β. In particolare, se $h(\beta)$ è una funzione scalare di β, si ha, sfruttando la (D.7),

$$Var(h(\hat{\beta})) \doteq \left(\frac{\partial h}{\partial \beta}\right) (X^\top \hat{W} X)^{-1} \left(\frac{\partial h}{\partial \beta}\right)^\top ,$$

con

$$\left(\frac{\partial h}{\partial \beta}\right) = \left(\frac{\partial h}{\partial \beta_1}, \ldots, \frac{\partial h}{\partial \beta_p}\right) ,$$

valutata in $\beta = \hat{\beta}$.

Esempio 2.9 (Regressione Poisson (cont.)) Con i risultati dell'Esempio 2.8, un intervallo di confidenza di Wald con livello approssimato 0.95 per β_2 risulta $0.259 \pm 1.96\sqrt{0.0004945} = (0.215, 0.303)$. L'intervallo (2.39) con livello 0.95 ottenuto con R risulta $(0.216, 0.304)$, abbastanza simile. Sfruttando l'equivarianza rispetto alle riparametrizzazioni degli intervalli (2.39), si ottiene immediatamente un intervallo di confidenza per $\exp(\beta_2)$, pari all'incremento moltiplicativo medio per periodo, che risulta $(\exp(0.216), \exp(0.304)) = (1.24, 1.35)$. L'intervallo di Wald nella parametrizzazione $\psi = \exp(\beta_2)$ andrebbe invece calcolato sfruttando il metodo delta che dà

$$\widehat{Var}(\exp(\hat{\beta}_2)) = (\exp(2\hat{\beta}_2))0.0004945 \doteq 0.0009079 .$$

L'intervallo di Wald con livello 0.95 per $\exp(\beta_2)$ è quindi

$$\exp(0.259) \pm 1.96\sqrt{0.0009079} \doteq (1.24, 1.35) ,$$

praticamente coincidente con l'intervallo precedente basato su $r_P(\beta_2)$. Anche la trasformazione esponenziale dell'intervallo di Wald per β_2 dà in questo caso un risultato molto simile.

È possibile valutare l'accuratezza dell'inferenza su β basata sulle approssimazioni asintotiche tramite un semplice studio di simulazione. In particolare, tenendo fissa la matrice del modello X e assumendo come vero valore del parametro la stima di massima verosimiglianza ottenuta con i dati osservati, $\beta = (0.304, 0.259)$, si

Tabella 2.4 Dati AIDS, simulazione dal modello stimato

β	$E_{sim}(\hat{\beta})$	$sd_{sim}(\hat{\beta})$	$E_{sim}(se(\hat{\beta}))$	Cop. 0.95
0.304	0.285	0.257	0.255	95.3
0.259	0.260	0.022	0.022	95.3

sono generati 10 000 vettori di 14 osservazioni sulla variabile risposta. Per ciascuno di questi si è riadattato il modello, ottenendo quindi la distribuzione simulata di $\hat{\beta}$. La Tabella 2.4 riporta, oltre al vero valore di β, la stima tramite simulazione della media di $\hat{\beta}$, $E_{sim}(\hat{\beta})$, e della deviazione standard delle sue componenti, $sd_{sim}(\hat{\beta})$. Sono inoltre riportati la media degli *standard error* stimati tramite l'informazione attesa, $E_{sim}(se(\hat{\beta}))$, e le percentuali di intervalli di Wald con livello nominale 0.95 che includono il vero valore del parametro, Cop. 0.95. Si nota che i risultati approssimati sono in questo caso particolarmente accurati. Il codice R utilizzato è riportato nell'Appendice F. △

2.3.5 *Varianza del predittore lineare e dei valori predetti*

Sia $\mu = (\mu_1, \ldots, \mu_n)^\top$ il vettore dei valori attesi della variabile risposta. Il vettore dei valori predetti è

$$\hat{\mu} = (g^{-1}(\hat{\eta}_1), \ldots, g^{-1}(\hat{\eta}_n))^\top . \tag{2.41}$$

È importante poter associare alla previsione una valutazione dell'errore.

Si consideri innanzi tutto un singolo $\hat{\mu}_i = g^{-1}(\hat{\eta}_i)$. La varianza del predittore lineare stimato si ottiene da

$$Var(\hat{\eta}_i) = Var(\boldsymbol{x}_i\hat{\beta}) = \boldsymbol{x}_i Var(\hat{\beta})\boldsymbol{x}_i^\top \doteq \boldsymbol{x}_i(X^\top W X)^{-1}\boldsymbol{x}_i^\top .$$

Inoltre, $\hat{\eta}_i \mathrel{\dot\sim} N(\eta_i, \widehat{Var(\hat{\eta}_i)})$ e dunque un intervallo di confidenza di Wald per η_i con livello approssimato $1-\alpha$ è

$$\hat{\eta}_i \pm z_{1-\alpha/2}\sqrt{\boldsymbol{x}_i \widehat{Var}(\hat{\beta})\boldsymbol{x}_i^\top} .$$

Per ottenere un intervallo di confidenza di Wald per μ_i si può procedere in due modi. Il primo è trasformare con $g^{-1}(\cdot)$ l'intervallo ottenuto per η_i. Il secondo è calcolare $\widehat{Var(\hat{\mu}_i)}$ utilizzando il metodo delta e quindi l'intervallo secondo la formula

$$\hat{\mu}_i \pm z_{1-\alpha/2}\sqrt{\boldsymbol{x}_i \widehat{Var}(\hat{\beta})\boldsymbol{x}_i^\top/(g'(\hat{\mu}_i))^2}.$$

Si preferisce in genere il primo metodo che assicura che l'intervallo ottenuto sia incluso nello spazio delle medie.

Esempio 2.10 (Regressione Poisson (cont.)) Il predittore lineare stimato con $t_i = i = 6$ è $\hat{\eta}_6 = \hat{\beta}_1 + 6\hat{\beta}_2 = 1.857$. Risulta quindi

$$\begin{aligned}\widehat{Var}(\hat{\eta}_6) &= \widehat{Var}(\hat{\beta}_1) + 36\widehat{Var}(\hat{\beta}_2) + 12\widehat{Cov}(\hat{\beta}_1, \hat{\beta}_2) \\ &= \begin{pmatrix}1 & 6\end{pmatrix} \begin{pmatrix} 0.06444 & -0.00544 \\ -0.00544 & 0.0004945 \end{pmatrix} \begin{pmatrix}1 \\ 6\end{pmatrix} \doteq 0.017\end{aligned}$$

e un intervallo di confidenza per η_6 con livello approssimato 0.95 è $(1.60, 2.11)$, che, trasformato tramite $g^{-1}(\cdot) = \exp(\cdot)$, dà, per μ_6, l'intervallo $(4.96, 8.27)$. Operando invece nella parametrizzazione μ_i, si ha $\hat{\mu}_6 = 6.407$, e, con il metodo delta,

$$\widehat{Var(\hat{\mu}_6)} = 0.017 \exp(2\,\hat{\eta}_6) \doteq 0.697\,.$$

L'intervallo di confidenza per μ_6 ottenuto per questa via è $(4.77, 8.04)$, leggermente diverso dal precedente. △

Le matrici di covarianza stimate dei vettori $\hat{\eta}$ e $\hat{\mu}$ possono essere ottenute nel modo seguente. Utilizzando la stima

$$\widehat{Var(\hat{\beta})} = (X^\top \hat{W} X)^{-1}\,,$$

si ha, per il predittore lineare stimato $\hat{\eta} = X\hat{\beta}$,

$$\widehat{Var(\hat{\eta})} = X(X^\top \hat{W} X)^{-1} X^\top\,.$$

Si può ottenere $\widehat{Var(\hat{\mu})}$ sfruttando ancora il metodo delta. Ricordando che $\mu = h(\eta)$ con $h(\cdot)$ funzione da $\mathbb{R}^n$ in $\mathbb{R}^n$ con generica componente $\mu_i = g^{-1}(\eta_i)$, si ha, utilizzando la (D.7),

$$\widehat{Var(\hat{\mu})} = \text{diag}\left(\frac{1}{g'(\hat{\mu}_i)}\right) X(X^\top \hat{W} X)^{-1} X^\top \,\text{diag}\left(\frac{1}{g'(\hat{\mu}_i)}\right).$$

Va tuttavia prestata attenzione al fatto che sia η sia μ hanno dimensione n. Affinché la precedente stima sia utilizzabile, occorre che valga un'approssimazione normale per la distribuzione della risposta, come nel contesto di dispersione piccola o, nel caso Poisson, se le medie sono sufficientemente grandi.

2.3.6 Minimi quadrati pesati iterati

Le equazioni di verosimiglianza (2.28) non ammettono in genere soluzione esplicita. Esse andranno risolte con metodi iterativi, quale il metodo di Newton–Raphson (cfr. ad esempio Pace e Salvan, 2001, paragrafo 4.2). Posto l_β il vettore con elementi l_r e $j_{\beta\beta}$ il blocco della la matrice di informazione osservata con elementi $-l_{rs}$, la $(m+1)$-esima iterazione fornisce l'approssimazione:

$$\hat{\beta}^{(m+1)} = \hat{\beta}^{(m)} + \left[j_{\beta\beta}(\hat{\beta}^{(m)}) \right]^{-1} l_\beta(\hat{\beta}^{(m)}) \, .$$

Nella precedente espressione, $j_{\beta\beta}$ può essere sostituita con il suo valore atteso $i_{\beta\beta}$ (metodo *scoring* di Fisher). Così facendo, si mantiene la convergenza dell'algoritmo e le espressioni risultano semplificate (ovviamente, se la funzione di legame è quella canonica le due espressioni coincidono). Si ottiene così

$$\hat{\beta}^{(m+1)} = \hat{\beta}^{(m)} + \left[i_{\beta\beta}(\hat{\beta}^{(m)}) \right]^{-1} l_\beta(\hat{\beta}^{(m)})$$

o anche,

$$i_{\beta\beta}(\hat{\beta}^{(m)})\hat{\beta}^{(m+1)} = i_{\beta\beta}(\hat{\beta}^{(m)})\hat{\beta}^{(m)} + l_\beta(\hat{\beta}^{(m)}) \, , \tag{2.42}$$

Per le (2.27), (2.22) e (2.36), si può scrivere

$$l_r = \sum_{i=1}^{n} x_{ir}(y_i - \mu_i) w_i g'(\mu_i) \, ,$$

da cui si ottiene la rappresentazione in forma matriciale

$$l_\beta = X^\top W u \, ,$$

con $u = ((y_1 - \mu_1)g'(\mu_1), \ldots, (y_n - \mu_n)g'(\mu_n))^\top$. Sfruttando la relazione (2.35), la (2.42) diviene allora

$$X^\top W X \hat{\beta}^{(m+1)} = X^\top W z^{(m)} , \tag{2.43}$$

ove

$$z^{(m)} = X\hat{\beta}^{(m)} + u \, .$$

La variabile $z^{(m)}$ è detta **variabile dipendente aggiustata**. La generica componente di $z^{(m)}$ è

$$z_i^{(m)} = \boldsymbol{x}_i \hat{\beta}^{(m)} + (y_i - \mu_i) g'(\mu_i) \, , \qquad i = 1, \ldots, n \, . \tag{2.44}$$

Le quantità W e $z^{(m)}$ nella (2.43) si intendono valutate in $\hat{\beta}^{(m)}$. La (2.43) coincide formalmente con l'espressione delle equazioni normali per gli stimatori dei minimi quadrati generalizzati (equazione (1.32)). Ciò comporta una notevole semplificazione computazionale che viene sfruttata dalle funzioni di R e da altri *software*. La $(m+1)$-esima iterazione dell'algoritmo calcola $\hat{\beta}^{(m+1)}$ come stima dei minimi quadrati generalizzati in un modello lineare avente come matrice del modello X, come variabile risposta $z^{(m)}$ (calcolata in $\hat{\beta}^{(m)}$) e come matrice dei pesi (inversa della matrice di covarianza della risposta) W (calcolata in $\hat{\beta}^{(m)}$). Poiché la matrice dei pesi varia da iterazione a iterazione, l'algoritmo iterativo è anche detto dei **minimi quadrati pesati iterati** (*Iteratively Reweighted Least Squares*, IRLS).

Dalla (2.44), si può vedere $z_i^{(m)}$ come approssimazione lineare di $g(y_i)$

$$g(y_i) \doteq g(\mu_i) + (y_i - \mu_i)g'(\mu_i) = \eta_i + (y_i - \mu_i)\frac{\partial \eta_i}{\partial \mu_i}$$

con η_i e μ_i calcolati in $\hat{\beta}^{(m)}$. In base a tale approssimazione, una scelta dei valori iniziali per l'algoritmo iterativo è data da $z_i^{(0)} = g(y_i)$ e $W^{(0)} = I_n$. Talora può essere conveniente modificare leggermente y_i per ottenere valori iniziali finiti. Se ad esempio $g(\mu_i) = \log \mu_i$, per neutralizzare l'effetto di $y_i = 0$, si può considerare $z_i^{(0)} = g(\max(y_i, \varepsilon))$, $\varepsilon > 0$. Raggiunta la convergenza dell'algoritmo, si avrà

$$\hat{\beta} = (X^\top \hat{W} X)^{-1} X^\top \hat{W} \hat{z} ,$$

con $\hat{z} = X\hat{\beta} + \hat{u}$, dove $\hat{u}$ è u calcolato a $\hat{\beta}$.

2.3.7 *Stima di ϕ*

Poiché le famiglie di dispersione esponenziale discrete utili per la modellazione statistica hanno ϕ fissato, il problema della stima di ϕ si pone solo nei modelli lineari generalizzati per risposte continue. Si consideri $a_i(\phi) = \phi$, come per i modelli normale e gamma (cfr. Tabella 2.1). Ovviamente è possibile ricorrere alla stima di massima verosimiglianza, basata sulla (2.26) con β sostituito da $\hat{\beta}$. Tuttavia, in genere, ciò non risulta consigliabile (cfr. ad esempio McCullagh e Nelder, 1989, p. 295) sia per possibili problemi di instabilità numerica sia per mancanza di robustezza rispetto a modesti scostamenti dal modello. Comunemente, per la stima di ϕ si fa ricorso a stimatori basati sul metodo dei momenti. Essendo $Var(Y_i) = \phi v(\mu_i)$, se β fosse noto, uno stimatore non distorto di ϕ sarebbe

$$\frac{1}{n} \sum_{i=1}^{n} \frac{(y_i - \mu_i)^2}{v(\mu_i)} .$$

In analogia con quanto accade nell'ambito del modello lineare classico, sostituiti i valori attesi μ_i con le loro stime basate su $\hat{\beta}$, si suggerisce di utilizzare lo stimatore con correzione

$$\tilde{\phi} = \frac{1}{n-p} \sum_{i=1}^{n} \frac{(y_i - \hat{\mu}_i)^2}{v(\hat{\mu}_i)} . \qquad (2.45)$$

In generale, $\tilde{\phi}$ è consistente (Fahrmeir e Tutz, 2001, p. 47). Se $g(\mu_i) = \mu_i$ e $v(\mu_i) = 1$ allora $\tilde{\phi}$ è l'usuale stimatore non distorto di σ^2 in un modello lineare normale. Per risposte gamma, $Y_i \sim DE_1(\mu_i, \phi\mu_i^2)$, $\mu_i \in M = (0, +\infty)$, $i = 1, \dots, n$, si ha

$$\tilde{\phi} = \frac{1}{n-p} \sum_{i=1}^{n} \frac{(y_i - \hat{\mu}_i)^2}{\hat{\mu}_i^2} . \qquad (2.46)$$

2.4 Devianza, bontà di adattamento e residui

2.4.1 Devianza per ipotesi di riduzione del modello

Siano $Y_1, \ldots, Y_n$ variabili casuali indipendenti aventi distribuzione marginale $DE_1(\mu_i, a_i(\phi)v(\mu_i))$ e $g(\mu_i) = \boldsymbol{x}_i\beta$, con $a_i(\phi) = \phi/\omega_i$ e ϕ supposto noto per semplicità.

Si consideri la partizione di β,

$$\beta = \begin{pmatrix} \beta_A \\ \beta_B \end{pmatrix}, \qquad \text{con} \qquad \beta_A = \begin{pmatrix} \beta_1 \\ \vdots \\ \beta_{p_0} \end{pmatrix}, \ \beta_B = \begin{pmatrix} \beta_{p_0+1} \\ \vdots \\ \beta_p \end{pmatrix},$$

e si supponga di voler verificare $H_0 : \beta_B = 0$ contro H_1: $\beta_B \neq 0$.

Nel modello lineare con errori normali, $Y \sim N_n(X\beta, \sigma^2 I_n)$, quando σ^2 è noto, il test del rapporto di verosimiglianza suggerisce di rifiutare l'ipotesi nulla per valori elevati della statistica

$$(SQE_{p_0} - SQE_p)/\sigma^2, \tag{2.47}$$

ove SQE_{p_0} e SQE_p rappresentano la somma dei quadrati dei residui con riferimento al modello ridotto definito da H_0 e al modello completo, rispettivamente. Sotto H_0 tale statistica ha distribuzione esatta $\chi^2_{p-p_0}$.

In un modello lineare generalizzato la statistica del rapporto di verosimiglianza, cfr. (1.17),

$$W_P = 2\left(l(\hat{\beta}, \phi) - l(\hat{\beta}_0, \phi)\right)$$

ha distribuzione asintotica nulla $\chi^2_{p-p_0}$. Si è indicata con $\hat{\beta}_0$ la stima $(\hat{\beta}_{A0}, 0)$ di β sotto H_0. L'analogia formale con il modello lineare normale può essere evidenziata scrivendo la log-verosimiglianza come funzione di $\mu = (\mu_1, \ldots, \mu_n)^\top$ e ϕ nella forma

$$l^M(\mu, \phi) = \sum_{i=1}^{n} \left\{\omega_i \frac{y_i\theta_i - b(\theta_i)}{\phi} + c(y_i, \phi)\right\} \tag{2.48}$$

con $\theta_i = \theta(\mu_i)$. Sotto le ipotesi del GLM, μ è funzione (non lineare) del parametro p-dimensionale β e $l(\hat{\beta}, \phi) = l^M(\hat{\mu}, \phi)$, con $\hat{\mu}$ definito dalla (2.41). Sia

$$\begin{aligned} D(y; \hat{\mu}) &= 2\phi(l^M(y, \phi) - l^M(\hat{\mu}, \phi)) \\ &= 2\sum_{i=1}^{n} \omega_i \left\{y_i \left[\theta(y_i) - \theta(\hat{\mu}_i)\right] - \left[b(\theta(y_i)) - b(\theta(\hat{\mu}_i)\right]\right\} . \end{aligned} \tag{2.49}$$

La quantità $D(y; \hat{\mu})$ è detta **devianza** (*deviance*). Si osservi che $l^M(y; \phi)$ rappresenta la log-verosimiglianza ottenuta ponendo $\mu_i = y_i$, ovvero adattando il modello di regressione saturo con $p = n$. Ciò corrisponde a non porre vincoli su μ e a massimizzare la (2.48) rispetto a μ, risolvendo le n equazioni

$$\frac{\partial}{\partial \mu_i} l^M(\mu, \phi) = \frac{\omega_i}{\phi} \{y_i - b'(\theta(\mu_i))\} \frac{\partial \theta_i}{\partial \mu_i} = \frac{\omega_i}{\phi} \{y_i - \mu_i\} \frac{\partial \theta_i}{\partial \mu_i} = 0 ,$$

per $i = 1, \ldots, n$. La differenza $l^M(y, \phi) - l^M(\hat{\mu}, \phi)$ rappresenta allora una misura della diminuzione della bontà di adattamento dovuta al passaggio dal modello saturo a quello con $p < n$ variabili esplicative. Pertanto $D(y; \hat{\mu})$ assume un significato paragonabile a quello della devianza residua SQE_p nel modello lineare normale.

Il test del rapporto di verosimiglianza per $H_0 : \beta_B = 0$ contro H_1: $\beta_B \neq 0$ può essere scritto nella forma, analoga alla (2.47),

$$W_P = \frac{D(y; \hat{\mu}_0) - D(y; \hat{\mu})}{\phi} , \tag{2.50}$$

ove $\hat{\mu}_0 = (g^{-1}(\hat{\eta}_{01}), \ldots, g^{-1}(\hat{\eta}_{0n}))$, con $\hat{\eta}_{0i} = \boldsymbol{x}_i \hat{\beta}_0$, $i = 1, \ldots, n$, sempre con distribuzione asintotica nulla $\chi^2_{p-p_0}$. La funzione $D(y; \hat{\mu})/\phi$ è detta devianza riscalata (*scaled deviance*).

Con il termine modello nullo (*null model*) si indica il modello che assume $Y_1, \ldots, Y_n$ identicamente distribuite, ossia con medie costanti $\mu_i = g^{-1}(\beta_1)$, $i = 1, \ldots, n$, dove β_1 è un parametro scalare di intercetta. La devianza nulla è quella con $\hat{\mu}$ pari alla stima della media comune delle n variabili risposta, indicata con $\hat{\mu}_{null}$.

Qualora ϕ sia ignoto, andrà sostituito nella (2.50) con una sua stima consistente, quale la (2.45). La distribuzione asintotica nulla rimane $\chi^2_{p-p_0}$.

Jørgensen (1987) mostra alcuni interessanti risultati asintotici per dispersione piccola, ossia per $\phi \to 0$, assai simili agli usuali risultati di distribuzione nulla esatta per le statistiche test nel modello di regressione con errori normali. Ad esempio, per $\phi \to 0$, la statistica

$$F = \frac{(D(y; \hat{\mu}_0) - D(y; \hat{\mu}))/(p - p_0)}{D(y; \hat{\mu})/(n - p)}$$

ha come distribuzione asintotica nulla una $F_{p-p_0, n-p}$. Una variante, sempre con distribuzione approssimata $F_{p-p_0, n-p}$, si ottiene con $\tilde{\phi}$ in luogo di $D(y; \hat{\mu})/(n - p)$ al denominatore. Si può infatti mostrare che $D(y; \hat{\mu})/(n - p) \doteq \tilde{\phi}$, si veda l'Appendice G.

Esempio 2.11 (Devianza nel modello normale) In un modello lineare normale si ha $\theta_i = \mu_i$ e $b(\theta_i) = \theta_i^2/2$. Risulta quindi $\theta(y_i) = y_i$ e

$$\begin{aligned} D(y; \hat{\mu}) &= 2 \sum_{i=1}^n \{y_i(y_i - \hat{\mu}_i) - y_i^2/2 + \hat{\mu}_i^2/2\} \\ &= \sum_{i=1}^n (y_i^2 - 2y_i\hat{\mu}_i + \hat{\mu}_i^2) = \sum_{i=1}^n (y_i - \hat{\mu}_i)^2 , \end{aligned}$$

pari alla somma dei quadrati dei residui. La devianza riscalata ha dunque distribuzione esatta χ^2_{n-p}. La devianza nulla è $\sum_{i=1}^n (y_i - \bar{y})^2$ e la devianza nulla riscalata ha distribuzione esatta χ^2_{n-1}. △

Esempio 2.12 (Devianza nel modello di Poisson) In un modello di regressione Poisson $\theta_i = \log \mu_i$ e $b(\theta_i) = \exp(\theta_i) = \mu_i$ (cfr. Tabella 2.1). Risulta quindi $\theta(y_i) = \log y_i$ e

$$\begin{aligned} D(y; \hat{\mu}) &= 2 \sum_{i=1}^n \{y_i(\log y_i - \log \hat{\mu}_i) - y_i + \hat{\mu}_i\} \\ &= 2 \sum_{i=1}^n \{y_i \log(y_i / \hat{\mu}_i) - y_i + \hat{\mu}_i\} . \end{aligned} \tag{2.51}$$

Il contributo a $D(y; \hat{\mu})$ di un'osservazione y_i uguale a zero risulta pari a $2\hat{\mu}_i$, ricordando che $\lim_{x \to 0^+} x \log x = 0$. Indicando con o_i le frequenze osservate y_i e con a_i le frequenze attese stimate $\hat{\mu}_i$, si ha

$$D(y; \hat{\mu}) = 2 \sum_{i=1}^n \{o_i \log(o_i / a_i) - o_i + a_i\} \doteq \sum_{i=1}^n \frac{(o_i - a_i)^2}{a_i} . \tag{2.52}$$

L'ultima forma corrisponde alla nota statistica di Pearson (Pearson, 1900). Il risultato di approssimazione vale se la frequenza osservata o_i è prossima alla frequenza attesa a_i, per $i = 1, \dots, n$, e si ottiene dallo sviluppo di Taylor

$$\log \frac{o_i}{a_i} = \log \left[1 + \left(\frac{o_i}{a_i} - 1 \right) \right] = \left(\frac{o_i}{a_i} - 1 \right) - \frac{1}{2} \left(\frac{o_i}{a_i} - 1 \right)^2 + \dots ,$$

cfr. Appendice G. La devianza nulla è $\sum_{i=1}^n y_i \log(y_i / \bar{y}) \doteq \sum_{i=1}^n (y_i - \bar{y})^2 / \bar{y}$. Si può mostrare che ha distribuzione approssimata χ^2_{n-1} se i valori attesi μ_i sono sufficientemente grandi. △

Esempio 2.13 (Devianza nel modello binomiale) In un modello di regressione binomiale $m_i Y_i = S_i \sim Bi(m_i, \pi_i)$, con $\pi_i = \mu_i$, si ha

$$l^M(\mu) = \sum_{i=1}^n \{m_i y_i \log \mu_i + m_i(1 - y_i) \log(1 - \mu_i)\}$$

e dunque

$$\begin{aligned} D(y; \hat{\mu}) &= 2 \sum_{i=1}^n m_i \left(y_i \log \frac{y_i}{\hat{\mu}_i} + (1 - y_i) \log \frac{1 - y_i}{1 - \hat{\mu}_i} \right) \\ &= 2 \sum_{i=1}^n \left(m_i y_i \log \frac{m_i y_i}{m_i \hat{\mu}_i} + (m_i - m_i y_i) \log \frac{m_i - m_i y_i}{m_i(1 - \hat{\mu}_i)} \right) , \end{aligned}$$

Tabella 2.5 Successi e insuccessi

Osservazione	successi	insuccessi	Totale
1	s_1	$m_1 - s_1$	m_1
2	s_2	$m_2 - s_2$	m_2
...	...	...	...
n	s_n	$m_n - s_n$	m_n
Totale	$\sum_{i=1}^{n} s_i$	$\sum_{i=1}^{n}(m_i - s_i)$	$\sum_{i=1}^{n} m_i$

con $\hat{\mu}_i = g^{-1}(\boldsymbol{x}_i\hat{\beta})$. Si osservi che $m_i y_i = s_i$ è il numero di successi per l'i-esima osservazione e $m_i - m_i y_i = m_i - s_i$ è il corrispondente numero di insuccessi, $i = 1, \ldots, n$. Pensando dunque i dati organizzati in una tabella $n \times 2$, come nella Tabella 2.5, la devianza ha la forma

$$D(y; \hat{\mu}) = 2 \sum o_i \log \frac{o_i}{a_i} ,$$

dove la somma è estesa alle $2n$ celle della tabella e o_i rappresentano frequenze osservate, s_i e $m_i - s_i$, mentre a_i sono frequenze attese stimate, $m_i\hat{\mu}_i$ e $m_i(1 - \hat{\mu}_i)$.

Se $m_i = 1$, l'osservazione y_i vale zero oppure 1. Il contributo alla devianza di quell'osservazione è $-2\log(1 - \hat{\mu}_i)$ se $y_i = 0$ e $-2\log\hat{\mu}_i$ se $y_i = 1$. Più in generale, con $m_i \geq 1$, se $y_i = 0$ o $y_i = 1$, il contributo alla devianza è $-2m_i \log(1 - \hat{\mu}_i)$ se $y_i = 0$ o $-2m_i \log\hat{\mu}_i$ se $y_i = 1$. △

Esempio 2.14 (Devianza nel modello gamma) In un modello di regressione gamma $\theta_i = -1/\mu_i$ e $b(\theta_i) = -\log(-\theta_i)$ (cfr. Tabella 2.1). Risulta quindi $\theta(y_i) = -1/y_i$ e la devianza è

$$\begin{aligned} D(y; \hat{\mu}) &= 2 \sum_{i=1}^{n} \{y_i\, [-1/y_i + 1/\hat{\mu}_i] + \log(1/y_i) - \log(1/\hat{\mu}_i)\} \\ &= 2 \sum_{i=1}^{n} \left(\frac{y_i - \hat{\mu}_i}{\hat{\mu}_i} - \log \frac{y_i}{\hat{\mu}_i} \right) . \quad \triangle \end{aligned}$$

I risultati di un test per la semplificazione del modello sono usualmente presentati sotto forma di un prospetto di analisi della devianza, si veda la Tabella 2.6. Come per il modello lineare normale, si indicano con $\mathcal{F}_p$ il modello corrente (con p coefficienti di regressione) e con $\mathcal{F}_{p_0}$ il modello ridotto definito da H_0 (con $p_0 < p$ coefficienti di regressione). Si assume che il modello nullo, di campionamento casuale semplice, sia un sottomodello sia di $\mathcal{F}_p$ sia di $\mathcal{F}_{p_0}$ e si indica con $D(y; \hat{\mu}_{null})$ la devianza nulla.

Esempio 2.15 (Regressione Poisson (cont.)) Si consideri ancora il modello di regressione Poisson dell'Esempio 2.7. La Tabella 2.7 riporta l'analisi della devianza condotta da R per confrontare il modello corrente con il modello nullo. Il test per valutare il miglioramento che si ha passando dal modello nullo di campionamento

Tabella 2.6 Prospetto di analisi della devianza

Modello	Gradi di libertà residui	Devianza	Test su miglioramento / Distrib. nulla approssimata
Nullo (solo intercetta)	$n-1$	$D(y;\hat{\mu}_{null})$	
$\mathcal{F}_{p_0}$ (ridotto)	$n-p_0$	$D(y;\hat{\mu}_0)$	$\dfrac{D(y;\hat{\mu}_{null})-D(y;\hat{\mu}_0)}{\phi}$
			$\chi^2_{p_0-1}$
$\mathcal{F}_p$ (corrente)	$n-p$	$D(y;\hat{\mu})$	$\dfrac{D(y;\hat{\mu}_0)-D(y;\hat{\mu})}{\phi}$
			$\chi^2_{p-p_0}$
Saturo	0	$D(y;y)=0$	$D(y;\hat{\mu})/\phi$
			χ^2_{n-p} se $\phi \to 0$ o μ_i grandi in GLM Poisson

Tabella 2.7 Dati AIDS, tabella di analisi della devianza modello Poisson

	Df	Deviance	Resid. Df	Resid. Dev	Pr(> Chi)
NULL			13	208.75	
tempo	1	178.55	12	30.20	< 0.0001

casuale semplice al modello corrente è qui equivalente al test di significatività su β_2. Il test basato sulla devianza è dunque equivalente al test bilaterale basato su $r_P(\beta_2)$, cfr. formula (1.20). Il livello di significatività osservato molto prossimo a zero indica che l'ipotesi nulla $H_0 : \beta_2 = 0$ viene rifiutata. △

2.4.2 *Controllo del modello*

In generale, l'adattamento di un modello lineare generalizzato è frutto di un processo iterativo che prevede cicli di specificazione, inferenza sui parametri e verifica empirica. Il modello finale sarà selezionato attuando un compromesso fra adattamento e parsimonia, dopo aver tenuto conto di varie possibili specificazioni delle variabili esplicative, considerando anche trasformazioni delle variabili concomitanti, interazioni, eccetera. Il controllo empirico del modello finale fa parte integrante di ogni analisi di regressione. Gli strumenti principali nei modelli lineari generalizzati sono il test di bontà di adattamento basato sulla devianza e l'analisi dei residui.

La devianza come test di bontà di adattamento

Il modello stimato fornisce $\hat{\mu}$ come surrogato di $(y_1,\ldots,y_n)^\top$ basato su $p<n$ parametri stimati. Fatta eccezione per il modello saturo, $\hat{\mu}$ non riproduce esattamente

y. Una misura della bontà di adattamento del modello mira a stabilire se la discrepanza tra $\hat{\mu}$ e y sia tale da mettere in dubbio l'adeguatezza del modello. A tal fine, può risultare utile la devianza definita nel paragrafo 2.4.1 come ingrediente del test di verosimiglianza per ipotesi di riduzione del modello.

La devianza $D(y; \hat{\mu})$ è non negativa. È tanto più grande quanto più la massima log-verosimiglianza del modello corrente è più piccola della massima log-verosimiglianza nel modello saturo. Un valore grande della devianza corrisponde dunque a scostamenti elevati dei valori stimati $\hat{\mu}_i$ rispetto ai valori osservati y_i.

Se ϕ è noto, conoscendo la distribuzione della devianza sotto il modello corrente, si può stabilire se il valore osservato è eccessivamente grande. Nel modello lineare normale la devianza riscalata ha distribuzione esatta χ^2_{n-p}. In generale tuttavia, non vale l'approssimazione χ^2_{n-p}. La definizione della devianza nella (2.49) mostra che $D(y; \hat{\mu})/\phi$ è il rapporto di verosimiglianza per il modello corrente contro il modello saturo. Quest'ultimo ha dimensione dello spazio parametrico pari a n. L'approssimazione $\chi^2_{p-p_0}$ per la differenza di devianze (riscalate) di modelli annidati è valida per $n \to \infty$, con p e p_0 fissati. Invece nel modello saturo $p = n$. Tuttavia, in alcuni casi si può giustificare l'approssimazione χ^2_{n-p} per la devianza riscalata con ϕ noto. Tre casi notevoli in cui ciò accade sono: il modello Poisson con medie stimate grandi ($\hat{\mu}_i > 5$); il modello binomiale con m_i grandi (quindi non con $m_i = 1$); il modello gamma con ϕ noto e piccolo (e quindi con parametro di forma grande).

Va notato che, qualora ϕ sia ignoto, la devianza riscalata stimata $D(y; \hat{\mu})/\tilde{\phi}$ è approssimativamente uguale a $n - p$ (lo è esattamente nel modello lineare normale) e non può quindi essere utilizzata, con riferimento all'approssimazione χ^2_{n-p}, come test di bontà di adattamento.

L'impiego principale della devianza si ha comunque nel confronto fra modelli annidati.

I residui

I residui nel modello lineare normale costituiscono una 'stima' dell'errore casuale $\varepsilon_i = Y_i - \mu_i$ tramite $e_i = y_i - \hat{\mu}_i = y_i - \hat{y}_i$. Nei modelli lineari generalizzati non vi è una componente di errore esplicitamente definita. Sono state quindi proposte diverse definizioni di residui, utili per il controllo grafico dell'adattamento del modello. In particolare, tramite l'analisi grafica interessa valutare la scelta della funzione di varianza, della funzione di legame o dei termini inclusi nel predittore lineare. L'analisi dei residui è inoltre utile per identificare eventuali osservazioni anomale o influenti. Per questi scopi è quindi importante che i residui abbiano un comportamento simile a quello dei residui standardizzati nel modello lineare normale. In particolare, è desiderabile che, se il modello è correttamente specificato, abbiano media prossima a zero, varianza prossima a 1 e distribuzione prossima alla normale standard.

Esistono diverse definizioni di residui nei GLM. Le principali sono le seguenti. Si assume ancora $a_i(\phi) = \phi/\omega_i$.

- L'estensione diretta del concetto di residuo è data dai **residui della risposta** (*response residuals*)

$$r_i^R = y_i - \hat{\mu}_i, \qquad i = 1, \ldots, n.$$

- Una (parziale) standardizzazione è ottenuta con i **residui di Pearson** (*Pearson residuals*)

$$r_i^P = \frac{y_i - \hat{\mu}_i}{\sqrt{v(\hat{\mu}_i)/\omega_i}}. \tag{2.53}$$

I residui (2.53) sono detti di Pearson perché, nel modello di Poisson, in cui $v(\mu_i) = \mu_i$ e $\omega_i = 1$, la statistica

$$X^2 = \sum_{i=1}^{n} (r_i^P)^2 = \sum_{i=1}^{n} \frac{(Y_i - \hat{\mu}_i)^2}{\hat{\mu}_i}, \tag{2.54}$$

approssimativamente equivalente alla devianza (cfr. formula (2.52)), è nota come statistica di Pearson.

- Nel modello lineare normale la devianza (cfr. Esempio 2.11) $\sum_{i=1}^{n}(y_i - \hat{\mu}_i)^2$ è la somma dei quadrati dei residui. Si possono dunque definire i **residui di devianza** (*deviance residuals*) come la radice con segno del contributo della singola osservazione a $D(y; \hat{\mu})$

$$r_i^D = \text{sgn}(y_i - \hat{\mu}_i)\sqrt{D_i},$$

con

$$D_i = 2\omega_i \{y_i [\theta(y_i) - \theta(\hat{\mu}_i)] - [b(\theta(y_i)) - b(\theta(\hat{\mu}_i)]\}.$$

Uno sviluppo di Taylor, per y_i prossimo a $\hat{\mu}_i$, $i = 1, \ldots, n$, mostra che $r_i^P \doteq r_i^D$ (si veda l'Appendice G). I residui di devianza sono l'opzione di *default* di R per l'analisi dei GLM.

- Come risultato dell'algoritmo IRLS, sono inoltre resi disponibili i **residui correnti** (*working residuals*): $r_i^W = \hat{z}_i - \hat{\eta}_i$.
- Sia i residui di Pearson sia quelli di devianza hanno tendenzialmente varianza minore di 1, poiché $Var(Y_i - \hat{\mu}_i) < Var(Y_i - \mu_i)$. Si può mostrare (Agresti, 2015, paragrafi 4.4.5–4.4.6) che

$$Var(Y_i - \hat{\mu}_i) \doteq Var(Y_i)(1 - h_{ii}^w),$$

con h_{ii}^w elemento i-esimo sulla diagonale della **matrice H generalizzata**

$$H_w = W^{1/2} X (X^\top W X)^{-1} X^\top W^{1/2}, \tag{2.55}$$

dove W è definita nella (2.36). Si possono pertanto definire i **residui di Pearson standardizzati** come

$$r_i^{PS} = \frac{r_i^P}{\sqrt{\tilde{\phi}\,(1-\hat{h}_{ii}^w)}} = \frac{y_i - \hat{\mu}_i}{\sqrt{\tilde{\phi} v(\hat{\mu}_i)(1-\hat{h}_{ii}^w)/\omega_i}}\,, \tag{2.56}$$

dove con $\hat{h}_{ii}^w$ si è indicata la stima di h_{ii}^w e $\tilde{\phi}$ è la stima di ϕ, cfr. (2.45).

- **I residui di devianza standardizzati** sono

$$r_i^{DS} = \frac{r_i^D}{\sqrt{\tilde{\phi}\,(1-\hat{h}_{ii}^w)}}\,. \tag{2.57}$$

- **I residui quantile** (Dunn e Smyth, 1996) sono, per risposte con distribuzione continua,

$$r_i^Q = \Phi^{-1}(F(y_i;\hat{\mu}_i,\tilde{\phi}))\,, \tag{2.58}$$

dove $F(y_i;\mu_i,\phi)$ è la funzione di ripartizione della risposta e $\Phi^{-1}(\cdot)$ è l'inversa della funzione di ripartizione della normale standardizzata. Come è noto, $F(Y_i;\mu_i,\phi) \sim U(0,1)$. Se Y_i ha distribuzione discreta, la definizione viene modificata tramite una casualizzazione. In particolare, siano $u_{1i} = \lim_{y_i \to y_i^-} F(y_i;\hat{\mu}_i,\tilde{\phi})$, $u_{2i} = F(y_i;\hat{\mu}_i,\tilde{\phi})$ e u_i realizzazione di $U(u_{1i},u_{2i})$. Si pone allora

$$r_i^Q = \Phi^{-1}(u_i)\,.$$

I residui quantile sono utili anche in situazioni di grande dispersione e per risposte binomiali o Poisson quando il numero di valori distinti osservati è limitato. Naturalmente, in (2.56), (2.57) e (2.58), $\tilde{\phi}$ è il vero valore di ϕ quando il parametro di dispersione è noto, come nei modelli binomiale e Poisson.

Per individuare possibili scostamenti dal modello ipotizzato, ogni specifica definizione di residuo può fornire indicazioni interessanti. In particolare, è utile considerare il diagramma di dispersione dei residui standardizzati rispetto ai valori predetti $\hat{\mu}_i$ e rispetto alle variabili esplicative o a $\hat{\eta}_i$. Una disposizione dei punti nel diagramma che presenti una apprezzabile curvatura, può essere sintomo di omissione di termini quadratici o anche di errata specificazione della funzione di legame. Si possono anche analizzare i diagrammi della variabile aggiunta, con un immediato adattamento dell'analoga procedura nel modello lineare normale (cfr. Esercizio 1.8).

Un andamento crescente dei valori $|r_i^{DS}|$ rispetto ai valori $\hat{\mu}_i$ indica che la variabilità è maggiore di quella prevista dal modello, ad esempio perché la funzione di varianza non è specificata correttamente. Il diagramma di dispersione dei punti $(\hat{\eta}_i, \hat{z}_i)$ può essere utile per valutare l'adeguatezza della funzione di legame. Per i dettagli, si rinvia a McCullagh e Nelder (1989, paragrafo 12.6.3). Esistono anche opportune generalizzazioni delle misure di leva e di influenza. Esse richiedono la matrice H_w definita dalla (2.55). I valori leva sono osservazioni che corrispondono a valori elevati sulla diagonale di H_w. È infine possibile estendere la definizione di distanza di Cook (1.36), sfruttando la matrice H_w. Va notato che l'analisi dei residui perde di utilità con dati binari non raggruppati: i valori di y_i possono essere solo 0 e 1 e le analisi grafiche dei residui non forniscono indicazioni utili (cfr. paragrafo 3.6).

2.5 Selezione del modello

Assegnato un insieme di p variabili esplicative candidate a entrare nel modello di regressione lineare, il numero di modelli possibili è $2^p - 1$. Il numero di potenziali modelli diviene rapidamente molto grande, anche per valori moderati di p. Quasi tutti gli ambienti di calcolo statistico includono tra le opzioni procedure automatiche di selezione del modello. Si evita così, in fase di esplorazione dei dati, l'esame di un numero troppo grande di modelli e l'utente viene guidato nella selezione. Le procedure automatiche più note sono la selezione all'indietro (*backward elimination*), la selezione in avanti (*forward selection*) e la selezione *stepwise*.

La selezione all'indietro considera come modello iniziale quello che include tutte le potenziali variabili esplicative. Il procedimento si arresta se tutti i test per verificare la significatività delle singole variabili risultano significativi ad un livello fissato α. Altrimenti, si elimina dal modello la variabile esplicativa per cui il livello di significatività osservato del test è più grande (e maggiore del livello α fissato). Si riadatta il modello e si ripetono i passi precedenti fino a quando nessuna variabile è più eliminabile dal modello.

La selezione in avanti procede in senso opposto, includendo via via nel modello le variabili esplicative che presentano il contributo parziale più significativo, ossia il livello di significatività osservato più piccolo per il test di nullità del coefficiente di regressione corrispondente (e minore del livello α fissato).

La selezione *stepwise* è una variante della selezione in avanti. Quando viene inserita una nuova variabile esplicativa nel modello, si eliminano quelle variabili già nel modello il cui contributo parziale sia divenuto non significativo, ad un livello prefissato, dopo il nuovo inserimento. Si raggiunge il modello finale quando nessuna delle variabili escluse nel modello supera il test di ingresso e nessuna delle variabili incluse risulta dare un contributo non significativo.

I metodi di selezione automatica vanno utilizzati con grande cautela. I diversi metodi di selezione automatica possono portare a modelli anche molto differenti e ciò richiede una valutazione non automatica di quali variabili è meglio considerare come esplicative. Inoltre, i metodi di selezione automatica possono escludere dal modello variabili esplicative irrinunciabili per l'interpretazione. Ad esempio, la presenza di un termine di interazione deve essere accompagnata dalla presenza nel modello dei corrispondenti effetti principali. Come pure, fattori con più livelli vanno inseriti o tolti in blocco. Infine, va detto che i test di ingresso e uscita delle variabili sono condotti valutando il valore minimo o massimo di statistiche non indipendenti, valore che non ha, nemmeno in via approssimata, distribuzione normale o chi-quadrato. Di conseguenza, valgono le note di cautela evidenziate alla fine del paragrafo 1.4.3.

2.6 Laboratori R: modelli lineari generalizzati

La funzione di R per l'analisi di un insieme di dati tramite un modello lineare generalizzato è la funzione `glm`, i cui principali argomenti sono:

`formula` predittore lineare, come per `lm`
`family` che può essere `binomial`, `gaussian`, `Gamma`, `Poisson`, e altre
`link` come argomento di `family` (*default* è il legame canonico)

Per una sintesi delle distribuzioni e funzioni di legame disponibili, si veda la Tabella 2.8.

Tra gli ulteriori argomenti della funzione `glm` si segnalano:

`weights` per assegnare un vettore di pesi ω_i, $i = 1, \dots, n$
`subset` per selezionare un sottoinsieme del *data frame* per l'adattamento del modello
`na.action` per specificare come trattare possibili dati mancanti, codificati con `NA`; l'opzione di *default* è `na.omit`, che corrisponde a condurre l'analisi utilizzando solo i dati completi (righe del *data frame* non contenenti alcun `NA`); risulta tuttavia sempre importante comprendere il motivo per cui alcuni dati risultano mancanti, ed eventualmente provvedere al loro recupero in caso di mancata registrazione; trascurare il contri-

Tabella 2.8 Distribuzioni disponibili per la funzione `glm`; il simbolo D indica la funzione di legame di *default* ed il simbolo • le funzioni di legame utilizzabili

		Distribuzione			
$g(\mu)$	Legame	`binomial`	`Gamma`	`gaussian`	`poisson`
$\log\left(\frac{\mu}{1-\mu}\right)$	`logit`	D			
$\Phi^{-1}(\mu)$	`probit`	•			
$\log(-\log(1-\mu))$	`cloglog`	•			
μ	`identity`		•	D	•
μ^{-1}	`inverse`		D	•	
$\log \mu$	`log`	•	•	•	D
$\mu^{1/2}$	`sqrt`				•
$\tan(\pi(\mu - 0.5))$	`cauchit`	•			

buto di unità che presentano dati mancanti non comporta distorsioni sistematiche nelle stime purché si possa ipotizzare che la probabilità che un dato sia mancante non dipenda dal valore non osservato della variabile; uno dei riferimenti principali per l'analisi statistica con dati mancanti è Little e Rubin (2002)

`control` per fissare i valori soglia per l'arresto delle iterazioni nell'algoritmo IRLS; ad esempio, di *default* il numero massimo di iterazioni è 25

A un oggetto `glm` (risultato della funzione `glm`) si possono applicare le seguenti funzioni, analoghe a quelle applicabili agli oggetti `lm`:

`summary`	per un riassunto di un oggetto `glm`
`confint`	per gli intervalli di confidenza profilo (2.39) per i β_r
`confint.default`	per gli intervalli di confidenza di Wald (2.38) per i β_r
`anova`	per confrontare modelli annidati (cfr. Tabella 2.6)
`plot`	per l'analisi grafica dei residui
`fitted`	per ottenere i valori stimati $\hat{\mu}_i$
`predict`	per ottenere i valori del predittore lineare
`residuals`	per ottenere i residui del modello (*default*: devianza)
`rstandard`	per ottenere i residui standardizzati (*default*: devianza)

Inoltre, la funzione `qresiduals` della libreria `statmod` (Dunn e Smyth, 1996) permette di ottenere i residui quantile.

2.6.1 *Mortalità per AIDS: analisi dei dati* `Aids`

Si considerino i dati dell'Esempio 1.5 (mortalità per AIDS), per i quali un modello di regressione Poisson è già stato descritto in precedenza in questo capitolo, a partire dall'Esempio 2.5. Nel seguito si riportano i comandi R per riprodurre l'analisi svolta.

```
aids.glm <- glm(casi ~ tempo, family = poisson, data = Aids)
summary(aids.glm)

##
## Call:
## glm(formula = casi ~ tempo, family = poisson, data = Aids)
##
## Deviance Residuals:
##    Min      1Q  Median      3Q     Max
## -2.167  -1.005  -0.652  -0.170   2.957
##
## Coefficients:
##             Estimate Std. Error z value Pr(>|z|)
## (Intercept)   0.3037     0.2539     1.2     0.23
## tempo         0.2590     0.0222    11.6   <2e-16 ***
## ---
## Signif. codes:  0 '***' 0.001 '**' 0.01 '*' 0.05 '.' 0.1 ' ' 1
```

```
##
## (Dispersion parameter for poisson family taken to be 1)
##
##     Null deviance: 208.754  on 13  degrees of freedom
## Residual deviance:  30.203  on 12  degrees of freedom
## AIC: 86.95
##
## Number of Fisher Scoring iterations: 5
```

```
with(Aids, {
  plot(casi ~ tempo)
  lines(fitted(aids.glm) ~ tempo, type = "l", col = 2)})
```

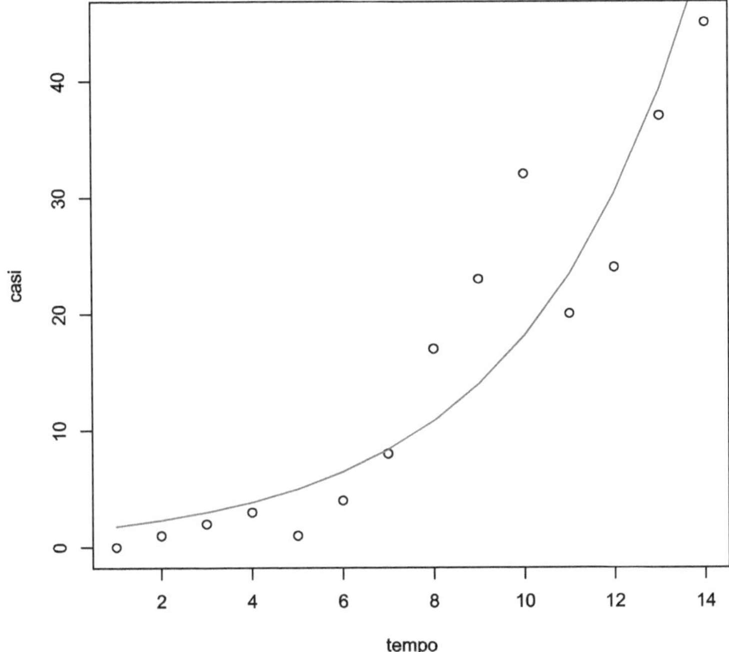

L'effetto della variabile tempo risulta fortemente significativo, come indicato dal valore `z value` della statistica (2.40) e dal corrispondente livello di significatività osservato.

Gli intervalli di confidenza per i singoli parametri ottenuti con la funzione `confint` si basano sulla (2.39) e non sulla statistica di Wald. Gli intervalli di Wald si ottengono con la funzione `confint.default`.

```
confint(aids.glm)
```

```
##               2.5
## (Intercept) -0.215  0.782
## tempo        0.216  0.304
```

Esercizio Si confrontino gli intervalli di confidenza appena ottenuti con quelli di Wald calcolati per via diretta a partire dalle quantità riportate in `summary(aids.glm)$coefficients`. ◇

Si possono ottenere anche intervalli di confidenza per il valore atteso della variabile risposta in corrispondenza a fissati valori delle variabili esplicative. Come illustrato nell'Esempio 2.10, questo si può fare in due modi, entrambi realizzabili in R attraverso la funzione `predict`. Nel primo caso, si ottiene un intervallo di confidenza di Wald per il predittore lineare e poi lo si trasforma attraverso l'inversa della funzione di legame.

```
etahat6 <- predict(aids.glm, newdata =
                     data.frame(tempo = 6), se.fit = TRUE)
eta6CI <- etahat6$fit + c(-1, 1) * qnorm(0.975) * etahat6$se.fit
aids.glm$family$linkinv(eta6CI)

## [1] 4.96 8.27

plot(casi ~ tempo, data = Aids)
# valore predetto
points(6, aids.glm$family$linkinv(etahat6$fit),
       pch = 4, col = 2, lwd = 2)
# intervallo di confidenza
lines(rep(6,2), aids.glm$family$linkinv(eta6CI),
      col = 2, lwd = 2)
```

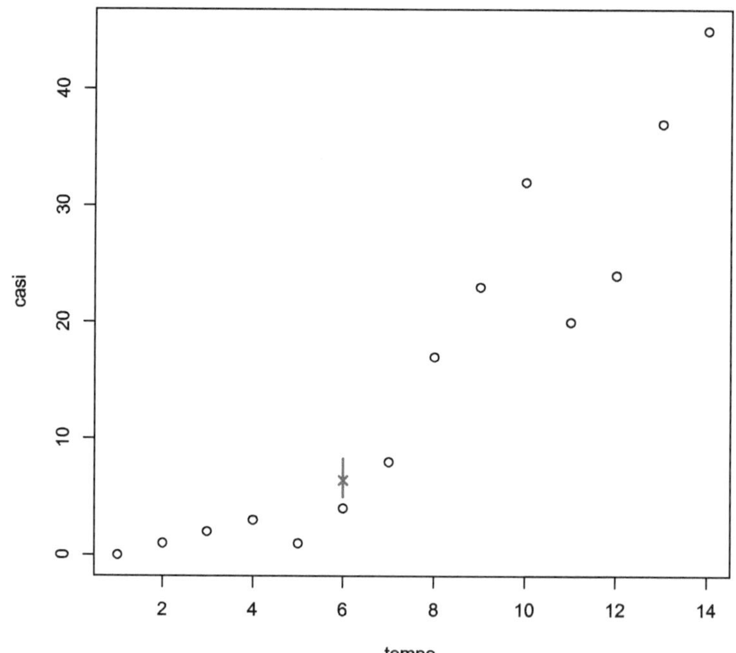

Nel secondo caso, si calcola direttamente un intervallo di Wald per la media stimata, utilizzando una stima della varianza ottenuta con il metodo delta. Il primo metodo è generalmente preferibile.

```
muhat6 <- predict(aids.glm, newdata =
                    data.frame(tempo = 6), se.fit = TRUE,
                  type="response")
mu6CI <- muhat6$fit + c(-1, 1) * qnorm(0.975) * muhat6$se.fit
mu6CI

## [1] 4.77 8.04

plot(casi ~ tempo, data = Aids)
# gli intervalli sono leggermente perturbati rispetto a tempo=6
# per evitare la sovrapposizione
points(6 - 0.1, aids.glm$family$linkinv(etahat6$fit),
       pch = 4, col = 2, lwd = 2)
lines(rep(6 - 0.1, 2), aids.glm$family$linkinv(eta6CI),
      col = 2, lwd = 2)
points(6 + 0.1, muhat6$fit, pch = 4, col = 3, lwd = 2)
lines(rep(6 + 0.1, 2), mu6CI, col = 3, lwd = 2)
```

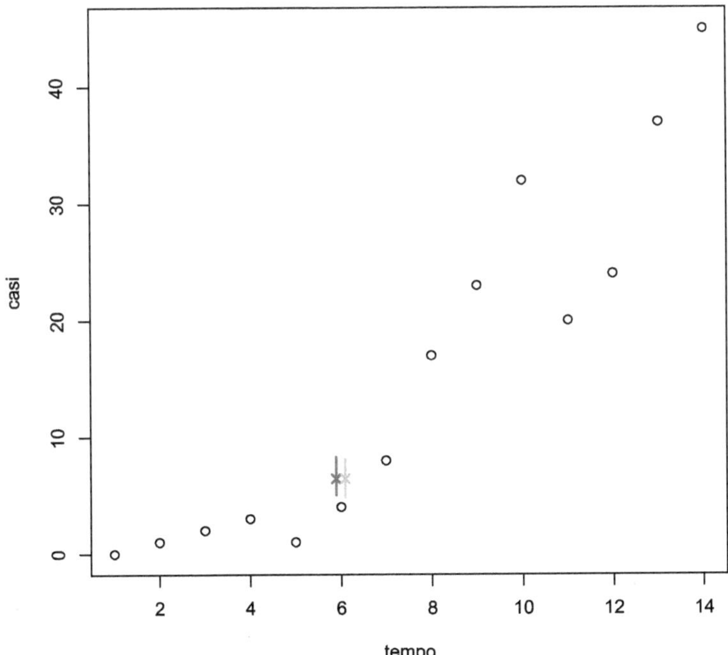

Si possono anche rappresentare graficamente gli intervalli di confidenza per la media della variabile risposta in corrispondenza a diversi valori della variabile esplicativa, ricordando però che vanno interpretati come singoli intervalli di confidenza, in corrispondenza a ogni valore della variabile esplicativa, e non come bande di confidenza per la curva stimata.

```
etahat <- predict(aids.glm, se.fit = TRUE)
with(Aids,{
  plot(casi ~ tempo)
  lines(tempo, aids.glm$family$linkinv(etahat$fit), col = 2)
  lines(tempo, aids.glm$family$linkinv(etahat$fit -
                      qnorm(0.975) * etahat$se.fit),
        col = 2, lty = "dashed")
  lines(tempo, aids.glm$family$linkinv(etahat$fit +
                      qnorm(0.975) * etahat$se.fit),
        col = 2, lty = "dashed")})
```

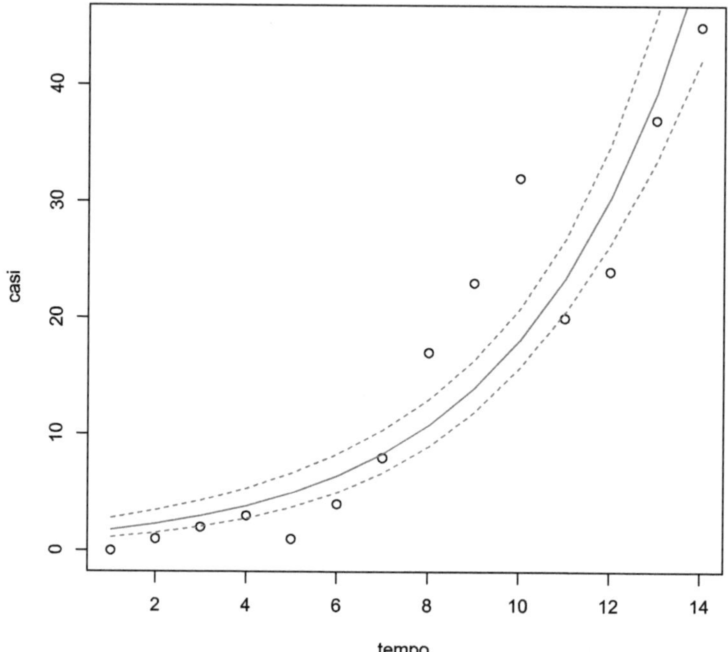

Esercizio Si aggiunga al modello il termine quadratico nel tempo e si discuta se questo porti ad un miglioramento rispetto al modello iniziale. ◇

2.6.2 *Tempi di coagulazione: analisi dei dati* `Clotting` *(cont.)*

Si riconsiderino i dati sui tempi di coagulazione di plasma sanguigno già analizzati attraverso un modello lineare nel paragrafo 1.8.2. Nel seguito tali dati sono rianalizzati tramite un modello gamma.

```
with(Clotting,{
  plot(log(u), tempo, type = "n")
  points(log(u[lotto == "uno"]), tempo[lotto == "uno"])
  points(log(u[lotto != "uno"]), tempo[lotto != "uno"],
         pch = 19, col = 2)})
```

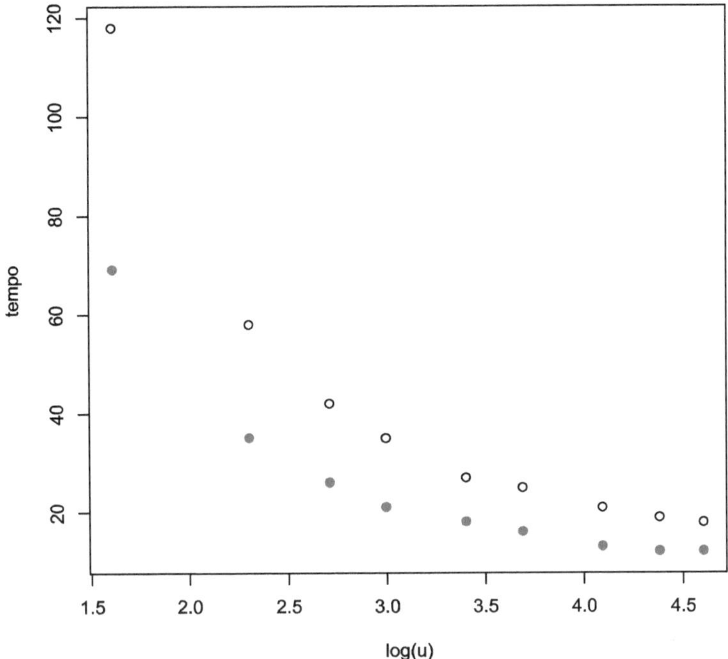

Data la tipologia della variabile risposta, si può provare a stimare un modello gamma, inizialmente con funzione di legame canonica.

```
clotting.glm <- glm(tempo ~ log(u) + lotto,
                    family = Gamma("inverse"), data = Clotting)
summary(clotting.glm)
```

```
##   ...
##
## Coefficients:
##             Estimate Std. Error t value Pr(>|t|)
## (Intercept) -0.01058    0.00300   -3.53    0.003 **
## log(u)       0.01776    0.00102   17.36  2.4e-11 ***
## lottouno    -0.01087    0.00195   -5.57  5.3e-05 ***
## ---
## Signif. codes:  0 '***' 0.001 '**' 0.01 '*' 0.05 '.' 0.1 ' ' 1
##
## (Dispersion parameter for Gamma family taken to be 0.0196)
##
##     Null deviance: 7.70867  on 17  degrees of freedom
## Residual deviance: 0.30042  on 15  degrees of freedom
## AIC: 103.1
##
## Number of Fisher Scoring iterations: 4
```

Entrambe le variabili esplicative risultano significative. Si può provare a introdurre anche l'effetto di interazione tra le due esplicative.

```
clotting.glm2 <- update(clotting.glm, . ~ . + log(u):lotto)
summary(clotting.glm2)
```

```
##
## Call:
## glm(formula = tempo ~ log(u) + lotto + log(u):lotto,
##     family = Gamma("inverse"), data = Clotting)
##
##   ...
##
## Coefficients:
##                    Estimate Std. Error t value Pr(>|t|)
## (Intercept)      -0.023908   0.001438  -16.63  1.3e-10 ***
## log(u)            0.023599   0.000625   37.75  1.7e-15 ***
## lottouno          0.007354   0.001678    4.38  0.00063 ***
## log(u):lottouno -0.008256   0.000735  -11.23  2.2e-08 ***
## ---
## Signif. codes:  0 '***' 0.001 '**' 0.01 '*' 0.05 '.' 0.1 ' ' 1
##
## (Dispersion parameter for Gamma family taken to be 0.00213)
##
##     Null deviance: 7.708667  on 17  degrees of freedom
## Residual deviance: 0.029401  on 14  degrees of freedom
## AIC: 63.2
##
## Number of Fisher Scoring iterations: 3
```

L'effetto di interazione è fortemente significativo e quindi il secondo modello risulta preferibile. Si veda anche l'AIC. La conclusione è confermata dal confronto tra le devianze riscalate.

```
anova(clotting.glm, clotting.glm2, test = "F")
```

```
## Analysis of Deviance Table
##
## Model 1: tempo ~ log(u) + lotto
## Model 2: tempo ~ log(u) + lotto + log(u):lotto
##   Resid. Df Resid. Dev Df Deviance   F  Pr(>F)
## 1        15     0.3004
## 2        14     0.0294  1    0.271 127 2.1e-08 ***
## ---
## Signif. codes:  0 '***' 0.001 '**' 0.01 '*' 0.05 '.' 0.1 ' ' 1
```

Il modello sembra fornire un buon adattamento ai dati osservati come confermato dal grafico seguente.

```
par(mfrow = c(1, 2))
with(Clotting,{
  plot(log(u), tempo, type = "n",
       ylim = range(fitted(clotting.glm2), tempo))
  points(log(u[lotto == "uno"]), tempo[lotto == "uno"])
  points(log(u[lotto != "uno"]), tempo[lotto != "uno"],
         pch = 19, col = 2)
```

```
points(log(u), fitted(clotting.glm2), col = 3, pch = 4)
plot(tempo, fitted(clotting.glm2), xlab = "valori osservati",
   ylab = "valori stimati")
abline(0, 1, col = 2)})
```

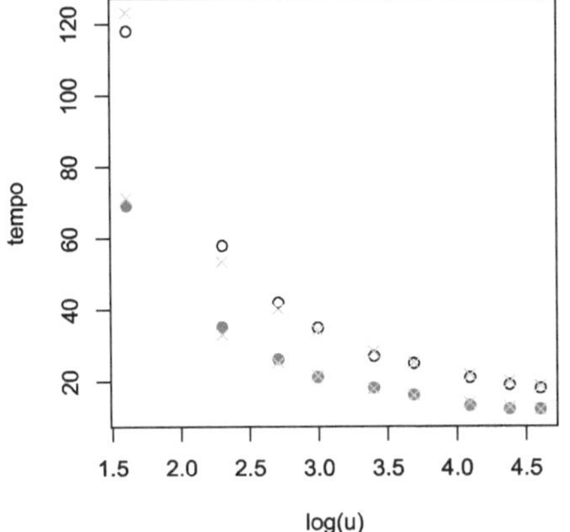

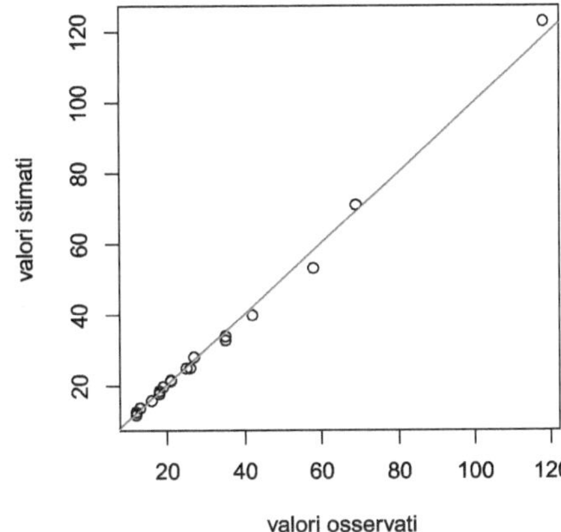

Si notino le colonne `t-value` e `Pr(>|t|)` nel `summary` dei modelli adattati, nonché il riferimento alla distribuzione F per il test del rapporto di verosimiglianza condotto tramite la funzione `anova`. In effetti, per il modello con interazione, il livello di significatività per il coefficiente di regressione relativo al lotto viene calcolato come $2(1-F_{T_{14}}(4.383))$, dove $F_{T_\nu}(z)$ è la funzione di ripartizione di una t di Student con ν gradi di libertà. Poiché, per valori piccoli e moderati di ν (indicativamente $\nu < 30$), la distribuzione t ha curtosi maggiore della distribuzione normale, i livelli di significatività così calcolati risultano maggiori di quelli che si avrebbero utilizzando la distribuzione approssimata normale. Nell'esempio, si avrebbe $2(1-\Phi(4.383)) \doteq (1.17)10^{-5}$. L'approssimazione con la t è giustificabile in base alla teoria asintotica per dispersione piccola (cfr. paragrafo 2.4.1). In effetti, qui la stima (2.46) del parametro di dispersione è 0.00213. Anche l'approssimazione con una F della distribuzione nulla del test del log rapporto di verosimiglianza è giustificabile sulle stesse basi e anche con la F i livelli di significatività osservati sono più grandi di quanto risulterebbero riferendosi alla distribuzione chi-quadrato. In tal senso, il ricorso alle distribuzioni t e F rende l'analisi più conservativa.

Esercizio Si concluda l'analisi con lo studio dei residui. Inoltre, si confronti il modello ottenuto con il modello di regressione lineare stimato con gli stessi dati nel paragrafo 1.8.2. ◇

Ci si può chiedere se, in termini di AIC, risulti preferibile il modello di regressione gamma con legame reciproco (con interazione) rispetto al modello normale per la risposta $1/Y_i$ (con interazione), adattato nel paragrafo 1.8.2.

I due valori di AIC, ottenuti dagli oggetti `clotting.lm1` e `clotting.glm2`, rispettivamente con `AIC(clotting.lm1)` e `AIC(clotting.glm2)`, risultano

-172.35 e 63.20. Tali valori non sono tuttavia direttamente confrontabili poiché si riferiscono a modelli per la risposta $1/Y_i$ e Y_i, rispettivamente.

Il modello normale assume

$$V_i = \frac{1}{Y_i} \sim N(\boldsymbol{x}_i\beta, \sigma^2).$$

D'altra parte, $p_{Y_i}(y_i;\beta,\sigma^2) = p_{V_i}(1/y_i;\beta,\sigma^2)(1/y_i^2)$. Quindi, il logaritmo della densità congiunta massimizzata di $Y_1,\ldots,Y_n$ è uguale al logaritmo della densità congiunta massimizzata di $V_1,\ldots,V_n$ più

$$\sum_{i=1}^{n} \log(1/y_i^2) = -2\sum_{i=1}^{n} \log y_i .$$

Perciò, all'AIC del modello normale per $1/Y_i$ va aggiunto $4\sum_{i=1}^{n} \log y_i$. Si ottiene così $-172.35 + 235.23 = 62.88$, praticamente coincidente con l'AIC del modello gamma.

Esercizio Si provi a stimare un modello gamma con funzione legame logaritmica e si confronti l'adattamento con quello ottenuto attraverso il legame canonico. ◇

2.6.3 *Scimpanzé e apprendimento: analisi dei dati* `Chimps`

La Tabella 2.9 (Davison, 2003, Esempio 10.16; Brown e Hollander, 1977, p. 257) riporta il tempo (in minuti) impiegato da 4 scimpanzé per imparare ciascuna parola in un insieme di 10. I dati sono contenuti in `Chimps`.

Si desidera valutare se e come il tempo di apprendimento varii da parola a parola e tra uno scimpanzé e l'altro. La variabile risposta è il tempo, continua e positiva, di cui si desidera valutare la relazione con i due fattori scimpanzé, con 4 livelli, e parola, con 10 livelli. Come alternativa al modello normale, tenuto conto che la variabile risposta è una durata, si prova a considerare un modello gamma con predittore additivo, ossia senza termini di interazione. I dati hanno la struttura seguente.

Tabella 2.9 Scimpanzé e apprendimento, tempi in minuti

	Parole									
Scimpanzé	1	2	3	4	5	6	7	8	9	10
1	178	60	177	36	225	345	40	2	287	14
2	78	14	80	15	10	115	10	12	129	80
3	99	18	20	25	15	54	25	10	476	55
4	297	20	195	18	24	420	40	15	372	190

```
str(Chimps)

## 'data.frame': 40 obs. of  3 variables:
##  $ chimp: Factor w/ 4 levels "1","2","3","4": 1 ..
##  $ word : Factor w/ 10 levels "1","2","3","4",....
##  $ y    : num  178 60 177 36 225 345 40 2 287 14..
```

Il modello con legame canonico $1/\mu_i$ equivale a considerare il tempo medio di apprendimento pari al reciproco del preditore lineare

$$\eta_i = \beta_1 + \beta_2 x_{i2} + \ldots + \beta_4 x_{i4} + \beta_5 x_{i5} + \ldots + \beta_{13} x_{i13} ,$$

dove x_{ir}, con $r = 2, 3, 4$, sono le variabili indicatrici per gli scimpanzé numero 2, 3 e 4, mentre x_{ir}, con $r = 5, \ldots, 13$, sono le variabili indicatrici per le parole dalla 2 alla 10. Quindi, ad esempio, per la seconda parola del secondo scimpanzé, il preditore lineare è $\beta_1 + \beta_2 + \beta_5$ e il tempo medio di apprendimento $1/(\beta_1 + \beta_2 + \beta_5)$. Di fatto, si sta ipotizzando un modello lineare per la velocità media di apprendimento.

Il modello è adattato con i comandi seguenti.

```
chimps.glm <- glm(y ~ chimp + word, family = Gamma, data = Chimps)
summary(chimps.glm)

##   ...
##
## Coefficients:
##              Estimate Std. Error t value Pr(>|t|)
## (Intercept)  0.004799   0.002309    2.08    0.047 *
## chimp2       0.007206   0.003890    1.85    0.075 .
## chimp3       0.003088   0.002653    1.16    0.255
## chimp4      -0.000517   0.001570   -0.33    0.745
## word2        0.028722   0.013146    2.18    0.038 *
## word3        0.002111   0.003631    0.58    0.566
## word4        0.035523   0.015615    2.27    0.031 *
## word5        0.007921   0.005642    1.40    0.172
## word6       -0.001575   0.002529   -0.62    0.538
## word7        0.027797   0.012810    2.17    0.039 *
## word8        0.095412   0.037406    2.55    0.017 *
## word9       -0.002457   0.002335   -1.05    0.302
## word10       0.005233   0.004696    1.11    0.275
## ---
## Signif. codes:  0 '***' 0.001 '**' 0.01 '*' 0.05 '.' 0.1 ' ' 1
##
## (Dispersion parameter for Gamma family taken to be 0.531)
##
##     Null deviance: 60.378  on 39  degrees of freedom
## Residual deviance: 17.081  on 27  degrees of freedom
## AIC: 424
##
## Number of Fisher Scoring iterations: 7
```

Anche in questo caso, come nel paragrafo 2.6.2, si noti il riferimento alla distribuzione t. Oltre alle stime dei coefficienti di regressione, viene calcolata la stima (2.45) del parametro di dispersione. Se ne verifica per via diretta il calcolo con

```
muhat <- fitted(chimps.glm)
phihat <- sum((Chimps$y - muhat)^2 / muhat^2) /
              chimps.glm$df.residual
phihat

## [1] 0.531
```

Il modello corrente spiega i dati significativamente meglio del modello nullo (di campionamento casuale semplice). Il test è ottenuto dividendo per $\tilde{\phi}$ la differenza tra devianza nulla e devianza (residua).

```
D0 <- chimps.glm$null.deviance
DC <- chimps.glm$deviance
df <- chimps.glm$df.null - chimps.glm$df.residual
t <- (D0 - DC)/ phihat
alphaoss <- 1 - pchisq(t, df)
alphaoss

## [1] 2.05e-12
```

Il test del rapporto di verosimiglianza per $H_0\ :\ \beta_5 = \ldots = \beta_{13} = 0$, assenza di effetto parola, avendo tenuto conto dell'effetto scimpanzé, si ottiene da

```
anova(chimps.glm, test = "Chisq")

## Analysis of Deviance Table
##
## Model: Gamma, link: inverse
##
## Response: y
##
## Terms added sequentially (first to last)
##
##
##       Df Deviance Resid. Df Resid. Dev Pr(>Chi)
## NULL                    39       60.4
## chimp  3      6.9       36       53.4   0.0044 **
## word   9     36.3       27       17.1    3e-11 ***
## ---
## Signif. codes:  0 '***' 0.001 '**' 0.01 '*' 0.05 '.' 0.1 ' ' 1
```

L'ipotesi nulla viene rifiutata. Si ottiene lo stesso risultato con

```
chimps.glm0 <- glm(y ~ chimp, family = Gamma, data = Chimps)
anova(chimps.glm0, chimps.glm, test = "Chisq")

## Analysis of Deviance Table
##
## Model 1: y ~ chimp
## Model 2: y ~ chimp + word
```

```
##   Resid. Df Resid. Dev Df Deviance Pr(>Chi)
## 1        36       53.4
## 2        27       17.1  9     36.3    3e-11 ***
## ---
## Signif. codes:  0 '***' 0.001 '**' 0.01 '*' 0.05 '.' 0.1 ' ' 1
```

Questa seconda via è preferibile perché il risultato di `anova` applicato a un singolo oggetto `glm` dipende dall'ordine secondo cui le variabili appaiono nella formula del predittore lineare.

Per valutare se il modello è migliorabile, si può provare a utilizzare il legame logaritmico. Con questo legame si assume che il tempo medio di apprendimento sia $\exp(\eta_i)$. Quindi, ad esempio, l'intercetta rappresenta il logaritmo della media del tempo di apprendimento della parola 1 da parte dello scimpanzé 1.

```
chimps.glm1 <- glm(y ~ chimp + word, family = Gamma(link = log),
                   data = Chimps)
summary(chimps.glm1)
```

```
##   ...
##
## Coefficients:
##             Estimate Std. Error t value Pr(>|t|)
## (Intercept)    5.458      0.375   14.54  2.7e-14 ***
## chimp2        -0.973      0.295   -3.31  0.00269 **
## chimp3        -0.808      0.295   -2.74  0.01068 *
## chimp4        -0.113      0.295   -0.38  0.70479
## word2         -1.771      0.466   -3.80  0.00074 ***
## word3         -0.365      0.466   -0.78  0.44007
## word4         -1.821      0.466   -3.91  0.00056 ***
## word5         -1.102      0.466   -2.37  0.02541 *
## word6          0.279      0.466    0.60  0.55461
## word7         -1.725      0.466   -3.70  0.00096 ***
## word8         -2.555      0.466   -5.49  8.3e-06 ***
## word9          0.811      0.466    1.74  0.09301 .
## word10        -0.514      0.466   -1.10  0.27972
## ---
## Signif. codes:  0 '***' 0.001 '**' 0.01 '*' 0.05 '.' 0.1 ' ' 1
##
## (Dispersion parameter for Gamma family taken to be 0.434)
##
##     Null deviance: 60.378  on 39  degrees of freedom
## Residual deviance: 14.972  on 27  degrees of freedom
## AIC: 418.4
##
## Number of Fisher Scoring iterations: 12
```

L'AIC e la devianza residua risultano lievemente diminuite. Il numero di coefficienti di regressione significativamente diversi da zero è più alto. Quindi questo secondo modello sembra leggermente preferibile.

Esercizio Si conduca un'analisi grafica dei residui nei due modelli (con legame canonico e con legame logaritmico). ◇

2.6.4 *Resistenza del cemento: analisi dei dati* `Cement`

I dati in `Cement` (Hand *et al.*, 1994, p. 6) si riferiscono a uno studio sulla resistenza del cemento alla tensione. La resistenza dipende, tra le altre cose, dal tempo di indurimento. L'esperimento ha misurato la resistenza alla tensione di lotti di cemento sottoposti a diversi tempi di indurimento. L'obiettivo dello studio è indagare la relazione tra la resistenza alla tensione e il tempo di indurimento.

```
par(mfrow = c(1, 2), pty = "s")
plot(resistenza ~ tempo, data = Cement)
plot(resistenza ~ I(1 / tempo), data = Cement)
```

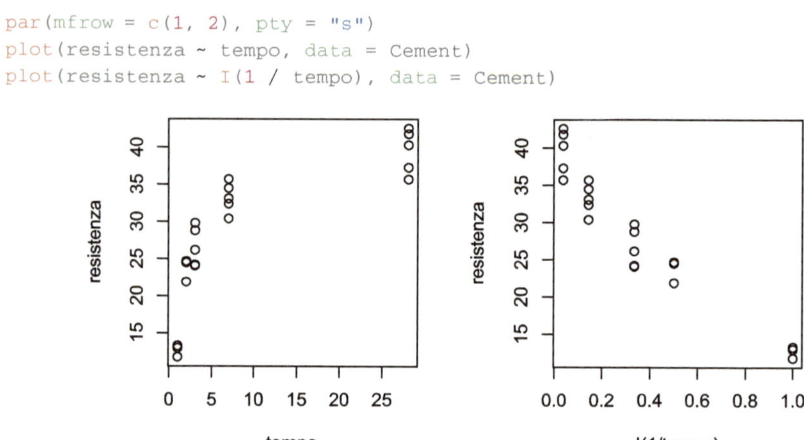

Si decide di modellare la relazione tra la resistenza e il reciproco del tempo attraverso un modello lineare generalizzato gamma con legame canonico.

```
cement.glm <- glm(resistenza ~ I(1 / tempo),
                  family = Gamma("inverse"), data = Cement)
summary(cement.glm)
```

```
##   ...
##
## Coefficients:
##             Estimate Std. Error t value Pr(>|t|)
## (Intercept) 0.022981   0.000917    25.1  5.1e-16 ***
## I(1/tempo)  0.047521   0.003343    14.2  1.4e-11 ***
## ---
## Signif. codes:  0 '***' 0.001 '**' 0.01 '*' 0.05 '.' 0.1 ' ' 1
##
## (Dispersion parameter for Gamma family taken to be 0.00898)
##
##     Null deviance: 2.45500  on 20  degrees of freedom
## Residual deviance: 0.16971  on 19  degrees of freedom
## AIC: 103.2
##
## Number of Fisher Scoring iterations: 4
```

```
par(mfrow = c(2, 2))
plot(cement.glm, which = 1:4)
```

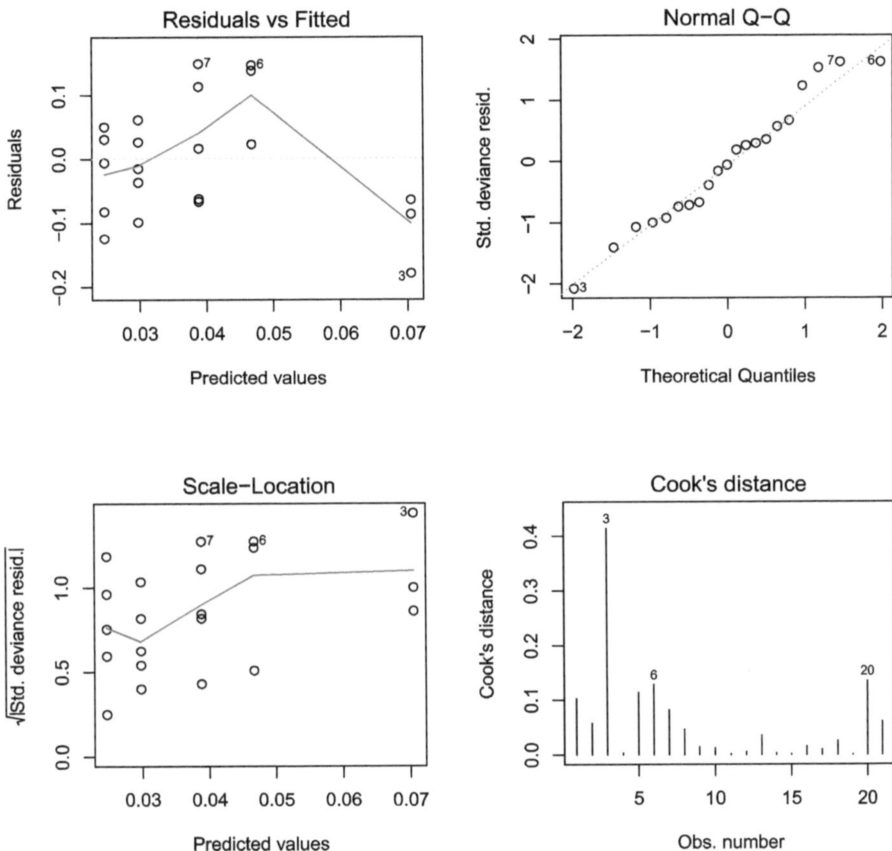

Il grafico dei residui contro i valori predetti mostra la possibile esistenza di una relazione quadratica. Si può quindi provare a migliorare il modello attraverso l'aggiunta del termine quadratico della variabile esplicativa.

```
cement.glm2 <- update(cement.glm, . ~ . + I(1 / tempo^2))
summary(cement.glm2)

##
## Call:
## glm(formula = resistenza ~ I(1/tempo) + I(1/tempo^2),
##     family = Gamma("inverse"), data = Cement)
##
##   ...
##
## Coefficients:
##              Estimate Std. Error t value Pr(>|t|)
## (Intercept) 0.024784   0.000997   24.85  2.2e-15 ***
```

```
## I(1/tempo)   0.027777   0.007148    3.89   0.0011 **
## I(1/tempo^2) 0.024830   0.008385    2.96   0.0084 **
## ---
## Signif. codes:  0 '***' 0.001 '**' 0.01 '*' 0.05 '.' 0.1 ' ' 1
##
## (Dispersion parameter for Gamma family taken to be 0.00626)
##
##     Null deviance: 2.4550  on 20  degrees of freedom
## Residual deviance: 0.1135  on 18  degrees of freedom
## AIC: 96.76
##
## Number of Fisher Scoring iterations: 4
```

```
par(mfrow = c(2, 2))
plot(cement.glm2, which = 1:4)
```

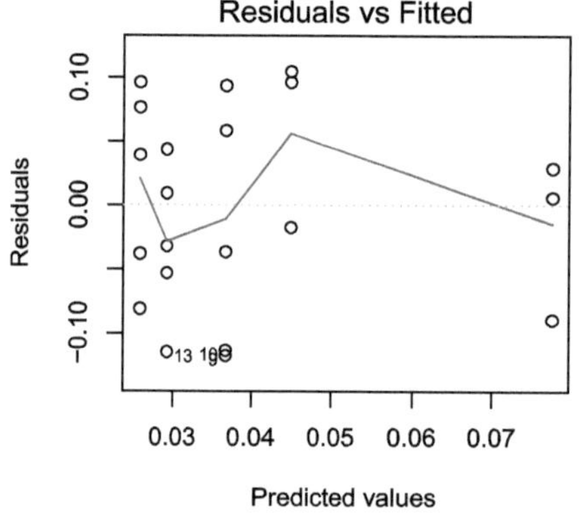

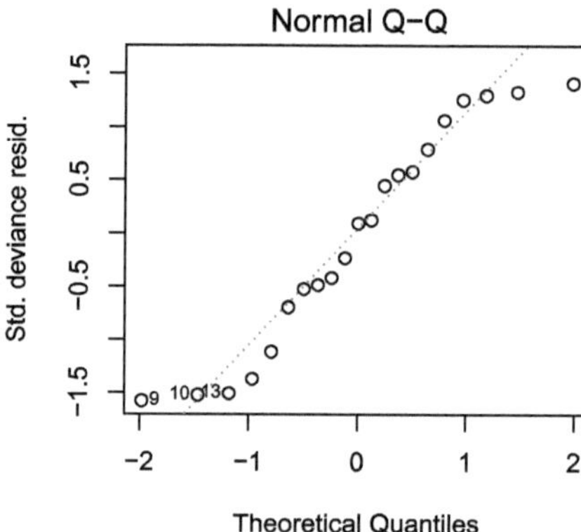

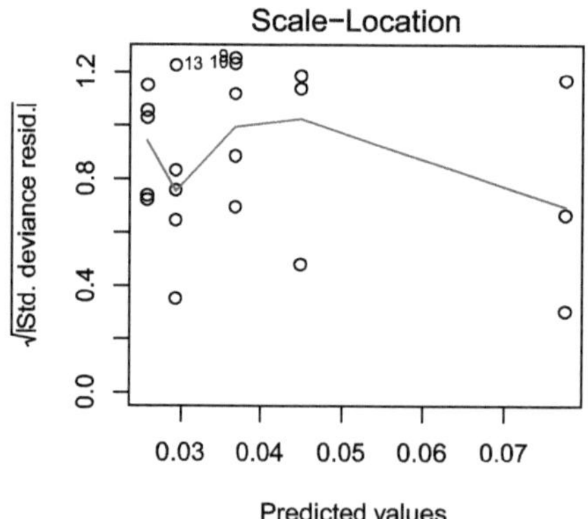

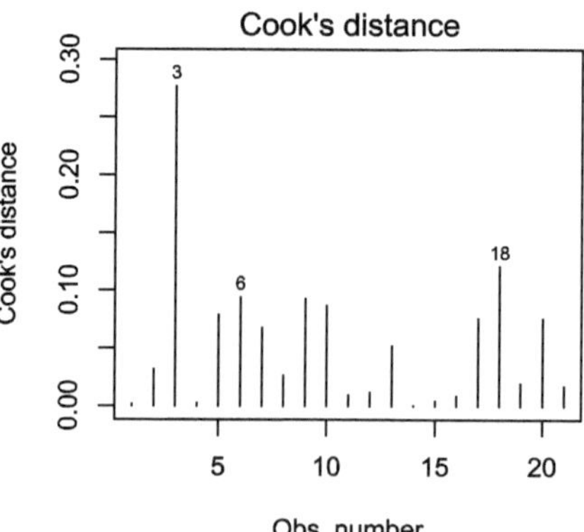

Tutti i coefficienti risultano significativi e il grafico dei residui rispetto ai valori predetti sembra migliorato. Anche il test del rapporto di verosimiglianza indica la significatività del coefficiente del termine quadratico.

```
anova(cement.glm, cement.glm2, test = "F")
```

```
## Analysis of Deviance Table
##
## Model 1: resistenza ~ I(1/tempo)
## Model 2: resistenza ~ I(1/tempo) + I(1/tempo^2)
##   Resid. Df Resid. Dev Df Deviance    F Pr(>F)
## 1        19      0.170
## 2        18      0.114  1   0.0562 8.98 0.0077 **
## ---
## Signif. codes:  0 '***' 0.001 '**' 0.01 '*' 0.05 '.' 0.1 ' ' 1
```

Come alternativa all'aggiunta del termine quadratico, si può provare a cambiare la funzione di legame. In effetti, la funzione di legame logaritmica sembra portare ad un lieve miglioramento del modello, come si evince dall'AIC.

```
# glm gamma (log link)
cement.glm3 <- glm(resistenza ~ I(1 / tempo),
                   family = Gamma("log"), data = Cement)
summary(cement.glm3)
```

```
##  ...
##
## Coefficients:
##             Estimate Std. Error t value Pr(>|t|)
## (Intercept)   3.6921     0.0243   152.2  < 2e-16 ***
## I(1/tempo)   -1.1464     0.0529   -21.7  7.4e-15 ***
## ---
## Signif. codes:  0 '***' 0.001 '**' 0.01 '*' 0.05 '.' 0.1 ' ' 1
##
## (Dispersion parameter for Gamma family taken to be 0.00572)
##
##     Null deviance: 2.45500  on 20  degrees of freedom
## Residual deviance: 0.11001  on 19  degrees of freedom
## AIC: 94.1
##
## Number of Fisher Scoring iterations: 3
```

```
par(mfrow = c(2, 2))
plot(cement.glm3, which = 1:4)
```

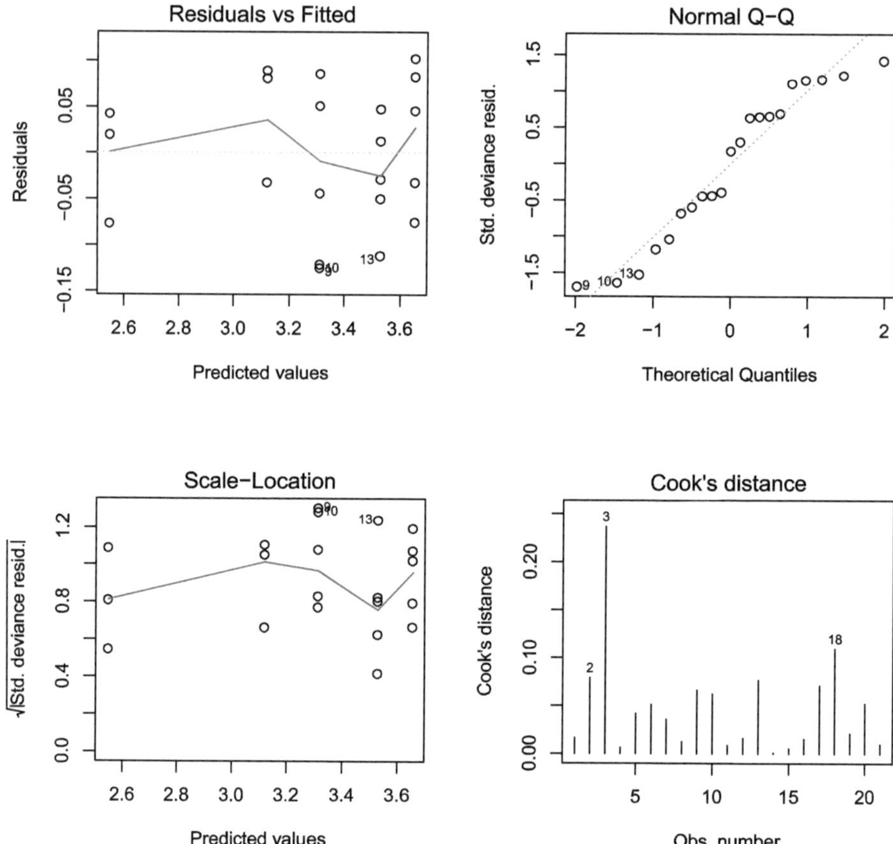

Si possono anche confrontare i due modelli in termini di vicinanza dei valori predetti ai valori osservati, notando che la curva stimata è essenzialmente la stessa. Per questo motivo si preferisce il modello con funzione di legame logaritmica, visto che è più parsimonioso.

```
with(Cement,{
  plot(tempo, resistenza)
  lines(fitted(cement.glm2) ~ tempo, col = 2)
  lines(fitted(cement.glm3) ~ tempo, col = 4, lty = 4)})
```

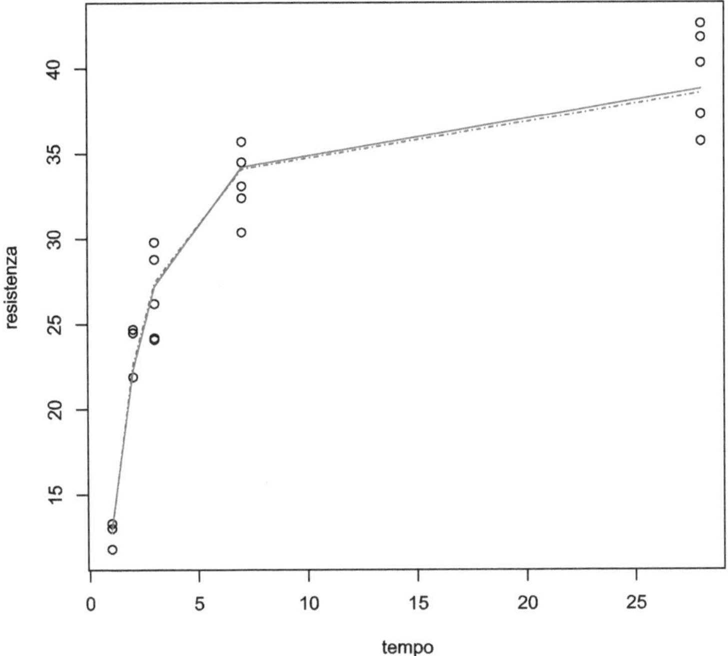

Esercizio Si provi ad analizzare i dati tramite un modello lineare normale, utilizzando come variabile risposta il reciproco della resistenza e come variabile esplicativa il reciproco della radice quadrata del tempo. Si commenti l'analisi dei residui e si confronti il modello con i precedenti modelli gamma. ◇

2.7 Nota bibliografica

I modelli lineari generalizzati sono stati introdotti da Nelder e Wedderburn (1972). Modelli per risposte binarie erano tuttavia già stati proposti a partire da Bliss (1935), fino alla monografia di David R. Cox del 1970, prima edizione di Cox e Snell (1989). Per una vivace testimonianza sulla nascita dei modelli lineari generalizzati, si segnala l'intervista a John Nelder in Senn (2003, p. 127–128). Il riferimento fondamentale per i modelli lineari generalizzati è McCullagh e Nelder (1989). Il principale riferimento recente è la monografia Agresti (2015). Si segnalano anche i volumi Dobson e Barnett (2008), Madsen e Thyregod (2010), Dunn e Smyth (2018). Una approfondita monografia sulle famiglie di dispersione esponenziale e generalizzazioni è Jørgensen (1997).

Correzioni delle equazioni di verosimiglianza che permettono di evitare nei piccoli campioni il problema delle stime infinite dei parametri dei modelli lineari generalizzati sono sviluppate in Kosmidis *et al.* (2020) e rese disponibili nella libreria R `brglm2` (Kosmidis, 2019).

Con n moderato rispetto a p, la distribuzione asintotica delle quantità di verosimiglianza può non fornire approssimazioni adeguate. Raffinamenti della teoria asintotica standard, introdotti per i modelli lineari generalizzati a partire da Davison (1988), producono usualmente miglioramenti di notevole efficacia. Si rinvia alla monografia Brazzale *et al.* (2007) e alla corrispondente libreria R `hoa` (Brazzale, 2005).

L'inferenza nell'ambito dei modelli lineari generalizzati può essere condotta anche seguendo l'approccio bayesiano, in cui la specificazione del modello prevede anche l'assegnazione di una distribuzione di probabilità sullo spazio parametrico. È così possibile esprimere l'inferenza tramite la distribuzione di probabilità dei parametri condizionata ai dati (distribuzione a posteriori). I riassunti di quest'ultima forniscono sintesi analoghe alle stime puntuali, regioni di confidenza e di previsione, e talora anche test, che si ottengono dall'approccio frequentista adottato qui. Per un'introduzione, si vedano Agresti (2015, Capitolo 10), Dobson e Barnett (2008, Capitolo 12).

Una maggiore flessibilità nella scelta della funzione di legame può essere ottenuta considerandone specificazioni parametriche come in Pregibon (1980). Si veda Wang *et al.* (2018) per una rassegna recente, che include anche specificazioni non parametriche. L'alternativa a usare specificazioni flessibili della funzione di legame è utilizzare le usuali funzioni di legame assieme a una specificazione non parametrica del predittore con struttura additiva. Si ottengono così i **modelli additivi generalizzati** (GAM: *Generalized Additive Models*) introdotti in Hastie e Tibshirani (1990). Si veda anche Wood (2017).

La libreria R `multcomp` (Hothorn *et al.*, 2008) fornisce procedure utili per l'inferenza multipla descritte in Bretz *et al.* (2010) anche per i risultati dell'adattamento di un modello lineare generalizzato.

Non sono trattati in questo volume i modelli di regressione per dati di sopravvivenza, in cui la risposta rappresenta il tempo fino al verificarsi di un evento di interesse (morte, guasto, ricomparsa di sintomi, eccetera). Queste applicazioni sono caratterizzate dalla presenza di dati censurati (il periodo di osservazione può terminare prima del verificarsi dell'evento) e l'inferenza sull'effetto di variabili esplicative è in genere condotta sulla base di un modello semiparametrico, quale il modello con rischi proporzionali di Cox (Cox, 1972). Per trattazioni introduttive, anche con semplici modelli parametrici, si rivia a Pace e Salvan (2001, Capitolo 11) e a Dobson e Barnett (2008, Capitolo 10).

2.8 Esercizi

2.1 Si individui una statistica sufficiente con dimensione $p + 1$ per (β, ϕ) nel GLM gamma per cui le n variabili Y_i sono indipendenti e hanno distribuzione $Y_i \sim DE_1(\mu_i, \phi\mu_i^2)$, $\mu_i \in M = (0, +\infty)$, con funzione di legame canonica.

2.2 Si espliciti il contributo di una singola osservazione alla devianza (2.49) per i GLM con funzione di legame canonica sintetizzati nelle Tabelle 2.1 e 2.2.

2.3 Sia Y una variabile casuale con distribuzione binomiale negativa, indicata con $Bineg(k,\pi)$, che rappresenta il numero di prove bernoulliane indipendenti, con costante probabilità di successo π, $\pi \in (0,1)$, necessarie per ottenere k successi. Il supporto è $S = \{k, k+1, \ldots\}$ e la funzione di probabilità

$$Pr_\pi(Y = y) = p_Y(y;\pi) = \binom{y-1}{k-1}\pi^k(1-\pi)^{y-k} \qquad (2.59)$$

per $y \in S$. Si verifichi che, assumendo k noto, si tratta di una famiglia di dispersione esponenziale e se ne identifichino gli elementi caratterizzanti. Derivando il generatore dei cumulanti, si riottengano le note relazioni $E(Y) = k/\pi$ e $Var(Y) = k(1-\pi)/\pi^2$. Si verifichi che la funzione di varianza è quadratica. Si ha ancora una famiglia di dispersione esponenziale se k è supposto ignoto?

2.4 Sia Y una variabile casuale con distribuzione gaussiana inversa, ossia con supporto $[0, +\infty)$ e funzione di densità di probabilità

$$p(y;\xi,\lambda) = \frac{\sqrt{\lambda}}{\sqrt{2\pi}} y^{-3/2} e^{\sqrt{\lambda\xi}} \exp\left\{-\frac{1}{2}\left(\frac{\lambda}{y} + \xi y\right)\right\},$$

con $y > 0$, $\lambda > 0$, $\xi \geq 0$. Si verifichi che si tratta di una famiglia di dispersione esponenziale e se ne identifichino gli elementi caratterizzanti. Si consideri il corrispondente modello lineare generalizzato per cui le n variabili indipendenti hanno distribuzione $Y_i \sim DE_1(\mu_i, \phi v(\mu_i))$ con funzione di legame canonica e si individui una statistica sufficiente con dimensione $p+1$ per (β, ϕ).

2.5 I dati contenuti in `Seed` sono stati ottenuti tramite un esperimento volto a valutare se e quanto la quantità di fertilizzante utilizzato influisce sulla germinazione di un seme. Sono stati utilizzati 20 semi e, per ciascun seme, si è indicata con `fert` la quantità di fertilizzante e con `x` la variabile indicatrice che vale 1 se il seme è germogliato e zero altrimenti.

(a) Si individuino le unità statistiche, la variabile risposta e le variabili concomitanti, indicando la tipologia di ciascuna variabile (quantitativa continua, quantitativa discreta, qualitativa nominale, qualitativa ordinale).
(b) Si conduca un'analisi esplorativa per valutare la relazione tra risposta e variabili concomitanti.
(c) Si specifichi un opportuno modello lineare generalizzato, adottando la funzione di legame canonica.
(d) Si adatti con R il modello lineare generalizzato del punto precedente.
(e) Si indichino le stime e gli intervalli di confidenza per i coefficienti. Si fornisca un'interpretazione dei valori ottenuti.
(f) Si indichi, per ciascun elemento dell'*output* di `summary` dell'oggetto `glm` ottenuto con R, quale quantità viene calcolata, fornendo una corrispondenza con le formule dei paragrafi 2.3 e 2.4.

(g) Si valuti la bontà di adattamento del modello.
(h) Si ottengano gli intervalli di confidenza con livello 0.95 per la probabilità che un seme germogli con una dose di fertilizzante pari a 0.8, 1.2 e 1.6.

2.6 Per $Y_1, \ldots, Y_n$ indipendenti, con valori corrispondenti $x_1, \ldots, x_n$ di una variabile concomitante quantitativa univariata, si considerino i GLM con:

i) $Y_i \sim DE_1(\mu_i, \phi)$, $\mu_i \in \mathbb{R}$, $\phi > 0$ noto,
ii) $Y_i \sim DE_1(\mu_i, \phi\mu_i^2)$, $\mu_i > 0$, $\phi > 0$ noto,
iii) $Y_i \sim DE_1(\mu_i, \mu_i(1-\mu_i))$, $\mu_i \in (0, 1)$
iv) $Y_i \sim DE_1(\mu_i, \mu_i)$, $\mu_i > 0$

con $\theta(\mu_i) = \beta x_i$ (funzione di legame canonica e intercetta pari a zero) e $\beta \in \mathbb{R}$ ignoto. Per ciascun modello:

(a) Si specifichi il modello statistico adottato in termini delle note distribuzioni di probabilità (Appendice B) e si scriva la funzione di log-verosimiglianza.
(b) Si calcolino la funzione di punteggio e l'informazione osservata e attesa.
(c) Si ottenga la stima di massima verosimiglianza $\hat{\beta}$ e si indichi un'approssimazione per la sua distribuzione, verificando che le approssimazioni ottenute dalla (1.8) e dalla (2.37) coincidono.
(d) Si ottenga in ciascun caso un intervallo di confidenza con livello approssimato 0.95 per il predittore lineare η_i per un valore fissato x_i. Si ottenga il corrispondente intervallo di confidenza per μ_i. In quali casi gli intervalli ottenuti hanno anche livello esatto 0.95?

2.7 I dati contenuti in `Wool` (Hand *et al.*, 1994, p. 328) sono stati ottenuti tramite un esperimento volto a valutare l'effetto di 3 variabili, lunghezza (`x1`), ampiezza (`x2`) e carico (`x3`), sul numero di cicli di prova fino alla rottura (`y`) di un filato di lana. Per ciascuna delle 3 variabili `x1`, `x2` e `x3`, sono stati fissati 3 livelli, indicati con -1, 0, $+1$, corrispondenti ai valori 250, 300 e 350 mm per la lunghezza, 8, 9 e 10 mm per l'ampiezza e 40, 45 e 50 g per il carico.

(a) Si individuino le unità statistiche, la variabile risposta e le variabili concomitanti, indicando la tipologia di ciascuna variabile (quantitativa continua, quantitativa discreta, qualitativa nominale, qualitativa ordinale).
(b) Si specifichi un modello lineare normale per la trasformazione logaritmica della risposta.
(c) Si adatti con R il modello lineare del punto precedente.
(d) Si valuti la bontà di adattamento del modello e si consideri se una trasformazione per la risposta diversa da quella logaritmica può essere più appropriata.
(e) Si scriva l'espressione della curva stimata.
(f) Si ottenga un intervallo di confidenza con livello approssimato 0.95 per il numero medio di cicli fino alla rottura per una prova con lunghezza pari a 300 mm, ampiezza 10 mm e carico 40 g. Per gli stessi valori di lunghezza, ampiezza e carico, si ottenga un intervallo di previsione per la risposta.

(g) Per gli stessi dati, considerando la risposta non trasformata, si specifichi un modello lineare generalizzato con risposta gamma e funzione di legame logaritmica.
(h) Si adatti con R il modello lineare generalizzato del punto precedente.
(i) Si indichino le stime e gli intervalli di confidenza per i coefficienti. Si fornisca un'interpretazione dei valori ottenuti.
(j) Si indichi, per ciascun elemento dell'*output* di `summary` dell'oggetto `glm` ottenuto con R, quale quantità viene calcolata, fornendo una corrispondenza con le formule dei paragrafi 2.3 e 2.4.
(k) Si valuti la bontà di adattamento del modello gamma.
(l) Si scriva l'espressione della curva stimata.
(m) Si ottenga un intervallo di confidenza con livello approssimato 0.95 per la media della risposta in un esperimento con lunghezza pari a 300 mm, ampiezza 10 mm e carico 40 g, sempre con il modello gamma adattato.
(n) Si confrontino i risultati dell'analisi basata sul modello lineare normale con quelli dell'analisi basata sul modello gamma.

Capitolo 3
Modelli per dati binari

3.1 Dati binari

Nella classe dei modelli lineari generalizzati, i modelli per dati binari sono impiegati molto spesso. Sono utili in tutte le situazioni in cui la risposta è dicotomica, come: presente-assente, successo-insuccesso, funzionante-guasto, vivo-morto. Le prime applicazioni si ebbero negli studi biomedici, ad esempio per valutare come la presenza o assenza di malattie cardiovascolari fosse legata a fumo, colesterolo e pressione sanguigna dei pazienti. In anni successivi, si sono diffuse le applicazioni nelle scienze sociali, ad esempio per valutare come l'opinione favorevole o contraria rispetto alle unioni civili dipenda dalle caratteristiche socio-culturali dei soggetti. Numerose sono anche le applicazioni nell'ambito delle ricerche di mercato, per valutare come la decisione se acquistare o meno un prodotto sia legata alle caratteristiche del consumatore. Ancora, in finanza, può interessare valutare come il rischio di insolvenza di un cliente sia legato ad altre variabili che ne descrivono lo stato socio-economico e la situazione finanziaria (si veda l'Esempio 1.4, *credit scoring*).

I dati da analizzare possono avere una delle due forme seguenti:

- dati non raggruppati, quando il vettore delle risposte rappresenta gli esiti individuali e dunque i valori della risposta sono 0 oppure 1;
- dati raggruppati, quando si hanno più risposte dicotomiche per ciascuna combinazione delle variabili concomitanti e vengono riportati il numero totale di successi per quella combinazione e il numero totale di osservazioni o, equivalentemente, di insuccessi.

Un *data frame* con dati binari non raggruppati è nell'Esempio 1.4 (*credit scoring*). Una illustrazione di dati binari raggruppati è invece l'Esempio 1.6 (efficacia di un insetticida).

Formalmente, è sempre possibile convertire un insieme di dati raggruppati in una struttura di dati non raggruppati (per cui non sia rilevante l'ordine delle osservazioni sulla risposta per ogni combinazione delle concomitanti). Ad esempio, i

A. Salvan, N. Sartori, L. Pace, *Modelli Lineari Generalizzati*, UNITEXT 124,
https://doi.org/10.1007/978-88-470-4002-1_3

dati sull'efficacia di un insetticida potrebbero anche essere disponibili nella forma di una struttura di dati con 481 righe (il numero totale di scarafaggi) e due colonne: una contiene la dose e l'altra il valore 1 se lo scarafaggio è ucciso e zero altrimenti, si veda il *data frame* `Beetles10`, le cui prime 6 righe sono riportate di seguito.

```
##   log.dose10 ucciso
## 1       1.69      0
## 2       1.69      0
## 3       1.69      0
## 4       1.69      0
## 5       1.69      0
## 6       1.69      0
```

I dati in forma raggruppata come nella Tabella 1.8 si possono ottenere con la funzione `table`.

```
Beetles10g <- table(Beetles10)
Beetles10g
```

```
##             ucciso
## log.dose10   0  1
##     1.6907  53  6
##     1.7242  47 13
##     1.7552  44 18
##     1.7842  28 28
##     1.8113  11 52
##     1.8369   6 53
##     1.861    1 61
##     1.8839   0 60
```

3.2 Modelli binomiali

Con risposte binarie non raggruppate, il modello statistico per l'i-esima osservazione è necessariamente binomiale elementare, $Bi(1, \pi_i)$. La modellazione più semplice assume che le risposte siano indipendenti. Con risposte binarie raggruppate, si potrà assumere, per il numero totale di successi s_i nelle m_i osservazioni corrispondenti a una combinazione di modalità delle variabili concomitanti, una distribuzione binomiale $Bi(m_i, \pi_i)$, purché le osservazioni binarie entro ciascun gruppo siano, oltre che indipendenti, anche identicamente distribuite.

Si consideri come risposta la proporzione di successi $y_i = s_i/m_i$, con s_i pari al numero di successi per l'i-esima combinazione di variabili concomitanti, $i = 1, \ldots, n$. Se i dati sono non raggruppati, $m_i = 1$ per ogni $i = 1, \ldots, n$. Indicate con $y_1, \ldots, y_n$ le osservazioni sulla risposta, si possono quindi trattare tanto i dati raggruppati quanto quelli non raggruppati assumendo, per le corrispondenti variabili casuali $Y_1, \ldots, Y_n$, che

$$m_i Y_i \sim Bi(m_i, \pi_i), \qquad \text{ossia} \qquad Y_i \sim DE_1\left(\mu_i, \frac{1}{m_i}\mu_i(1-\mu_i)\right),$$

con $\mu_i = \pi_i$, $i = 1, \ldots, n$.

Si assume inoltre che

$$g(\mu_i) = \eta_i = \boldsymbol{x}_i\beta = \beta_1 x_{i1} + \ldots + \beta_p x_{ip} = \sum_{r=1}^{p} \beta_r x_{ir} \,,$$

con $g(\cdot)$ funzione di legame da specificare. Le specificazioni di $g(\cdot)$ più comuni sono descritte nel paragrafo seguente.

Quando gli stessi dati sono rappresentabili sia nella forma di dati raggruppati sia come dati non raggruppati, le funzioni di verosimiglianza per β nei due casi risultano equivalenti, e dunque si ottengono le stesse stime di massima verosimiglianza. Cambiano tuttavia il modello saturo e il prospetto di analisi della devianza, cfr. Tabella 2.6. Il modello saturo ha n pari alla lunghezza del vettore $(y_1, \ldots, y_n)$. Con i dati sull'efficacia di un insetticida, n è 481 con dati non raggruppati e 8 con dati raggruppati.

Le usuali approssimazioni asintotiche per le quantità di verosimiglianza richiedono che n diverga. Per dati raggruppati, si possono tuttavia applicare approssimazioni basate sulla teoria asintotica per dispersione piccola quando, con n fissato, le numerosità m_i sono sufficientemente grandi. Solo in questo caso risultano quindi applicabili la devianza come test di bontà di adattamento oppure l'analisi dei residui.

3.3 Funzioni di legame per dati binari

Poiché la media di Y_i assume valori nell'intervallo $(0, 1)$, come funzione di legame $g(\cdot)$ si sceglie, in genere, una funzione $g : [0, 1] \to \mathbb{R}$ monotona crescente (includendo nel dominio 0 e 1 per convenienza matematica). Appartengono a questa classe tutte le funzioni inverse di funzioni di ripartizione di variabili casuali continue con supporto $\mathbb{R}$. Se infatti $F(\cdot)$ è la funzione di ripartizione di una variabile casuale continua con supporto $\mathbb{R}$, la sua funzione inversa $F^{-1}(u)$ ha come dominio $[0, 1]$, come codominio $\mathbb{R}$ ed è monotona crescente. Il modello assume allora che, per una tale $F(\cdot)$,

$$g(\mu_i) = F^{-1}(\mu_i) = \boldsymbol{x}_i\beta$$

ossia

$$\mu_i = \pi_i = F(\boldsymbol{x}_i\beta) \,. \tag{3.1}$$

Le principali funzioni di legame sono elencate di seguito.

- Funzione di legame logistica o logit (legame canonico)

$$g(\mu_i) = \log\left(\frac{\mu_i}{1-\mu_i}\right) = \boldsymbol{x}_i\beta \,,$$

con inversa

$$\mu_i = \frac{e^{\boldsymbol{x}_i\beta}}{1 + e^{\boldsymbol{x}_i\beta}} .$$

Il modello lineare generalizzato corrispondente a tale specificazione è detto **modello di regressione logistica** o, **modello logit**; la distribuzione con funzione di ripartizione $F(z) = e^z/(1 + e^z)$, $z \in \mathbb{R}$, è infatti la **distribuzione logistica**.

- Funzione di legame **probit**

$$g(\mu_i) = \Phi^{-1}(\mu_i) = \boldsymbol{x}_i\beta ,$$

con inversa

$$\mu_i = \Phi(\boldsymbol{x}_i\beta) ,$$

ove $\Phi(\cdot)$ rappresenta la funzione di ripartizione della normale standard. Il modello lineare generalizzato corrispondente a tale specificazione ha $F(z) = \Phi(z)$ ed è detto **modello probit**.

- Funzione di legame **log-log complementare** (*complementary log-log*)

$$g(\mu_i) = \log\{-\log(1 - \mu_i)\} = \boldsymbol{x}_i\beta ,$$

con inversa

$$\mu_i = 1 - \exp\{-\exp(\boldsymbol{x}_i\beta)\} .$$

$F(z) = 1 - \exp\{-\exp(z)\}$ è la funzione di ripartizione della **distribuzione dei valori estremi**: questa è la legge del logaritmo di una distribuzione esponenziale con media uno.

- Funzione di legame **log-log**

$$g(\mu_i) = -\log\{-\log(\mu_i)\} ,$$

con inversa

$$\mu_i = \exp\{-\exp(-\boldsymbol{x}_i\beta)\} .$$

$F(z) = \exp\{-\exp(-z)\}$ è la funzione di ripartizione di $-U$, dove U ha distribuzione dei valori estremi. Se Y_i è distribuita secondo un modello di regressione binomiale con funzione di legame log-log e predittore lineare η_i, si ha che $1-Y_i$ è distribuita secondo un modello di regressione binomiale con funzione di legame log-log complementare e predittore lineare $-\eta_i$. Per questo motivo, la funzione `glm` di R prevede come opzione la funzione di legame log-log complementare, ma non la funzione di legame log-log (si veda la Tabella 2.8).

- Funzione di legame cauchit

$$g(\mu_i) = \tan\left(\pi(\mu_i - 0.5)\right) ,$$

con inversa

$$\mu_i = \frac{1}{2} + \frac{\arctan(\boldsymbol{x}_i\beta)}{\pi} .$$

$F(z) = 1/2 + \arctan(z)/\pi$ è la funzione di ripartizione di una distribuzione di Cauchy con $\mu = 0$ e $\sigma = 1$ (si veda l'Appendice B).

L'andamento delle funzioni di legame sopra riportate è rappresentato nella Figura 3.1. La relazione tra logistica e probit è quasi lineare per $0.1 \leq \mu_i \leq 0.9$. La retta tangente a $g(\mu_i)$ in $\mu_i = 0.5$ ha coefficiente angolare 4 per la logistica e $1/\phi(0) \doteq 2.5$ per la probit. Si può dunque ottenere in via approssimata il predittore lineare logit da quello probit moltiplicando quest'ultimo per $4/2.5 = 1.6$. In altre parole, adattando agli stessi dati un modello logit e un modello probit, ci si attende che i coefficienti del primo siano circa pari a 1.6 volte quelli del secondo. La funzione log-log complementare tende a $+\infty$ (per $\mu_i \to 1$) più lentamente delle altre; la

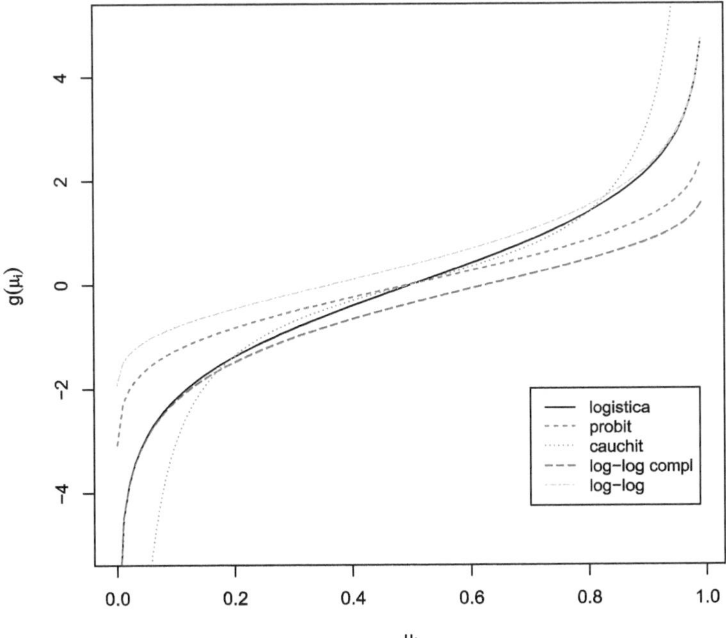

Figura 3.1 Funzioni di legame per dati binari

funzione log-log tende a $-\infty$ (per $\mu_i \to 0$) più lentamente delle altre. La funzione cauchit tende a $\pm\infty$ più rapidamente delle altre per μ_i tendente agli estremi dell'intervallo $(0, 1)$. Le funzioni di densità di probabilità logistica, normale standard e Cauchy considerate sono simmetriche attorno all'origine. Ciò si riflette sull'andamento delle funzioni di legame corrispondenti, che soddisfano $g(\mu_i) = -g(1-\mu_i)$. Questo non vale per le altre due funzioni di legame sopra descritte.

Si osservi che se $\beta_r = 0$ la r-esima variabile esplicativa è esclusa dal modello. Inoltre, essendo $F(\cdot)$ monotona crescente, la probabilità di successo $\pi_i = \mu_i$ è monotona in ciascuna delle variabili esplicative, crescente o decrescente a seconda del segno del coefficiente β_r corrispondente, $r = 1, \ldots, p$. Se tutte le variabili esplicative sono ininfluenti, salvo quella costante che corrisponde al termine di intercetta, le n binomiali hanno identica probabilità di successo $\pi_1 = F(\beta_1)$.

L'interpretazione del valore di un singolo coefficiente di regressione è complicata dalla non linearità della relazione fra β_r e μ_i; si veda il paragrafo seguente per quanto riguarda la funzione di legame logistica. Una sintesi di più immediata comprensione dell'effetto di una data variabile esplicativa quantitativa si può ottenere confrontando $\mu_i = Pr(Y_i = 1)$ (supponendo $m_i = 1$ per semplicità) per diversi valori della variabile, fissate le altre. Ad esempio, si può calcolare μ_i in corrispondenza al valore minimo e massimo della variabile nel campione, fissate le altre esplicative al loro valore medio, purché tale configurazione di esplicative non sia del tutto implausibile.

Interpretazione con un modello a soglia per variabili latenti

Se $m_i = 1, i = 1, \ldots, n$, si ha $\pi_i = Pr(Y_i = 1)$ e dunque la (3.1) assume che

$$Pr(Y_i = 1) = F(\boldsymbol{x}_i\beta)\,. \tag{3.2}$$

Secondo la (3.2), se $F(\cdot)$ è la funzione di ripartizione di una variabile con distribuzione simmetrica attorno a zero, il modello può essere interpretato in termini di una variabile latente Y_i^*. Sia infatti $Y_i^* = \boldsymbol{x}_i\beta + \varepsilon_i$, $i = 1, \ldots, n$, con $\varepsilon_1, \ldots, \varepsilon_n$ errori casuali indipendenti e con distribuzione marginale $F(\cdot)$ tale che, per la simmetria, $F(z) = 1 - F(-z)$. Allora la (3.2) equivale ad assumere

$$Y_i = \begin{cases} 0 & \text{se } Y_i^* \le 0 \\ 1 & \text{se } Y_i^* > 0 \end{cases}$$

ossia che si abbia un successo quando Y_i^* supera la soglia 0. Risulta infatti

$$\begin{aligned} Pr(Y_i = 1) &= Pr(Y_i^* > 0) = Pr(\boldsymbol{x}_i\beta + \varepsilon_i > 0) \\ &= Pr(\varepsilon_i > -\boldsymbol{x}_i\beta) = 1 - F(-\boldsymbol{x}_i\beta) = F(\boldsymbol{x}_i\beta)\,. \end{aligned}$$

3.4 Regressione logistica: interpretazione, inferenza e ulteriori proprietà

Assumendo la funzione di legame logistica, si ha $m_i Y_i \sim Bi(m_i, \pi_i)$ con

$$\pi_i = \frac{\exp(\sum_{r=1}^{p} \beta_r x_{ir})}{1 + \exp(\sum_{r=1}^{p} \beta_r x_{ir})} \qquad \text{e} \qquad \log\left(\frac{\pi_i}{1-\pi_i}\right) = \sum_{r=1}^{p} \beta_r x_{ir} \, .$$

La funzione di legame logistica presenta alcuni vantaggi.

3.4.1 Interpretazione dei parametri

In primo luogo, la funzione di legame logistica permette di interpretare il predittore lineare $\eta_i = \log(\mu_i/(1-\mu_i)) = \log(\pi_i/(1-\pi_i))$ in termini di logaritmo della quota (*log-odds*). La quota $\pi_i/(1-\pi_i)$ è il rapporto tra probabilità di successo e insuccesso. Dunque, moltiplicata per 100, esprime il numero atteso di successi su 100 insuccessi. Con l'esempio sull'efficacia di un insetticida, una quota pari a 2, per una dose fissata, indica che, con quella dose, ogni 100 scarafaggi 'risparmiati', ne vengono uccisi 200. Di conseguenza, il generico coefficiente β_r esprime l'effetto sul logaritmo della quota di un incremento unitario di x_{ir}, fermo restando il valore delle ulteriori esplicative del modello.

Con una sola variabile esplicativa quantitativa x, e il modello con

$$\eta_i = \beta_1 + \beta_2 x_i \, ,$$

se si incrementa la variabile esplicativa di una unità, passando da x_i a $x_i + 1$, la variazione del predittore lineare è uguale a β_2. La quota corrispondente risulta quindi moltiplicata per $\exp(\beta_2)$. Se ad esempio $\beta_2 = 0.5$, si ha $\exp(\beta_2) \doteq 1.65$. Ciò significa che, aumentando x di una unità, la quota corrispondente a x, ad esempio 2, viene moltiplicata per 1.65, ottenendo quindi 3.3.

Con una sola variabile esplicativa dicotomica, le osservazioni sulla risposta binaria sono suddivise in due gruppi, ad esempio di soggetti trattati e non trattati, per cui $x_i = 1$ se l'i-esimo soggetto è trattato e $x_i = 0$ se l'i-esimo soggetto non è trattato. Il modello logit si basa sull'assunzione

$$Pr(Y_i = 1) = Pr(Y_i = 1|\, x_i) = \frac{e^{\beta_1 + \beta_2 x_i}}{1 + e^{\beta_1 + \beta_2 x_i}} \, ,$$

ovvero assume che

$$Pr(Y_i = 1|\, x_i = 1) = \frac{e^{\beta_1 + \beta_2}}{1 + e^{\beta_1 + \beta_2}}$$

e

$$Pr(Y_i = 1|\, x_i = 0) = \frac{e^{\beta_1}}{1 + e^{\beta_1}} .$$

Il log-rapporto delle quote è

$$\log\left(\frac{Pr(Y_i = 1|x_i = 1)/Pr(Y_i = 0|x_i = 1)}{Pr(Y_i = 1|x_i = 0)/Pr(Y_i = 0|x_i = 0)}\right) = \beta_2 .$$

Il rapporto tra probabilità di successo e insuccesso per i trattati è $\exp(\beta_2)$ volte il rapporto tra probabilità di successo e insuccesso per i non trattati. Se $\beta_2 = 0$ non si ha effetto del trattamento, mentre, a seconda del segno di β_2, l'effetto è positivo (il rapporto delle quote con $x_i = 1$ è maggiore del rapporto delle quote con $x_i = 0$) o negativo (il rapporto delle quote con $x_i = 1$ è minore del rapporto delle quote con $x_i = 0$).

Il modello può essere facilmente esteso per descrivere il caso in cui i dati vengano classificati secondo le modalità di una ulteriore variabile esplicativa z che assume J livelli. In altri termini, si ipotizza che le osservazioni binarie y_{ij}, $i = 1, \ldots, n$, $j = 1, \ldots, J$, siano realizzazioni di variabili casuali indipendenti

$$Y_{ij} \sim Bi\left(1, \frac{e^{\beta_{1j}+\beta_{2j}x_{ij}}}{1 + e^{\beta_{1j}+\beta_{2j}x_{ij}}}\right) ,$$

con x_{ij} variabile esplicativa dicotomica. Tale assunzione equivale a formulare un modello di regressione logistica per ciascuna delle J tabelle 2×2 ottenute fissando il livello della variabile esplicativa z. Se $\beta_{21} = \cdots = \beta_{2J} = \beta_2$, allora β_2 rappresenta il log-rapporto delle quote comune a tutte le J tabelle 2×2.

3.4.2 *Inferenza nel modello di regressione logistica*

La funzione logistica è la funzione di legame canonica per i modelli binomiali e l'inferenza basata sulla verosimiglianza presenta diverse semplificazioni (cfr. paragrafo 2.3). La statistica

$$\left(\sum_{i=1}^n m_i x_{i1} y_i, \ldots, \sum_{i=1}^n m_i x_{ip} y_i\right) = \left(\sum_{i=1}^n s_i x_{i1}, \ldots, \sum_{i=1}^n s_i x_{ip}\right)$$

è sufficiente minimale per l'inferenza su β e le equazioni di verosimiglianza (2.29), con $a_i(\phi) = 1/m_i$ (cfr. Esempio 2.3), hanno la forma

$$\sum_{i=1}^n m_i y_i x_{ir} = \sum_{i=1}^n m_i \frac{\exp(\boldsymbol{x}_i\beta)}{1 + \exp(\boldsymbol{x}_i\beta)} x_{ir} , \qquad r = 1, \ldots, p. \tag{3.3}$$

Le matrici di informazione osservata e attesa coincidono. Dalle (2.35) e (2.36) si ha

$$j_{\beta\beta} = i_{\beta\beta} = X^\top \operatorname{diag}\left[m_i \pi_i (1-\pi_i)\right] X \,, \tag{3.4}$$

dove $\operatorname{diag}[m_i\pi_i(1-\pi_i)]$ è la matrice diagonale $n \times n$ con gli elementi indicati. La matrice $j_{\beta\beta}$ è definita positiva se X ha rango p. In tal caso, la funzione di log-verosimiglianza è strettamente concava e la stima di massima verosimiglianza di β esiste ed è unica, purché il valore osservato della statistica sufficiente minimale non sia sulla frontiera dell'insieme generato dalle combinazioni lineari convesse dei punti del supporto della statistica sufficiente minimale stessa. Per un valore osservato sulla frontiera, la situazione è analoga a quella che si ha quando si osserva $y = 0$ oppure $y = n$ nel campionamento da $Bi(n, \pi)$, con parametrizzazione logit.

Ad esempio, come illustrato da Agresti (2015, paragrafo 5.4.2) con 6 osservazioni, una singola variabile esplicativa $x_i = i$, $i = 1, \ldots, 6$, e $y = (1, 1, 1, 0, 0, 0)^\top$, si consideri il modello logit $\log(\pi_i/(1-\pi_i)) = \beta_1 + \beta_2 x_i$. La statistica sufficiente è $(\sum_{i=1}^6 y_i, \sum_{i=1}^6 x_i y_i) = (3, 6)$ e le equazioni di verosimiglianza (3.3) sono

$$3 = \sum_{i=1}^{6} \hat{\pi}_i \,, \qquad 6 = \sum_{i=1}^{6} i\hat{\pi}_i \,.$$

Una soluzione si ha con $\hat{\pi}_i = 1$ per $i = 1, 2, 3$ e $\hat{\pi}_i = 0$ per $i = 4, 5, 6$. Ogni altra soluzione con $\sum_{i=1}^6 \hat{\pi}_i = 3$ avrebbe $\sum_{i=1}^6 i\hat{\pi}_i > 6$. Quindi la soluzione trovata è unica. Per individuare i valori di β_1 e β_2 che corrispondono a tali probabilità stimate, si ricordi che $e^x/(1+e^x)$ è monotona crescente, tende a zero per $x \to -\infty$ e tende a 1 per $x \to \infty$. Per ottenere $\hat{\pi}_3 = e^{\beta_1+3\beta_2}/(1+e^{\beta_1+3\beta_2}) = 1$ e $\hat{\pi}_4 = e^{\beta_1+4\beta_2}/(1+e^{\beta_1+4\beta_2}) = 0$, si deve quindi avere $\beta_1 + 3\beta_2 \to +\infty$ e $\beta_1 + 4\beta_2 \to -\infty$. Si può porre, nel valore intermedio, $\beta_1 + 3.5\beta_2 = 0$ e quindi $\beta_1 = -3.5\beta_2$. Allora si ottiene $-3.5\beta_2 + 3\beta_2 = -0.5\beta_2 \to +\infty$ e $-3.5\beta_2 + 4\beta_2 = 0.5\beta_2 \to -\infty$ se $\beta_2 \to -\infty$. Dal vincolo $\beta_1 = -3.5\beta_2$, si ottiene che β_1 deve tendere a $+\infty$.

In pratica, tipicamente il *software* non riconosce un valore osservato della statistica sufficiente minimale sulla frontiera e dunque una stima di massima verosimiglianza infinita. L'algoritmo iterativo si arresta perché in genere dopo un certo numero di iterazioni la funzione di verosimiglianza calcolata nella stima corrente risulta piatta: nell'esempio precedente $\prod_{i=1}^6 \hat{\pi}_i^{y_i}(1-\hat{\pi}_i)^{1-y_i} = 1$. Vengono dunque riportate dal *software* delle stime e i relativi *standard error*, che risultano molto elevati, data la curvatura evanescente della log-verosimiglianza nelle stime correnti. In generale, errori standard estremamente grandi sono da considerare come possibile segnale di simili anomalie. Per approfondimenti, si veda Agresti (2015, paragrafo 5.4.2). Con l'esempio numerico sopra analizzato, con R si ottengono i risultati seguenti.

```
x <- 1:6
y <- c(1, 1, 1, 0, 0, 0)
xy.glm <- glm(y ~ x, family = binomial)

## Warning: glm.fit: fitted probabilities numerically 0 or 1 occurred
```

```
summary(xy.glm)
```

```
##
## Call:
## glm(formula = y ~ x, family = binomial)
##
## Deviance Residuals:
##         1          2          3          4          5          6
##  2.10e-08   2.10e-08   1.05e-05  -1.05e-05  -2.10e-08  -2.10e-08
##
## Coefficients:
##             Estimate Std. Error z value Pr(>|z|)
## (Intercept)    165.3   407521.4       0        1
## x              -47.2   115264.4       0        1
##
## (Dispersion parameter for binomial family taken to be 1)
##
##     Null deviance: 8.3178e+00  on 5  degrees of freedom
## Residual deviance: 2.2152e-10  on 4  degrees of freedom
## AIC: 4
##
## Number of Fisher Scoring iterations: 25
```

La presenza di eventuali stime infinite in modelli per risposte binomiali può essere rilevata con la funzione `detect_separation` della libreria `brglm2`.

```
library(brglm2)
detect_separation(x = model.matrix(xy.glm),
                  y = y, family = binomial())
```

```
## $x
##   (Intercept) x
## 1           1 1
## 2           1 2
## 3           1 3
## 4           1 4
## 5           1 5
## 6           1 6
##
## $y
## [1] 1 1 1 0 0 0
##
## $betas
## (Intercept)           x
##         Inf        -Inf
##
## $separation
## [1] TRUE
##
## $linear_program
## [1] "primal"
##
## $purpose
```

```
## [1] "find"
##
## $class
## [1] "detect_separation"
##
## attr(,"class")
## [1] "detect_separation_core"
```

Una soluzione al problema delle stime infinite è data da un'alternativa allo stimatore di massima verosimiglianza introdotta per ridurne la distorsione (Kosmidis *et al.*, 2020). L'alternativa è implementata nella libreria `brglm2`. Basta invocare il metodo `brglmFit` per la funzione `glm`.

```
xy.brglm <- glm(y ~ x, family = binomial, method = "brglmFit")
summary(xy.brglm)
```

```
##
## Call:
## glm(formula = y ~ x, family = binomial, method = "brglmFit")
##
## Deviance Residuals:
##      1       2       3       4       5       6
##  0.340   0.581   0.949  -0.949  -0.581  -0.340
##
## Coefficients:
##             Estimate Std. Error z value Pr(>|z|)
## (Intercept)    3.951      3.187    1.24     0.22
## x             -1.129      0.855   -1.32     0.19
##
## (Dispersion parameter for binomial family taken to be 1)
##
##     Null deviance: 8.3178  on 5  degrees of freedom
## Residual deviance: 2.7072  on 4  degrees of freedom
## AIC: 6.707
##
## Number of Fisher Scoring iterations: 3
```

La costruzione di intervalli di confidenza per i coefficienti di regressione e di test sui singoli coefficienti o per ipotesi di riduzione del modello procede sfruttando la teoria generale dei paragrafi 2.3 e 2.4. Va tenuta presente la non invarianza rispetto a riparametrizzazioni delle procedure di Wald. Queste ultime, inoltre, possono presentare problemi di non monotonicità rispetto alla componente di interesse di $\hat{\beta}$ quando la statistica sufficiente assume valori estremi (si veda l'Esercizio 3.1). Questo fenomeno è noto come **effetto di Hauck–Donner** (Hauck e Donner, 1977; Yee, 2020). Test e regioni di confidenza basati sul log-rapporto di verosimiglianza hanno invece un comportamento coerente rispetto a riparametrizzazioni. In particolare, gli intervalli di confidenza basati su $r_P(\beta_r)$, $r = 1, \ldots, p$, sono equivarianti rispetto a riparametrizzazioni.

Esempio 3.1 (Efficacia di un insetticida (cont.)) Per i dati dell'Esempio 1.6, si consideri come risposta y_i la proporzione di insetti uccisi con l'i-esima dose, x_i, a cui sono stati esposti m_i insetti, $i = 1, \ldots, 8$. Un modello di regressione logistica assume

$$m_i Y_i \sim Bi(m_i, \pi_i), \qquad \text{con} \qquad \pi_i = \frac{e^{\beta_1 + \beta_2 x_i}}{1 + e^{\beta_1 + \beta_2 x_i}}, \qquad i = 1, \ldots, 8.$$

Una statistica sufficiente minimale per β è

$$\left(\sum_{i=1}^{8} m_i y_i, \sum_{i=1}^{8} m_i x_i y_i \right) = (291, 532.21).$$

Le equazioni di verosimiglianza

$$\begin{cases} 291 = \displaystyle\sum_{i=1}^{8} m_i \frac{e^{\beta_1 + \beta_2 x_i}}{1 + e^{\beta_1 + \beta_2 x_i}} \\ 532.21 = \displaystyle\sum_{i=1}^{8} m_i x_i \frac{e^{\beta_1 + \beta_2 x_i}}{1 + e^{\beta_1 + \beta_2 x_i}} \end{cases}$$

vanno risolte numericamente. Si ottiene $\hat{\beta} = (\hat{\beta}_1, \hat{\beta}_2) = (-60.717, 34.270)$. La matrice di covarianza stimata di $\hat{\beta}$ è, cfr. (3.4),

$$\widehat{Var}(\hat{\beta}) = (X^\top \hat{W} X)^{-1},$$

con X matrice 8×2, avente come prima colonna il vettore unitario e come seconda colonna $\underline{x} = (x_1, \ldots, x_n)^\top$, e

$$\hat{W} = \text{diag}[v(\hat{\mu}_i)/(1/m_i)] = \text{diag}[m_i \hat{\pi}_i (1 - \hat{\pi}_i)].$$

I valori predetti sono

$$\hat{\pi}_i = \frac{e^{\hat{\beta}_1 + \hat{\beta}_2 x_i}}{1 + e^{\hat{\beta}_1 + \hat{\beta}_2 x_i}} = \frac{e^{-60.7 + 34.3 x_i}}{1 + e^{-60.7 + 34.3 x_i}}, \qquad i = 1, \ldots, 8,$$

che danno il vettore

$$\hat{\mu} = \hat{\pi} = (0.059, 0.164, 0.362, 0.605, 0.795, 0.903, 0.955, 0.979)^\top.$$

Risulta quindi

$$X^\top \hat{W} X$$
$$= \begin{pmatrix} 1 & \cdots & 1 \\ 1.6907 & \cdots & 1.8839 \end{pmatrix} \begin{pmatrix} 3.25485 & 0 & \cdots & \cdots & 0 \\ 0 & 8.227364 & 0 & \cdots & 0 \\ \vdots & \vdots & \vdots & \vdots & \vdots \\ 0 & \cdots & 0 & \cdots & 1.230704 \end{pmatrix} \begin{pmatrix} 1 & 1.6907 \\ \vdots & \vdots \\ 1 & 1.8839 \end{pmatrix}$$
$$= \begin{pmatrix} 58.484 & 104.011 \\ 104.011 & 185.094 \end{pmatrix}$$

Tabella 3.1 Analisi della devianza nell'Esempio 3.1

Modello	Gradi di libertà residui	Devianza	Test su miglioramento / Distr. nulla approssimata
Nullo (solo intercetta)	7	284.2	
Corrente	6	11.232	272.97
			χ^2_1
Saturo	0	$D(y; y) = 0$	11.232
			χ^2_6 se m_i grandi

da cui si ottiene

$$\widehat{Var}(\hat{\beta}) = (X^\top \hat{W} X)^{-1} = \begin{pmatrix} 26.840 & -15.082 \\ -15.082 & 8.481 \end{pmatrix} .$$

I test di Wald (cfr. (1.18) e (2.40)) per le ipotesi $H_0 : \beta_r = 0, r = 1, 2$, risultano, rispettivamente,

$$\frac{-60.717}{\sqrt{26.840}} = -11.72 \qquad \text{e} \qquad \frac{34.270}{\sqrt{8.481}} = 11.77 .$$

Entrambi i coefficienti sono significativamente diversi da zero. Il prospetto di analisi della devianza (cfr. Tabella 2.6) è riportato nella Tabella 3.1.

Il modello nullo che assume $\pi_i = \pi_0$, costante, $i = 1, \ldots, 8$, è da scartare nettamente, sia contro il modello saturo (test $W_P = 284.2$ con 7 gradi di libertà) sia contro il modello corrente (test $W_P = 272.97$ con 1 grado di libertà). Non vi è invece forte evidenza contro il modello corrente nell'ambito del modello saturo (test $W_P = 11.232$ con 6 gradi di libertà, $\alpha^{oss} \doteq 0.08$). Il modello corrente sembra dunque adeguato. Analisi ulteriori sono considerate nel paragrafo 3.9.1.

Il modello finale conduce a stimare la probabilità di morte di un insetto esposto a una log-dose x di CS_2 come

$$\hat{\pi}(x) = \frac{e^{-60.7+34.3x}}{1 + e^{-60.7+34.3x}} .$$

A stretto rigore, tali stime valgono solo per le log-dosi x effettivamente considerate nell'esperimento. È tuttavia pratica corrente nelle applicazioni estrapolare la relazione ottenuta dai dati, ritenendola informativa anche per i livelli delle variabili concomitanti non sottoposti a prova. Ciò aggiunge all'errore statistico, insito nella stima dei parametri, un possibile errore sistematico dovuto a una indebita estrapolazione. Affinché l'errore di estrapolazione possa essere ritenuto meno grave dell'errore statistico, è essenziale che le dosi sottoposte a prova corrispondano a probabilità di successo sia piccole sia grandi e che la funzione $\hat{\pi}(x)$ abbia una forma appropriata alla luce delle conoscenze sostanziali sul fenomeno: nell'esempio, monotona crescente in x. Si osservi che per la dose pari a 0, si ha dal modello stimato $\lim_{x \to -\infty} \hat{\pi}(x) = 0$, come deve essere.

Il valore stimato 34.3 per β_2 indica che un incremento di 0.1 nella log-dose corrisponde a un incremento pari a $\hat{\beta}_2\, 0.1 = 3.43$ di $\log(\hat{\pi}(x)/(1-\hat{\pi}(x)))$ e quindi di $\exp(\hat{\beta}_2\, 0.1) = 30.88$ della quota stimata $\hat{\pi}(x)/(1-\hat{\pi}(x))$. Ad esempio, passando dalla log-dose 1.7 alla log-dose 1.8, la quota stimata varia da 0.09 a 2.6. Si osservi che un incremento di 0.1 nella log-dose equivale a un aumento della dose del 26% circa, essendo $\log_{10}(d) + 0.1 = \log_{10}(d \times 10^{0.1})$, dove con d si è indicata la dose, e $10^{0.1} \doteq 1.26$.

Questo esempio permette di evidenziare un aspetto generale relativo ai vantaggi dell'analisi tramite modelli di regressione: un modello di regressione consente di incorporare l'**evidenza indiretta** (Efron e Hastie, 2016, pagg. 108-109) fornita da tutti i casi esaminati per migliorare la previsione di un caso singolo. Supponiamo infatti di essere interessati come caso singolo a $\pi(x_3)$, la probabilità di morte di un insetto a cui viene somministrata una log-dose di insetticida pari a $x_3 = 1.7552$. Qual è il vantaggio di utilizzare la stima di regressione $\hat{\pi}(x_3) = e^{-60.7+34.3(1.7552)}/(1 + e^{-60.7+34.3(1.7552)}) = 0.362$ anziché la stima intuitivamente ovvia, basata solo sui casi con $x_3 = 1.7552$, che dà $\tilde{\pi}(x_3) = y_3 = 18/62 = 0.286$, coincidente con la stima basata sul modello saturo? È immediato verificare tramite il metodo delta che $se(\hat{\pi}(x_3)) \doteq 0.034$, mentre $se(\tilde{\pi}(x_3)) = (0.286(1-0.286)/62)^{1/2} \doteq 0.057$. I corrispondenti intervalli di confidenza di Wald con livello approssimato 0.95 risultano rispettivamente $(0.30, 0.43)$ e $(0.17, 0.40)$. Il modello di regressione, che utilizza tutta l'informazione disponibile, se è correttamente specificato, fornisce dunque stime decisamente più precise rispetto all'inferenza basata solo sui casi con l'esplicativa esattamente uguale al valore di interesse. △

3.4.3 Regressione logistica per studi caso-controllo

Il modello di regressione logistica permette di trattare anche dati raccolti retrospettivamente. Ciò è rilevante per gli studi di tipo epidemiologico (Breslow e Day, 1980).

Si consideri un generico soggetto e si consideri come successo il fatto che contragga una certa malattia. Sia $Y = 1$ se si verifica l'evento *il soggetto contrae la malattia* (**caso**) e $Y = 0$ altrimenti (**controllo**). Sia x una singola variabile esplicativa. In uno **studio prospettico** viene fissato il valore di x_i e si osserva y_i, realizzazione della variabile casuale Y_i. In uno **studio retrospettivo** vengono invece fissati il numero di casi (soggetti che hanno contratto la malattia) e il numero di controlli (soggetti che non hanno contratto la malattia) da estrarsi casualmente da una pertinente popolazione di soggetti. Il valore di x è dunque realizzazione di una variabile casuale.

Il modello di regressione logistica (con intercetta) ipotizza, in uno studio prospettico, che

$$Pr(Y = 1|x) = \frac{e^{\beta_1+\beta_2 x}}{1 + e^{\beta_1+\beta_2 x}} .$$

Se x è dicotomica, ad esempio x vale 1 se il soggetto è fumatore e zero altrimenti, in uno studio prospettico si ha dunque

$$e^{\beta_2} = \frac{Pr(Y_i = 1|x_i = 1)/Pr(Y_i = 0|x_i = 1)}{Pr(Y_i = 1|x_i = 0)/Pr(Y_i = 0|x_i = 0)} .$$

Interpretando (x_i, y_i) come realizzazione di una v.c. bivariata (X_i, Y_i) con componenti dicotomiche, si può scrivere, per $j, h = 0, 1$,

$$Pr(Y_i = j\,|X_i = h) = Pr(X_i = h|Y_i = j)\,Pr(Y_i = j)/Pr(X_i = h)$$

e quindi, con semplici passaggi,

$$e^{\beta_2} = \frac{Pr(X_i = 1|Y_i = 1)/Pr(X_i = 0|Y_i = 1)}{Pr(X_i = 1|Y_i = 0)/Pr(X_i = 0|Y_i = 0)} .$$

Il rapporto delle quote rimane quindi identico anche in uno studio retrospettivo e può essere stimato sulla base del modello di regressione logistica.

La seguente argomentazione fornisce una giustificazione più formale. Sia Z una variabile dicotomica che indica se un soggetto entra a far parte dello studio e siano $\gamma_1 = Pr(Z = 1|Y = 1)$, $\gamma_0 = Pr(Z = 1|Y = 0)$ le frazioni sondate prefissate, rispettivamente, per casi e controlli. Si assume che γ_0 e γ_1 non dipendano da x. Interessa formulare un modello per $Pr(Y = 1|Z = 1, x)$ assumendo che valga un modello di regressione logistica per $Pr(Y = 1|x)$. Per il teorema di Bayes, $Pr(Y = 1|Z = 1, x)$ è pari a

$$\begin{aligned} &\frac{Pr(Z = 1|Y = 1)Pr(Y = 1|x)}{Pr(Z = 1|Y = 1)Pr(Y = 1|x) + Pr(Z = 1|Y = 0)Pr(Y = 0|x)} \\ &= \frac{\gamma_1 e^{\beta_1+\beta_2 x} \Big/ \left(1 + e^{\beta_1+\beta_2 x}\right)}{\left[\gamma_1 e^{\beta_1+\beta_2 x} + \gamma_0\right] \Big/ \left(1 + e^{\beta_1+\beta_2 x}\right)} \\ &= \frac{(\gamma_1/\gamma_0)e^{\beta_1+\beta_2 x}}{1 + (\gamma_1/\gamma_0)e^{\beta_1+\beta_2 x}} = \frac{e^{\beta_1^*+\beta_2 x}}{1 + e^{\beta_1^*+\beta_2 x}} , \end{aligned}$$

con $\beta_1^* = \log(\gamma_1/\gamma_0) + \beta_1$. Si può pertanto concludere che, purché il modello includa un termine di intercetta, l'interpretazione di β_2 non è influenzata dal fatto che i dati siano raccolti retrospettivamente. Si osservi che i modelli di regressione usuali sono formulati pensando a uno studio prospettico, in cui la probabilità d'inclusione nel campione non dipende dal valore della variabile d'interesse.

3.5 Inferenza con altre funzioni di legame

Per funzioni di legame diverse dalla logistica sono comunque disponibili le procedure generali per i GLM illustrate nei paragrafi 2.3 e 2.4. In particolare, se $g(\cdot)$ è $F^{-1}(\cdot)$, con $F(\cdot)$ funzione di ripartizione di una variabile casuale continua avente funzione di densità $f(\cdot)$, si ha $g'(\mu_i) = 1/f(\eta_i)$, con $\mu_i = F^{-1}(\eta_i)$ e dunque, sfruttando le relazioni (2.22), $\partial\mu_i/\partial\beta_r = (\partial\mu_i/\partial\eta_i)(\partial\eta_i/\partial\beta_r) = (1/g'(\mu_i))x_{ir} = f(\eta_i)x_{ir}$, $r = 1, \ldots, p$, le equazioni di verosimiglianza (2.28)

$$l_r = \sum_{i=1}^{n} \frac{(y_i - \mu_i)}{Var(Y_i)} \frac{\partial\mu_i}{\partial\beta_r} = 0\,, \quad r = 1, \ldots, p\,,$$

diventano

$$l_r = \sum_{i=1}^{n} \frac{m_i\,(y_i - \pi_i)}{\pi_i(1-\pi_i)} f(\eta_i)x_{ir} = 0\,, \quad r = 1, \ldots, p. \tag{3.5}$$

In termini di β, essendo $\pi_i = F(\boldsymbol{x}_i\beta)$, le equazioni (3.5) sono

$$\sum_{i=1}^{n} \frac{m_i\,(y_i - F(\boldsymbol{x}_i\beta))}{F(\boldsymbol{x}_i\beta)(1 - F(\boldsymbol{x}_i\beta))} f(\boldsymbol{x}_i\beta)x_{ir} = 0\,, \quad r = 1, \ldots, p.$$

L'interpretazione dei parametri con funzioni di legame diverse dalla logistica non è del tutto immediata. Ad esempio, con la funzione di legame probit, si può considerare il rapporto incrementale di π_i per una variazione infinitesimale di x_{ir} misurato da $\partial\pi_i/\partial x_{ir} = \phi(\eta_i)\beta_r$. Il valore dipende da η_i. Il massimo si ha per $\eta_i = 0$ e risulta pari a $\phi(0)\beta_r \doteq 0.4\beta_r$. Un'interpretazione alternativa è offerta dal collegamento con un modello a soglia per variabili latenti, ove una variazione unitaria in x_{ir}, fermo restando il valore delle altre variabili esplicative, corrisponde a una variazione β_r della media della variabile latente Y_i^*. Con la funzione log-log complementare, una variazione unitaria in x_{ir}, fermo restando il valore delle altre variabili esplicative, comporta, per $1 - \pi_i$, l'elevamento alla potenza $\exp(\beta_r)$ (si verifichi per esercizio).

La scelta della funzione di legame nell'analisi di regressione per dati binari, può basarsi sull'AIC o sulla devianza qualora si abbiano dati raggruppati con numerosità m_i sufficientemente grandi. Nel caso di una singola variabile esplicativa quantitativa e con dati raggruppati, possono essere utili anche le analisi grafiche dei diagrammi di dispersione dei punti $(x_i, g(y_i))$, per diverse scelte di $g(\cdot)$. Oppure, sempre con dati raggruppati, una volta adattato il modello, si può analizzare il diagramma di dispersione dei punti $(\hat{\eta}_i, g(y_i))$: punti allineati lungo la bisettrice del primo e terzo quadrante indicano un buon adattamento del modello, in particolare della funzione di legame utilizzata.

3.6 Devianza e analisi dei residui in GLM per dati binari

In generale, sia per dati raggruppati sia per dati non raggruppati, il modello corrente può essere confrontato con un modello più complesso tramite il test del rapporto di verosimiglianza, espresso in termini di devianza (paragrafo 2.4). L'espressione della devianza è ottenuta nell'Esempio 2.13 e risulta

$$D(y;\hat{\mu}) = 2\sum_{i=1}^{n} m_i \left(y_i \log \frac{y_i}{\hat{\mu}_i} + (1-y_i)\log\frac{1-y_i}{1-\hat{\mu}_i} \right) .$$

Con dati non raggruppati, $m_i = 1$ e y_i può valere solo 0 o 1. Dunque, ricordando il limite notevole $\lim_{x\to 0} x \log x = 0$, il contributo alla devianza della singola osservazione è $-2\log\hat{\mu}_i$ se $y_i = 1$ e $-2\log(1-\hat{\mu}_i)$ se $y_i = 0$.

Per l'i-esima configurazione delle variabili esplicative con dati raggruppati, si hanno $m_i y_i = s_i$ successi e $m_i - m_i y_i = m_i - s_i$ insuccessi, $i = 1,\ldots,n$. La devianza è pertanto una somma rispetto ai $2n$ successi e insuccessi:

$$D(y;\hat{\mu}) = 2\sum o_i \log \frac{o_i}{a_i} ,$$

con o_i successi o insuccessi osservati, s_i e $m_i - s_i$, e a_i successi o insuccessi attesi, $m_i\hat{\mu}_i$ e $m_i(1-\hat{\mu}_i)$. Talora, scritta in questa forma, la devianza è indicata con G^2.

Solo con dati raggruppati, quando le numerosità m_i sono tutte grandi, vale per la devianza l'approssimazione con una distribuzione χ^2_{n-p} (qui n è il numero di gruppi, considerato fissato). In tal caso, la devianza può essere utilizzata come indicatore della bontà di adattamento del modello. Come regola pratica, se la devianza risulta risulta inferiore a $n-p$, si può ritenere che il modello corrente si adatti bene ai dati osservati.

Con dati raggruppati, per valutare la bontà di adattamento si può anche utilizzare la statistica di Pearson. Essa è data dalla somma, rispetto alle $2n$ celle di successi e insuccessi,

$$\begin{aligned} X^2 &= \sum \frac{(o_i - a_i)^2}{a_i} \\ &= \sum_{i=1}^{n} \frac{(m_i y_i - m_i\hat{\pi}_i)^2}{m_i\hat{\pi}_i} + \sum_{i=1}^{n} \frac{(m_i - m_i y_i - (m_i - m_i\hat{\pi}_i))^2}{m_i(1-\hat{\pi}_i)} \\ &= \sum_{i=1}^{n} \frac{(m_i y_i - m_i\hat{\pi}_i)^2}{m_i\hat{\pi}_i(1-\hat{\pi}_i)} = \sum_{i=1}^{n} \frac{(y_i - \hat{\pi}_i)^2}{\hat{\pi}_i(1-\hat{\pi}_i)/m_i} , \end{aligned}$$

con $\hat{\pi}_i = \hat{\mu}_i$. Come mostrato nell'Appendice G, per valori osservati o_i prossimi ai valori attesi a_i, le statistiche G^2 e X^2 sono equivalenti. Hanno distribuzione asintotica χ^2_{n-p} con n fissato e m_i divergenti. In genere, l'approssimazione χ^2 risulta più accurata per X^2 che per G^2. L'approssimazione non vale per dati non raggruppati. È inaffidabile con dati raggruppati in situazioni di sparsità (*sparseness*), ossia con n grande e m_i piccoli. Per rimedi al problema, basati sul raggruppamento dei dati, si veda Agresti (2013, paragrafo 5.2.5).

Un valore grande di G^2 o X^2 indica un adattamento non soddisfacente, ma non dà alcuna indicazione sui motivi di tale conclusione. Il confronto, tramite la devianza, del modello corrente con un modello più complesso è più utile, poiché può fornire un'indicazione sulla direzione del mancato adattamento. Il confronto tra modelli con la differenza di devianze, utilizzando come riferimento la distribuzione $\chi^2_{p-p_0}$ (p_0 gradi di libertà del modello ridotto, p gradi di libertà del modello corrente, in questo caso quello più complesso), può essere condotto anche con dati non raggruppati.

Ulteriori informazioni sulla qualità dell'adattamento del modello corrente si possono ottenere tramite analisi grafiche dei residui. I residui di Pearson (2.53) hanno la forma

$$r_i^P = \frac{y_i - \hat{\pi}_i}{\sqrt{\widehat{Var}(Y_i)}} = \frac{y_i - \hat{\pi}_i}{\sqrt{\hat{\pi}_i(1 - \hat{\pi}_i)/m_i}} .$$

Si noti che $X^2 = \sum_{i=1}^n \left(r_i^P\right)^2$. La radice con segno del generico addendo di $D(y; \hat{\mu})$ corrisponde invece al residuo di devianza. I diagrammi di dispersione dei residui rispetto alle variabili esplicative o al predittore lineare possono evidenziare carenze di adattamento del modello corrente. Come G^2 e X^2, anche i residui perdono di utilità con dati non raggruppati: i valori di y_i possono essere solo 0 e 1 e le analisi grafiche dei residui non forniscono indicazioni utili. Ad esempio, il diagramma di dispersione dei punti $(\hat{\pi}_i, y_i - \hat{\pi}_i)$ mostra necessariamente punti allineati lungo due rette parallele con coefficiente angolare -1.

3.7 Capacità predittiva con dati binari: la curva ROC

Un modo semplice per valutare la bontà di adattamento di un modello di regressione per dati binari (non raggruppati) è costruire una tabella di classificazione. A ciascun valore osservato y_i (uguale a zero o a 1) si associa una previsione basata sul modello adattato. La previsione è così definita

$$\hat{y}_i = \begin{cases} 0 & \text{se } \hat{\pi}_i \leq \pi_0 \\ 1 & \text{se } \hat{\pi}_i > \pi_0 , \end{cases}$$

con π_0 valore soglia prefissato. Scelte usuali sono $\pi_0 = 0.5$ oppure π_0 pari alla proporzione osservata di successi, che coincide con la stima costante di π_i nel

Tabella 3.2 Una tabella di classificazione

	$\hat{y} = 0$	$\hat{y} = 1$	
$y = 0$	f_{00}	f_{01}	f_{0+}
$y = 1$	f_{10}	f_{11}	f_{1+}
	f_{+0}	f_{+1}	n

modello nullo. Oppure si potrebbe ottenere $\hat{y}_i$ con la stima di π_i calcolata escludendo l'osservazione i-esima, dunque con $n - 1$ osservazioni (*leave-one-out cross validation*).

Per un dato valore soglia π_0, una sintesi della capacità predittiva del modello adattato si basa su una tabella di classificazione quale la Tabella 3.2.

In particolare, si utilizzano le stime delle due probabilità di classificazione corretta

$$\text{sensibilità} = Pr(\hat{Y}_i = 1|Y_i = 1) \qquad (\textit{sensitivity})$$

e

$$\text{specificità} = Pr(\hat{Y}_i = 0|Y_i = 0) \qquad (\textit{specificity})$$

ottenute come f_{11}/f_{1+} e f_{00}/f_{0+}, rispettivamente.

Con i dati non raggruppati sull'efficacia di un insetticida,

```
Beetles10.glm <- glm(ucciso ~ log.dose10, family = binomial,
                     data = Beetles10)
table(Beetles10$ucciso,
      predict(Beetles10.glm, type = "response") >= 0.5)

##
##     FALSE TRUE
##   0   144   46
##   1    37  254
```

le stime di sensibilità e specificità sono $254/(37+254) \doteq 0.87$ e $144/(144+46) \doteq 0.76$.

Una difficoltà della precedente valutazione è legata alla scelta del valore soglia π_0. Una valutazione più articolata si ottiene considerando le stime di sensibilità e specificità per tutti i valori soglia $\pi_0 \in (0, 1)$. La sensibilità è anche detta **tasso di veri positivi** (TPR, *True Positive Rate*) e il complemento a 1 della specificità, $Pr(\hat{Y}_i = 1|Y_i = 0)$, è detto **tasso di falsi positivi** (FPR, *False Positive Rate*). Il grafico di TPR come funzione di FPR per π_0 che varia da 1 a zero è detto **curva ROC** (*Receiver Operating Characteristic*). Quando π_0 è prossimo a 1 sia TPR sia FPR sono prossimi a zero, mentre quando π_0 tende a zero le stesse quantità si avvicinano a uno. Per un valore fissato della specificità, la capacità predittiva del modello è tanto maggiore quanto più grande è la sensibilità. Pertanto, quanto più grande è l'area sotto la curva ROC, tanto migliore è la capacità predittiva. Con i

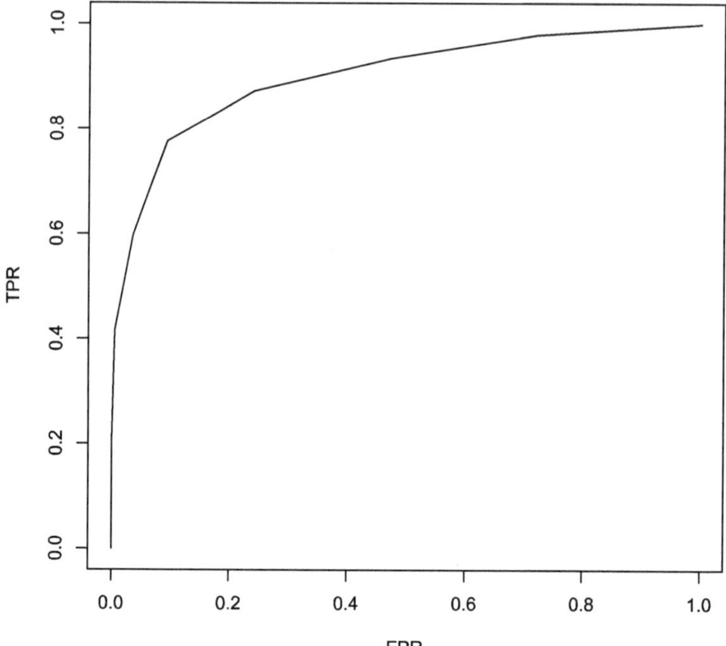

Figura 3.2 Efficacia di un insetticida, curva ROC del modello logit

dati, si ottiene una stima di TPR e FPR, e dunque della curva ROC. L'area sotto tale curva (AUC, *Area Under the Curve*) coincide con l'indice di concordanza (Hanley e McNeil, 1982), definito come la proporzione di coppie (y_i, y_j), $i, j = 1, \dots, n$, con $(y_i, y_j) = (0, 1)$, conteggiate 1 se $\hat{\pi}_i < \hat{\pi}_j$, conteggiate 0 se $\hat{\pi}_i > \hat{\pi}_j$ e conteggiate 0.5 se $\hat{\pi}_i = \hat{\pi}_j$. L'assenza di efficacia predittiva corrisponde al valore 0.5 dell'indice e si ha quando la curva ROC stimata coincide con il segmento che unisce l'origine al punto $(1, 1)$.

Con i dati non raggruppati sull'efficacia di un insetticida, si ottiene la curva nella Figura 3.2. L'area sotto la curva è pari a 0.90. Per i dettagli sui calcoli tramite R, si rimanda alla parte conclusiva del paragrafo 3.9.1.

Va sottolineato che la costruzione della curva ROC richiede dati non raggruppati. Il valore 1 di AUC si ottiene solo quando $\hat{\pi}_i = y_i$ per ogni osservazione binaria. Questo avviene di sicuro se il modello per i dati non raggruppati è il modello saturo e può avvenire in casi di stime infinite di β. D'altra parte, il valore AUC per dati binari ottenuti per conversione di dati raggruppati è tipicamente inferiore a 1, anche se i valori predetti sono ottenuti dal modello saturo per i dati raggruppati.

Si nota infine che diversi modelli per risposte binarie possono dar luogo alla medesima curva ROC. Ciò può verificarsi ad esempio con una singola esplicativa quantitativa e diverse funzioni di legame.

3.8 Sovradispersione con dati binari

Il modello di regressione binomiale comporta una specifica assunzione sulla variabilità della risposta, $Var(Y_i) = Var(S_i/m_i) = \pi_i(1-\pi_i)/m_i$. Con dati raggruppati, tale assunzione potrebbe rivelarsi inadeguata: i dati potrebbero mostrare sovradispersione rispetto a quanto previsto dal modello binomiale, ossia potrebbe essere più opportuno assumere $Var(Y_i) \geq \pi_i(1-\pi_i)/m_i$.

Una fonte di sovradispersione può essere la dipendenza tra le variabili indicatrici Z_{ij} di cui le S_i sono la somma, $S_i = \sum_{j=1}^{m_i} Z_{ij}$ (cfr. ad es. Cox e Snell, 1989, paragrafo 3.2.2). Come caso estremo, si pensi a una situazione in cui $Z_{i1} \sim Bi(1, \pi_i)$ e $Z_{ij} = Z_{i1}$ per $j = 2, \ldots, m_i$. Ad esempio, per un'indagine sulle propensioni di voto a un referendum in n famiglie, Z_{i1} potrebbe essere la risposta per il capo-famiglia, che si potrebbe ipotizzare determini la risposta per gli ulteriori componenti. Di conseguenza, $S_i = 0$ con probabilità $1 - \pi_i$ e $S_i = m_i$ con probabilità π_i. Dunque $Y_i \sim Bi(1, \pi_i)$, con varianza $\pi_i(1-\pi_i)$ maggiore della varianza $\pi_i(1-\pi_i)/m_i$ nell'ipotesi di indipendenza delle variabili Z_{ij}, se $m_i > 1$. Oppure, si potrebbe avere una struttura di correlazione delle variabili Z_{ij}, con $Z_{ij} \sim Bi(1, \pi_i)$ e $Cov(Z_{ij}, Z_{ih}) = \rho_i \pi_i(1-\pi_i)$, per $j \neq h$, con $\rho_i \in (-1/(m_i-1), 1)$. Si ha allora

$$
\begin{aligned}
Var(S_i) = Var\left(\sum_{j=1}^{m_i} Z_{ij}\right) &= \sum_{j=1}^{m_i} Var(Z_{ij}) + \sum_{j \neq h} Cov(Z_{ij}, Z_{ih}) \\
&= m_i \pi_i(1-\pi_i) + m_i(m_i-1)\rho_i \pi_i(1-\pi_i) \\
&= m_i \pi_i(1-\pi_i)\{1 + \rho_i(m_i-1)\} .
\end{aligned}
$$

Di conseguenza,

$$
Var(Y_i) = \frac{\pi_i(1-\pi_i)}{m_i}\{1 + \rho_i(m_i-1)\} ,
$$

che risulta maggiore della varianza del modello binomiale se $m_i > 1$ e $\rho_i > 0$. Se tutte le numerosità m_i sono uguali tra loro e pari a m e $\rho_i = \rho > 0$, $i = 1, \ldots, n$, la varianza del modello binomiale risulterebbe moltiplicata per un fattore positivo $\phi = 1 + \rho(m-1)$.

Un metodo semplice per costruire modelli che tengano conto della sovradispersione si basa su una specificazione di tipo gerarchico. Si ipotizza che il parametro π_i della distribuzione $Bi(m_i, \pi_i)$ di S_i sia esso stesso realizzazione di una variabile casuale con media μ_i e varianza $\mu_i(1-\mu_i)\rho_i$, con $0 < \rho_i < 1$, $i = 1, \ldots, n$. Marginalmente, S_i ha allora media $m_i \mu_i$ e varianza

$$
\begin{aligned}
Var(S_i) &= E(Var(S_i|\pi_i)) + Var(E(S_i|\pi_i)) \\
&= m_i E(\pi_i - \pi_i^2) + m_i^2 Var(\pi_i) \\
&= m_i\{E(\pi_i) - Var(\pi_i) - [E(\pi_i)]^2\} + m_i^2 \mu_i(1-\mu_i)\rho_i \qquad (3.6) \\
&= m_i\{\mu_i(1-\mu_i) - \mu_i(1-\mu_i)\rho_i\} + m_i^2 \mu_i(1-\mu_i)\rho_i \\
&= m_i \mu_i(1-\mu_i)(1 - \rho_i + m_i \rho_i) = m_i \mu_i(1-\mu_i)\{1 + \rho_i(m_i-1)\} .
\end{aligned}
$$

Se $\rho_i = 0$ o $m_i = 1$ si ricade nel modello $Bi(m_i, \mu_i)$. Per $m_i > 1$ e $\rho_i > 0$, la varianza di S_i, e dunque quella di $Y_i = S_i/m_i$, è maggiore di quella prevista dal modello binomiale.

Se si assegna un modello biparametrico per la distribuzione di π_i, si ottiene una generalizzazione biparametrica della distribuzione binomiale. In particolare, una distribuzione beta con parametro (α_i, β_i) e densità di probabilità

$$p(\pi_i; \alpha_i, \beta_i) = \frac{\Gamma(\alpha_i + \beta_i)}{\Gamma(\alpha_i)\Gamma(\beta_i)} \pi_i^{\alpha_i - 1}(1 - \pi_i)^{\beta_i - 1}, \quad \pi_i \in (0, 1),$$

dà

$$E(\pi_i) = \frac{\alpha_i}{\alpha_i + \beta_i} = \mu_i$$

e

$$Var(\pi_i) = \frac{\alpha_i \beta_i}{(\alpha_i + \beta_i)^2(\alpha_i + \beta_i + 1)} = \mu_i(1 - \mu_i)\rho_i,$$

con $\rho_i = 1/(\alpha_i + \beta_i + 1)$. La funzione di probabilità marginale di S_i è

$$\begin{aligned} p(s_i; \mu_i, \rho_i) &= \int_0^1 \binom{m_i}{s_i} \pi_i^{s_i}(1 - \pi_i)^{m_i - s_i} p(\pi_i; \alpha_i, \beta_i) d\pi_i \\ &= \binom{m_i}{s_i} \frac{\Gamma(\alpha_i + \beta_i)}{\Gamma(\alpha_i)\Gamma(\beta_i)} \frac{\Gamma(\alpha_i + s_i)\Gamma(\beta_i + m_i - s_i)}{\Gamma(\alpha_i + \beta_i + m_i)}, \end{aligned} \tag{3.7}$$

con $s_i \in \{0, \ldots, m_i\}$, $\alpha_i = \mu_i(1 - \rho_i)/\rho_i$ e $\beta_i = (1 - \mu_i)(1 - \rho_i)/\rho_i$. La distribuzione con funzione di probabilità (3.7) è detta **beta-binomiale**. Per $\rho_i \to 0$, la distribuzione beta-binomiale converge in distribuzione alla $Bi(m_i, \mu_i)$.

I modelli di regressione che adottano una distribuzione beta-binomiale per la risposta assumono $g(\mu_i) = \boldsymbol{x}_i \beta$, con $g(\cdot)$ uguale alla trasformazione logit o ad altra funzione di legame per dati binari. Il parametro ρ_i viene generalmente assunto uguale a ρ per tutte le osservazioni e viene utilizzata la parametrizzazione logit di ρ. Anche con ρ fissato, la (3.7) non è una famiglia di dispersione esponenziale. Un modello di regressione beta-binomiale può essere adattato con la funzione `vglm` della libreria `VGAM` (Yee, 2015). Un esempio è considerato nel paragrafo 6.4.2.

La principale conseguenza della sovradispersione è che gli errori standard delle stime, calcolati ignorando la sovradispersione, risultano troppo piccoli, falsando l'interpretazione dei risultati. Una possibile specificazione alternativa ad un modello parametrico, quale è quello beta-binomiale, è il modello di quasi-verosimiglianza (Capitolo 6).

3.9 Laboratori R: analisi di dati binari

3.9.1 *Efficacia di un insetticida: analisi dei dati* `Beetles`

Si considerino i dati dell'Esempio 1.6 riportati nella Tabella 3.3. Qui la risposta è la proporzione y di insetti uccisi, ossia il rapporto tra uccisi ed esposti, mentre $x = \log_{10}(\text{dose})$ è la variabile concomitante. Si può ipotizzare, come modello per $(y_1, \ldots, y_8)$,

$$m_i Y_i \sim Bi(m_i, \pi_i)\,, \qquad i = 1, \ldots, 8,$$

con m_i pari al numero di insetti esposti e $g(\pi_i) = \beta_1 + \beta_2 x_i$, $i = 1, \ldots, 8$, con $g(\cdot)$ funzione di legame da specificare.

I dati sono memorizzati nel *data frame* `Beetles`

```
Beetles

##   num uccisi logdose
## 1  59      6    1.69
## 2  60     13    1.72
## 3  62     18    1.76
## 4  56     28    1.78
## 5  63     52    1.81
## 6  59     53    1.84
## 7  62     61    1.86
## 8  60     60    1.88
```

Si ottiene il vettore y con

```
y <- Beetles$uccisi / Beetles$num
y

## [1] 0.102 0.217 0.290 0.500 0.825 0.898 0.984 1.000
```

Tabella 3.3 Efficacia di un insetticida

x_i	m_i	s_i	$y_i = s_i/m_i$
$\log_{10}$(dose) ($\log_{10} CS_2$ mg l^{-1})	numero di insetti esposti	numero di insetti uccisi	proporzione di insetti uccisi
1.6907	59	6	6/59
1.7242	60	13	13/60
1.7552	62	18	18/62
1.7842	56	28	28/56
1.8113	63	52	52/63
1.8369	59	53	53/59
1.8610	62	61	61/62
1.8839	60	60	60/60

Il diagramma di dispersione dei punti (x_i, y_i) è rappresentato nella Figura 1.5. È ottenuto con

```
plot(y ~ logdose, data = Beetles)
```

Per valutare le possibili funzioni di legame, si possono analizzare i diagrammi di dispersione dei punti $(x_i, g(y_i))$, $i = 1, \ldots, 8$, per diverse scelte di $g(\cdot)$. Va tuttavia osservato che le funzioni di legame qui considerate (logistica, probit, eccetera) non sono definite per $y_i = 0$ o per $y_i = 1$. Ad esempio

```
logit <- log(y / (1 - y))
logit

## [1] -2.179 -1.285 -0.894  0.000  1.553  2.179  4.111    Inf
```

Il grafico non riporta i punti con $\log(y_i/(1 - y_i))$ non finito:

```
plot(Beetles$logdose, logit)
```

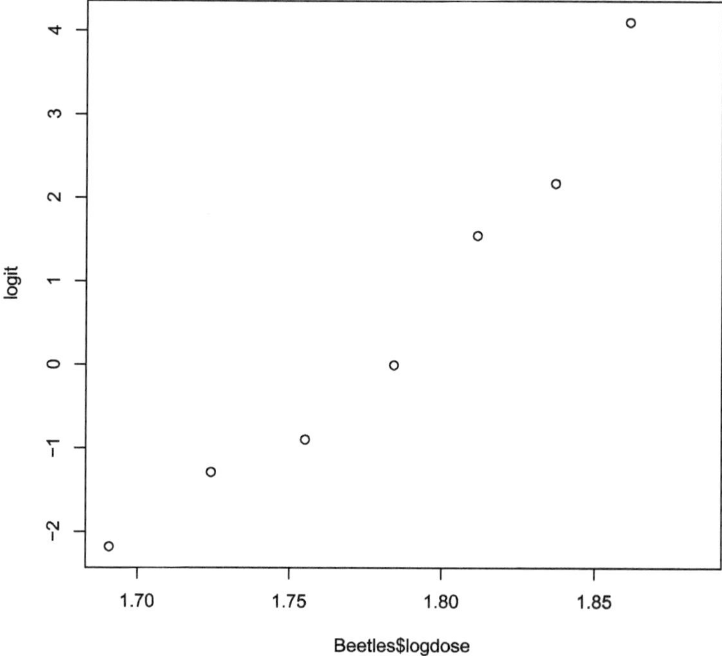

Si può allora apportare una correzione (asintoticamente trascurabile) ai punti y_i. Ad esempio, per la funzione di legame logistica, si considera la **trasformazione logistica empirica** (*empirical logit transform*)

$$\log\left(\frac{y_i + 0.5/m_i}{1 - y_i + 0.5/m_i}\right).$$

Il grafico

```
logitc <- with(Beetles, log((y + 0.5 / num) / (1 - y + 0.5 / num)))
logitc
```

```
## [1] -2.108 -1.258 -0.878  0.000  1.518  2.108  3.714  4.796
```

```
plot(Beetles$logdose, logitc)
abline(lm(logitc ~ logdose, data = Beetles))
```

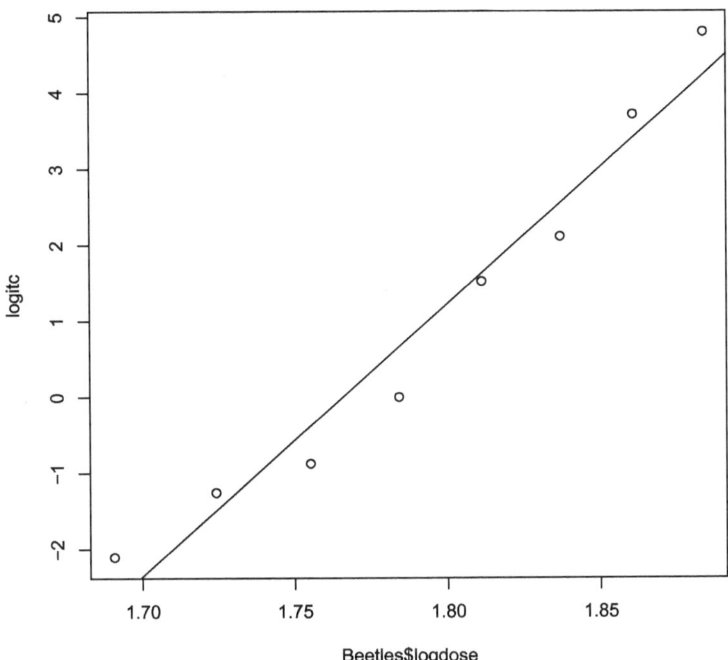

mostra un evidente allineamento tendenziale. In effetti, risulta

```
summary(lm(logitc ~ logdose, data = Beetles))$r.squared
```

```
## [1] 0.96
```

Con la funzione di legame probit, si può apportare una correzione analoga, fatta in modo tale che i punti y_i corretti appartengano all'intervallo $(0, 1)$. Ad esempio, considerando $y_i + 0.1/m_i$ se $y_i \leq 0.5$ e $y_i - 0.1/m_i$ se $y_i > 0.5$, si ha

```
yc <- y + 0.1 / Beetles$num
yc[y > 0.5] <- y[y > 0.5] - 0.1 / Beetles$num[y > 0.5]
probitc <- qnorm(yc)
plot(Beetles$logdose,logitc)
abline(lm(logitc ~ logdose, data = Beetles))
points(Beetles$logdose, probitc, pch = 2, col = 2)
abline(lm(probitc ~ logdose, data = Beetles), col = 2)
```

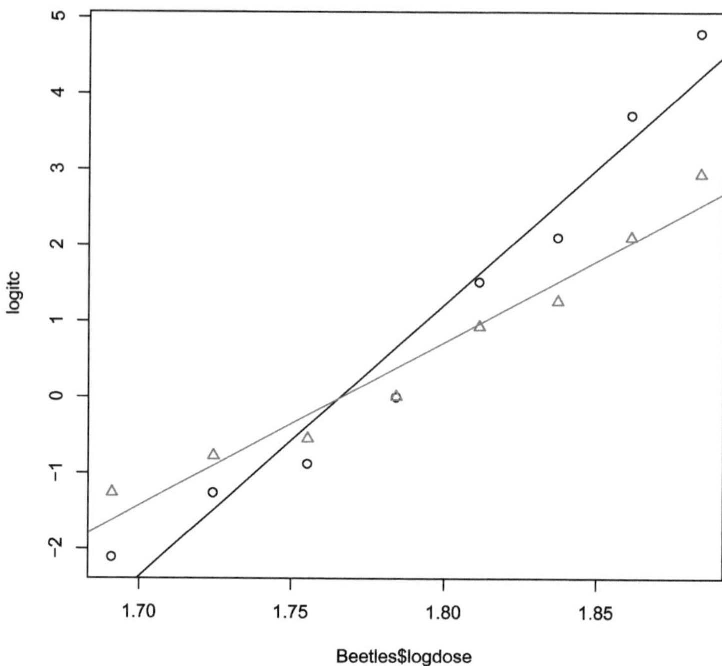


```
summary(lm(probitc ~ logdose, data = Beetles))$r.squared
```

```
## [1] 0.959
```

Non si nota una differenza di adattamento tra funzioni di legame logistica e probit.

Esercizio Si valuti graficamente l'opportunità di adottare la funzione di legame log-log complementare o cauchit. ◇

L'adattamento di un modello di regressione logistica si può ottenere sia con

```
Beetles.glm <- glm(y ~ logdose, family = binomial,
                   weights = num, data = Beetles)
```

sia con

```
Beetles.glm <- glm(cbind(uccisi, num - uccisi) ~ logdose,
                   family = binomial, data = Beetles)
summary(Beetles.glm)
```

```
##   ...
##
## Coefficients:
##             Estimate Std. Error z value Pr(>|z|)
## (Intercept)   -60.72       5.18   -11.7   <2e-16 ***
## logdose        34.27       2.91    11.8   <2e-16 ***
## ---
```

```
## Signif. codes:  0 '***' 0.001 '**' 0.01 '*' 0.05 '.' 0.1 ' ' 1
##
## (Dispersion parameter for binomial family taken to be 1)
##
##     Null deviance: 284.202  on 7  degrees of freedom
## Residual deviance:  11.232  on 6  degrees of freedom
## AIC: 41.43
##
## Number of Fisher Scoring iterations: 4
```

Si ottengono così i risultati dell'Esempio 3.1: stime dei coefficienti, *standard error*, test di significatività dei parametri e analisi della devianza. È inoltre riportato l'indice AIC, utile per confronti tra modelli.

Esercizio Si calcoli la matrice $\widehat{Var}(\hat{\beta})$ per il modello considerato nell'Esempio 3.1. Si calcoli quindi un intervallo di confidenza di Wald con livello approssimato 0.95 per $\eta(x) = \beta_1 + \beta_2 x$ con $x = 1.8$. Si verifichi che lo stesso intervallo si ottiene utilizzando il risultato di

```
predict(Beetles.glm, newdata = data.frame(logdose = 1.8), se = TRUE)
```

```
## $fit
##     1
## 0.969
##
## $se.fit
## [1] 0.145
##
## $residual.scale
## [1] 1
```

Come si può ottenere un intervallo di confidenza con livello approssimato 0.95 per $\pi(1.8)$? ◇

Il modello con funzione di legame probit si adatta con le istruzioni seguenti.

```
Beetles.glm2 <- glm(y ~ logdose, weights = num,
                    family = binomial(link = probit),
                    data = Beetles)
summary(Beetles.glm2)
```

```
##   ...
##
## Coefficients:
##             Estimate Std. Error z value Pr(>|z|)
## (Intercept)   -34.94       2.65   -13.2   <2e-16 ***
## logdose        19.73       1.49    13.3   <2e-16 ***
## ---
## Signif. codes:  0 '***' 0.001 '**' 0.01 '*' 0.05 '.' 0.1 ' ' 1
##
## (Dispersion parameter for binomial family taken to be 1)
##
```

```
##     Null deviance: 284.20  on 7  degrees of freedom
## Residual deviance:  10.12  on 6  degrees of freedom
## AIC: 40.32
##
## Number of Fisher Scoring iterations: 4
```

Si possono ora sovrapporre ai diagrammi di dispersione dei punti (x_i, y_i) le curve stimate.

```
pihat <- fitted(Beetles.glm)
plot(Beetles$logdose, y)
lines(Beetles$logdose, pihat, lty = 2)
pihat2 <- fitted(Beetles.glm2)
lines(Beetles$logdose, pihat2, lty = 3, col = 2)
```

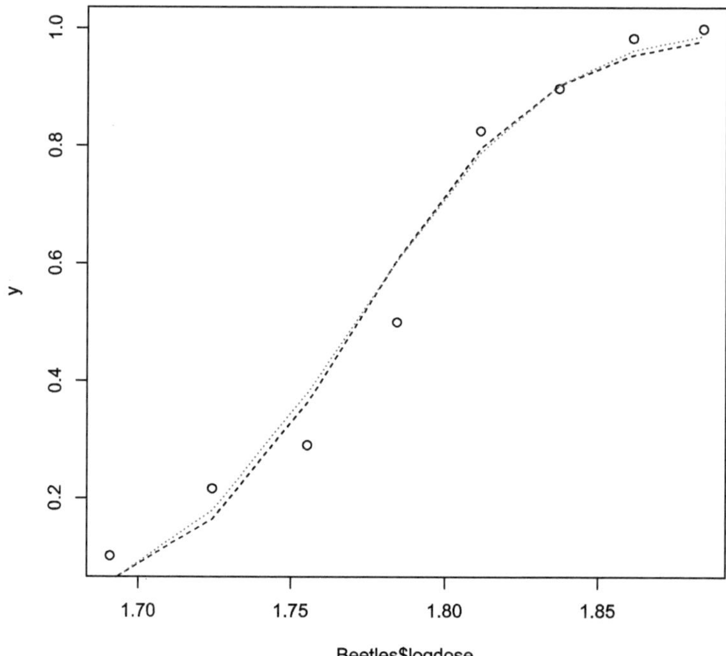

La differenza tra i due modelli stimati appare minima.

Si consideri infine la funzione di legame log-log complementare.

```
Beetles.glm3 <- glm(y ~ logdose, weights = num,
                    family = binomial(link = cloglog),
                    data = Beetles)
summary(Beetles.glm3)
```

```
##   ...
##
## Coefficients:
##             Estimate Std. Error z value Pr(>|z|)
```

```
## (Intercept)   -39.57       3.24   -12.2   <2e-16 ***
## logdose        22.04       1.80    12.2   <2e-16 ***
## ---
## Signif. codes:  0 '***' 0.001 '**' 0.01 '*' 0.05 '.' 0.1 ' ' 1
##
## (Dispersion parameter for binomial family taken to be 1)
##
##     Null deviance: 284.2024  on 7  degrees of freedom
## Residual deviance:   3.4464  on 6  degrees of freedom
## AIC: 33.64
##
## Number of Fisher Scoring iterations: 4
```

```
plot(Beetles$logdose, y)
lines(Beetles$logdose, pihat, lty = 2)
lines(Beetles$logdose, pihat2, lty = 3, col = 2)
pihat3 <- fitted(Beetles.glm3)
lines(Beetles$logdose, pihat3, lty = 4, col = 4)
legend("bottomright",c("logistica", "probit", "log-log compl"),
     lty = c(2, 3, 4), col = c(1, 2, 4))
```

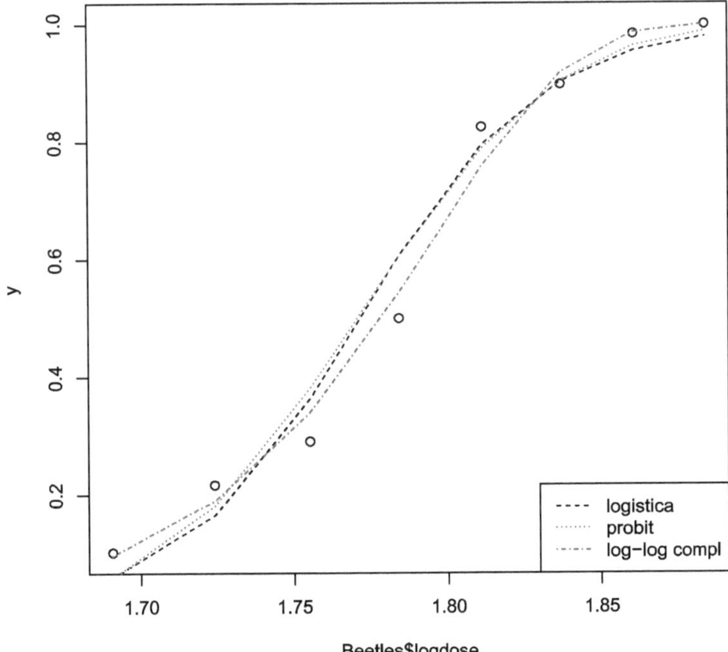

Questo modello mostra un adattamento migliore dei due precedenti: la devianza residua e l'AIC sono più piccoli e la curva stimata coglie quasi perfettamente l'andamento dei punti osservati.

La curva ROC (si veda il paragrafo 3.7) e il valore di AUC per questo modello si possono ottenere tramite la funzione `roc` della libreria `pROC` (Robin *et al.*, 2011).

```
# dati binari non raggruppati
library(pROC)
y1 <- NULL
for (i in 1:length(Beetles$uccisi))
  y1 <- c(y1, c(rep(1, Beetles$uccisi[i]),
             rep(0, Beetles$num[i] - Beetles$uccisi[i])))
  # valori predetti disaggregati
  pihat31 <- rep(pihat3, Beetles$num)
  plot(roc(y1 , pihat31), print.auc = TRUE)
```

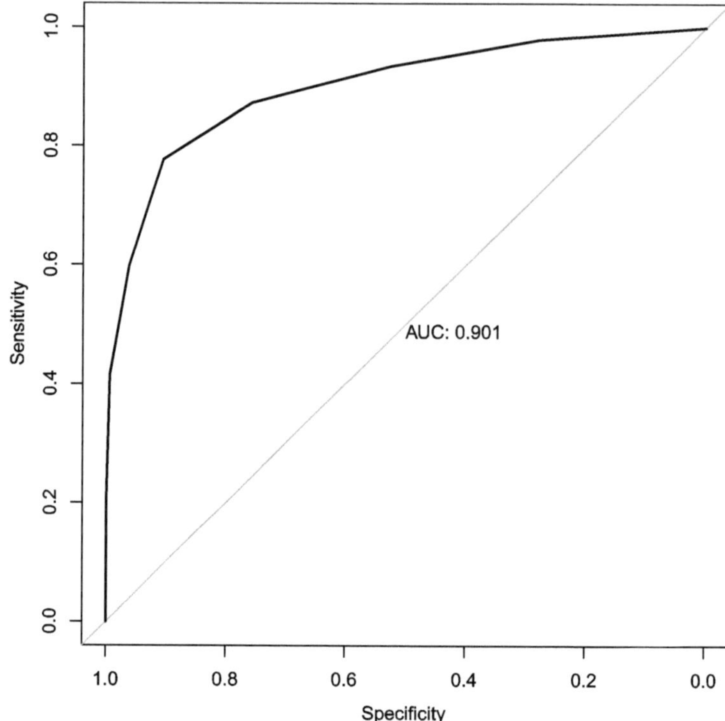

Esercizio Si adatti un modello di regressione logistica ai dati non raggruppati `Beetles10` e si verifichi che si ottiene il medesimo risultato per la curva ROC. ◇

3.9.2 *Credit scoring: analisi dei dati* `Credit`

Si considerino i dati dell'Esempio 1.4 riguardanti un'indagine effettuata da una banca tedesca sul rischio di insolvenza della clientela.

```
head(Credit,2)
```

```
##      Y Cuenta Mes            Ppag          Uso   DM   Sexo        Estc
## 1 buen   no  18 pre buen pagador    privado 1049  mujer    vive solo
## 2 buen   no   9 pre buen pagador profesional 2799 hombre no vive solo
```

La variabile risposta è `Y` con modalità `mal` se il cliente è insolvente e `buen` altrimenti. A differenza dell'esempio precedente, non è possibile raggruppare i valori della variabile risposta dicotomica a causa della presenza di più variabili concomitanti di tipo continuo. Si noti che

```
contrasts(Credit$Y)
```

```
##      mal
## buen   0
## mal    1
```

e quindi con un modello di regressione binomiale con variabile risposta `Y` viene modellata la probabilità che il cliente sia insolvente.

Lo scopo dell'analisi è modellare la probabilità di insolvenza in funzione di variabili esplicative da scegliere in modo opportuno tra le (funzioni delle) variabili concomitanti del *data frame* `Credit`. Le variabili esplicative significativamente legate alla probabilità di insolvenza saranno dette fattori di rischio. Per una descrizione delle variabili concomitanti si rimanda all'Esempio 1.4. Con la funzione `summary` si ottiene una sintesi delle distribuzioni marginali delle singole variabili.

```
summary(Credit)
```

```
##     Y                 Cuenta            Mes                      Ppag
##  buen:700   no            :274   Min.   : 4.0   pre buen pagador:911
##  mal :300   good running:394   1st Qu.:12.0   pre mal pagador : 89
##             bad running :332   Median :18.0
##                                Mean   :20.9
##                                3rd Qu.:24.0
##                                Max.   :72.0
##            Uso                 DM             Sexo                Estc
##  privado     :657   Min.   :  250   mujer :402   no vive solo:640
##  profesional:343   1st Qu.: 1366   hombre:598   vive solo   :360
##                     Median : 2320
##                     Mean   : 3271
##                     3rd Qu.: 3972
##                     Max.   :18424
```

Prima di procedere con l'analisi attraverso un modello lineare generalizzato è essenziale chiarire che l'insieme di dati si riferisce a uno studio caso-controllo, come descritto nel paragrafo 3.4.3, in cui la banca aveva selezionato casualmente 300 clienti tra quelli insolventi e 700 tra i rimanenti. Per questo motivo una scelta opportuna del modello è una regressione logistica.

Esercizio Si effettui un'analisi esplorativa delle distribuzioni empiriche delle singole variabili concomitanti nei due strati determinati dalle modalità della variabile risposta. ◇

Si costruisce il modello con un approccio *backward*, partendo dal modello che include tutte le possibili variabili concomitanti come variabili esplicative

```
Credit.glm <- glm(Y ~ . , family = binomial, data = Credit)
summary(Credit.glm)
```

```
##   ...
##
## Coefficients:
##                        Estimate Std. Error z value Pr(>|z|)
## (Intercept)           -1.18e+00   2.69e-01   -4.37  1.2e-05 ***
## Cuentagood running    -1.95e+00   2.06e-01   -9.47  < 2e-16 ***
## Cuentabad running     -6.35e-01   1.76e-01   -3.60  0.00032 ***
## Mes                    3.50e-02   7.85e-03    4.46  8.1e-06 ***
## Ppagpre mal pagador    9.88e-01   2.53e-01    3.91  9.3e-05 ***
## Usoprofesional         4.74e-01   1.60e-01    2.96  0.00311 **
## DM                     3.24e-05   3.33e-05    0.97  0.33089
## Sexohombre            -2.24e-01   2.21e-01   -1.01  0.31145
## Estcvive solo          3.85e-01   2.19e-01    1.76  0.07892 .
## ---
## Signif. codes:  0 '***' 0.001 '**' 0.01 '*' 0.05 '.' 0.1 ' ' 1
##
## (Dispersion parameter for binomial family taken to be 1)
##
##     Null deviance: 1221.7  on 999  degrees of freedom
## Residual deviance: 1017.3  on 991  degrees of freedom
## AIC: 1035
##
## Number of Fisher Scoring iterations: 4
```

Il modello può essere semplificato

```
drop1(Credit.glm, test = "Chisq")
```

```
## Single term deletions
##
## Model:
## Y ~ Cuenta + Mes + Ppag + Uso + DM + Sexo + Estc
##        Df Deviance  AIC   LRT Pr(>Chi)
## <none>        1017 1035
## Cuenta  2     1123 1137 105.7  < 2e-16 ***
## Mes     1     1038 1054  20.4  6.4e-06 ***
## Ppag    1     1033 1049  15.6  8.0e-05 ***
## Uso     1     1026 1042   8.7   0.0032 **
## DM      1     1018 1034   0.9   0.3318
## Sexo    1     1018 1034   1.0   0.3126
## Estc    1     1020 1036   3.1   0.0781 .
## ---
## Signif. codes:  0 '***' 0.001 '**' 0.01 '*' 0.05 '.' 0.1 ' ' 1
```

```
Credit.glm1 <- update(Credit.glm, . ~ . -DM)
summary(Credit.glm1)
```

```
##
## Call:
## glm(formula = Y ~ Cuenta + Mes + Ppag + Uso + Sexo + Estc,
##     family = binomial, data = Credit)
##
##   ...
```

```
##
## Coefficients:
##                       Estimate Std. Error z value Pr(>|z|)
## (Intercept)           -1.19445    0.26844   -4.45  8.6e-06 ***
## Cuentagood running    -1.94223    0.20564   -9.44  < 2e-16 ***
## Cuentabad running     -0.62500    0.17606   -3.55  0.00039 ***
## Mes                    0.03954    0.00636    6.22  5.1e-10 ***
## Ppagpre mal pagador    0.99288    0.25277    3.93  8.6e-05 ***
## Usoprofesional         0.48010    0.16025    3.00  0.00274 **
## Sexohombre            -0.19742    0.21873   -0.90  0.36675
## Estcvive solo          0.39679    0.21864    1.81  0.06955 .
## ---
## Signif. codes:  0 '***' 0.001 '**' 0.01 '*' 0.05 '.' 0.1 ' ' 1
##
## (Dispersion parameter for binomial family taken to be 1)
##
##     Null deviance: 1221.7  on 999  degrees of freedom
## Residual deviance: 1018.3  on 992  degrees of freedom
## AIC: 1034
##
## Number of Fisher Scoring iterations: 4
```

```
drop1(Credit.glm1, test = "Chisq")
```

```
## Single term deletions
##
## Model:
## Y ~ Cuenta + Mes + Ppag + Uso + Sexo + Estc
##        Df Deviance  AIC   LRT Pr(>Chi)
## <none>        1018 1034
## Cuenta  2     1123 1135 105.1  < 2e-16 ***
## Mes     1     1059 1073  40.3  2.2e-10 ***
## Ppag    1     1034 1048  15.7  7.3e-05 ***
## Uso     1     1027 1041   8.9   0.0028 **
## Sexo    1     1019 1033   0.8   0.3680
## Estc    1     1022 1036   3.3   0.0687 .
## ---
## Signif. codes:  0 '***' 0.001 '**' 0.01 '*' 0.05 '.' 0.1 ' ' 1
```

```
Credit.glm2 <- update(Credit.glm1, . ~ . - Sexo)
summary(Credit.glm2)
```

```
##
## Call:
## glm(formula = Y ~ Cuenta + Mes + Ppag + Uso + Estc,
##     family = binomial, data = Credit)
##
##   ...
##
## Coefficients:
##                       Estimate Std. Error z value Pr(>|z|)
## (Intercept)           -1.34619    0.21034   -6.40  1.6e-10 ***
## Cuentagood running    -1.93772    0.20546   -9.43  < 2e-16 ***
## Cuentabad running     -0.61739    0.17574   -3.51  0.00044 ***
## Mes                    0.03885    0.00629    6.17  6.7e-10 ***
## Ppagpre mal pagador    0.98772    0.25267    3.91  9.3e-05 ***
```

```
## Usoprofesional        0.46940     0.15968     2.94  0.00329 **
## Estcvive solo         0.53273     0.15912     3.35  0.00081 ***
## ---
## Signif. codes:  0 '***' 0.001 '**' 0.01 '*' 0.05 '.' 0.1 ' ' 1
##
## (Dispersion parameter for binomial family taken to be 1)
##
##     Null deviance: 1221.7  on 999  degrees of freedom
## Residual deviance: 1019.1  on 993  degrees of freedom
## AIC: 1033
##
## Number of Fisher Scoring iterations: 4
```

```
drop1(Credit.glm2, test = "Chisq")
```

```
## Single term deletions
##
## Model:
## Y ~ Cuenta + Mes + Ppag + Uso + Estc
##        Df Deviance  AIC   LRT Pr(>Chi)
## <none>        1019 1033
## Cuenta  2     1124 1134 104.8  < 2e-16 ***
## Mes     1     1059 1071  39.5  3.3e-10 ***
## Ppag    1     1035 1047  15.6  7.9e-05 ***
## Uso     1     1028 1040   8.6  0.00335 **
## Estc    1     1030 1042  11.2  0.00081 ***
## ---
## Signif. codes:  0 '***' 0.001 '**' 0.01 '*' 0.05 '.' 0.1 ' ' 1
```

Alla fine si arriva ad escludere le variabili relative al sesso del richiedente e all'ammontare del credito richiesto.

Esercizio Si provi a costruire il modello con un approccio *forward*. ◇

Esercizio Si ottengano degli intervalli di confidenza per i parametri del modello scelto. ◇

Una volta selezionato, il modello si può utilizzare, ad esempio, per calcolare un intervallo di confidenza per la probabilità che un cliente sia insolvente, date le sue caratteristiche di rischio. Come illustrazione, consideriamo un cliente senza conto corrente, che richiede un credito di 60 mesi per uso professionale, che non aveva pagato il debito precedente e che vive da solo.

```
linpred <- predict(Credit.glm2, newdata =
                     data.frame(Cuenta = "no",
            Mes = 60, Uso = "profesional",
            Ppag = "pre mal pagador",
            Estc = "vive solo"), se.fit = TRUE)
# intervallo di confidenza per il predittore lineare
linpred.ci <- linpred$fit + c(-1, 1) *
  qnorm(0.975) * linpred$se.fit
# intervallo di confidenza per la probabilita' di insolvenza
pi.ci <- Credit.glm2$family$linkinv(linpred.ci)
```

```
pi.ci

## [1] 0.902 0.977

# alternativamente si puo' ottenere l'intervallo
#sulla scala della probabilita'
resp <- predict(Credit.glm2, newdata =
                  data.frame(Cuenta = "no",
          Mes = 60, Uso = "profesional",
          Ppag = "pre mal pagador",
          Estc = "vive solo"), type = "response",
          se.fit = TRUE)
# intervallo di confidenza per la probabilita' di insolvenza
resp.ci <- resp$fit + c(-1, 1) *
  qnorm(0.975) * resp$se.fit
resp.ci

## [1] 0.916 0.987

# quest'ultimo potrebbe fornire valori esterni all'intervallo (0,1)
# (si provi a porre Mes=96)
```

Per valutare la capacità predittiva del modello stimato si può utilizzare la curva ROC, descritta nel paragrafo 3.7. Il modello mostra una discreta capacità predittiva.

```
library(pROC)
plot.roc(roc(Credit$Y,fitted(Credit.glm2)),
         print.auc = TRUE)
```

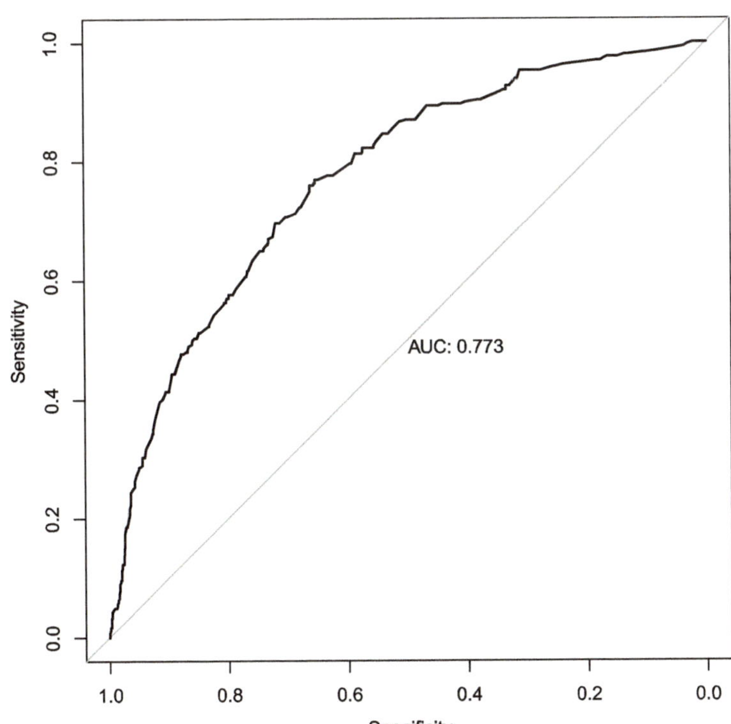

3.9.3 *Sindrome di Down: analisi dei dati* `downs.bc`

Si considerino i dati nel *data.frame* `downs.bc` (Davison e Hinkley, 1997, Esempio 7.13) contenuti nel pacchetto `boot` (Canty e Ripley, 2019).

```
data(downs.bc, package = "boot")
head(downs.bc)
```

```
##    age     m  r
## 1 17.0 13555 16
## 2 18.5 13675 15
## 3 19.5 18752 16
## 4 20.5 22005 22
## 5 21.5 23896 16
## 6 22.5 24667 12
```

I dati si riferiscono ad uno studio su larga scala effettuato negli anni '60 da parte del *British Columbia Health Surveillance Registry* per investigare la relazione tra l'età della madre al parto e l'incidenza della sindrome di Down.

Le variabili rilevate sono il numero di nati `m` da madri di età (arrotondata) `age` e il corrispondente numero di nati affetti da sindrome di Down, `r`. Un'analisi grafica preliminare mostra una chiara dipendenza dell'incidenza della sindrome di Down dall'età della madre.

```
plot(r / m ~ age, data = downs.bc)
```

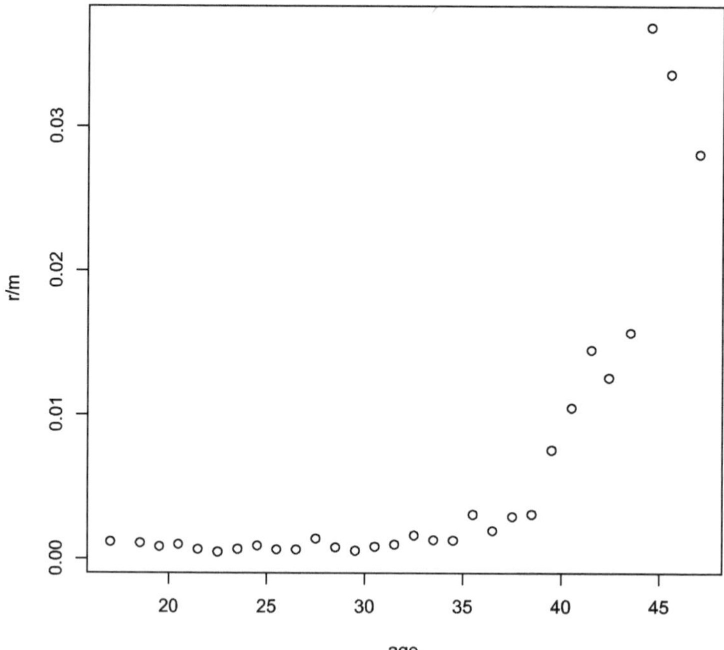

Esercizio Si adatti un opportuno modello logit per stimare la probabilità che un neonato sia affetto da sindrome di Down in funzione dell'età della madre. Si ottenga un intervallo di confidenza per tale probabilità con età della madre pari a 48 anni. ◇

3.10 Nota bibliografica

La prima proposta di modello di regressione per risposte binarie è Bliss (1935), che introduce il modello probit. Il modello di regressione logistica è stato proposto da Berkson (1944) e trattato approfonditamente nella monografia di David R. Cox del 1970, prima edizione di Cox e Snell (1989). Ulteriori aspetti storici sono delineati in Agresti (2013, paragrafo 17.3). I principali riferimenti moderni per i modelli di regressione per risposte binarie sono McCullagh e Nelder (1989, Capitolo 4), Agresti (2013, Capitoli 5–7), Agresti (2015, Capitolo 5).

In aggiunta alle approssimazioni asintotiche ed eventuali raffinamenti, nel modello di regressione logistica è anche possibile condurre l'inferenza utilizzando la distribuzione esatta della statistica sufficiente. L'inferenza su un sottoinsieme di interesse di componenti di β può basarsi sulla distribuzione delle corrispondenti componenti della statistica sufficiente condizionata ai valori osservati delle altre componenti. Infatti, tale distribuzione dipende solo dalle componenti di interesse di β. Per approfondimenti, anche sugli aspetti computazionali, si veda Agresti (2013, paragrafo 7.3) e il volume Hirji (2006).

3.11 Esercizi

3.1 Sia $Y \sim Bi(m, \pi)$. Si consideri la parametrizzazione logit, $\theta = \log(\pi/(1-\pi))$. Si ottenga il test di Wald (1.13) per $H_0 : \theta = 0$ contro $H_1 : \theta > 0$. Si supponga $m = 25$ e si verifichi che la statistica test con $y = 24$ risulta più piccola della statistica test con $y = 23$. Si spieghi perché tale comportamente è anomalo. Si verifichi che l'anomalia non si presenta per il test basato sul rapporto di verosimiglianza (1.14).

3.2 Si eseguano dettagliatamente i calcoli che portano alla formula (3.7).

3.3 I dati contenuti nel *data frame* `Heart` riportano il numero di diagnosi confermate di infarto in un campione di 360 pazienti ricoverati con sospetto di infarto (Hand *et al.*, 1994, p. 45). In particolare, per ogni livello dell'enzima Creatinchinasi (IU per litro) suddiviso in classi (`ck`) sono riportati i numeri di diagnosi di infarto confermati (`ha`) e non (`nha`). Infine, è anche riportato il valore centrale della variabile `ck` (`mck`). Si desira valutare l'influenza del valore dell'enzima Creatinchinasi sulla probabilità di infarto.

(a) Si individuino le unità statistiche, la variabile risposta e le variabili concomitanti, indicando la tipologia di ciascuna variabile (quantitativa continua, quantitativa discreta, qualitativa nominale, qualitativa ordinale).

(b) Si conduca un'analisi grafica per valutare se un modello di regressione lineare può essere adeguato.
(c) Si specifichi un modello lineare generalizzato per analizzare il problema posto.
(d) Si adatti con R il modello specificato al punto precedente e si commentino i risultati.
(e) Si indichino le stime e gli intervalli di confidenza per i coefficienti. Si fornisca un'interpretazione dei valori ottenuti per le stime.
(f) Si indichi, per ciascun elemento dell'*output* di `summary` dell'oggetto `glm` ottenuto con R, quale quantità viene calcolata, fornendo una corrispondenza con le formule dei paragrafi 2.3 e 2.4.
(g) Si valuti la bontà di adattamento del modello.
(h) Si valuti se è opportuno introdurre nel predittore lineare un termine quadratico nella variabile `mck` e si valuti la bontà di adattamento del modello così ampliato.
(i) Si rappresenti graficamente il diagramma di dispersione dei punti (x_i, y_i), $i = 1, \ldots, 13$, con x_i pari a `mck` e y_i pari alla relativa proporzione di infarti. Si sovrappongano a tale diagramma le curve dei valori previsti dai due modelli adattati.
(j) Si valuti se l'introduzione del termine quadratico comporta un aumento sensibile della variabilità delle stime. Si discuta l'interpretabilità del modello con il termine quadratico.
(k) Si ottenga un intervallo di confidenza con livello 0.95 per la probabilità di infarto corrispondente ad un valore pari a 150 di Creatinchinasi.

3.4 Con i dati e il quesito di ricerca dell'Esercizio 2.5, si valuti se è opportuno specificare un modello con funzione di legame diversa dalla logistica. Per ciascuna funzione di legame considerata, si ripetano i passi dell'Esercizio 2.5.

3.5 Per il modello logit considerato nel paragrafo 3.9.1, si verifichi che $\psi = -\beta_1/\beta_2$ corrisponde alla log-dose $x_{0.5}$ per cui la probabilità che un insetto sia ucciso è pari a 0.5. Con i dati `Beetles`, sfruttando il metodo delta, si ottenga un intervallo di confidenza di Wald con livello approssimato 0.95 per ψ. Si ottenga l'analogo intervallo per la dose, $LD50 = 10^{x_{0.5}}$ (*lethal dose 50*).

3.6 Gli abitanti di sesso maschile dell'isola greca di Kalythos soffrono di una malattia congenita agli occhi, i cui effetti diventano più marcati in età avanzate. Su un campione di isolani di sesso maschile e di età diverse è stato contato il numero di individui ciechi, ottenendo i risultati nella Tabella 3.4 (Silvey, 1975, Esercizio 4.2).

Usando un modello logit o probit si stimino l'LD50, ossia l'età in cui la probabilità di cecità è pari a 0.5, e la corrispondente varianza. Si valutino le differenze tra il modello logit ed il modello probit.

Tabella 3.4 Casi di cecità nell'isola di Kalythos

Età	20	35	45	55	70
Numero individui osservati	50	50	50	50	50
Numero individui ciechi	6	17	26	37	44

3.7 In R è disponibile il *data frame* `esoph`, che si riferisce ad uno studio caso-controllo sul cancro all'esofago condotto nell'ospedale di Ile-et-Vilaine in Francia. Per 88 combinazioni di età, consumo di alcol e consumo di tabacco, viene riportato il numero di casi e di controlli. Le colonne di `esoph` sono:
`agegp`: fattore con 6 livelli che precisa il gruppo di età, dai 25 ai 34 anni, dai 35 ai 44 anni, dai 45 ai 54 anni, dai 55 ai 64 anni, dai 65 ai 74 anni ed oltre i 74 anni;
`alcgp`: fattore con 4 modalità che indica il consumo di alcol, da 0 a 39 grammi giornalieri, da 40 a 79 grammi giornalieri, da 80 a 119 grammi giornalieri e più di 119 grammi giornalieri;
`tobgp`: fattore con 4 modalità che indica il consumo di tabacco, da 0 a 9 grammi giornalieri, da 10 a 19 grammi giornalieri, da 20 a 29 grammi giornalieri e più di 29 grammi giornalieri;
`ncases`: variabile numerica che descrive il numero di casi, ossia di individui su cui è stato riscontrato il tumore;
`ncontrols`: variabile numerica che descrive il numero di controlli, ossia di soggetti sani esaminati.
Utilizzando un modello binomiale con funzione di legame da specificare, si studi la dipendenza dell'incidenza del cancro all'esofago dai tre fattori rilevati.

3.8 I dati contenuti nel *data frame* `Kyphosis` corrispondono a osservazioni su 81 bambini che hanno subito un intervento chirurgico per la correzione della spina dorsale (Hastie e Tibshirani, 1990, Appendix A). Le variabili sono:
`Kyphosis`: fattore con due livelli, `present` se è presente un difetto post-operatorio, `absent` altrimenti;
`Age`: età in mesi;
`Number`: numero di vertebre coinvolte nell'intervento;
`Start`: numero della vertebra più alta coinvolta nell'intervento.

(a) Si individuino le unità statistiche, la variabile risposta e le variabili concomitanti, indicando la tipologia di ciascuna variabile (quantitativa continua, quantitativa discreta, qualitativa nominale, qualitativa ordinale).
(b) Si conduca un'analisi esplorativa per valutare la relazione tra lo sviluppo del difetto post-operatorio e le altre variabili rilevate.
(c) Si specifichi un modello di regressione logistica per analizzare il problema posto.
(d) Si adatti con R il modello di regressione logistica specificato al punto precedente.
(e) Si indichino le stime e gli intervalli di confidenza per i coefficienti. Si fornisca un'interpretazione dei valori ottenuti per le stime.
(f) Si indichi, per ciascun elemento dell'*output* di `summary` dell'oggetto `glm` ottenuto con R, quale quantità viene calcolata, fornendo una corrispondenza con le formule dei paragrafi 2.3 e 2.4.
(g) Si valuti la bontà di adattamento del modello.
(h) Si valuti se è opportuno introdurre nel predittore lineare effetti di interazione tra le variabili concomitanti.

(i) Si ottenga un intervallo di confidenza con livello 0.95 per la probabilità che un bambino di 10 anni che ha subito un intervento che coinvolge 5 vertebre, di cui la più alta è la 14-esima, sviluppi il difetto post-operatorio.

3.9 I dati nella Tabella 3.5, contenuti nel *data frame* `Germination`, (Cox e Snell, 1989, Esempio 3.2) sono stati ottenuti con un esperimento fattoriale 2×2 (con 2 fattori aventi ciascuno 2 livelli) per confrontare due semi, *Orobanche aegyptiaca 75* e *Orobanche aegyptiaca 73*, fatti germinare su due diversi estratti di radice, di fagiolo e di cetriolo. Per ogni combinazione, viene riportato il numero totale di semi, m, e il numero di semi che germogliano, s.

(a) Si individuino le unità statistiche, la variabile risposta e le variabili concomitanti, indicando la tipologia di ciascuna variabile (quantitativa continua, quantitativa discreta, qualitativa nominale, qualitativa ordinale).
(b) Si specifichi un opportuno modello per valutare l'effetto dei due fattori, seme e radice usata per l'esperimento, sulla probabilità di germinazione. Si indichi sia il modello che non prevede effetto di interazione tra i due fattori sia il modello con interazione.
(c) Si verifichi che il modello con interazione equivale al modello che assume che il numero di semi che germinano in ciascun esperimento sia realizzazione di una distribuzione binomiale con probabilità di successo π_i, $i = 1, \ldots, 21$, pari a π_{75F} per i semi di *O. aegyptiaca 75* su radice di fagiolo, π_{75C} per i semi di *O. aegyptiaca 75* su radice di cetriolo, π_{73F} per i semi di *O. aegyptiaca 73* su radice di fagiolo, π_{73C} per i semi di *O. aegyptiaca 73* su radice di cetriolo.
(d) Si adatti con R il modello lineare generalizzato e con legame canonico e si valuti la significatività dell'effetto di interazione.
(e) Si indichino le stime e gli intervalli di confidenza per i coefficienti. Si fornisca un'interpretazione dei valori ottenuti per le stime.
(f) Si indichi, per ciascun elemento dell'*output* di `summary` dell'oggetto `glm` ottenuto con R, quale quantità viene calcolata, fornendo una corrispondenza con le formule dei paragrafi 2.3 e 2.4.
(g) Si valuti la bontà di adattamento del modello, con particolare attenzione alla possibile presenza di sovradispersione.

Tabella 3.5 Semi di *O. aegyptiaca 75* e di *O. aegyptiaca 73* su estratti di radice di fagiolo e cetriolo. Su m semi, s è il numero di germogli

O. aegyptiaca 75				*O. aegyptiaca 73*			
fagiolo		cetriolo		fagiolo		cetriolo	
s	m	s	m	s	m	s	m
10	39	5	6	8	16	3	12
23	62	53	74	10	30	22	41
23	81	55	72	8	28	15	30
26	51	32	51	23	45	32	51
17	39	46	79	0	4	3	7
		10	13				

Capitolo 4
Modelli per risposte politomiche

4.1 Risposte politomiche e modello multinomiale

Una variabile risposta di tipo qualitativo con c ($c > 2$) modalità è anche detta risposta politomica. Se $c = 2$, si ha una risposta dicotomica, o binaria. Quando i valori possibili per la risposta sono le c modalità di una variabile qualitativa, con $c > 2$, il modello statistico naturale per la distribuzione della risposta è il modello multinomiale, che estende il modello binomiale per risposte binarie.

Molteplici sono le applicazioni che riguardano risposte politomiche. Ad esempio, la variabile risposta può essere l'area di occupazione di un neo-assunto, con modalità: commercio, servizi, agricoltura, industria, altro. Oppure si possono rilevare le abitudini alimentari di un campione di soggetti, con modalità: onnivoro, vegetariano, vegano, altro. Nei due esempi precedenti si hanno variabili qualitative su scala sconnessa. In altri casi può esservi un ordinamento naturale tra le modalità, e dunque variabili risposta qualitative su scala ordinale. In un'indagine clinica sull'efficacia di un analgesico, la risposta può essere l'entità di emicrania riferita da un soggetto, con modalità: nessuna, lieve, moderata, abbastanza forte, forte. In un'indagine sulla soddisfazione degli utenti di un servizio, si può rilevare il livello di soddisfazione, con modalità: insoddisfatto, poco soddisfatto, abbastanza soddisfatto, soddisfatto.

Ai fini della modellazione, conviene assumere che il valore della risposta per l'i-esimo soggetto, $i = 1, \ldots, n$, sia codificato come

$$y_i = (y_{i1}, \ldots, y_{ic}),$$

con $y_{ij} = 1$ se si è osservata la modalità j-esima e $y_{ij} = 0$ altrimenti, $j = 1, \ldots, c$. Nell'Esempio del paragrafo 4.4.1, si considera, per un campione di 2 067 polizze sottoscritte da una compagnia di assicurazione, il tipo di veicolo con modalità auto ($j = 1$), fuoristrada ($j = 2$) e motociclo ($j = 3$). Se per l'i-esima polizza si osserva $y_i = (0, 0, 1)$, ciò indica che il veicolo è un motociclo.

Si ha $\sum_{j=1}^{c} y_{ij} = 1$ e $y_i = (y_{i1}, \ldots, y_{ic})$ può essere assunta come realizzazione della variabile casuale c-dimensionale $Y_i = (Y_{i1}, \ldots, Y_{ic})$ avente distribuzione

A. Salvan, N. Sartori, L. Pace, *Modelli Lineari Generalizzati*, UNITEXT 124,
https://doi.org/10.1007/978-88-470-4002-1_4

multinomiale elementare, $Mn_c(1, \pi_i)$, con funzione di probabilità

$$p_{Y_i}(y_i; \pi_i) = Pr(Y_i = y_i) = Pr(Y_{i1} = y_{i1}, \ldots, Y_{ic} = y_{ic}) = \pi_{i1}^{y_{i1}} \cdots \pi_{ic}^{y_{ic}} \tag{4.1}$$

sul supporto $\left\{y_i \in \{0,1\}^c : \sum_{j=1}^c y_{ij} = 1\right\}$. Il parametro è $\pi_i = (\pi_{i1}, \ldots, \pi_{ic})$, con $\pi_{ij} \in (0, 1)$ e il vincolo $\sum_{j=1}^c \pi_{ij} = 1$. La componente π_{ij} rappresenta la probabilità che, per l'i-esima unità statistica, si osservi la modalità j.

L'obiettivo è studiare la relazione tra la distribuzione della risposta Y_i, quindi π_i, e il valore $\boldsymbol{x}_i$ delle variabili esplicative per l'i-esima unità. Nell'esempio dei veicoli assicurati, interessa valutare come il tipo di veicolo sia legato all'età, al genere e all'area di residenza. È utile innanzi tutto richiamare alcune proprietà della distribuzione multinomiale.

Distribuzione multinomiale

La funzione di probabilità (4.1) può essere scritta come

$$\begin{aligned} p_{Y_i}(y_i; \pi_i) &= \exp\{y_{i1} \log \pi_{i1} + \ldots + y_{ic} \log \pi_{ic}\} \\ &= \exp\left\{ y_{i1} \log \pi_{i1} + \ldots + y_{i\,c-1} \log \pi_{i\,c-1} + \left(1 - \sum_{j=1}^{c-1} y_{ij}\right) \log \pi_{ic} \right\} \\ &= \exp\left\{ y_{i1} \log \frac{\pi_{i1}}{\pi_{ic}} + \ldots + y_{i\,c-1} \log \frac{\pi_{i\,c-1}}{\pi_{ic}} + \log \pi_{ic} \right\}, \end{aligned} \tag{4.2}$$

con $\pi_{ic} = 1 - \pi_{i1} - \ldots - \pi_{i\,c-1}$.

La (4.2) è una particolare famiglia di dispersione esponenziale d-dimensionale, nella classe costituita da densità della forma

$$p_{Y_i}(y_i; \theta_i, \phi) = \exp\left\{ \frac{y_i^\top \theta_i - b(\theta_i)}{a_i(\phi)} + c(y_i, \phi) \right\}, \tag{4.3}$$

con $y_i \in S \subseteq \mathbb{R}^d$, $\theta_i \in \Theta \subseteq \mathbb{R}^d$, $a_i(\phi) > 0$. Il parametro naturale θ_i è un vettore con d elementi, $\theta_i = (\theta_{i1}, \ldots, \theta_{id})^\top$, mentre ϕ è un parametro di dispersione e $a_i(\phi) > 0$. Si ottiene infatti la (4.2) dalla (4.3) ponendo $d = c - 1$, $a_i(\phi) = 1$, $y_i = (y_{i1}, \ldots, y_{ic-1})^\top$, $c(y_i, \phi) = 0$,

$$\theta_i^\top = (\theta_{i1}, \ldots, \theta_{i\,c-1}) = \left(\log \frac{\pi_{i1}}{\pi_{ic}}, \ldots, \log \frac{\pi_{i\,c-1}}{\pi_{ic}} \right)$$

e

$$b(\theta_i) = \log\left(1 + e^{\theta_{i1}} + \ldots + e^{\theta_{i\,c-1}}\right). \tag{4.4}$$

Con $a_i(\phi) = 1$ e $c(y_i, \phi) = 0$ la (4.3) corrisponde a una famiglia esponenziale naturale d-dimensionale. La (4.4) si ottiene dall'identità

$$\sum_{j=1}^{c-1} e^{\theta_{ij}} = \frac{1-\pi_{ic}}{\pi_{ic}},$$

che dà

$$\pi_{ic} = 1 \Big/ \left(1 + \sum_{j=1}^{c-1} e^{\theta_{ij}}\right). \tag{4.5}$$

Per il modello generale (4.3), dalle (1.5) e (1.6), seguono le relazioni

$$E_{\theta_i,\phi}(Y_i) = \boldsymbol{\mu}_i = \frac{\partial}{\partial \theta_i} b(\theta_i), \tag{4.6}$$

indipendente da ϕ, e

$$Var_{\theta_i,\phi}(Y_i) = a_i(\phi) \frac{\partial^2}{\partial \theta_i \, \partial \theta_i^\top} b(\theta_i), \tag{4.7}$$

che generalizzano le (2.3) e (2.4) al caso multivariato. Si è indicato con $\partial b(\theta_i)/\partial \theta_i$ il vettore di derivate parziali di $b(\theta_i)$ rispetto alle d componenti di θ_i e analogamente con $\partial^2 b(\theta_i)/(\partial \theta_i \, \partial \theta_i^\top)$ la matrice delle derivate parziali seconde. Il valore atteso $\boldsymbol{\mu}_i$ è dunque un vettore con d elementi $\boldsymbol{\mu}_i = (\mu_{i1}, \ldots, \mu_{id})^\top$.

Per la distribuzione multinomiale si ottiene, dalle (4.6) e (4.7), e sfruttando il vincolo $Y_{ic} = 1 - Y_{i1} - \ldots - Y_{i\,c-1}$,

$$E_{\pi_i}(Y_i) = \pi_i = (\pi_{i1}, \ldots, \pi_{ic})^\top$$

$$Var_{\pi_i}\begin{pmatrix} Y_{i1} \\ Y_{i2} \\ \vdots \\ Y_{i\,c-1} \end{pmatrix} = \begin{pmatrix} \pi_{i1}(1-\pi_{i1}) & -\pi_{i1}\pi_{i2} & \cdots & \cdots & -\pi_{i1}\pi_{i\,c-1} \\ -\pi_{i1}\pi_{i2} & \pi_{i2}(1-\pi_{i2}) & -\pi_{i2}\pi_{i3} & \cdots & -\pi_{i2}\pi_{i\,c-1} \\ \vdots & \vdots & \vdots & \vdots & \vdots \\ -\pi_{i1}\pi_{i\,c-1} & \cdots & \cdots & \cdots & \pi_{i\,c-1}(1-\pi_{i\,c-1}) \end{pmatrix},$$

(cfr. Esercizio 4.1).

Le componenti Y_{ij} di Y_i hanno distribuzione marginale univariata di tipo binomiale elementare,

$$Y_{ij} \sim Bi(1, \pi_{ij}), \qquad j = 1, \ldots, c,$$

mentre la distribuzione marginale bivariata di (Y_{ij}, Y_{ih}), $j \neq h$, si ottiene da

$$(Y_{ij}, Y_{ih}, 1 - Y_{ij} - Y_{ih}) \sim Mn_3(1, \pi_i^A),$$

con $\pi_i^A = (\pi_{ij}, \pi_{ih}, 1 - \pi_{ij} - \pi_{ih})$.

Più in generale, se si considera la partizione di Y_i in blocchi, $Y_i = (Y_i^A, Y_i^B)$, dove Y_i^A consta di c_A componenti e Y_i^B di c_B componenti, con $c_A + c_B = c$, e analogamente si considera la partizione di π_i nei corrispondenti blocchi, $\pi_i = (\pi_i^A, \pi_i^B)$, si ha

$$(Y_i^A, \sum_{j=1}^{c_B} Y_{ij}^B) \sim Mn_{c_A+1}\left(1, (\pi_i^A, \sum_{j=1}^{c_B} \pi_{ij}^B)\right).$$

Sia $S_i = (S_{i1}, \ldots, S_{ic})$ il vettore di variabili casuali ottenuto come somma di m_i replicazioni indipendenti di Y_i. La generica componente S_{ij} rappresenta la frequenza della modalità j che si osserva in m_i estrazioni con reinserimento dalla popolazione con distribuzione di frequenza $\pi_i = (\pi_{i1}, \ldots, \pi_{ic})$ per la risposta. Nel caso $c = 2$, $(S_{i1}, S_{i2}) = (S_{i1}, m_i - S_{i1})$, con $S_{i1} \sim Bi(m_i, \pi_{i1})$. Con $c > 2$, S_i ha distribuzione multinomiale con indice m_i e vettore di probabilità π_i, e si scrive $S_i \sim Mn_c(m_i, \pi_i)$. Il vettore S_i ha funzione di probabilità

$$p_{S_i}(s_i; \pi_i) = \frac{m_i!}{s_{i1}! \cdots s_{ic}!} \pi_{i1}^{s_{i1}} \cdots \pi_{ic}^{s_{ic}}$$

sul supporto $\{s_i \in \{0, 1, \ldots, m_i\}^c : \sum_{j=1}^c s_{ij} = m_i\}$. La componente S_{ij}, $j = 1, \ldots, c$, ha legge marginale $Bi(m_i, \pi_{ij})$, per cui $E(S_{ij}) = m_i \pi_{ij}$.

Se si considera la partizione di S_i in blocchi, $S_i = (S_i^A, S_i^B)$, dove S_i^A consta di c_A componenti e S_i^B di c_B componenti, con $c_A + c_B = c$, e analogamente si considera la partizione di π_i nei corrispondenti blocchi, $\pi_i = (\pi_i^A, \pi_i^B)$, si ha

$$(S_i^A, \sum_{j=1}^{c_B} S_{ij}^B) \sim Mn_{c_A+1}\left(m_i, (\pi_i^A, \sum_{j=1}^{c_B} \pi_{ij}^B)\right),$$

$$S_i^B | S_i^A = s_i^A \sim Mn_{c_B}\left(m_i - \sum_{h=1}^{c_A} s_{ih}^A, \frac{1}{\sum_{j=1}^{c_B} \pi_{ij}^B} \pi_i^B\right).$$

4.2 Modello di regressione logistica con modalità di riferimento

In questo paragrafo si assume di disporre di dati non raggruppati per cui le osservazioni sulla risposta sono rappresentate da n vettori

$$y_i = (y_{i1}, \ldots, y_{ic}), \qquad i = 1, \ldots, n,$$

con $y_{ij} = 1$ se per l'i-esima unità statistica si è osservata la modalità j-esima e $y_{ij} = 0$ altrimenti, con $j = 1, \ldots, c$. Si assume per y_i un modello $Mn_c(1, \pi_i)$ con funzione di probabilità (4.2), equivalente alla (4.1). La j-esima componente del parametro naturale θ_i,

$$\theta_{ij} = \log \frac{\pi_{ij}}{\pi_{ic}},$$

è detta j-esimo **logit rispetto alla modalità di riferimento** c. La terminologia adottata appare giustificata se si osserva che π_{ij}/π_{ic} è pari alla quota della probabilità condizionata $Pr(Y_{ij} = 1|(Y_{ij} = 1) \cup (Y_{ic} = 1))$. Infatti

$$Pr(Y_{ij} = 1|(Y_{ij} = 1) \cup (Y_{ic} = 1)) = \frac{\pi_{ij}}{\pi_{ij} + \pi_{ic}}$$

e dunque

$$\frac{Pr(Y_{ij} = 1|(Y_{ij} = 1) \cup (Y_{ic} = 1))}{1 - Pr(Y_{ij} = 1|(Y_{ij} = 1) \cup (Y_{ic} = 1))} = \frac{\pi_{ij}/(\pi_{ij} + \pi_{ic})}{1 - \pi_{ij}/(\pi_{ij} + \pi_{ic})} = \frac{\pi_{ij}}{\pi_{ic}} .$$

Il **modello di regressione logistica con modalità di riferimento** (*baseline category*) assume che, per ogni j, il j-esimo logit rispetto alla modalità di riferimento c sia pari al predittore lineare $\boldsymbol{x}_i\beta_j$, ossia

$$\log \frac{\pi_{ij}}{\pi_{ic}} = \boldsymbol{x}_i\beta_j = \beta_{j1}x_{i1} + \ldots + \beta_{jp}x_{ip} = \sum_{r=1}^{p} \beta_{jr}x_{ir} , \qquad j = 1, \ldots, c-1 , \tag{4.8}$$

con $\boldsymbol{x}_i$ vettore riga p-dimensionale delle variabili esplicative per l'i-esima unità e $\beta_j = (\beta_{j1}, \ldots, \beta_{jp})^\top$ vettore di coefficienti di regressione. Questo modello è anche detto **modello logit multinomiale**. Descrive simultaneamente l'effetto delle variabili esplicative sui $c-1$ logit rispetto alla modalità di riferimento. Si ha un diverso vettore β_j per ogni modalità $j = 1, \ldots, c-1$. Dunque si assume che gli effetti delle variabili esplicative varino a seconda della modalità della risposta e il modello così definito ha $p(c-1)$ parametri di regressione.

Le $c-1$ relazioni (4.8) permettono di ottenere la trasformazione logit per qualunque rapporto π_{ia}/π_{ib}, con $a, b = 1, \ldots, c-1$. Infatti,

$$\log \frac{\pi_{ia}}{\pi_{ib}} = \log \frac{\pi_{ia}}{\pi_{ic}} - \log \frac{\pi_{ib}}{\pi_{ic}} = \boldsymbol{x}_i(\beta_a - \beta_b) .$$

Tipicamente si pone $x_{i1} = 1$, $i = 1, \ldots, n$, per ammettere un termine di intercetta, anch'esso variabile con le modalità della risposta, quindi si hanno $c-1$ parametri d'intercetta $\beta_{11}, \ldots, \beta_{c-1\,1}$.

Dalla (4.8),

$$\pi_{ij} = \pi_{ic} \exp\{\boldsymbol{x}_i\beta_j\} = \pi_{ic} \exp\left\{\sum_{r=1}^{p} \beta_{jr}x_{ir}\right\} , \qquad j = 1, \ldots, c-1 .$$

Risulta quindi, sfruttando la (4.5),

$$\pi_{ij} = \frac{\exp\{\boldsymbol{x}_i\beta_j\}}{1 + \sum_{h=1}^{c-1} \exp\{\boldsymbol{x}_i\beta_h\}} . \tag{4.9}$$

Il modello logit multinomiale è un esempio di modello lineare generalizzato multivariato. Si tratta di un'estensione dei GLM per variabili risposta d-variate con densità di probabilità nella classe (4.3) e

$$g_j(\mu_{ij}) = \boldsymbol{x}_i \beta_j \,, \qquad j = 1, \ldots, d .$$

Si hanno dunque d predittori lineari, $\eta_{i1} = \boldsymbol{x}_i \beta_1, \ldots, \eta_{id} = \boldsymbol{x}_i \beta_d$, ciascuno collegato tramite una funzione di legame $g_j(\cdot)$ alla componente corrispondente della media della risposta. In questa formulazione, tutte le variabili esplicative concorrono a determinare ciascuna delle d medie. Nel modello logit multinomiale si è adottata la funzione di legame canonica per cui $\theta_{ij} = \boldsymbol{x}_i \beta_j$, $i = 1, \ldots, n$, $j = 1, \ldots, c-1$.

Verosimiglianza e inferenza nel modello logit multinomiale

Il modello di regressione logistica con modalità di riferimento ha parametro $p(c-1)$-dimensionale

$$\beta = \begin{pmatrix} \beta_1 \\ \vdots \\ \vdots \\ \beta_{c-1} \end{pmatrix} = \begin{pmatrix} \beta_{11} \\ \vdots \\ \beta_{1p} \\ \vdots \\ \vdots \\ \beta_{c-1\,1} \\ \vdots \\ \beta_{c-1\,p} \end{pmatrix} .$$

La funzione di log-verosimiglianza per β si ottiene dalla (4.3) con $\theta_{ij} = \boldsymbol{x}_i \beta_j$ e $a_i(\phi) = 1$. Risulta

$$\begin{aligned} l(\beta; y) &= \sum_{i=1}^{n} y_{i1} \boldsymbol{x}_i \beta_1 + \ldots + \sum_{i=1}^{n} y_{i\,c-1} \boldsymbol{x}_i \beta_{c-1} \\ &\quad - \sum_{i=1}^{n} \log\left(1 + e^{\boldsymbol{x}_i \beta_1} + \ldots + e^{\boldsymbol{x}_i \beta_{c-1}}\right) \\ &= \left(\sum_{i=1}^{n} y_{i1} \boldsymbol{x}_i\right) \beta_1 + \ldots + \left(\sum_{i=1}^{n} y_{i\,c-1} \boldsymbol{x}_i\right) \beta_{c-1} \\ &\quad - \sum_{i=1}^{n} \log\left(1 + e^{\boldsymbol{x}_i \beta_1} + \ldots + e^{\boldsymbol{x}_i \beta_{c-1}}\right) . \end{aligned}$$

Dall'ultima espressione si deduce che

$$\left(\sum_{i=1}^{n} y_{i1}\boldsymbol{x}_i, \ldots, \sum_{i=1}^{n} y_{i\,c-1}\boldsymbol{x}_i\right)$$
$$= \left(\sum_{i=1}^{n} y_{i1}x_{i1}, \ldots, \sum_{i=1}^{n} y_{i1}x_{ip}, \ldots, \sum_{i=1}^{n} y_{i\,c-1}x_{i1}, \ldots, \sum_{i=1}^{n} y_{i\,c-1}x_{ip}\right)$$

è statistica sufficiente minimale $p(c-1)$-dimensionale. Se il modello include $c-1$ parametri di intercetta, e dunque $x_{i1} = 1$ per $i = 1, \ldots, n$, allora il vettore delle frequenze osservate delle $c-1$ modalità, $(\sum_{i=1}^{n} y_{i1}, \ldots, \sum_{i=1}^{n} y_{i\,c-1})$, è una componente della statistica sufficiente minimale.

La funzione *score* ha generico elemento

$$\frac{\partial}{\partial \beta_{jr}} l(\beta) = \sum_{i=1}^{n} y_{ij}x_{ir} - \sum_{i=1}^{n} \frac{e^{\boldsymbol{x}_i\beta_j} x_{ir}}{1 + e^{\boldsymbol{x}_i\beta_1} + \ldots + e^{\boldsymbol{x}_i\beta_{c-1}}}$$
$$= \sum_{i=1}^{n} y_{ij}x_{ir} - \sum_{i=1}^{n} \pi_{ij}x_{ir}$$

e le equazioni di verosimiglianza risultano della forma

$$\sum_{i=1}^{n} y_{ij}x_{ir} = \sum_{i=1}^{n} \pi_{ij}x_{ir}\,, \qquad j = 1, \ldots, c-1,\ r = 1, \ldots, p\,,$$

con π_{ij} funzione di β tramite la (4.9). Si riconosce la struttura delle equazioni di verosimiglianza in modelli lineari generalizzati con legame canonico: il valore osservato della statistica sufficiente è posto uguale al suo valore atteso.

La matrice di informazione osservata è definita positiva e coincide con la matrice di informazione attesa. È formata da $(c-1)^2$ blocchi $p \times p$ con elementi

$$-\frac{\partial^2}{\partial \beta_j \partial \beta_{j'}^{\top}} l(\beta) = \sum_{i=1}^{n} \pi_{ij}\left(I(j = j') - \pi_{ij'}\right)\boldsymbol{x}_i^{\top}\boldsymbol{x}_i\,,$$

dove $I(j = j') = 1$ se $j = j'$ e zero altrimenti (cfr. Agresti, 2015, paragrafo 6.1.3). La funzione di log-verosimiglianza è concava e, se le equazioni di verosimiglianza ammettono una soluzione, questa è unica ed è la stima di massima verosimiglianza. Per l'esistenza, è condizione necessaria e sufficiente che il valore osservato della statistica sufficiente non sia sulla frontiera dell'insieme generato dalle combinazioni lineari convesse dei punti del supporto della statistica sufficiente stessa. Per un punto sulla frontiera la situazione è analoga a quanto esaminato nel paragrafo 3.4.2 per il modello di regressione logistica.

Lo stimatore di massima verosimiglianza $\hat{\beta}$ ha distribuzione asintotica normale e gli errori standard delle componenti scalari dello stimatore possono essere stimati tramite le radici quadrate degli elementi diagonali di $i(\hat{\beta})^{-1}$. L'assenza di effetto della variabile esplicativa $\underline{x}_r = (x_{1r}, \ldots, x_{nr})^\top$ corrisponde all'ipotesi nulla H_0 : $\beta_{1r} = \ldots = \beta_{c-1\,r} = 0$, che può essere verificata tramite il test del rapporto di verosimiglianza (1.17). La corrispondente distribuzione nulla approssimata è χ^2_{c-1}.

Le formule della devianza e della statistica di Pearson generalizzano in modo immediato le espressioni del paragrafo 3.6 per GLM per dati binari.

Si consideri la situazione con dati raggruppati in cui si hanno m_i osservazioni per l'i-esima configurazione delle variabili esplicative. Sia y_i il vettore delle corrispondenti frequenze relative, con y_{ij} proporzione delle m_i unità che assumono la j-esima modalità della risposta, $j = 1, \ldots, c$. La devianza e la statistica di Pearson risultano

$$G^2 = 2\sum_{i=1}^{n}\sum_{j=1}^{c} m_i y_{ij} \log \frac{m_i y_{ij}}{m_i \hat{\pi}_{ij}}, \qquad X^2 = \sum_{i=1}^{n}\sum_{j=1}^{c} \frac{(m_i y_{ij} - m_i \hat{\pi}_{ij})^2}{m_i \hat{\pi}_{ij}}.$$

Come nei modelli per dati binari, queste statistiche hanno, sotto il modello corrente, distribuzione approssimata chi-quadrato con $n(c-1) - p(c-1) = (n-p)(c-1)$ gradi di libertà quando le numerosità m_i divergono, con n, numero di gruppi, fissato. In tal caso, possono essere utilizzate come test di bontà di adattamento del modello. L'approssimazione è ritenuta soddisfacente se le frequenze osservate $m_i y_{ij}$, $i = 1, \ldots, n$, $j = 1, \ldots, c$, sono almeno pari a 5. Con dati non raggruppati, $m_i = 1, i = 1, \ldots, n$, la devianza G^2 può essere utilizzata solo per confrontare modelli annidati.

4.3 Risposte ordinali: modelli per logit cumulati

Quando la variabile risposta è qualitativa su scala ordinale, risulta in genere importante valutare l'effetto di variabili esplicative, quantitative o qualitative ordinali, sull'ordinamento delle distribuzioni della risposta. Ad esempio, per valutare l'effetto di un analgesico sull'intensità dell'emicrania, si può essere interessati a valutare se, all'aumentare della dose, la distribuzione dell'intensità dei sintomi (nessuno, lievi, moderati, abbastanza forti, forti) 'si sposta' verso valori più lievi.

In un modello lineare generalizzato per una variabile risposta continua univariata con funzione di legame $g(\cdot)$ monotona crescente, se Y_i e Y_k hanno variabili esplicative $\boldsymbol{x}_i$ e $\boldsymbol{x}_k$, rispettivamente, e risulta $\eta_i < \eta_k$, si ha anche $\mu_i < \mu_k$. Per una proprietà delle famiglie esponenziali (cfr. Lehmann, 1986, Lemma 3.2), ciò implica che la distribuzione di Y_i è stocasticamente più piccola della distribuzione di Y_k, ossia, per ogni z nel supporto di Y_i e Y_k,

$$F_{Y_i}(z) \geq F_{Y_k}(z)\,, \tag{4.10}$$

e vale la diseguaglianza stretta per almeno un valore z. Se la distribuzione di Y_i è stocasticamente più piccola della distribuzione di Y_k, tutti i quantili di Y_i sono minori o uguali dei corrispondenti quantili di Y_k. Se le diseguaglianze (4.10) sono rovesciate, la distribuzione di Y_i è **stocasticamente più grande** di quella della v.c. Y_k.

Anche con una risposta qualitativa ordinale si può definire l'**ordinamento stocastico** tramite la funzione di ripartizione. Sia Y_i la variabile casuale che descrive la risposta dell'i-esimo soggetto, $i = 1, \ldots, n$, con modalità ordinate: $1, 2, \ldots, j, \ldots, c$. Se, per $k \neq i$,

$$Pr(Y_i \leq j) \geq Pr(Y_k \leq j), \quad \text{per ogni } j = 1, \ldots, c,$$

con la diseguaglianza stretta per almeno un j in $\{1, \ldots, c\}$, allora la distribuzione della v.c. Y_i è stocasticamente più piccola di quella della v.c. Y_k. Se valgono le diseguaglianze nel senso opposto, allora la distribuzione di Y_i è stocasticamente più grande di quella della v.c. Y_k.

Con variabili risposta qualitative su scala ordinale risulta dunque naturale formulare modelli per le probabilità cumulate

$$Pr(Y_i \leq j) = \pi_{i1} + \ldots + \pi_{ij}, \quad j = 1, \ldots, c,$$

con $\pi_{ij} = Pr(Y_i = j), i = 1, \ldots, n, j = 1, \ldots, c$.

Si dice **logit cumulato** la trasformazione logit della probabilità cumulata

$$\begin{aligned} \text{logit}[Pr(Y_i \leq j)] &= \log \frac{Pr(Y_i \leq j)}{1 - Pr(Y_i \leq j)} \\ &= \log \frac{Pr(Y_i \leq j)}{Pr(Y_i > j)} \\ &= \log \frac{\pi_{i1} + \ldots + \pi_{ij}}{\pi_{i\,j+1} + \ldots + \pi_{ic}}, \quad j = 1, \ldots, c-1. \end{aligned}$$

Il logit cumulato è il logaritmo della probabilità che la risposta assuma valori minori o uguali a un certo livello rapportata alla probabilità che assuma valori maggiori dello stesso livello. Quindi, il logit cumulato è anche detto **logaritmo della quota cumulata**.

È possibile formulare un modello di regressione logistica per ciascun logit cumulato. Come nel caso dei modelli logit con categoria di riferimento per riposte politomiche su scala sconnessa, si avrebbe un modello con parametro $p(c-1)$-dimensionale. Oltre a essere poco parsimonioso, il modello così formulato richiederebbe che venissero imposti dei vincoli sui parametri per assicurare che sia

$$Pr(Y_i \leq j) \leq Pr(Y_i \leq j') \tag{4.11}$$

per ogni coppia $j, j' = 1, \ldots, c-1$ con $j < j'$.

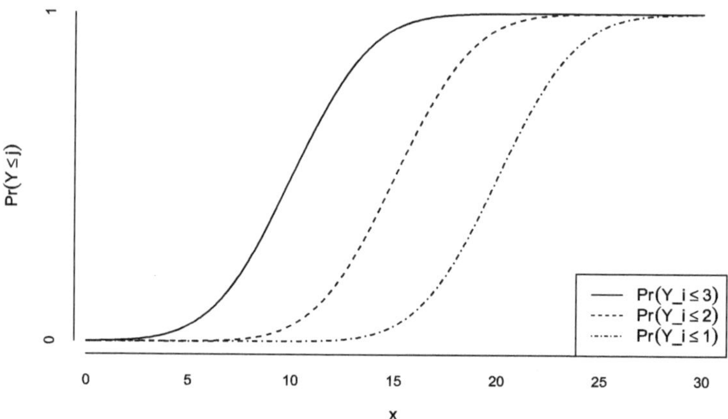

Figura 4.1 Modello di regressione per logit cumulati e ordinamento stocastico

Un modello più parsimonioso che rispetta la (4.11) è il **modello di regressione per logit cumulati** (*cumulative logit model*). Esso assume che

$$\text{logit}[Pr(Y_i \leq j)] = \alpha_j + \boldsymbol{x}_i \beta \,, \qquad j = 1, \ldots, c-1, \tag{4.12}$$

con $\alpha_1 \leq \alpha_2 \leq \ldots \leq \alpha_{c-1}$. Questo modello è stato proposto da McCullagh (1980). In deroga alla notazione fin qui adottata, i parametri α_j rappresentano parametri di intercetta, variabili con j. Il vettore β contiene i coefficienti di regressione rispetto alle ulteriori esplicative, assunti costanti al variare di j. Il conseguente ordinamento stocastico delle distribuzioni con una variabile esplicativa quantitativa è illustrato nella Figura 4.1.

Se vale il modello (4.12),

$$\log \frac{Pr(Y_i \leq j | \boldsymbol{x}_i = \boldsymbol{u}) / Pr(Y_i > j | \boldsymbol{x}_i = \boldsymbol{u})}{Pr(Y_i \leq j | \boldsymbol{x}_i = \boldsymbol{v}) / Pr(Y_i > j | \boldsymbol{x}_i = \boldsymbol{v})} = (\boldsymbol{u} - \boldsymbol{v})\beta \,.$$

Il logaritmo del rapporto delle quote, detto in questo contesto **rapporto delle quote cumulate** (*cumulative odds ratio*), è lineare rispetto alla differenza tra $\boldsymbol{u}$ e $\boldsymbol{v}$ con β indipendente da j. In particolare, se l'r-esima variabile esplicativa passa da x_{ir} a $x_{ir}+1$, fermo restando il valore delle restanti variabili esplicative, la quota cumulata $Pr(Y_i \leq j)/Pr(Y_i > j)$ risulta moltiplicata per e^{β_r}, costante in j. Per questa proprietà di effetto costante su tutte le probabilità cumulate, il modello è anche detto con **quote proporzionali** (*proportional odds*).

L'assunzione in (4.12) che il vettore β sia costante rispetto a j può essere giustificata ipotizzando che Y_i sia ottenuta per discretizzazione di una variabile latente Y_i^* che soddisfa un modello di regressione $Y_i^* = \boldsymbol{x}_i \beta + \varepsilon_i$, $i = 1, \ldots, n$, con ε_i variabili casuali indipendenti e identicamente distribuite con media zero e funzione di ripartizione $G(\cdot)$. Siano ora assegnati dei valori soglia α_j, $j = 1, \ldots, c$, con

$-\infty = \alpha_0 < \alpha_1 < \cdots < \alpha_{c-1} < \alpha_c = +\infty$, tali che si osserva

$$Y_i = j \quad \text{se} \quad \alpha_{j-1} < Y_i^* \leq \alpha_j \,.$$

Risulta quindi

$$\begin{aligned} Pr(Y_i \leq j) &= Pr(Y_i^* \leq \alpha_j) \\ &= Pr(\varepsilon_i \leq \alpha_j - \boldsymbol{x}_i \beta) \\ &= G(\alpha_j - \boldsymbol{x}_i \beta) \,. \end{aligned}$$

Se $G(\cdot)$ è la funzione di ripartizione logistica, $G(z) = e^z/(1 + e^z)$, $z \in \mathbb{R}$, si ottiene il modello di regressione per logit cumulati (4.12). Il predittore lineare è però $\alpha_j - \boldsymbol{x}_i \beta$ anziché $\alpha_j + \boldsymbol{x}_i \beta$ come nella (4.12). Si tratta di una riparametrizzazione adottata da alcuni ambienti di calcolo statistico (ad esempio STATA e SPSS). Con tale parametrizzazione, $\beta_r > 0$ equivale ad un effetto decrescente dell'incremento di x_{ir} sul logit cumulato e dunque la distribuzione di Y_i diviene stocasticamente più grande all'aumentare di x_{ir}. Si noti che si ha lo stesso vettore β qualunque sia il numero di valori soglia α_j e il loro valore. Il vettore di effetti β non dipende dalla definizione delle classi di valori della risposta.

Scegliendo una funzione $G(\cdot)$ diversa dalla logistica, si possono ottenere altri modelli per le probabilità cumulate $Pr(Y_i \leq j)$. Ad esempio, con $G(\cdot) = \Phi(\cdot)$, normale standard, si ottiene il **modello probit cumulato** che assume

$$\Phi^{-1}(Pr(Y_i \leq j)) = \alpha_j + \boldsymbol{x}_i \beta \,, \qquad j = 1, \ldots, c-1 \,.$$

Per approfondimenti, si veda Agresti (2010, paragrafo 5.2).

L'inferenza sui parametri $\alpha = (\alpha_1, \ldots, \alpha_{c-1})$ e β si può basare sulla funzione di verosimiglianza. Per il soggetto i-esimo, sia $(y_{i1}, \ldots, y_{ic})$ la codifica della risposta, con $y_{ij} = 1$ se si è osservata la modalità j-esima e $y_{ij} = 0$ altrimenti. La funzione di verosimiglianza nel modello di regressione per logit cumulati risulta

$$\begin{aligned} L(\alpha, \beta) &= \prod_{i=1}^{n} \prod_{j=1}^{c} Pr(Y_i = j)^{y_{ij}} \\ &= \prod_{i=1}^{n} \prod_{j=1}^{c} [Pr(Y_i \leq j) - Pr(Y_i \leq j-1)]^{y_{ij}} \\ &= \prod_{i=1}^{n} \prod_{j=1}^{c} \left[\frac{\exp(\alpha_j + \boldsymbol{x}_i \beta)}{1 + \exp(\alpha_j + \boldsymbol{x}_i \beta)} - \frac{\exp(\alpha_{j-1} + \boldsymbol{x}_i \beta)}{1 + \exp(\alpha_{j-1} + \boldsymbol{x}_i \beta)} \right]^{y_{ij}} , \end{aligned}$$

dove si intende che per $\alpha_0 = -\infty$ e $\alpha_c = +\infty$ si considerano i limiti corrispondenti. L'adattamento del modello a un insieme di dati può essere effettuato ad esempio utilizzando la funzione `vglm` della libreria `VGAM` di R (Yee, 2015). I metodi di inferenza sono quelli generali illustrati nel paragrafo 1.5.

L'interpretazione del modello con quote proporzionali tramite un modello con variabili latenti chiarisce che diversi insiemi di valori delle variabili esplicative si traducono in una traslazione della distribuzione della variabile risposta, mentre la variabilità rimane costante. Di conseguenza, indicati con $\boldsymbol{u}$ e $\boldsymbol{v}$ due vettori di variabili esplicative, si può avere solo o

$$Pr(Y_i \leq j|\boldsymbol{x}_i = \boldsymbol{u}) \leq Pr(Y_i \leq j|\boldsymbol{x}_i = \boldsymbol{v}), \quad \text{per ogni } j = 1, \dots, c-1,$$

oppure

$$Pr(Y_i \leq j|\boldsymbol{x}_i = \boldsymbol{u}) \geq Pr(Y_i \leq j|\boldsymbol{x}_i = \boldsymbol{v}), \quad \text{per ogni } j = 1, \dots, c-1.$$

Tipicamente, questa assunzione è violata, e un modello con quote proporzionali mostra un adattamento non soddisfacente, quando la variabilità della variabile latente, e dunque anche della risposta, dipende dalle variabili esplicative. Ad esempio, con $c = 4$ e distribuzione di probabilità della risposta $(0.1, 0.4, 0.4, 0.1)$ in $\boldsymbol{u}$ e $(0.3, 0.2, 0.2, 0.3)$ in $\boldsymbol{v}$, si ha $Pr(Y_i \leq 1|\boldsymbol{x}_i = \boldsymbol{u}) < Pr(Y_i \leq 1|\boldsymbol{x}_i = \boldsymbol{v})$, mentre $Pr(Y_i \leq 3|\boldsymbol{x}_i = \boldsymbol{u}) > Pr(Y_i \leq 3|\boldsymbol{x}_i = \boldsymbol{v})$. Per $\boldsymbol{x}_i = \boldsymbol{u}$ la distribuzione della variabile risposta è più concentrata sulle due modalità centrali rispetto alla distribuzione per $\boldsymbol{x}_i = \boldsymbol{v}$.

Il vantaggio del modello con quote proporzionali è la parsimonia e la semplicità di interpretazione. Il modello potrebbe essere generalizzato ammettendo vettori β dipendenti da j nella (4.12). Tuttavia, senza l'imposizione di opportuni vincoli, tale modello può non soddisfare la condizione (4.11). Di conseguenza, l'algoritmo di massimizzazione della verosimiglianza può non convergere. Qualora si abbia la convergenza, anche se il modello più ampio mostra in genere un miglioramento significativo rispetto al modello con quote proporzionali, la difficile interpretabilità e la scarsa parsimonia fanno di norma preferire il modello più semplice.

Ci si può infine chiedere quale sia il vantaggio di un modello specifico per una risposta qualitativa su scala ordinale rispetto alla più semplice soluzione di assegnare punteggi numerici alle modalità della risposta, ad esempio ponendo $y_i = j$ se y_i assume la modalità j-esima, $j = 1, \dots, c$. Sarebbe allora naturale utilizzare un modello lineare normale per analizzare la relazione con le variabili esplicative. I motivi per cui questa scorciatoia non è consigliabile sono diversi. In primo luogo, non vi è una strategia naturale per assegnare i punteggi e l'interpretazione dei parametri dipende da tale assegnazione. In secondo luogo, in termini della variabile risposta latente Y_i^*, l'assegnazione dei punteggi corrisponde ad una discretizzazione e l'analisi tramite il modello lineare normale non ne terrebbe conto. Infine, si trascurerebbe la tipica eteroschedasticità di una risposta su scala ordinale, che presenta scarsa variabilità per combinazioni di valori delle esplicative a cui corrisponde una distribuzione di Y_i concentrata sulle modalità più piccole, o su quelle più grandi, mentre si ha una maggiore variabilità quando, condizionatamente alle esplicative, Y_i ha una distribuzione più diffusa. Una conseguenza di questi aspetti di criticità è che i risultati dell'analisi tramite un modello di regressione lineare potrebbero rivelarsi fuorvianti, ad esempio smussando gli effetti delle variabili esplicative o suggerendo effetti di interazione spuri. Per approfondimenti, si veda Agresti (2015, paragrafo 6.2.5).

4.4 Laboratori R: modelli per risposte politomiche

4.4.1 *Il veicolo preferito: analisi dei dati* `Vehicle`

Una compagnia di assicurazione ha analizzato il tipo di veicolo assicurato da parte di $n = 2\,067$ clienti (Guillén, 2014, Esempio 3.3). I dati sono riportati nel *data frame* `Vehicle`. Oltre al tipo di veicolo (`veh`), con modalità auto (*car*, `C`), fuoristrada (*fourwheel*, `F`) e motociclo (*motorcycle*, `M`), sono rilevate le variabili concomitanti:

- età, `age`,
- genere, `men`, con modalità `1` per i maschi e `0` per le femmine,
- area di residenza, `urban`, con modalità `1` per aree urbane e `0` per aree rurali.

```
head(Vehicle,10)

##    age men urban veh
## 1   52   1     0   C
## 2   66   1     0   C
## 3   48   0     1   C
## 4   56   1     0   C
## 5   76   1     0   C
## 6   51   1     1   C
## 7   44   0     0   C
## 8   52   1     1   M
## 9   53   1     1   M
## 10  50   1     0   C
```

Si desidera valutare se il tipo di veicolo è legato all'età, al genere e all'area di residenza. Sia x_{i2} l'età e siano x_{i3} e x_{i4} le variabili indicatrici per genere maschio, e per area urbana, rispettivamente, $i = 1, \ldots, 2\,067$. Si possono analizzare i dati tramite un modello additivo di regressione logistica con categoria di riferimento. Si adotta come categoria di riferimento della risposta la modalità auto che risulta la più frequente. Si assume quindi

$$\log \frac{\pi_{ij}}{\pi_{i1}} = \beta_{j1} + \beta_{j2} x_{i2} + \beta_{j3} x_{i3} + \beta_{j4} x_{i4} , \quad j = 2, 3 ,$$

dove $j = 2$ corrisponde a fuoristrada e $j = 3$ a motociclo.

Utilizzando la funzione `vglm` della libreria `VGAM`, si ottengono i seguenti risultati.

```
library(VGAM)
Vehicle.vglm <- vglm(veh ~ age + men + urban,
                     family = multinomial(refLevel = "C"),
                     data = Vehicle)
summary(Vehicle.vglm)

##    ...
##
```

```
## Coefficients:
##                Estimate Std. Error z value Pr(>|z|)
## (Intercept):1 -2.77358    0.41157   -6.74  1.6e-11 ***
## (Intercept):2 -1.37961    0.27174   -5.08  3.8e-07 ***
## age:1         -0.00574    0.00794   -0.72  0.46965
## age:2         -0.02433    0.00539   -4.51  6.4e-06 ***
## men:1          0.46794    0.27215    1.72  0.08554 .
## men:2          0.64377    0.17782    3.62  0.00029 ***
## urban:1       -0.80351    0.26668   -3.01  0.00259 **
## urban:2        0.07065    0.14451    0.49  0.62491
## ---
## Signif. codes:  0 '***' 0.001 '**' 0.01 '*' 0.05 '.' 0.1 ' ' 1
##
## Names of linear predictors: log(mu[,2]/mu[,1]), log(mu[,3]/mu[,1])
##
## Residual deviance: 2209 on 4126 degrees of freedom
##
## Log-likelihood: -1104 on 4126 degrees of freedom
##
## Number of Fisher scoring iterations: 6
##
##   ...
##
## Reference group is level  1  of the response
```

Nella parte relativa ai coefficienti dei risultati sopra riportati i valori `1` e `2` si riferiscono a $j = 2$ (fuoristrada) e a $j = 3$ (motociclo), rispettivamente. Infatti R ordina i livelli di un fattore secondo l'ordine alfabetico.

Esercizio Si valuti l'opportunità di aggiungere termini di interazione a due tra le variabili esplicative considerate sopra. ◇

Il modello stimato per il log-rapporto della probabilità che il veicolo sia motociclo rispetto ad auto per l'unità i-esima, $i = 1, \ldots, 2067$, è

$$\log \frac{\hat{\pi}_{i3}}{\hat{\pi}_{i1}} = -1.380 - 0.024x_{i2} + 0.644x_{i3} + 0.071x_{i4}\,,$$

mentre il modello stimato per il log-rapporto della probabilità che il veicolo sia fuoristrada rispetto ad auto è

$$\log \frac{\hat{\pi}_{i2}}{\hat{\pi}_{i1}} = -2.774 - 0.006x_{i2} + 0.468x_{i3} - 0.804x_{i4}\,.$$

Trattandosi di dati non raggruppati, la devianza residua è utilizzabile solamente per confrontare modelli annidati. I gradi di libertà indicati per la devianza residua sono $(n - p)(c - 1) = (2067 - 4)(3 - 1) = 4\,126$.

La stima della probabilità che, a parità di età e area di residenza, un maschio abbia un motociclo rapportata alla probabilità che abbia un'auto è pari a $\exp(\hat{\beta}_{33}) =$

$\exp(0.644) \doteq 1.9$ volte lo stesso rapporto di probabilità per una femmina. L'intervallo di confidenza di Wald con livello approssimato 0.95 per β_{33} è $0.644 \pm 1.96 \times 0.178 = (0.295, 0.992)$ che, riportato sulla scala dei rapporti di probabilità, risulta $(1.34, 2.70)$. La stima del coefficiente della variabile indicatrice dell'area urbana indica che, a parità di età e di genere, il rapporto tra le probabilità stimate che un soggetto residente in area urbana abbia un motociclo rispetto a un'auto è $\exp(0.071) \doteq 1.073$ volte il medesimo rapporto di un residente in area rurale. Quindi l'area di residenza non sembra rilevante in questo caso, come confermato dalla non significatività di β_{34}.

Utilizzando l'espressione (4.9), si ottiene ad esempio che la stima della probabilità che un soggetto di genere femminile, di età x_{i2}, residente in area urbana, abbia un motociclo risulta

$$\hat{\pi}_{i\,3} = \frac{e^{-1.380-0.024x_{i2}+0.071}}{1+e^{-2.774-0.0057x_{i2}-0.804}+e^{-1.380-0.024x_{i2}+0.071}}\,.$$

In modo analogo si può ottenere la probabilità che lo stesso soggetto possegga un'automobile, oppure la probabilità che possegga un fuoristrada. Le tre probabilità si possono rappresentare graficamente in funzione dell'età. Grafici dello stesso tipo si possono ottenere in modo simile per altre categorie di soggetti.

```
bh <- coef(Vehicle.vglm)
pi.motoFU <- function(x) {
  exp(bh["(Intercept):2"] + bh["age:2"] * x + bh["urban:2"]) /
    (1 + exp(bh["(Intercept):1"] + bh["age:1"] * x + bh["urban:1"]) +
       exp(bh["(Intercept):2"] + bh["age:2"] * x + bh["urban:2"]))
}
pi.fsFU <- function(x) {
  exp(bh["(Intercept):1"] + bh["age:1"] * x + bh["urban:1"]) /
    (1 + exp(bh["(Intercept):1"] + bh["age:1"] * x + bh["urban:1"]) +
       exp(bh["(Intercept):2"] + bh["age:2"] * x + bh["urban:2"]))
}
pi.autoFU <- function(x) {
  1 / (1 + exp(bh["(Intercept):1"] + bh["age:1"] * x + bh["urban:1"]) +
       exp(bh["(Intercept):2"] + bh["age:2"] * x + bh["urban:2"]))
}

curve(pi.motoFU(x), from = 16, to = 85,
      xlab = "age", ylab = "prob", ylim = c(0, 1))
curve(pi.autoFU(x), from = 16, to = 85, xlab = "age",
      ylab = "prob", lty = "dashed", col = 2, add = TRUE)
curve(pi.fsFU(x), from = 16, to = 85, xlab = "age",
      ylab = "prob", lty = "longdash", col = 4, add = TRUE)
legend("right", legend = c("automobile", "motociclo",
                           "fuoristrada"),
      col = c(2, 1, 4), lty = c("dashed", "solid", "longdash"),
      bty = "n")
```

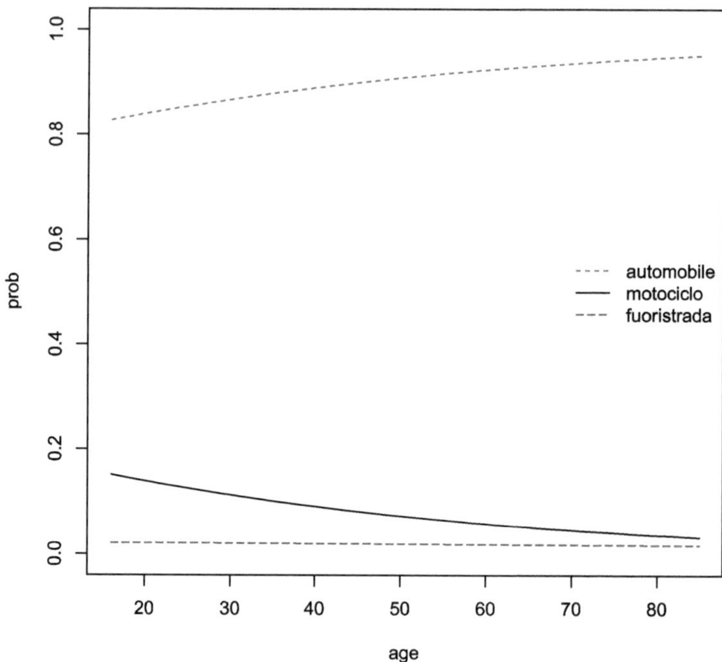


```
# ad esempio, per confronto con freq osservate
with(Vehicle, table(veh[(men == 0) & (urban == 1) &
                        (age > 19) & (age < 40)]) /
       sum((men == 0) & (urban == 1) & (age > 19) & (age < 40)))

##
##      C      F      M
## 0.8267 0.0267 0.1467
```

La funzione `fitted` per un oggetto `vglm` restituisce le probabilità multinomiali stimate per tutte le unità.

```
head(fitted(Vehicle.vglm))

##       C      F      M
## 1 0.827 0.0612 0.1118
## 2 0.859 0.0586 0.0826
## 3 0.905 0.0192 0.0760
## 4 0.837 0.0605 0.1027
## 5 0.877 0.0565 0.0662
## 6 0.846 0.0282 0.1258
```

4.4.2 *Soddisfazione della clientela: analisi dei dati* `Customer`

Si riconsiderino i dati dell'Esempio 1.7, riferiti ad un'indagine sulla soddisfazione dei passeggeri di una linea di autobus. Un questionario è stato presentato ad un campione casuale di 12 231 passeggeri, i quali dovevano rispondere alla domanda *"How satisfied are you with the punctuality of this bus?"* scegliendo tra le possibili risposte: *Very unsatisfied*, *Unsatisfied*, *Neutral*, *Satisfied*, *Very satisfied*. Per ogni passeggero intervistato è stato registrato anche il ritardo dell'autobus, classificato in 0, 2, 5 o 7 minuti. I dati raccolti a livello individuale sono contenuti nel *data frame* `Customer`. Si desidera valutare la relazione tra ritardo e livello di soddisfazione.

```
str(Customer, width = 60, strict.width = "cut")

## 'data.frame': 12231 obs. of  2 variables:
##  $ y    : Factor w/ 5 levels "Neutral","Satisfied",..: 5 5..
##  $ delay: int  0 0 0 0 0 0 0 0 0 0 ...

Customer$y <- factor(Customer$y, ordered = TRUE,
              levels = c("Very unsatisfied", "Unsatisfied",
                         "Neutral", "Satisfied", "Very satisfied"))
# tabella di frequenza
with(Customer, table(delay, y))

##      y
## delay Very unsatisfied Unsatisfied Neutral Satisfied Very satisfied
##     0              234         559    1157      5826           2553
##     2               41         100     145       602            237
##     5               42          76      89       254             72
##     7               35          48      39        95             27
```

Si possono visualizzare le frequenze cumulate, in scala logit, per ogni modalità di `y` al variare dei minuti di ritardo (`delay`)

```
# tabella delle frequenze relative condizionate
Customer.table <- with(Customer, prop.table(table(delay, y), 1))
Customer.table

##      y
## delay Very unsatisfied Unsatisfied Neutral Satisfied Very satisfied
##     0           0.0227      0.0541  0.1120    0.5640         0.2472
##     2           0.0364      0.0889  0.1289    0.5351         0.2107
##     5           0.0788      0.1426  0.1670    0.4765         0.1351
##     7           0.1434      0.1967  0.1598    0.3893         0.1107

# frequenze condizionate cumulate
Customer.cumtable <- apply(Customer.table, 1, cumsum)
Customer.cumtable

##                   delay
## y                       0      2      5     7
##   Very unsatisfied 0.0227 0.0364 0.0788 0.143
##   Unsatisfied      0.0768 0.1253 0.2214 0.340
##   Neutral          0.1888 0.2542 0.3884 0.500
```

```
##    Satisfied         0.7528 0.7893 0.8649 0.889
##    Very satisfied    1.0000 1.0000 1.0000 1.000

# frequenze condizionate cumulate in scala logistica
Customer.logiscum <- qlogis(Customer.cumtable)
Customer.logiscum

##                    delay
## y                      0     2      5      7
##    Very unsatisfied -3.76 -3.27 -2.459 -1.787
##    Unsatisfied      -2.49 -1.94 -1.258 -0.663
##    Neutral          -1.46 -1.08 -0.454  0.000
##    Satisfied         1.11  1.32  1.857  2.084
##    Very satisfied     Inf   Inf    Inf    Inf

with(Customer,{
  plot(unique(delay), Customer.logiscum[1,],
      type = "b", ylim = c(-4, 4), pch = 20, xlab = "Delay",
      ylab = "Logit")
  for (i in 2:4)
    points(unique(delay), Customer.logiscum[i,],
      type = "b", col = i, pch = 20, lty = 1)
    legend("topleft", lty = 1, col = 1:4,
        legend = levels(y)[1:4], bty = "n")
})
```

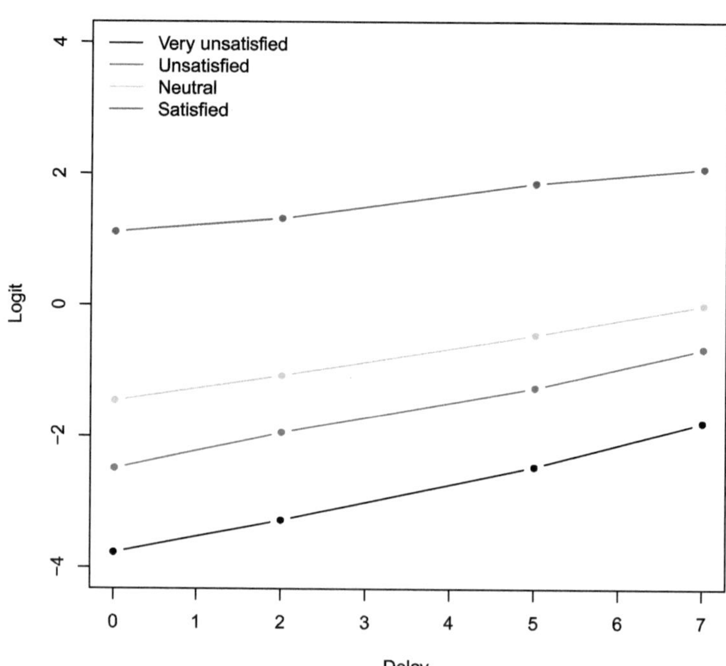

Si può stimare un modello di regressione per logit cumulati proporzionali. Con i dati non raggruppati si ha

```
library(VGAM)
Customer.vglm <- vglm(y ~ delay,
                      family = cumulative(parallel = TRUE),
                      data = Customer)
summary(Customer.vglm)
```

```
##   ...
##
## Coefficients:
##               Estimate Std. Error z value Pr(>|z|)
## (Intercept):1  -3.6758     0.0553   -66.5   <2e-16 ***
## (Intercept):2  -2.4203     0.0329   -73.7   <2e-16 ***
## (Intercept):3  -1.4490     0.0240   -60.5   <2e-16 ***
## (Intercept):4   1.0900     0.0219    49.8   <2e-16 ***
## delay           0.1996     0.0117    17.1   <2e-16 ***
## ---
## Signif. codes:  0 '***' 0.001 '**' 0.01 '*' 0.05 '.' 0.1 ' ' 1
##
## Names of linear predictors: logitlink(P[Y<=1]), logitlink(P[Y<=2]),
## logitlink(P[Y<=3]), logitlink(P[Y<=4])
##
## Residual deviance: 29012 on 48919 degrees of freedom
##
## Log-likelihood: -14506 on 48919 degrees of freedom
##
## Number of Fisher scoring iterations: 4
##
##   ...
##
## Exponentiated coefficients:
## delay
##  1.22
```

I valori stimati sono

```
dval <- c(0, 2, 5, 7)
Customer.fitted <- predictvglm(Customer.vglm,
                       newdata = data.frame(delay = dval))
Customer.fitted
```

```
##   logitlink(P[Y<=1]) logitlink(P[Y<=2]) logitlink(P[Y<=3])
## 1              -3.68              -2.42             -1.449
## 2              -3.28              -2.02             -1.050
## 3              -2.68              -1.42             -0.451
## 4              -2.28              -1.02             -0.052
##   logitlink(P[Y<=4])
## 1               1.09
## 2               1.49
## 3               2.09
## 4               2.49
```

```
# valori osservati
plot(dval, Customer.logiscum[1,],
     type = "b", ylim = c(-4, 4), pch = 20,
     xlab = "Delay", ylab = "Logit")
for (i in 2:4)
  points(dval, Customer.logiscum[i,],
     type = "b", col = i, pch = 20)
# e valori stimati
for (i in 1:4)
    points(dval, Customer.fitted[,i],
     type = "b", col = i, pch = 3, lty = "dashed")
legend("topleft", lty = 1:4, col = 1:4,
       legend = levels(Customer$y)[1:4], bty = "n")
```

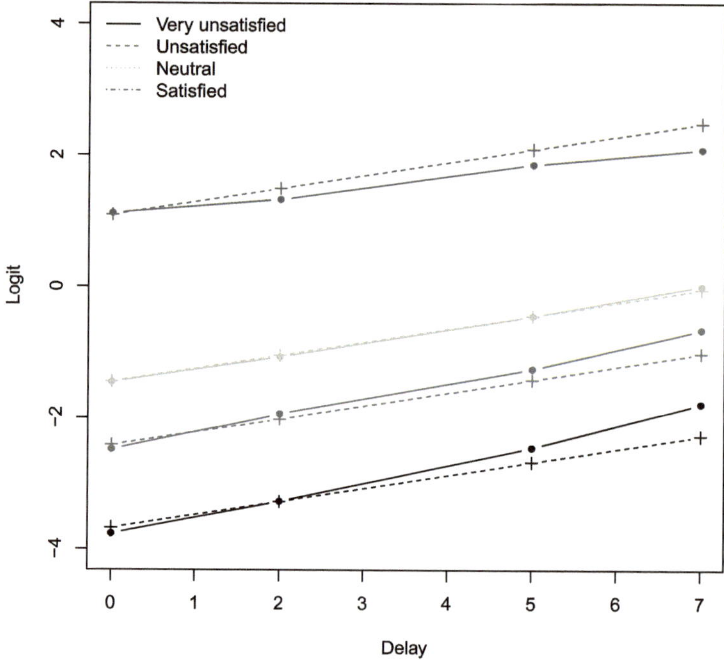

Esercizio Si aggiungano al grafico precedente gli intervalli di confidenza approssimati. ◇

Si può provare a stimare il modello con quote cumulate non proporzionali per vedere se l'adattamento migliora.

```
Customer.vglm2 <- vglm(y ~ delay, family = cumulative,
                       data = Customer)
summary(Customer.vglm2)

##   ...
##
```

```
## Coefficients:
##                Estimate Std. Error z value Pr(>|z|)
## (Intercept):1  -3.7726     0.0637  -59.20   <2e-16 ***
## (Intercept):2  -2.4841     0.0356  -69.71   <2e-16 ***
## (Intercept):3  -1.4600     0.0245  -59.62   <2e-16 ***
## (Intercept):4   1.1100     0.0224   49.50   <2e-16 ***
## delay:1         0.2729     0.0230   11.85   <2e-16 ***
## delay:2         0.2541     0.0151   16.78   <2e-16 ***
## delay:3         0.2028     0.0130   15.62   <2e-16 ***
## delay:4         0.1368     0.0177    7.75    9e-15 ***
## ---
## Signif. codes:  0 '***' 0.001 '**' 0.01 '*' 0.05 '.' 0.1 ' ' 1
##
## Names of linear predictors: logitlink(P[Y<=1]), logitlink(P[Y<=2]),
## logitlink(P[Y<=3]), logitlink(P[Y<=4])
##
## Residual deviance: 28977 on 48916 degrees of freedom
##
## Log-likelihood: -14489 on 48916 degrees of freedom
##
## Number of Fisher scoring iterations: 5
##
##   ...
##
## Exponentiated coefficients:
## delay:1 delay:2 delay:3 delay:4
##    1.31    1.29    1.22    1.15
```

Il confronto tra i due modelli si può fare utilizzando il test del log rapporto di verosimiglianza,

```
1 - pchisq(2 * (logLik(Customer.vglm2) - logLik(Customer.vglm)),
           df = df.residual(Customer.vglm) -
             df.residual(Customer.vglm2))

## [1] 1.46e-07
```

ottenibile anche tramite la funzione `anova` con l'opzione `type="I"`.

```
anova(Customer.vglm, Customer.vglm2, type="I")

## Analysis of Deviance Table
##
## Model 1: y ~ delay
## Model 2: y ~ delay
##   Resid. Df Resid. Dev Df Deviance Pr(>Chi)
## 1     48919      29012
## 2     48916      28977  3     34.6  1.5e-07 ***
## ---
## Signif. codes:  0 '***' 0.001 '**' 0.01 '*' 0.05 '.' 0.1 ' ' 1
```

Nonostante l'evidenza contro il modello più semplice, con β comune, sia in questo caso abbastanza forte, spesso il modello semplificato è comunque ritenuto utile per spiegare l'effetto globale della variabile esplicativa. Il modello più generale è invece utilizzato per affinare la descrizione di tale effetto.

Esercizio Si ottenga un grafico del modello stimato in scala logit e degli intervalli di confidenza per le probabilità cumulate, sempre in scala logit. ◇

Esercizio Si ottenga un grafico delle probabilità cumulate stimate al variare dei minuti di ritardo da 0 a 20. ◇

La stessa analisi si può ottenere a partire dai dati raggruppati contenuti nel *data frame* costruito di seguito.

```
Customer2 <- with(Customer, as.data.frame(table(delay, y)))
Customer2

##    delay                 y Freq
## 1      0 Very unsatisfied  234
## 2      2 Very unsatisfied   41
## 3      5 Very unsatisfied   42
## 4      7 Very unsatisfied   35
## 5      0      Unsatisfied  559
## 6      2      Unsatisfied  100
## 7      5      Unsatisfied   76
## 8      7      Unsatisfied   48
## 9      0          Neutral 1157
## 10     2          Neutral  145
## 11     5          Neutral   89
## 12     7          Neutral   39
## 13     0        Satisfied 5826
## 14     2        Satisfied  602
## 15     5        Satisfied  254
## 16     7        Satisfied   95
## 17     0   Very satisfied 2553
## 18     2   Very satisfied  237
## 19     5   Very satisfied   72
## 20     7   Very satisfied   27

Customer2$delay <- as.numeric(as.character(Customer2$delay))
Customer2$y <- factor(Customer2$y, ordered=TRUE)

Customer2.vglm<-vglm(y ~ delay, weights = Freq,
                     family = cumulative(parallel = TRUE),
                     data = Customer2)
summary(Customer2.vglm)

##   ...
##
## Coefficients:
##                Estimate Std. Error z value Pr(>|z|)
## (Intercept):1  -3.6758     0.0553   -66.5   <2e-16 ***
## (Intercept):2  -2.4203     0.0329   -73.7   <2e-16 ***
## (Intercept):3  -1.4490     0.0240   -60.5   <2e-16 ***
## (Intercept):4   1.0900     0.0219    49.8   <2e-16 ***
```

```
## delay            0.1996     0.0117    17.1   <2e-16 ***
## ---
## Signif. codes:  0 '***' 0.001 '**' 0.01 '*' 0.05 '.' 0.1 ' ' 1
##
## Names of linear predictors: logitlink(P[Y<=1]), logitlink(P[Y<=2]),
## logitlink(P[Y<=3]), logitlink(P[Y<=4])
##
## Residual deviance: 29012 on 75 degrees of freedom
##
## Log-likelihood: -14506 on 75 degrees of freedom
##
## Number of Fisher scoring iterations: 4
##
##   ...
##
## Exponentiated coefficients:
## delay
##  1.22
```

Un terzo modo per svolgere la stessa analisi è a partire dalla tabella di frequenza. I dati in forma di tabella, presentati nell'Esempio 1.7, Tabella 1.12, sono salvati nel *data frame* `Customer3`.

```
Customer3
```

```
##   delay Verydissatisfied Dissatisfied Neutral Satisfied Verysatisfied
## 1     0              234          559    1157      5826          2553
## 2     2               41          100     145       602           237
## 3     5               42           76      89       254            72
## 4     7               35           48      39        95            27
```

```
Customer3.vglm <- vglm(cbind(Verydissatisfied, Dissatisfied, Neutral,
                       Satisfied, Verysatisfied) ~ delay,
                       family = cumulative(parallel = TRUE),
                       data = Customer3)
summary(Customer3.vglm)
```

```
##   ...
##
## Coefficients:
##                Estimate Std. Error z value Pr(>|z|)
## (Intercept):1  -3.6758     0.0553   -66.5   <2e-16 ***
## (Intercept):2  -2.4203     0.0329   -73.7   <2e-16 ***
## (Intercept):3  -1.4490     0.0240   -60.5   <2e-16 ***
## (Intercept):4   1.0900     0.0219    49.8   <2e-16 ***
## delay           0.1996     0.0117    17.1   <2e-16 ***
## ---
## Signif. codes:  0 '***' 0.001 '**' 0.01 '*' 0.05 '.' 0.1 ' ' 1
##
## Names of linear predictors: logitlink(P[Y<=1]), logitlink(P[Y<=2]),
## logitlink(P[Y<=3]), logitlink(P[Y<=4])
##
## Residual deviance: 37.1 on 11 degrees of freedom
##
```

```
## Log-likelihood: -70.2 on 11 degrees of freedom
##
## Number of Fisher scoring iterations: 4
##
##   ...
##
## Exponentiated coefficients:
## delay
##  1.22
```

4.4.3 *Livello di menomazione: analisi dei dati* `Mental`

I dati contenuti nel *data frame* `Mental` (Agresti, 2015, Esempio 6.3.3) sono il risultato di un'indagine su un campione di 40 adulti residenti in un certo distretto. La variabile di interesse è lo stato di salute mentale, misurato dalla variabile `menom`, qualitativa ordinale con $c = 4$ livelli: 1=nessun sintomo, 2=sintomi lievi, 3=sintomi moderati, 4=sintomi gravi. Le variabili concomitanti sono lo stato socio-economico, `sse`, variabile dicotomica con modalità 1=alto, 0=basso, e la variabile `eventi`, che rappresenta un indicatore quantitativo composito della quantità e intensità di eventi importanti (nascite, separazioni, lutti, cambiamenti di lavoro, eccetera) occorsi negli ultimi 3 anni. Per valutare se e come la salute mentale sia in relazione con stato socio-economico e cambiamenti di vita importanti, si consideri un modello di regressione per logit cumulati (4.12).

```
library(VGAM)
Mental.vglm <- vglm(menom ~ eventi + sse,
                    family = cumulative(parallel = TRUE),
                    data = Mental)
```

```
summary(Mental.vglm)
```

```
##   ...
##
## Coefficients:
##                Estimate Std. Error z value Pr(>|z|)
## (Intercept):1   -0.282      0.623   -0.45   0.6510
## (Intercept):2    1.213      0.651    1.86   0.0625 .
## (Intercept):3    2.209      0.717    3.08   0.0021 **
## eventi          -0.319      0.119   -2.67   0.0076 **
## sse              1.111      0.614    1.81   0.0704 .
## ---
## Signif. codes:  0 '***' 0.001 '**' 0.01 '*' 0.05 '.' 0.1 ' ' 1
##
## Names of linear predictors: logitlink(P[Y<=1]), logitlink(P[Y<=2]),
## logitlink(P[Y<=3])
##
## Residual deviance: 99.1 on 115 degrees of freedom
```

```
##
## Log-likelihood: -49.5 on 115 degrees of freedom
##
## Number of Fisher scoring iterations: 5
##
##   ...
##
## Exponentiated coefficients:
## eventi    sse
##  0.727  3.038
```

Si può valutare l'opportunità di introdurre un termine di interazione, che tuttavia non risulta significativo.

```
Mental.vglm.int <- vglm(menom ~ eventi * sse,
                        family = cumulative(parallel = TRUE),
                        data = Mental)
summary(Mental.vglm.int)
```

```
##   ...
##
## Coefficients:
##                Estimate Std. Error z value Pr(>|z|)
## (Intercept):1    0.0981     0.8110    0.12   0.9038
## (Intercept):2    1.5925     0.8372    1.90   0.0571 .
## (Intercept):3    2.6066     0.9097    2.87   0.0042 **
## eventi          -0.4204     0.1903   -2.21   0.0272 *
## sse              0.3709     1.1302    0.33   0.7428
## eventi:sse       0.1813     0.2361    0.77   0.4426
## ---
## Signif. codes:  0 '***' 0.001 '**' 0.01 '*' 0.05 '.' 0.1 ' ' 1
##
## Names of linear predictors: logitlink(P[Y<=1]), logitlink(P[Y<=2]),
## logitlink(P[Y<=3])
##
## Residual deviance: 98.5 on 114 degrees of freedom
##
## Log-likelihood: -49.3 on 114 degrees of freedom
##
## Number of Fisher scoring iterations: 5
##
##   ...
##
## Exponentiated coefficients:
##     eventi        sse eventi:sse
##      0.657      1.449      1.199
```

Il modello stimato risulta quindi

$$\text{logit}[\hat{P}r(Y_i \leq j)] = \hat{\alpha}_j - 0.319x_{i1} + 1.111x_{i2}, \qquad j = 1, 2, 3,$$

dove x_{i1} è il valore numerico della variabile `eventi` e x_{i2} è la variabile indicatrice `sse`. La stima della probabilità cumulata (dal livello di nessun sintomo verso valori via via più gravi) è funzione decrescente di `eventi` ed è più elevata per lo stato socio-economico alto, fermo restando il valore dell'altra variabile. Fissata la variabile `eventi`, la quota cumulata per `sse=1` è pari a exp(1.111) $\doteq$ 3.0 volte la quota cumulata per `sse=0`. L'intervallo di confidenza di Wald con livello approssimato 0.95 per β_2 è $1.111 \pm 1.96 \times 0.6143 = (-0.093, 2.315)$ e dunque per $\exp(\beta_2)$ si ha l'intervallo $(\exp(-0.093), \exp(2.315)) = (0.91, 10.12)$. L'ipotesi nulla $H_0 : \beta_2 = 0$, di assenza di effetto della variabile `sse`, non è rifiutata, mentre l'effetto della variabile `eventi` appare significativo. Per interpretare gli effetti, è utile confrontare la stima di $Pr(Y_i = 1|\boldsymbol{x}_i)$ (nessun sintomo) per valori fissati di una variabile esplicativa al variare dell'altra esplicativa. Ad esempio, per l'effetto della variabile `sse`, fissando al valor medio la variabile `eventi`, $\hat{Pr}(Y_i = 1|\boldsymbol{x}_i)$ è pari a 0.37 per lo stato socio-economico alto ($x_{i2} = 1$) e pari a 0.16 per lo stato socio-economico basso. Per quanto riguarda l'effetto della variabile `eventi`, al livello alto di `sse`, $\hat{Pr}(Y_i = 1|\boldsymbol{x}_i)$ varia da 0.70 a 0.12 per x_{i1} che varia da 0 a 9. Al livello basso di `sse`, $\hat{Pr}(Y_i = 1|\boldsymbol{x}_i)$ varia invece da 0.43 a 0.04.

Esercizio Si ottenga la stima della probabilità che un soggetto con stato socio-economico basso e variabile `eventi` pari a 9, mostri sintomi moderati o gravi. Utilizzando la funzione `predictvglm`, con sintassi simile a quella della funzione `predict` per un oggetto `glm`, si ottenga un intervallo di confidenza con livello approssimato 0.95 per tale probabilità. ◇

Per verificare l'ipotesi di quote proporzionali, si può adattare un modello con coefficienti β dipendenti da j, utilizzando la funzione `vglm` senza l'opzione `parallel=TRUE`.

```
Mental.vglm1 <- vglm(menom ~ eventi + sse, family = cumulative,
                     data = Mental)
summary(Mental.vglm1)

##   ...
##
## Coefficients:
##                Estimate Std. Error z value Pr(>|z|)
## (Intercept):1    -0.193      0.739   -0.26    0.794
## (Intercept):2     0.828      0.704    1.18    0.239
## (Intercept):3     2.805      0.962      NA       NA
## eventi:1         -0.318      0.160   -1.99    0.046 *
## eventi:2         -0.274      0.137   -2.00    0.046 *
## eventi:3         -0.396      0.159   -2.49    0.013 *
## sse:1             0.973      0.772    1.26    0.207
## sse:2             1.496      0.746    2.01    0.045 *
## sse:3             0.752      0.836    0.90    0.368
## ---
## Signif. codes:  0 '***' 0.001 '**' 0.01 '*' 0.05 '.' 0.1 ' ' 1
##
## Names of linear predictors: logitlink(P[Y<=1]), logitlink(P[Y<=2]),
## logitlink(P[Y<=3])
##
```

```
## Residual deviance: 96.7 on 111 degrees of freedom
##
## Log-likelihood: -48.4 on 111 degrees of freedom
##
## Number of Fisher scoring iterations: 14
##
##   ...
##
## Exponentiated coefficients:
## eventi:1 eventi:2 eventi:3    sse:1    sse:2    sse:3
##    0.727    0.760    0.673    2.647    4.465    2.121
```

Il test del rapporto di verosimiglianza per verificare l'ipotesi di quote proporzionali si ottiene con

```
df <- df.residual(Mental.vglm) - df.residual(Mental.vglm1)
pchisq(2 * (logLik(Mental.vglm1) - logLik(Mental.vglm)),
       df, lower.tail = FALSE)
```

```
## [1] 0.672
```

L'adattamento non migliora in modo significativo. Anche con valori variabili tra i diversi logit, `sse` continua ad avere un effetto positivo ed `eventi` negativo.

Esercizio Si sfrutti la funzione `anova` per calcolare il test del rapporto di verosimiglianza per verificare l'ipotesi di quote proporzionali. ◇

Esercizio Si può adattare un modello probit con quote proporzionali tramite

```
Mental.vglm3 <- vglm(menom ~ eventi + sse, data = Mental,
                     family = cumulative(link = probit,
                                         parallel = TRUE))
```

Si valuti l'adattamento di questo modello e si confrontino i risultati con quelli ottenuti per il modello logit con quote proporzionali. ◇

4.4.4 Pneumoconiosi: analisi dei dati `Pneu`

La pneumoconiosi è un'affezione dei polmoni provocata dall'inalazione prolungata di piccolissime particelle solide. I dati nel *data frame* `Pneu` (Ashford, 1959; Davison, 2003, p. 509) si riferiscono a lavoratori di miniere di carbone e contengono la classificazione dei lavoratori rispetto al livello di pneumoconiosi (`Normal`, `Present`, `Severe`), diagnosticata attraverso esame radiologico, e rispetto agli anni di lavoro (`Years`).

```
Pneu

##   Years Normal Present Severe
## 1   5.8     98       0      0
## 2  15.0     51       2      1
## 3  21.5     34       6      3
## 4  27.5     35       5      8
## 5  33.5     32      10      9
## 6  39.5     23       7      8
## 7  46.0     12       6     10
## 8  51.5      4       2      5
```

Esercizio Si stimi un modello per logit cumulati con quote proporzionali per la diagnosi con variabile esplicativa gli anni di lavoro (in scala logaritmica). Si confronti tale modello con quello con quote non proporzionali. ◇

4.5 Nota bibliografica

I principali riferimenti recenti per i modelli per risposte multinomiali sono Agresti (2013, Capitolo 8) e Agresti (2015, Capitolo 6).

Molte applicazioni dei modelli logit multinomiali riguardano l'analisi del comportamento di soggetti nella scelta tra c opzioni disponibili, ad esempio il mezzo di trasporto per recarsi al lavoro. In tale contesto, si parla di modelli per scelte discrete (McFadden, 1974; Greene, 2011) e accade spesso che le variabili esplicative cambino anche al variare dell'opzione, ad esempio il prezzo del biglietto influenza la scelta di utilizzare l'autobus, ma non la scelta di utilizzare l'automobile. È quindi richiesto un ampliamento della formulazione (4.8) che ammetta la dipendenza anche da j del vettore di variabili esplicative. Per un'introduzione, si veda Agresti (2013, paragrafo 8.5).

Per una estesa trattazione, anche storica, ai modelli per risposte ordinali, si veda Liu e Agresti (2005). Il testo recente di riferimento è Agresti (2010), che tratta anche modelli alternativi ai logit cumulati ed estensioni.

Per approfondimenti sui modelli lineari generalizzati multivariati, si vedano Yee (2015, Capitolo 3) e Fahrmeir e Tutz (2001, Capitolo 3).

La funzione `vglm` della libreria `VGAM` sembra la più indicata da utilizzare per la sua generalità (stima sia modelli logit multinomiali sia logit cumulati) e anche per la sua somiglianza con la funzione `glm`. Esistono tuttavia anche altre funzioni più specifiche, come ad esempio la funzione `multinom` della libreria `nnet` (Venables e Ripley, 2002) per adattare modelli logit multinomiali, e la funzione `polr` della libreria `MASS` (Venables e Ripley, 2002) per adattare modelli logit cumulati. La funzione restituisce la stima dei parametri β con segno cambiato (si veda la discussione a p. 170 e seguenti). Per dati ordinali, è disponibile anche la libreria `ordinal` (Christensen, 2019).

4.6 Esercizi

4.1 Utilizzando le (4.6) e (4.7), si ottengano dalla (4.4) il vettore delle medie e la matrice di covarianza delle distribuzione multinomiale. Si ottengano gli stessi risultati a partire dalle distribuzioni marginali univariate e sfruttando l'espressione della covarianza $Cov(Y_{ij}, Y_{ih}) = E(Y_{ij}Y_{ih}) - E(Y_{ij})E(Y_{ih})$. Per quest'ultima, va tenuto presente che Y_{ij} e Y_{ih}, $j \neq h$, non possono essere simultaneamente pari a 1.

4.2 Si verifichi che, quando $c = 2$, sia il modello logit multinomiale (4.8) sia il modello con quote proporzionali (4.12) coincidono con il modello di regressione logistica.

4.3 Si consideri per $(y_{i1}, \ldots, y_{ic})$, $i = 1, \ldots, n$, il modello multinomiale nullo $Mn_c(1, \pi)$ con $\pi = (\pi_1, \ldots, \pi_c)$ e con probabilità π_j, $j = 1, \ldots, c$, costanti per le n unità statistiche. Si assuma $\pi_j = \pi_j(\theta) > 0$, con θ parametro scalare ignoto. Sia $\gamma = \sum_{j=1}^{c} b_j \pi_j$, con b_j costanti note, e siano $s_j = \sum_{i=1}^{n} y_{ij}$, $p_j = s_j/n$, $j = 1, \ldots, c$. Si considerino, come stimatori di γ, $S = \sum_j b_j p_j$ e $T = \sum_j b_j \hat{\pi}_j$, con $\hat{\pi}_j = \pi(\hat{\theta})$ con $\hat{\theta}$ stima di massima verosimiglianza di θ.

(a) Si verifichi che $Var(S) = \{\sum_j b_j^2 \pi_j - (\sum_j b_j \pi_j)^2\}/n$.
(b) Utilizzando il metodo delta, si mostri che $Var(T) \doteq Var(\hat{\theta})\{\sum_j b_j \pi_j'(\theta)\}^2$.
(c) Calcolando l'informazione attesa per $l(\theta) = \sum_j s_j \log \pi_j(\theta)$, si verifichi che $Var(\hat{\theta}) \doteq 1/\{n \sum_j (\pi_j'(\theta))^2/\pi_j(\theta)\}$.

4.4 In un modello logit multinomiale con $c = 3$ e una sola variabile esplicativa, sia

$$\pi_{ij} = \frac{\exp\{\beta_{j1} + \beta_{j2}x_i\}}{1 + \exp\{\beta_{11} + \beta_{12}x_i\} + \exp\{\beta_{21} + \beta_{22}x_i\}}, \qquad j = 1, 2.$$

Si mostri che π_{i3} è i) decrescente in x_i se sia β_{12} sia β_{22} sono positivi, ii) crescente in x_i se entrambi i coefficienti sono negativi e iii) non monotona se tali coefficienti hanno segni opposti.

4.5 Il *data frame* `Alligators` (cfr. Agresti, 2015, paragrafo 6.3.2) contiene dati di conteggio sul cibo prevalente (`foodchoice`) per un campione di 219 alligatori catturati in 4 laghi della Florida. Le modalità sono: `Fish`, `Invertebrate`, `Reptile`, `Bird`, `Other`. Le 219 unità statistiche sono state classificate in base alla dimensione dell'animale (`size`; `<=2.3`, `>2.3`) e al lago in cui è stato catturato (`lake`; `George`, `Hancock`, `Oklawaha`, `Trafford`). Si specifichi un opportuno modello per valutare se il cibo prevalente è legato alla dimensione e al lago di provenienza. Si adatti il modello con R e si interpretino i risultati. Si verifichi l'ipotesi nulla di assenza di effetto del lago di provenienza.

4.6 I dati nel *data frame* `housing` della libreria `MASS` (Madsen, 1976) sono stati ottenuti da un'indagine sulle condizioni abitative nella città di Copenhagen. I residenti tra il 1960 e il 1968 in alcuni quartieri della città in abitazioni in affitto di diverse tipologie (`Type` con livelli `Tower`, `Atrium`, `Apartment`, `Terrace`) sono stati intervistati in merito alla soddisfazione per le condizioni abitative (`Sat` con livelli `Low`, `Medium`, `High`), il grado di contatto con altri inquilini (`Cont` con livelli `Low`, `High`), la percezione dell'influenza sulla conduzione della proprietà (`Infl` con livelli `Low`, `Medium`, `High`). Si desidera valutare come la soddisfazione per la condizione abitativa possa essere spiegata dalla relazione con la tipologia di abitazione, il grado di contatto con altri inquilini e la percezione dell'influenza sulla conduzione della proprietà.

(a) Si individuino le unità statistiche, la variabile risposta e le variabili concomitanti, indicando la tipologia di ciascuna variabile.
(b) Si specifichi un opportuno modello additivo per valutare l'effetto sulla soddisfazione dei fattori tipologia, contatto e influenza, trattando la risposta come una variabile qualitativa sconnessa. Si adatti il modello con R. Si determini se il modello con effetti di interazione coincide con il modello saturo.
(c) Si specifichi un opportuno modello additivo per valutare l'effetto sulla soddisfazione dei fattori tipologia, contatto e influenza, trattando la risposta come una variabile qualitativa ordinale. Si adatti il modello con R e si confronti il risultato con quello del punto precedente.

Capitolo 5
Modelli per dati di conteggio

5.1 Introduzione

In diverse applicazioni, i valori della risposta $y_1, \ldots, y_n$ rappresentano il risultato di conteggi il cui totale $\sum_{i=1}^{n} y_i$ non è prefissato. Può trattarsi del numero di libri letti nell'ultimo anno solare da n studenti del quinto anno delle scuole superiori, del numero di incidenti che si sono verificati in ciascuno degli n giorni di un dato periodo di tempo in un tratto di autostrada. O anche del numero di dispositivi collegati alla rete in ciascuna di n abitazioni di un certo quartiere o del numero di casi di una malattia verificatisi in ciascun trimestre per un certo numero di anni, come nell'Esempio 1.5. Con dati di conteggio, il modello di riferimento per la distribuzione della risposta è il modello di Poisson.

Anche le frequenze in una distribuzione di frequenza univariata o multivariata, organizzate in una tabella di contingenza, sono il risultato di conteggi, si vedano gli Esempi 1.8 e 1.9. Nelle distribuzioni di frequenza il totale può essere prefissato, come nell'Esempio 1.9 o non prefissato, come nell'Esempio 1.8. Nel primo caso, il modello statistico naturale è la distribuzione multinomiale. Tuttavia, anche il modello multinomiale si può pensare ottenuto, tramite condizionamento, a partire da un modello di Poisson (cfr. Esempio 1.12). Risulta dunque possibile trattare in modo unificato, tramite modelli di Poisson log-lineari, tabelle di contingenza generate adottando differenti schemi di campionamento.

Un modello di Poisson assume che media e varianza della risposta siano uguali. Spesso i conteggi presentano sovradispersione come può accadere nei modelli binomiali per risposte binarie raggruppate. Inoltre, talora si ha una frequenza di zeri superiore a quella prevista da un modello di Poisson. Si pensi al caso in cui si chiede a un campione di pazienti il numero di sigarette fumate nell'ultima settimana. Tutti i non fumatori avranno valore della risposta pari a zero. Vanno quindi studiate estensioni dei modelli di regressione basati sulla distribuzione di Poisson che tengano conto di allontanamenti dalle assunzioni di base quali quelli menzionati.

A. Salvan, N. Sartori, L. Pace, *Modelli Lineari Generalizzati*, UNITEXT 124,
https://doi.org/10.1007/978-88-470-4002-1_5

5.2 Modelli di Poisson

Per dati di conteggio $y_1, \dots, y_n$ con totale non prefissato, il modello statistico di riferimento iniziale è quello secondo cui le y_i sono realizzazioni di variabili casuali indipendenti con distribuzione di Poisson con media μ_i, $i = 1, \dots, n$. Si tratta di un modello saturo. Quando sono disponibili variabili concomitanti, è d'interesse formulare modelli che spieghino la dipendenza di μ_i da p valori esplicativi $(x_{i1}, \dots, x_{ip})$, con $p < n$. Il modello nullo è dato dall'ipotesi di omogeneità, secondo cui le medie μ_i sono tutte uguali.

L'assunzione di un modello di Poisson viene spesso giustificata sulla base della genesi probabilistica della legge di Poisson, collegata al processo di Poisson. Un processo di Poisson è una collezione di variabili casuali $\{N_t, t \geq 0\}$, dove N_t può assumere i valori $0, 1, \dots$, ed esprime il numero di arrivi o di eventi che si verificano nell'intervallo di tempo $[0, t)$. Si ponga $N_0 = 0$. Sia $N(t, t+h)$ la variabile casuale che descrive il numero di arrivi nell'intervallo $[t, t+h)$, con $t \geq 0$ e $h > 0$. Si assume che la variabile $N(t, t+h)$ sia indipendente da N_t, ossia che gli arrivi negli intervalli disgiunti $[0, t)$ e $[t, t+h)$ siano indipendenti. Si dice che $\{N_t, t \geq 0\}$ è un processo di Poisson (omogeneo) se, per h sufficientemente piccolo e $\nu > 0$, valgono

$$Pr\{N(t, t+h) = 0\} = 1 - \nu h + o(h)$$

e

$$Pr\{N(t, t+h) = 1\} = \nu h + o(h) .$$

Sopra, $o(h)$ è tale che $\lim_{h \to 0^+} o(h)/h = 0$. Il parametro ν è detto intensità del processo. Sotto le assunzioni fatte, si dimostra che la variabile casuale $N(s, s+t)$ ha distribuzione di Poisson con media νt. Si dimostra inoltre che i tempi intercorrenti tra due arrivi successivi sono indipendenti e hanno distribuzione esponenziale con media $1/\nu$.

Per i risultati sopra richiamati, la distribuzione di Poisson costituisce un modello adatto a descrivere il numero di occorrenze in un certo intervallo di tempo di eventi, in un qualche senso, rari. Esistono varie generalizzazioni del processo di Poisson. Alcune permettono di trattare la non omogeneità temporale dell'intensità. Altre di descrivere arrivi in regioni dello spazio anziché in intervalli di tempo. Per approfondimenti, si veda ad esempio Durrett (1999, Capitolo 3).

La distribuzione di Poisson, $P(\mu)$, può anche essere ottenuta come limite della distribuzione binomiale $Bi(m, \mu/m)$ per $m \to \infty$. Ad esempio, se la probabilità che un pezzo prodotto da un dato processo sia difettoso è pari a 0.01, il numero di pezzi difettosi in un lotto di 5000 pezzi ha distribuzione approssimata $P(\mu)$ con $\mu = 50$.

Siano $y_1, \dots, y_n$ realizzazioni di variabili casuali indipendenti con distribuzione di Poisson con medie μ_i, $i = 1, \dots, n$. Un metodo tradizionale per descrivere la dipendenza dalle variabili esplicative $\boldsymbol{x}_i$ delle medie μ_i delle risposte Y_i consiste nel considerare la trasformazione che stabilizza la varianza $\sqrt{y_i}$ (cfr. Appendice D), così da soddisfare, in via approssimata, l'ipotesi di omoschedasticità. Se le medie μ_i sono sufficientemente grandi, si può quindi assumere un modello lineare normale per $\sqrt{Y_i}$. Tale modello risulta tuttavia lineare per $E(\sqrt{Y_i})$, non per $E(Y_i)$, rendendo meno diretta l'interpretazione dei parametri di regressione in termini di effetti su $E(Y_i)$ delle variabili esplicative. È preferibile adottare un modello lineare generalizzato che riflette più precisamente la tipologia della risposta e per cui si ha la relazione, che coinvolge $E(Y_i)$, $g(\mu_i) = \eta_i$.

Un modello lineare generalizzato di Poisson assume $Y_i \sim DE_1(\mu_i, \mu_i)$, $\mu_i > 0$, sul supporto $\mathbb{N}$ e $g(\mu_i) = \eta_i = \boldsymbol{x}_i\beta$ (cfr. Esempio 2.4). La funzione di log-verosimiglianza è

$$l(\beta) = \sum_{i=1}^{n} \{y_i \log \mu_i - \mu_i\} ,$$

con $\mu_i = g^{-1}(\boldsymbol{x}_i\beta)$. Le equazioni di verosimiglianza per β sono, cfr. (2.28),

$$l_r = \sum_{i=1}^{n} \frac{(y_i - \mu_i)\, x_{ir}}{\mu_i} \frac{\partial \mu_i}{\partial \eta_i} = 0 , \quad r = 1, \ldots, p .$$

Con la funzione di legame canonica $\log \mu_i = \eta_i$, si ha $Y_i \sim P(e^{\eta_i})$, ossia $Y_i \sim P(e^{\boldsymbol{x}_i\beta})$. Di conseguenza, si assume $Var(Y_i) = E(Y_i) = e^{\boldsymbol{x}_i\beta}$. Una statistica sufficiente minimale per β è $\sum_{i=1}^n \boldsymbol{x}_i y_i = \left(\sum_{i=1}^n x_{i1} y_i, \ldots, \sum_{i=1}^n x_{ip} y_i\right)$ e le equazioni di verosimiglianza assumono la forma più semplice

$$\sum_{i=1}^{n} y_i x_{ir} = \sum_{i=1}^{n} e^{\boldsymbol{x}_i\beta} x_{ir} , \qquad r = 1, \ldots, p , \tag{5.1}$$

(cfr. paragrafo 2.3.2). Il modello di Poisson con legame canonico è anche detto modello log-lineare di Poisson. Il modello ha valori attesi

$$\mu_i = \exp\left(\sum_{r=1}^{p} \beta_r x_{ir}\right) = \left(e^{\beta_1}\right)^{x_{i1}} \cdots \left(e^{\beta_p}\right)^{x_{ip}} ,$$

per cui un incremento unitario di x_{ir} comporta un incremento moltiplicativo di μ_i per un fattore e^{β_r}, fermo restando il valore delle altre variabili esplicative.

Fatta eccezione per casi molto semplici (cfr. Esercizi 2.6 e 5.1), la stima di massima verosimiglianza va ottenuta per via numerica tramite l'algoritmo IRLS (cfr. paragrafo 2.3.6). La matrice di covarianza stimata risulta $\widehat{Var}(\hat{\beta}) = (X^\top \hat{W} X)^{-1}$, dove, se il legame è canonico, $\hat{W} = \text{diag}(\hat{\mu}_1, \ldots, \hat{\mu}_n)$.

Le altre funzioni di legame disponibili per la regressione di Poisson utilizzando la funzione `glm` di R sono la radice quadrata, $g(\mu_i) = \sqrt{\mu_i}$, e l'identità, $g(\mu_i) = \mu_i$. Quest'ultima richiede tuttavia opportuni vincoli su β, o variabili esplicative positive, per garantire che sia $\hat{\mu}_i > 0$.

Per la devianza di un modello di regressione di Poisson, si veda l'Esempio 2.12. La devianza può essere utilizzata come test di bontà di adattamento con distribuzione nulla approssimata χ^2_{n-p} quando, con n fissato, le medie μ_i sono grandi. Ciò si verifica ad esempio in tabelle di contingenza con un numero fissato di celle e frequenze osservate sufficientemente grandi (cfr. paragrafo 5.4.3). Tuttavia, anche qualora la devianza sia utilizzabile come test di bontà di adattamento, il rifiuto dell'ipotesi nulla corrispondente al modello corrente non fornisce indicazioni sulla direzione dello scostamento. Risultano in tal senso più informativi i risultati di test per l'inclusione di ulteriori termini, quali quelli di interazione. Più in generale, si può confrontare il modello corrente con un modello più ampio, che permetta ad esempio una varianza della risposta non necessariamente uguale alla media, come accade se si considera per la risposta la distribuzione binomiale negativa (cfr. paragrafo 5.5).

Anche l'analisi dei residui, cfr. paragrafo 2.4.2, può fornire indicazioni utili, evidenziando possibili osservazioni anomale o comportamenti sistematici. Tuttavia, solo se le medie μ_i sono sufficientemente grandi, i residui hanno distribuzione approssimata simmetrica. Come ulteriore controllo empirico, si possono confrontare le frequenze relative empiriche dei valori $0, 1, \ldots$ della risposta con le corrispondenti frequenze teoriche stimate tramite il modello corrente, $\sum_{i=1}^{n} \hat{Pr}(Y_i = j)/n$ per $j = 0, 1, \ldots$. Se il modello corrente è correttamente specificato, entrambe le successioni stimano le probabilità di $0, 1, \ldots$ per la mistura delle n variabili casuali indipendenti Y_i con pesi della mistura tutti pari a $1/n$. Spesso questa analisi evidenzia che il modello di Poisson non permette una sufficiente variabilità, sottostimando la frequenza dei conteggi nulli o di quelli elevati.

Diversi esempi relativi al modello di regressione di Poisson sono stati presentati nel Capitolo 2 (Esempi 2.5–2.15 e paragrafo 2.6.1). Un ulteriore esempio è mostrato di seguito.

Esempio 5.1 (Il ricordo dello stress) I dati nella Tabella 5.1 (Haberman, 1978, p. 3) riguardano i soggetti che, in un più ampio campione estratto casualmente, affermano di aver affrontato, nell'arco degli ultimi 18 mesi, un evento, entro una lista di 41 eventi, che ha loro provocato una tensione nervosa eccezionale. Le risposte sono classificate in base a quanti mesi addietro l'evento ansiogeno si è verificato.

Siano y_i i numeri di risposte per ciascun mese, $i = 1, \ldots, 18$, e si consideri come variabile esplicativa $x_i = i$. Se si adatta il modello log-lineare di Poisson (modello corrente)

$$\log \mu_i = \beta_1 + \beta_2 x_i , \qquad i = 1, \ldots, 18 ,$$

Tabella 5.1 Il ricordo dello *stress*

mese	1	2	3	4	5	6	7	8	9	10	11	12	13	14	15	16	17	18
risposte	15	11	14	17	5	11	10	4	8	10	7	9	11	3	6	1	1	4

Tabella 5.2 Analisi della devianza nell'Esempio 5.1

Modello	Gradi di libertà residui	Devianza	Test su miglioramento Distrib. nulla approssimata
Nullo (solo intercetta)	17	50.843	
Corrente	16	24.570	26.273 χ^2_1
Saturo	0	$D(y; y) = 0$	24.570 χ^2_{16} se μ_i grandi

si ottiene la stima $\hat{\beta} = (\hat{\beta}_1, \hat{\beta}_2) = (2.803, -0.084)$. Le stime degli *standard error* risultano $se(\hat{\beta}_1) = 0.148$ e $se(\hat{\beta}_2) = 0.017$. I test di Wald per le ipotesi $H_0 : \beta_j = 0$, $j = 1, 2$, risultano, rispettivamente,

$$\frac{2.803}{0.148} = 18.94 \qquad \text{e} \qquad \frac{-0.084}{0.017} = -4.94\,.$$

Entrambi i coefficienti sono significativamente diversi da zero. Il prospetto di analisi della devianza (cfr. Tabella 2.6) è riportato nella Tabella 5.2. L'ipotesi di omogeneità è da scartare nettamente, sia contro il modello saturo sia contro il modello corrente. Non vi è d'altra parte evidenza sufficiente contro il modello corrente rispetto al modello saturo. Si noti tuttavia che il riferimento alla distribuzione chi-quadrato dei test basati sulla devianza nulla (modello di omogeneità contro modello saturo) e sulla devianza (modello corrente contro modello saturo) richiede che le medie μ_i siano grandi, e ciò non sembra del tutto giustificabile in questo esempio per le osservazioni con x_i elevato. △

5.3 Modellazione di intensità: inclusione di un *offset*

In diversi casi, il valore atteso di una risposta che rappresenta un conteggio risulta proporzionale alla lunghezza dell'intervallo di tempo, o alla dimensione del dominio spaziale, oppure ancora alla dimensione del gruppo per cui si osservano gli eventi. Si indichi in generale con t_i un indice di dimensione. In tali situazioni si può assumere che i conteggi y_i siano realizzazioni di variabili casuali Y_i aventi distribuzione di Poisson con media $\mu_i = t_i \lambda_i$. Il parametro λ_i esprime l'intensità, o tasso, e rappresenta il numero medio di eventi per unità di dimensione. Ipotizzando un modello di regressione con legame canonico per λ_i, $\log \lambda_i = \boldsymbol{x}_i \beta$, si ha

$$\log \mu_i = \log t_i + \boldsymbol{x}_i \beta\,.$$

Viene pertanto sommata al predittore lineare la costante $\log t_i$, che compare dunque nel predittore lineare come un'ulteriore variabile esplicativa con coefficiente noto e pari a 1. Tale termine del predittore lineare è detto *offset*.

Se invece la funzione di legame per λ_i è l'identità, si ha $\mu_i = t_i \boldsymbol{x}_i \beta = \sum_{r=1}^{p} \beta_r x_{ir} t_i$. Si tratta dunque di un GLM Poisson con funzione di legame identità e con variabili esplicative $(x_{i1}t_i, \ldots, x_{ip}t_i)$, senza intercetta.

Esempio 5.2 (Regressione di Poisson con offset per i dati `downs.bc`) Per i dati illustrati nel paragrafo 3.9.3, si consideri il modello che assume che il numero Y_i di neonati con sindrome di Down da madri di età x_i abbia distribuzione di Poisson con media $\mu_i = m_i \lambda_i$, dove m_i è il numero di madri di età x_i. Per λ_i si assume $\log \lambda_i = \beta_1 + \beta_2 x_i + \beta_3 x_i^2$. Il modello che ha $\log m_i$ come *offset* si può adattare con R come segue.

```
data(downs.bc, package="boot")
lognum <- log(downs.bc$m)
downs.glm.o <- glm(r ~ age + I(age^2), family = poisson,
                   offset = lognum, data = downs.bc)
summary(downs.glm.o)
```

```
##   ...
##
## Coefficients:
##              Estimate Std. Error z value Pr(>|z|)
## (Intercept) -2.332408   0.659592   -3.54  0.00041 ***
## age         -0.407680   0.043266   -9.42  < 2e-16 ***
```

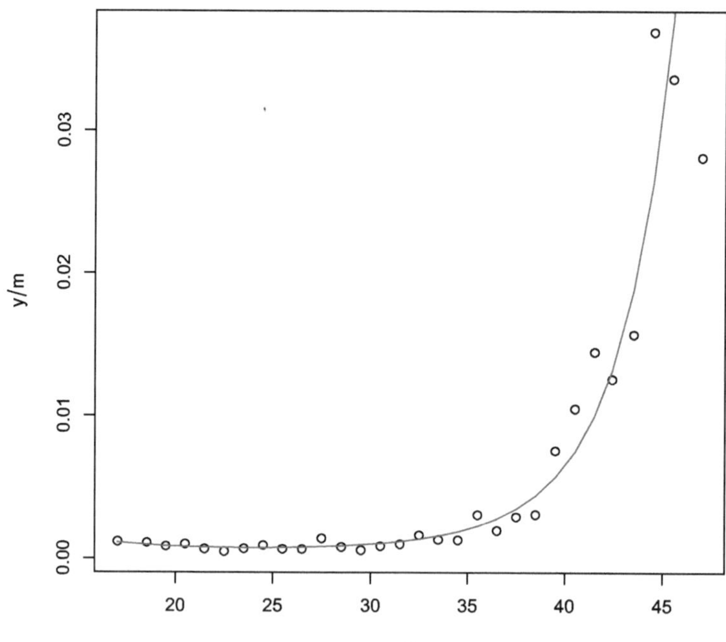

Figura 5.1 Proporzione di neonati con sindrome di Down da madri in età x, modello con *offset*: stima (linea continua)

```
## I(age^2)      0.008505   0.000671   12.67  < 2e-16 ***
## ---
## Signif. codes:  0 '***' 0.001 '**' 0.01 '*' 0.05 '.' 0.1 ' ' 1
##
## (Dispersion parameter for poisson family taken to be 1)
##
##     Null deviance: 622.564  on 29  degrees of freedom
## Residual deviance:  45.089  on 27  degrees of freedom
## AIC: 190.2
##
## Number of Fisher Scoring iterations: 4
```

I valori medi stimati divisi per le numerosità m_i risultano

$$\frac{\hat{\mu}_i}{m_i} = \exp(-2.332 - 0.408x_i + 0.0085x_i^2)$$

e corrispondono ai punti sulla linea continua nella Figura 5.1. △

5.4 Modelli log-lineari per tabelle di frequenza

Nei Capitoli 3 e 4 si sono introdotti i modelli binomiali e multinomiali per variabili risposta di tipo qualitativo. Per variabili risposta categoriali multivariate, tali modelli possono essere applicati alle singole marginali. In alternativa, si possono formulare modelli multinomiali che analizzano congiuntamente la distribuzione di frequenza e permettono di valutare se i dati indicano particolari schemi di indipendenza, associazione o interazione. Sotto opportune condizioni, l'inferenza sui parametri di interesse di tali modelli multinomiali risulta equivalente all'inferenza basata su modelli di Poisson. L'equivalenza vale perché il modello di Poisson genera il modello multinomiale tramite condizionamento al numero totale di eventi (un caso particolare è l'Esempio 1.12).

5.4.1 Schemi di campionamento

I dati riassunti in una tabella di contingenza possono essere generati da diversi schemi di campionamento a seconda che la numerosità complessiva, o le numerosità totali marginali per una variabile di classificazione, siano prefissate o meno. Nell'Esempio 1.8, sui guasti di compressori, la numerosità complessiva non è prefissata, mentre nell'esempio seguente è prefissata.

Esempio 5.3 (Russare e patologie cardiache) In un'indagine compiuta su 2 484 soggetti si sono rilevati il russare durante il sonno (con le modalità: mai, a volte, spesso, sempre) e la presenza o assenza di patologie cardiache. I dati sono riassunti nella Tabella 5.3 (Hand *et al.*, 1994, p. 19). △

Tabella 5.3 Russare e patologie cardiache

	russare				
patologie cardiache	mai	a volte	spesso	sempre	totale
assenti	1355	603	192	224	2374
presenti	24	35	21	30	110
totale	1379	638	213	254	2484

In generale, si consideri, per fissare le idee, una tabella di contingenza $r \times c$ ottenuta da due variabili di classificazione, A e B, con generiche modalità a_j e b_h, rispettivamente, $j = 1, \ldots, r$, $h = 1, \ldots, c$ che ha la forma della Tabella 5.4. Nella tabella, r è il numero di righe, c il numero di colonne, e y_{jh}, $j = 1, \ldots, r$, $h = 1, \ldots, c$, è la generica frequenza congiunta. Inoltre, $y_{j+} = \sum_{h=1}^{c} y_{jh}$, $j = 1, \ldots, r$, $y_{+h} = \sum_{j=1}^{r} y_{jh}$, $h = 1, \ldots, c$, sono le generiche frequenze marginali. Infine, $n = y_{++} = \sum_{j=1}^{r} \sum_{h=1}^{c} y_{jh} = \sum_{j=1}^{r} y_{j+} = \sum_{h=1}^{c} y_{+h}$.

La tabella può essere ottenuta tramite campionamento casuale da una popolazione virtuale per un certo periodo di tempo e successiva classificazione delle unità campionarie in base alle modalità di due variabili categoriali, come nell'Esempio 1.8 relativo ai guasti di compressori. Non vi sono vincoli sui totali di riga o di colonna e un modello semplice assume y_{jh} realizzazione di Y_{jh} distribuita come una Poisson con media μ_{jh}. La funzione di verosimiglianza risulta allora

$$\prod_{j=1}^{r} \prod_{h=1}^{c} \frac{\mu_{jh}^{y_{jh}} e^{-\mu_{jh}}}{y_{jh}!} . \tag{5.2}$$

Se invece il totale $n = \sum_{j=1}^{r} \sum_{h=1}^{c} y_{jh}$ è prefissato, come nell'Esempio 5.3, il modello statistico naturale per le frequenze è la legge multinomiale per cui la funzione di verosimiglianza risulta

$$\frac{n!}{\prod_{j=1}^{r} \prod_{h=1}^{c} y_{jh}!} \prod_{j=1}^{r} \prod_{h=1}^{c} \pi_{jh}^{y_{jh}} , \tag{5.3}$$

con $0 < \pi_{jh} < 1$ e $\sum_{j=1}^{r} \sum_{h=1}^{c} \pi_{jh} = 1$.

Tabella 5.4 Rappresentazione generale di una tabella di contingenza

	B					
A	b_1	$\cdots$	b_h	$\cdots$	b_c	totale
a_1	y_{11}	$\cdots$	y_{1h}	$\cdots$	y_{1c}	y_{1+}
$\vdots$	$\vdots$		$\vdots$		$\vdots$	$\vdots$
a_j	y_{j1}	$\cdots$	y_{jh}	$\cdots$	y_{jc}	y_{j+}
$\vdots$	$\vdots$		$\vdots$		$\vdots$	$\vdots$
a_r	y_{r1}	$\cdots$	y_{rh}	$\cdots$	y_{rc}	y_{r+}
totale	y_{+1}	$\cdots$	y_{+h}	$\cdots$	y_{+c}	n

Sotto il modello (5.2), la distribuzione di $Y = [Y_{jh}]$ condizionata a $Y_{++} = y_{++} = n$ è $Mn_{rc}(n, \pi)$, dove π ha elementi

$$\pi_{jh} = \frac{\mu_{jh}}{\sum_{j=1}^{r} \sum_{h=1}^{c} \mu_{jh}} .$$

Come è naturale, la probabilità che un'osservazione appartenga alla cella (j, h) è uguale al numero medio di unità in tale cella diviso per il numero medio totale di unità osservate nel periodo di riferimento.

Una tabella di contingenza può anche essere ottenuta con schemi di campionamento in cui i totali di riga (o di colonna) sono prefissati. Il modello statistico sarà allora il prodotto delle funzioni di probabilità multinomiali relative a ciascuna riga (o colonna). Nell'Esempio 5.3, sul russare e la presenza di patologie cardiache, i dati potrebbero essere stati ottenuti indagando le abitudini con riferimento al russare di due campioni di soggetti, uno composto da 110 soggetti affetti da patologie cardiache e uno di 2374 soggetti sani. Il modello statistico appropriato ipotizza allora che la funzione di probabilità congiunta sia un prodotto di multinomiali e la funzione di verosimiglianza risulta

$$\frac{y_{1+}!}{y_{11}! \cdots y_{14}!} \left(\frac{\pi_{11}}{\pi_{1+}}\right)^{y_{11}} \cdots \left(\frac{\pi_{14}}{\pi_{1+}}\right)^{y_{14}} \frac{y_{2+}!}{y_{21}! \cdots y_{24}!} \left(\frac{\pi_{21}}{\pi_{2+}}\right)^{y_{21}} \cdots \left(\frac{\pi_{24}}{\pi_{2+}}\right)^{y_{24}} ,$$

con $\pi_{j+} = \sum_{h=1}^{4} \pi_{jh}$, $j = 1, 2$. Posto $\mu_{j+} = \sum_{h=1}^{4} \mu_{jh}$, $j = 1, 2$, si ha $\pi_{jh}/\pi_{j+} = \mu_{jh}/\mu_{j+}$.

Con r righe e c colonne, la funzione di verosimiglianza derivante dallo schema di campionamento con totali di riga fissati è

$$\prod_{j=1}^{r} \left\{ \frac{y_{j+}!}{\prod_{h=1}^{c} y_{jh}!} \prod_{h=1}^{c} \left(\frac{\pi_{jh}}{\pi_{j+}}\right)^{y_{jh}} \right\} , \tag{5.4}$$

con $\pi_{j+} = \sum_{h=1}^{c} \pi_{jh}$, $j = 1, \ldots, r$. Posto $\mu_{j+} = \sum_{h=1}^{c} \mu_{jh}$, $j = 1, \ldots, r$, si ha $\pi_{jh}/\pi_{j+} = \mu_{jh}/\mu_{j+}$.

5.4.2 *Relazione tra verosimiglianze multinomiale e Poisson*

Per tutti e tre gli schemi di campionamento precedentemente illustrati, l'inferenza sui parametri di interesse può essere condotta a partire dalla verosimiglianza per un modello log-lineare di Poisson, purché il predittore lineare contenga gli opportuni parametri di intercetta.

Per meglio comprendere, si consideri, come esempio elementare, una tabella di frequenza con una sola variabile di classificazione avente c modalità e con totale y_+ prefissato. A tale situazione ci si può ricondurre anche se le variabili di classificazione sono due e il totale y_{++} è prefissato, considerando una nuova variabile di classificazione ottenuta da tutti gli rc incroci tra le r modalità della prima variabile e le c modalità della seconda. Si può procedere in modo analogo con più di due variabili di classificazione e totale generale prefissato. Siano $y_1, \ldots, y_c$ le frequenze osservate delle c modalità, con $y_+ = \sum_{j=1}^c y_j$. Si consideri un modello di Poisson che assume che $y_1, \ldots, y_c$ siano realizzazioni di variabili casuali indipendenti $Y_1, \ldots, Y_c$, con distribuzione di Poisson con media μ_j, $Y_j \sim P(\mu_j)$, dove

$$\mu_j = \exp(\alpha + \beta_j)\,,$$

e $\sum_{j=1}^c \beta_j = 0$ per l'identificabilità. Si noti l'analogia con il modello di analisi della varianza con un fattore di classificazione per risposte normali. Secondo la parametrizzazione adottata, $\alpha = c^{-1}\sum_{j=1}^c \log\mu_j$ e i parametri $\beta_j = \log\mu_j - \alpha$, $j = 1, \ldots, c$, che rappresentano l'effetto del fattore di classificazione, sono le quantità di interesse. La log-verosimiglianza è

$$\begin{aligned} l_{POI}(\alpha, \beta) &= \log\left(\prod_{j=1}^c \mu_j^{y_j} e^{-\mu_j}\right) \\ &= \sum_{j=1}^c \left[y_j(\alpha + \beta_j) - e^{\alpha+\beta_j}\right] \\ &= \alpha y_+ + \sum_{j=1}^c y_j\beta_j - e^\alpha \sum_{j=1}^c e^{\beta_j}\,. \end{aligned}$$

Si consideri la riparametrizzazione (μ_+, β) con $\mu_+ = e^\alpha \sum_{j=1}^c e^{\beta_j}$. La componente β di interesse rimane inalterata. Invertendo, si ha $\alpha = \log\mu_+ - \log\sum_{j=1}^c e^{\beta_j}$ e la log-verosimiglianza nella nuova parametrizzazione è

$$\begin{aligned} l_{POI}(\mu_+, \beta) &= \left\{\log\mu_+ - \log\sum_{j=1}^c e^{\beta_j}\right\} y_+ + \sum_{j=1}^c y_j\beta_j - \mu_+ \\ &= y_+\log\mu_+ - \mu_+ + \left\{\sum_{j=1}^c y_j\beta_j - y_+\log\sum_{j=1}^c e^{\beta_j}\right\}\,. \end{aligned} \tag{5.5}$$

Si ha dunque una verosimiglianza con parametri separabili (cfr. paragrafo 1.5.3)

$$l_{POI}(\mu_+, \beta) = l_{POI}^1(\mu_+) + l_{POI}^2(\beta)\,,$$

con

$$l_{POI}^1(\mu_+) = y_+\log\mu_+ - \mu_+$$

equivalente alla log-verosimiglianza per μ_+ basata su y_+ realizzazione di $Y_+ \sim P(\mu_+)$, con $\mu_+ = \sum_{j=1}^{c} \mu_j$, e

$$l^2_{POI}(\beta) = \sum_{j=1}^{c} y_j \beta_j - y_+ \log \sum_{j=1}^{c} e^{\beta_j} .$$

La stima di massima verosimiglianza di β e i relativi *standard error* basati sull'informazione osservata sono ottenibili a partire da $l^2_{POI}(\beta)$ solamente.

È immediato verificare che $l^2_{POI}(\beta)$ coincide con la log-verosimiglianza per β ottenuta considerando le frequenze $y_1, \ldots, y_c$ realizzazione di $(Y_1, \ldots, Y_c) \sim Mn_c(y_+, \pi)$, con $\pi = (\pi_1, \ldots, \pi_c)$ e

$$\pi_j = \frac{\mu_j}{\mu_+} = \frac{e^{\beta_j}}{\sum_{j=1}^{c} e^{\beta_j}} , \qquad j = 1, \ldots, c .$$

Risulta infatti

$$\begin{aligned} l_{MULT}(\beta) &= \log \prod_{j=1}^{c} \left(\frac{e^{\beta_j}}{\sum_{j=1}^{c} e^{\beta_j}} \right)^{y_j} \\ &= \sum_{j=1}^{c} y_j \beta_j - y_+ \log \sum_{j=1}^{c} e^{\beta_j} = l^2_{POI}(\beta) . \end{aligned}$$

Si può quindi concludere che, per l'inferenza su β nel modello multinomiale, appropriato se il totale y_+ è prefissato, si può anche utilizzare la verosimiglianza basata sul modello di Poisson, purché quest'ultimo includa il termine di intercetta α. Il parametro α è trattato come parametro di disturbo, ma va incluso nel modello per garantire l'equivalenza di $l^2_{POI}(\beta)$ e $l_{MULT}(\beta)$.

Un po' più in generale, si consideri ora una tabella $r \times c$ con totali di riga y_{j+} prefissati. Lo schema multinomiale (5.3) è un caso particolare di (5.4) con una sola riga e rc celle. Si consideri un modello di Poisson che assume

$$\mu_{jh} = \exp(\alpha_j + \boldsymbol{x}_{jh}\beta) , \tag{5.6}$$

dove con $\boldsymbol{x}_{jh}$ si indica come al solito il vettore riga delle variabili esplicative per l'osservazione di posto (j, h). Si tratterà in questo caso di variabili indicatrici relative alla combinazione (j, h) dei due fattori di classificazione A e B. Sia β il parametro di interesse.

Le probabilità condizionate di riga nella (5.4) risultano

$$\frac{\pi_{jh}}{\pi_{j+}} = \frac{\mu_{jh}}{\mu_{j+}} = \frac{\exp(\alpha_j + \boldsymbol{x}_{jh}\beta)}{\sum_{h'} \exp(\alpha_j + \boldsymbol{x}_{jh'}\beta)} = \frac{\exp(\boldsymbol{x}_{jh}\beta)}{\sum_{h'} \exp(\boldsymbol{x}_{jh'}\beta)} .$$

Trascurando le costanti additive, la log-verosimiglianza ottenuta dalla (5.4) è dunque

$$\begin{aligned} l_{MULT}(\beta) &= \sum_{j,h} y_{jh} \log(\pi_{jh}/\pi_{j+}) \\ &= \sum_j \sum_h y_{jh} \left\{ \boldsymbol{x}_{jh}\beta - \log\left(\sum_{h'} \exp(\boldsymbol{x}_{jh'}\beta) \right) \right\} \\ &= \sum_j \left\{ \sum_h y_{jh}\boldsymbol{x}_{jh}\beta - y_{j+} \log\left(\sum_h \exp(\boldsymbol{x}_{jh}\beta) \right) \right\} . \end{aligned} \tag{5.7}$$

La log-verosimiglianza (5.2) con medie (5.6) ha invece la forma

$$\begin{aligned} l_{POI}(\beta, \alpha_1, \ldots, \alpha_r) &= \sum_{j,h} (y_{jh} \log \mu_{jh} - \mu_{jh}) \\ &= \sum_j \left(y_{j+}\alpha_j + \sum_h y_{jh}\boldsymbol{x}_{jh}\beta - e^{\alpha_j} \sum_h e^{\boldsymbol{x}_{jh}\beta} \right) . \end{aligned} \tag{5.8}$$

I parametri $\alpha_1, \ldots, \alpha_r$ non sono di diretto interesse e si può considerare la riparametrizzazione $\mu_{j+} = e^{\alpha_j} \sum_h e^{\boldsymbol{x}_{jh}\beta}$ per cui si ha

$$\alpha_j = \log \mu_{j+} - \log\left(\sum_h e^{\boldsymbol{x}_{jh}\beta} \right)$$

e quindi

$$\begin{aligned} & l_{POI}(\beta, \mu_{1+}, \ldots, \mu_{r+}) \\ &= \sum_j \left\{ y_{j+} \left[\log \mu_{j+} - \log\left(\sum_h e^{\boldsymbol{x}_{jh}\beta} \right) \right] + \sum_h y_{jh}\boldsymbol{x}_{jh}\beta - \mu_{j+} \right\} \\ &= \sum_j \{ y_{j+} \log \mu_{j+} - \mu_{j+} \} + \sum_j \left\{ \sum_h y_{jh}\boldsymbol{x}_{jh}\beta - y_{j+} \log\left(\sum_h e^{\boldsymbol{x}_{jh}\beta} \right) \right\} . \end{aligned} \tag{5.9}$$

Nella (5.9), l'addendo $\sum_j \{y_{j+} \log \mu_{j+} - \mu_{j+}\}$ è $l^1_{POI}(\mu_{1+}, \ldots, \mu_{r+})$, log-verosimiglianza basata sui dati $y_{1+}, \ldots, y_{r+}$ trattati come realizzazioni di variabili indipendenti $Y_{j+} \sim P(\mu_{j+})$. Il secondo addendo coincide con la log-verosimiglianza $l_{MULT}(\beta)$ data dalla (5.7). In conclusione, si ha

$$l_{POI}(\beta, \mu_{1+}, \ldots, \mu_{r+}) = l^1_{POI}(\mu_{1+}, \ldots, \mu_{r+}) + l_{MULT}(\beta) .$$

La log-verosimiglianza $l_{POI}(\beta, \mu_{1+}, \ldots, \mu_{r+})$ è dunque con parametri separabili e l'inferenza su β può basarsi indifferentemente su $l_{POI}(\beta, \mu_{1+}, \ldots, \mu_{r+})$ o su $l_{MULT}(\beta)$.

Anche la stima della matrice di informazione attesa per β coincide nei due modelli (cfr. Davison, 2003, paragrafo 10.5.2). Infatti, il blocco (β, β) della matrice di informazione attesa sotto il modello di Poisson log-lineare, calcolata a partire dalla (5.9), è

$$\sum_{j=1}^{c} E(Y_{j+}) \frac{\partial^2 \log(\sum_h e^{x_{jh}\beta})}{\partial\beta\partial\beta^\top} = \sum_{j=1}^{c} \mu_{j+} \frac{\partial^2 \log(\sum_h e^{x_{jh}\beta})}{\partial\beta\partial\beta^\top} .$$

Sostituendo i parametri ignoti con le stime, si ha $\hat{\mu}_{j+} = y_{j+}$ e dunque si hanno esattamente gli stessi *standard error* derivabili dall'informazione attesa stimata della log-verosimiglianza multinomiale (5.7).

In conclusione, le stime di massima verosimiglianza e i relativi *standard error* del modello multinomiale si possono ottenere adattando il modello di Poisson log-lineare, purché quest'ultimo includa i parametri di intercetta α_j associati alla distribuzione di frequenza marginale fissata nel modello multinomiale. Se solo il totale n della tabella è prefissato, si ricade nel caso esaminato in precedenza e l'equivalenza si ha inserendo nel modello di Poisson log-lineare un solo parametro di intercetta.

5.4.3 Modelli log-lineari con due variabili di classificazione

Si consideri una tabella di contingenza $r \times c$ con frequenze y_{jh}, realizzazioni di variabili casuali Y_{jh} con media $E(Y_{jh}) = \mu_{jh}$, $j = 1, \dots, r, h = 1, \dots, c$.

Sotto uno schema di campionamento di tipo Poisson (5.2), le classificazioni di riga e di colonna sono indipendenti se, per $j = 1, \dots, r, h = 1, \dots, c$,

$$\mu_{jh} = \frac{\mu_{j+}\mu_{+h}}{\mu_{++}} ,$$

con $\mu_{j+} = \sum_{h=1}^{c} \mu_{jh}$, $\mu_{+h} = \sum_{j=1}^{r} \mu_{jh}$ e $\mu_{++} = \sum_{j,h} \mu_{jh}$.

Sotto lo schema multinomiale (5.3), $\mu_{jh} = n\pi_{jh}$ e si ha l'indipendenza se, per $j = 1, \dots, r, h = 1, \dots, c$,

$$\pi_{jh} = \pi_{j+}\pi_{+h} .$$

Infine, nello schema di campionamento con totali di riga fissati (5.4), per cui il modello statistico è un prodotto di multinomiali, si ha $\mu_{jh} = y_{j+}\pi_{jh}/\pi_{j+}$ e, sotto l'ipotesi di indipendenza, ossia se tutte le distribuzioni di riga sono somiglianti,

$$\frac{\pi_{jh}}{\pi_{j+}} = \pi_{+h} , \qquad \text{con } \pi_{j+} = \frac{y_{j+}}{n} ,$$

per $j = 1, \dots, r, h = 1, \dots, c$.

Sotto tutti e tre gli schemi, l'indipendenza comporta una struttura moltiplicativa per la media μ_{jh} del tipo

$$\mu_{jh} = \nu\phi_j\psi_h ,$$

con $\nu > 0$, $\phi_j > 0$, $\psi_h > 0$ e $\sum_{j=1}^r \phi_j = \sum_{h=1}^c \psi_h = 1$. Infatti, nel caso Poisson, $\nu = \mu_{++}$, $\phi_j = \mu_{j+}/\mu_{++}$, $\psi_h = \mu_{+h}/\mu_{++}$. Nel caso multinomiale si ha invece $\nu = n$, $\phi_j = \pi_{j+}$, $\psi_h = \pi_{+h}$. Infine, per il prodotto di multinomiali si ha $\nu = n$, $\phi_j = y_{j+}/n$, $\psi_h = \pi_{+h}$. Sotto indipendenza, il numero di parametri ignoti è $1 + (r-1) + (c-1)$ nel caso Poisson, $(r-1) + (c-1)$ nel caso multinomiale e $c - 1$ per il prodotto di multinomiali con totali di riga fissati.

Si ha pertanto, per μ_{jh} nel modello di Poisson, sotto indipendenza delle classificazioni, una struttura log-lineare

$$\log \mu_{jh} = \beta_0 + \beta_j^A + \beta_h^B \,. \tag{5.10}$$

I parametri β_j^A e β_h^B sono detti effetti dei due fattori di classificazione. Per l'identificabilità va posto un vincolo, tipicamente di nullità, sui parametri β_j^A e uno sui parametri β_h^B.

Nello schema multinomiale le probabilità π_{jh} dipendono solo dai parametri β_j^A e β_h^B. Infatti, si ha

$$\pi_{jh} = \frac{\mu_{jh}}{\sum_{j=1}^r \sum_{h=1}^c \mu_{jh}} = \frac{e^{\beta_j^A + \beta_h^B}}{\sum_{j=1}^r \sum_{h=1}^c e^{\beta_j^A + \beta_h^B}} \,. \tag{5.11}$$

Tuttavia, per il risultato del paragrafo 5.4.2, l'inferenza sugli effetti β_j^A e β_h^B basata sul modello di Poisson con medie (5.10) è equivalente a quella che si otterrebbe adattando il modello multinomiale.

Se si ha un prodotto di multinomiali con totali di riga fissati, i parametri sono

$$\frac{\pi_{jh}}{\pi_{j+}} = \frac{e^{\beta_h^B}}{\sum_{h=1}^c e^{\beta_h^B}}$$

e, sempre per il risultato del paragrafo 5.4.2, l'inferenza sui parametri β_h^B, basata sul modello di Poisson con medie (5.10), è equivalente a quella che si otterrebbe dalla log-verosimiglianza (5.4) sotto l'ipotesi di somiglianza delle distribuzioni condizionate di riga, ossia con $\pi_{jh}/\pi_{j+} = \pi_{+h}$ per ogni j e h.

Si può dunque nel seguito fissare l'attenzione sul modello di Poisson log-lineare. Come nel modello lineare normale di analisi della varianza con due fattori di classificazione, la matrice del modello X nel modello di Poisson log-lineare contiene i valori delle variabili indicatrici per i due fattori. Ad esempio, con $r = c = 2$, imponendo i vincoli $\beta_1^A = 0$ e $\beta_1^B = 0$, si ha, per il modello di indipendenza,

$$\begin{pmatrix} \log \mu_{11} \\ \log \mu_{12} \\ \log \mu_{21} \\ \log \mu_{22} \end{pmatrix} = \begin{pmatrix} 1 & 0 & 0 \\ 1 & 0 & 1 \\ 1 & 1 & 0 \\ 1 & 1 & 1 \end{pmatrix} \begin{pmatrix} \beta_0 \\ \beta_2^A \\ \beta_2^B \end{pmatrix} = X\beta \,,$$

con $\beta = (\beta_0, \beta_2^A, \beta_2^B)^\top$. Le equazioni di verosimiglianza (5.1) impongono l'identità

$$\begin{pmatrix} 1 & 0 & 0 \\ 1 & 0 & 1 \\ 1 & 1 & 0 \\ 1 & 1 & 1 \end{pmatrix}^\top \begin{pmatrix} y_{11} \\ y_{12} \\ y_{21} \\ y_{22} \end{pmatrix} = \begin{pmatrix} 1 & 0 & 0 \\ 1 & 0 & 1 \\ 1 & 1 & 0 \\ 1 & 1 & 1 \end{pmatrix}^\top \begin{pmatrix} \mu_{11} \\ \mu_{12} \\ \mu_{21} \\ \mu_{22} \end{pmatrix},$$

che risulta soddisfatta con $y_{++} = \hat{\mu}_{++}$, $y_{2+} = \hat{\mu}_{2+}$, $y_{+2} = \hat{\mu}_{+2}$. Le stime di massima verosimiglianza per il modello di indipendenza si ottengono quindi eguagliando le distribuzioni marginali empiriche e teoriche.

Il risultato si può generalizzare per $r, s \geq 2$ anche massimizzando direttamente la funzione di log-verosimiglianza Poisson sotto l'ipotesi (5.10). Posto $\beta^A = (\beta_1^A, \ldots, \beta_r^A)$ e $\beta^B = (\beta_1^B, \ldots, \beta_c^B)$, si ha

$$\begin{aligned} l(\beta_0, \beta^A, \beta^B) &= \sum_{j=1}^{r} \sum_{h=1}^{c} y_{jh} \log \mu_{jh} - \sum_{j=1}^{r} \sum_{h=1}^{c} \mu_{jh} \\ &= y_{++}\beta_0 + \sum_{j=1}^{r} y_{j+}\beta_j^A + \sum_{h=1}^{c} y_{+h}\beta_h^B - \sum_{j=1}^{r} \sum_{h=1}^{c} \exp(\beta_0 + \beta_j^A + \beta_h^B), \end{aligned}$$

con statistica sufficiente minimale $(y_{++}, y_{1+}, \ldots, y_{r+}, y_{+1}, \ldots, y_{+c})$ o, equivalentemente, $(y_{1+}, \ldots, y_{r+}, y_{+1}, \ldots, y_{+c})$, o anche $(y_{2+}, \ldots, y_{r+}, y_{+1}, \ldots, y_{+c})$. Le derivate della log-verosimiglianza risultano

$$\begin{aligned} \frac{\partial l}{\partial \beta_0} &= y_{++} - \sum_{j=1}^{r} \sum_{h=1}^{c} \exp(\beta_0 + \beta_j^A + \beta_h^B) = y_{++} - \mu_{++} \\ \frac{\partial l}{\partial \beta_j^A} &= y_{j+} - \sum_{h=1}^{c} \exp(\beta_0 + \beta_j^A + \beta_h^B) = y_{j+} - \mu_{j+} \\ \frac{\partial l}{\partial \beta_h^B} &= y_{+h} - \sum_{j=1}^{r} \exp(\beta_0 + \beta_j^A + \beta_h^B) = y_{+h} - \mu_{+h}, \end{aligned}$$

$j = 1, \ldots, r$, $h = 1, \ldots, c$, e, eguagliate a zero, danno le identità

$$y_{j+} = \hat{\mu}_{j+} \qquad y_{+h} = \hat{\mu}_{+h} \qquad j = 1, \ldots, r,\ h = 1, \ldots, c,$$

con $y_{++} = \hat{\mu}_{++}$ automaticamente soddisfatta. Le stime di massima verosimiglianza delle medie μ_{jh} risultano quindi $\hat{\mu}_{jh} = y_{j+}y_{+h}/y_{++}$.

Le stesse identità tra frequenze marginali empiriche e teoriche, tranne quella relativa al totale $y_{++} = n$, prefissato, si ottengono dalle equazioni di verosimiglianza per le stime dei parametri β_j^A e β_h^B nel modello multinomiale con probabilità (5.11) per cui risulta

$$\hat{\pi}_{jh} = \frac{y_{j+}}{n} \frac{y_{+h}}{n}.$$

La statistica di Pearson, cfr. formula (2.54), per verificare la bontà di adattamento del modello di indipendenza ha la forma

$$X^2 = \sum_{j=1}^{r} \sum_{h=1}^{c} \frac{(y_{jh} - \hat{\mu}_{jh})^2}{\hat{\mu}_{jh}} . \tag{5.12}$$

La distribuzione nulla approssimata di (5.12) è $\chi^2_{(r-1)(c-1)}$ sia sotto il modello Poisson sia sotto il modello multinomiale, o anche prodotto di multinomiali. Infatti, nel modello Poisson, si hanno rc osservazioni e $1 + (r - 1) + (c - 1)$ parametri, per cui $rc - 1 - (r - 1) - (c - 1) = (r - 1)(c - 1)$. Nel modello multinomiale si hanno $rc - 1$ conteggi indipendenti e $(r - 1) + (c - 1)$ parametri, quindi la differenza è la stessa. Analogamente, nel modello basato sul prodotto di multinomiali, vi sono $r(c - 1)$ conteggi indipendenti e $c - 1$ parametri, per cui i gradi di libertà sono sempre $(r - 1)(c - 1)$.

Esempio 5.4 (Russare e patologie cardiache (cont.)) Con i dati dell'Esempio 5.3, contenuti nel *data frame* `Snore`, le frequenze attese di indipendenza $\hat{\mu}_{jh}$, $j = 1, 2, h = 1, \ldots, 4$, sono ottenute con i comandi R seguenti.

```
Snore.glm <- glm(freq ~ pat + russ, family = poisson,
                 data = Snore)
freq.att <- fitted(Snore.glm)
xtabs(freq.att ~ pat + russ, data = Snore)

##      russ
## pat       mai a volte  spesso  sempre
##   no 1317.93  609.75  203.57  242.75
##   si   61.07   28.25    9.43   11.25
```

Il test X^2 di indipendenza si ottiene con

```
X2 <- sum(residuals(Snore.glm, type = "pearson")^2)
X2

## [1] 72.8

p.val <- pchisq(X2, 3, lower.tail = FALSE)
p.val

## [1] 1.08e-15
```

oppure, in modo equivalente, con

```
tabella <- xtabs(freq ~ pat + russ, data = Snore)
chisq.test(tabella)

##
##  Pearson's Chi-squared test
##
## data:  tabella
## X-squared = 73, df = 3, p-value = 1e-15
```

e indica assenza di indipendenza tra russare e patologie cardiache. △

Per permettere l'associazione tra le due variabili di classificazione, si aggiungono alla (5.10) i termini di interazione. Si ottiene così

$$\log \mu_{jh} = \beta_0 + \beta_j^A + \beta_h^B + \gamma_{jh}^{AB} \, . \tag{5.13}$$

Il modello può essere specificato in modo tale che i parametri γ_{jh}^{AB} siano i coefficienti degli $(r-1)(c-1)$ prodotti delle variabili indicatrici per i livelli di A e B. Con opportuni vincoli per l'identificabilità, ad esempio $\gamma_{j1}^{AB} = \gamma_{1h}^{AB} = 0$ per ogni j e h, il numero di parametri di interazione è $(r-1)(c-1)$. La (5.13) corrisponde quindi al modello saturo.

I parametri di interazione sono in relazione con i log-rapporti delle quote. Si consideri per semplicità $r = c = 2$. Il log-rapporto delle quote (cfr. paragrafo 3.4.1) è

$$\begin{aligned}
\log \frac{\pi_{11}\pi_{22}}{\pi_{12}\pi_{21}} &= \log \frac{\mu_{11}\mu_{22}}{\mu_{12}\mu_{21}} = \log \mu_{11} + \log \mu_{22} - \log \mu_{12} - \log \mu_{21} \\
&= (\beta_0 + \beta_1^A + \beta_1^B + \gamma_{11}^{AB}) + (\beta_0 + \beta_2^A + \beta_2^B + \gamma_{22}^{AB}) \\
&\quad - (\beta_0 + \beta_1^A + \beta_2^B + \gamma_{12}^{AB}) - (\beta_0 + \beta_2^A + \beta_1^B + \gamma_{21}^{AB}) \\
&= \gamma_{11}^{AB} + \gamma_{22}^{AB} - \gamma_{12}^{AB} - \gamma_{21}^{AB} = \gamma_{22}^{AB}
\end{aligned}$$

per i vincoli di nullità posti sui parametri di interazione con almeno un indice uguale a 1.

Con r o c maggiori di 2, la quantità $\pi_{11}\pi_{jh}/(\pi_{j1}\pi_{1h})$ è ancora interpretabile come rapporto di quote per la tabella 2×2 corrispondente. Infatti,

$$\frac{\pi_{11}\pi_{jh}}{\pi_{j1}\pi_{1h}} = \frac{\{\pi_{11}/(\pi_{11} + \pi_{1h})\}/\{1 - \pi_{11}/(\pi_{11} + \pi_{1h})\}}{\{\pi_{j1}/(\pi_{j1} + \pi_{jh})\}/\{1 - \pi_{j1}/(\pi_{j1} + \pi_{jh})\}} \, .$$

Come si può facilmente verificare, continua a valere, con gli usuali vincoli, la relazione

$$\log \frac{\pi_{11}\pi_{jh}}{\pi_{j1}\pi_{1h}} = \gamma_{jh}^{AB} \, ,$$

per $j, h \neq 1$.

5.4.4 *Modelli log-lineari con più variabili di classificazione*

I modelli log-lineari per tabelle con più di due variabili di classificazione permettono di descrivere l'indipendenza, l'associazione e varie strutture di interazione. Si considerino ad esempio tre fattori, A, B e C con r, c e d livelli, rispettivamente. Come in precedenza, i modelli si possono formulare con riferimento alle medie μ_{jhk} di conteggi Poisson y_{jhk}, o alle probabilità π_{jhk} delle celle di un modello multinomiale, per $j = 1, \ldots, r$, $h = 1, \ldots, c$, $k = 1, \ldots, d$.

Si distinguono tre casi notevoli.

- Indipendenza totale. I tre fattori si dicono totalmente indipendenti se

$$Pr(A = j, B = h, C = k) = Pr(A = j)Pr(B = h)Pr(C = k)$$

per ogni j, h, k. Il modello log-lineare corrispondente per le frequenze attese μ_{jhk} è

$$\log \mu_{jhk} = \beta_0 + \beta_j^A + \beta_h^B + \beta_k^C \,. \tag{5.14}$$

- Indipendenza congiunta. Il fattore A è detto indipendente da B e C congiuntamente se

$$Pr(A = j, B = h, C = k) = Pr(A = j)Pr(B = h, C = k), \text{ per ogni } j, h, k \,.$$

In altri termini, $\pi_{jhk} = \pi_{j++}\pi_{+hk}$. Questa condizione equivale all'indipendenza in una tabella con due fattori: il primo coincidente con A, il secondo dato dalle $c \times d$ combinazioni dei livelli di B e C. Il modello log-lineare corrispondente per le frequenze attese μ_{jhk} è

$$\log \mu_{jhk} = \beta_0 + \beta_j^A + \beta_h^B + \beta_k^C + \gamma_{hk}^{BC} \,,$$

dove si è adottata una struttura gerarchica per cui la presenza di un termine di interazione comporta la presenza degli effetti principali corrispondenti.
- Indipendenza condizionale. I fattori A e B sono condizionatamente indipendenti dato C se

$$Pr(A = j, B = h | C = k) = Pr(A = j | C = k)Pr(B = h | C = k)$$

per ogni j, h, k. Ciò equivale all'indipendenza in ciascuna delle d tabelle di classificazione secondo A e B fissato il livello di C. In termini di probabilità, $\pi_{jhk} = \pi_{j+k}\pi_{+hk}/\pi_{++k}$. Il modello log-lineare corrispondente per le frequenze attese μ_{jhk} è

$$\log \mu_{jhk} = \beta_0 + \beta_j^A + \beta_h^B + \beta_k^C + \gamma_{jk}^{AC} + \gamma_{hk}^{BC} \,.$$

Il modello che permette la dipendenza condizionale di tutte e tre le coppie di variabili è

$$\log \mu_{jhk} = \beta_0 + \beta_j^A + \beta_h^B + \beta_k^C + \gamma_{jh}^{AB} + \gamma_{jk}^{AC} + \gamma_{hk}^{BC} \,. \tag{5.15}$$

I termini di interazione descrivono l'associazione condizionale in termini di log-rapporti di quote. Per C fissato al livello k, l'associazione condizionale tra A e B è descritta da $(r-1)(c-1)$ rapporti di quote del tipo

$$\theta_{jh(k)} = \frac{\mu_{11k}\mu_{jhk}}{\mu_{j1k}\mu_{1hk}}, \qquad j = 2, \ldots, r, \; h = 2, \ldots, c.$$

Ad esempio, con $r = c = 2$, sotto il modello (5.15),

$$\log \theta_{22(k)} = \log \frac{\mu_{11k}\,\mu_{22k}}{\mu_{12k}\,\mu_{21k}} = \gamma_{11}^{AB} + \gamma_{22}^{AB} - \gamma_{12}^{AB} - \gamma_{21}^{AB} . \tag{5.16}$$

Quindi, sotto gli usuali vincoli di nullità, $\theta_{22(k)} = \exp(\gamma_{22}^{AB})$. Si ottiene lo stesso valore $\theta_{22(k)}$ per ogni k. In generale, l'assenza di termini di interazione del terzo ordine comporta identità del tipo

$$\theta_{jh(1)} = \theta_{jh(2)} = \ldots = \theta_{jh(d)} , \qquad \text{per ogni } j, h .$$

Analoghe identità valgono per le altre coppie di fattori al variare del terzo fattore. Per tale caratteristica, il modello (5.15) è anche detto **modello di associazione omogenea**.

Il modello con interazioni del terzo ordine ha la forma

$$\log \mu_{jhk} = \beta_0 + \beta_j^A + \beta_h^B + \beta_k^C + \gamma_{jh}^{AB} + \gamma_{jk}^{AC} + \gamma_{hk}^{BC} + \gamma_{jhk}^{ABC} . \tag{5.17}$$

Il numero totale di parametri è

$$\begin{aligned} &1 + (r-1) + (c-1) + (d-1) + (r-1)(c-1) + (r-1)(d-1) \\ &+ (c-1)(d-1) + (r-1)(c-1)(d-1) = rcd . \end{aligned}$$

Il modello (5.17) è pertanto saturo.

In modo del tutto analogo si possono definire i modelli multinomiali corrispondenti. Con totale fissato, non includono il parametro di intercetta. L'inferenza sui parametri comuni ai due tipi di modelli può essere condotta in ogni caso sulla base del modello di Poisson log-lineare.

Le matrici del modello continuano a contenere solo valori 0 e 1 delle variabili indicatrici e le equazioni di verosimiglianza si riducono a eguaglianze tra frequenze marginali empiriche e teoriche corrispondenti ai termini di ordine più elevato nel modello, come osservato da Birch (1963). Ad esempio, per il modello di indipendenza totale (5.14), si impongono le identità

$$y_{j++} = \hat{\mu}_{j++}, \qquad y_{+h+} = \hat{\mu}_{+h+}, \qquad y_{++k} = \hat{\mu}_{++k} ,$$

per $j = 1, \ldots, r$, $h = 1, \ldots, c$, $k = 1, \ldots, d$. Nel modello di associazione omogenea (5.15), devono invece essere soddisfatte le identità

$$y_{jh+} = \hat{\mu}_{jh+}, \qquad y_{+hk} = \hat{\mu}_{+hk}, \qquad y_{j+k} = \hat{\mu}_{j+k} ,$$

per $j = 1, \ldots, r$, $h = 1, \ldots, c$, $k = 1, \ldots, d$.

In alcuni casi in cui si ha una struttura di indipendenza, si possono ottenere espressioni esplicite per le stime delle medie. In generale, vanno usati metodi iterativi, quale il metodo IRLS illustrato nel paragrafo 2.3.6. Poiché la funzione di legame è quella canonica, il metodo di Newton-Raphson coincide con il metodo *scoring* di Fisher. Quando, indicativamente, tutte le frequenze nelle celle eccedono 5, si possono utilizzare la devianza o la forma equivalente di Pearson per valutare la bontà di adattamento del modello, facendo riferimento alla distribuzione nulla approssimata chi-quadrato. I residui standardizzati possono indicare per quali specifiche celle si ha un adattamento non soddisfacente.

5.4.5 Relazione con modelli di regressione logistica

I modelli log-lineari trattano simmetricamente le variabili di classificazione e considerano come risposta le frequenze osservate. I modelli di regressione logistica trattano invece una variabile categoriale dicotomica come risposta e le rimanenti come esplicative. Sebbene gli obiettivi siano differenti, esiste un collegamento tra i due tipi di modelli.

Si consideri ad esempio il modello di associazione omogenea (5.15) con $r = 2$. Trattando A come risposta e B e C come fattori di classificazione e condizionandosi a y_{+hk}, vanno modellate $c \times d$ distribuzioni binomiali per A. Per ciascuna di esse, il logit risulta

$$\begin{aligned}\log \frac{Pr(A=2|B=h,C=k)}{Pr(A=1|B=h,C=k)} &= \log \frac{\mu_{2hk}}{\mu_{1hk}} = \log \mu_{2hk} - \log \mu_{1hk} \\ &= \beta_0 + \beta_2^A + \beta_h^B + \beta_k^C + \gamma_{2h}^{AB} + \gamma_{2k}^{AC} + \gamma_{hk}^{BC} \\ &\quad - \beta_0 - \beta_1^A - \beta_h^B - \beta_k^C - \gamma_{1h}^{AB} - \gamma_{1k}^{AC} - \gamma_{hk}^{BC} \\ &= (\beta_2^A - \beta_1^A) + (\gamma_{2h}^{AB} - \gamma_{1h}^{AB}) + (\gamma_{2k}^{AC} - \gamma_{1k}^{AC}),\end{aligned}$$

che ha la forma additiva

$$\text{logit}(Pr(A=2|B=h,C=k)) = \delta_0 + \delta_h^B + \delta_k^C .$$

Se si impone il vincolo di nullità per i parametri del modello log-lineare con almeno un indice uguale a 1, risulta $\beta_2^A = \delta_0$, $\gamma_{2h}^{AB} = \delta_h^B$ e $\gamma_{2k}^{AC} = \delta_k^C$. Analoghe identità sono soddisfatte dalle stime di massima verosimiglianza e dunque i due modelli forniscono identico adattamento (si veda l'esempio a pagina 220).

Con $r > 2$ si può, in modo analogo, stabilire l'equivalenza del modello log-lineare di associazione omogeneo con un modello di regressione logistica con modalità di riferimento (o modello logit multinomiale) per A con effetto additivo dei fattori B e C.

In generale, il modello log-lineare che fornisce il medesimo adattamento di un modello di regressione logistica, con soli fattori come esplicative, contiene necessariamente:

i) l'effetto principale del fattore considerato come risposta;
ii) tutti gli effetti principali e di interazione tra i fattori trattati come esplicative.

Gli effetti principali del modello di regressione logistica corrisponderanno alle interazioni a due tra fattore risposta e fattori esplicativi nel modello log-lineare. Gli effetti di interazione del modello di regressione logistica corrisponderanno inoltre alle interazioni a tre tra fattore risposta e coppie di fattori esplicativi nel modello log-lineare, e così via (per approfondimenti, si veda Agresti, 2013, paragrafo 9.5). Ad esempio, un modello di regressione logistica con il fattore con due livelli A come risposta e B, C e D come esplicative in forma additiva (ossia senza interazione) ha un modello log-lineare corrispondente che include le interazioni a due tra A e B, A e C, A e D, oltre all'effetto principale di A e al termine B*C*D (effetti principali e tutte le interazioni a due e a tre dei fattori B, C e D).

5.5 Modelli per dati di conteggio con sovradispersione

Un modello di Poisson assume l'identità tra media e varianza della risposta. Spesso i dati presentano varianza maggiore della media. Ciò è in genere dovuto a un'eterogeneità tra le distribuzioni della risposta per valori fissati delle variabili esplicative, ad esempio perché si sono trascurate ulteriori variabili esplicative rilevanti. Un simile problema non si pone in modelli di regressione lineare normale, poiché la varianza della risposta è descritta dal parametro σ^2, non legato alla media. La sovradispersione si presenta invece frequentemente sia nei modelli binomiali per risposte binarie raggruppate sia nei modelli di regressione Poisson.

5.5.1 Sovradispersione e distribuzione binomiale negativa

Si consideri la situazione elementare in cui si dispone di dati di conteggio $y_1, \ldots, y_n$, con y_i pari al numero di eventi osservati per l'i-esima unità statistica, $i = 1, \ldots, n$, ignorando per ora la presenza di eventuali variabili concomitanti. Ad esempio, gli eventi osservati possono essere incidenti, ricoveri ospedalieri, reclami, eccetera, per intervallo di tempo, oppure virus o batteri per unità di volume di un liquido di coltura, e così via. Assumendo l'indipendenza e l'identica distribuzione, i dati possono essere riassunti con una distribuzione di frequenza del tipo

y	0	1	2	...	totale
frequenza	f_0	f_1	f_2	...	n

che corrisponde a una riduzione per sufficienza.

Spesso il modello di campionamento casuale semplice Poisson per i dati $(y_1, \ldots, y_n)$ non è adeguato. Una tipica conseguenza dell'allontanamento dal modello di Poisson è che $(y_1, \ldots, y_n)$ presenta una variabilità campionaria ampiamente superiore a quella prevista da quest'ultimo, per il quale la varianza è uguale alla media. Si dice in tal caso che vi è **sovradispersione** nei dati. In modo simmetrico, si dice che vi è sottodispersione nei dati quando la varianza campionaria risulta notevolmente più piccola della media. Tuttavia, questa seconda evenienza si presenta piuttosto raramente nelle applicazioni. Come test per saggiare l'adeguatezza del modello di Poisson contro alternative di sovradispersione, si può utilizzare la statistica di Pearson, equivalente asintoticamente alla devianza nulla nel modello Poisson (cfr. Esempio 2.12):

$$X^2 = \sum_{i=1}^{n} \frac{(y_i - \bar{y}_n)^2}{\bar{y}_n}, \tag{5.18}$$

con distribuzione nulla approssimata χ^2_{n-1}. L'approssimazione è ritenuta soddisfacente se $\bar{y}_n$ è maggiore di 3 (Rao e Chakravarti, 1956). La statistica $X^2/(n-1)$ è il rapporto tra la varianza campionaria corretta e la media campionaria. Essa è nota come **indice di dispersione di Fisher**.

Un metodo semplice per costruire modelli che tengano conto della sovradispersione rispetto al modello di Poisson si basa su una specificazione di tipo gerarchico. Si ipotizza che le osservazioni y_i siano realizzazioni di variabili casuali indipendenti con distribuzione $P(\mu\lambda_i)$, $\mu > 0$, $\lambda_i > 0$, $i = 1, \ldots, n$, e che i parametri $\lambda_1, \ldots, \lambda_n$ stessi siano un campione casuale semplice da una variabile casuale positiva con media 1 e varianza $\tau \geq 0$. Marginalmente, la generica Y_i ha quindi media pari a μ e varianza

$$Var(Y_i) = E(Var(Y_i|\lambda_i)) + Var(E(Y_i|\lambda_i)) = \mu + \mu^2\tau = \mu(1 + \tau\mu).$$

Se $\tau = 0$ si ricade nel modello Poisson di campionamento casuale semplice. Per valori positivi di τ, le Y_i hanno varianza maggiore della media.

Se si assegna un modello monoparametrico per la distribuzione dei λ_i, si ottiene una generalizzazione biparametrica della distribuzione di Poisson. In particolare, una distribuzione gamma $Ga(\kappa, \kappa)$, con $\kappa = \tau^{-1}$, soddisfa i requisiti richiesti per media e varianza della distribuzione che produce i valori λ_i e dà luogo alla seguente distribuzione marginale per le Y_i

$$\begin{aligned} p(y_i; \mu, \kappa) &= \int_0^{+\infty} \frac{e^{-\mu\lambda_i}(\mu\lambda_i)^{y_i}}{y_i!} \frac{\kappa^\kappa \lambda_i^{\kappa-1} e^{-\kappa\lambda_i}}{\Gamma(\kappa)} d\lambda_i \\ &= \frac{\Gamma(y_i + \kappa)}{\Gamma(y_i + 1)\Gamma(\kappa)} \left(\frac{\mu/\kappa}{1 + \mu/\kappa}\right)^{y_i} \left(\frac{1}{1 + \mu/\kappa}\right)^{\kappa}, \end{aligned} \tag{5.19}$$

per $y_i = 0, 1, \ldots$, $\mu > 0$, $\kappa > 0$. Si noti che per valori interi di κ la distribuzione di $Y_i + \kappa$ è binomiale negativa, $Bineg(\kappa, \pi)$, con $\pi = 1/(1 + \mu/\kappa)$ (cfr. formula (2.59)). La famiglia delle distribuzioni binomiali negative traslate (5.19) fornisce un semplice modello parametrico per dati di conteggio con sovradispersione.

Tabella 5.5 Acari del melo, frequenze osservate e attese

acari	0	1	2	3	4	5	6	7	totale
frequenza f_j osservata	70	38	17	10	9	3	2	1	150
frequenza $P(\mu)$ attesa	47.65	54.64	31.33	11.97	3.43	0.79	0.15	0.02	150
frequenza $Bineg(\kappa,\pi)-\kappa$ attesa	69.49	37.59	20.10	10.70	5.69	3.02	1.60	0.85	150

Esempio 5.5 (Acari del melo) Da ciascuno di 6 meli della stessa varità sono state prelevate 25 foglie scelte casualmente ed è stato contato il numero di esemplari di acaro europeo adulto femmina su ciascuna foglia. I risultati sono riassunti nelle prime due righe della Tabella 5.5 (Hand *et al.*, 1994, p. 173).

Si consideri, come ipotesi iniziale per le Y_i, un modello di campionamento casuale semplice da una distribuzione di Poisson con parametro μ. La stima di massima verosimiglianza di μ è pari a 1.147 e le frequenze attese sotto il modello stimato sono riportate nella terza riga della Tabella 5.5. Il rapporto tra varianza campionaria e media campionaria è circa 2 e il test X^2 (5.18) ha livello di significatività osservato approssimato circa uguale a zero, indicando la presenza di sovradispersione, anche se l'adeguatezza della distribuzione approssimata è dubbia. Si può allora pensare di adattare un modello binomiale negativo traslato (5.19) con parametri μ e κ. La log-verosimiglianza risulta

$$l(\mu,\kappa) = \sum_{j=0}^{7} f_j \log(p(j;\mu,\kappa)),$$

dove $p(j;\mu,\kappa)$ è la funzione di probabilità (5.19) calcolata in j. La stima di massima verosimiglianza di (μ,κ) risulta $(\hat{\mu},\hat{\kappa})$, con $\hat{\mu} = \bar{y} = 1.147$ e $\hat{\kappa} = 1.024$, ottenuto numericamente. Le frequenze attese sono riportate nella Tabella 5.5 (cfr. Esercizio 5.12). Si noti l'eccellente accordo tra frequenze osservate e frequenze teoriche del modello binomiale negativo. △

5.5.2 *Modelli di regressione con risposta binomiale negativa*

In presenza di variabili concomitanti per dati di conteggio, un modello di regressione Poisson ipotizza che y_i sia realizzazione di una distribuzione con varianza uguale alla media e uguale a $g^{-1}(\boldsymbol{x}_i\beta)$. Come test per saggiare l'adeguatezza del modello di Poisson contro alternative di sovradispersione, si può utilizzare la statistica di Pearson (2.54) con distribuzione approssimata χ^2_{n-p} se le medie μ_i sono sufficientemente grandi.

Si può costruire un modello di regressione che tenga conto della sovradispersione rispetto al modello di regressione Poisson, ipotizzando che $y_1,\ldots,y_n$ siano realizzazioni di variabili casuali indipendenti Y_i, $i = 1,\ldots,n$, con distribuzione (5.19) con parametri $\mu_i = g^{-1}(\boldsymbol{x}_i\beta)$ e $\kappa = 1/\tau$. La funzione di log-verosimiglianza risulta

$$l(\beta,\tau) = \sum_{i=1}^{n}\left\{\log\Gamma\left(y_i+\frac{1}{\tau}\right) - \log\Gamma\left(\frac{1}{\tau}\right) - \log\Gamma\,(y_i+1)\right\} + \sum_{i=1}^{n}\left\{y_i\log\left(\frac{\tau\mu_i}{1+\tau\mu_i}\right) - \frac{1}{\tau}\log(1+\tau\mu_i)\right\},$$

con $\mu_i = g^{-1}(\boldsymbol{x}_i\beta)$.

Le equazioni di verosimiglianza per β hanno la forma

$$\sum_{i=1}^{n}\frac{(y_i-\mu_i)x_{ir}}{Var(Y_i)}\frac{\partial\mu_i}{\partial\eta_i} = \sum_{i=1}^{n}\frac{(y_i-\mu_i)x_{ir}}{\mu_i(1+\tau\mu_i)}\frac{\partial\mu_i}{\partial\eta_i} = 0\,, \qquad r = 1,\ldots,p,$$

che coincide con la forma usuale delle equazioni di verosimiglianza nei GLM.

Si ha inoltre

$$\frac{\partial^2 l(\beta,\tau)}{\partial\beta_r\partial\tau} = -\sum_{i=1}^{n}\frac{(y_i-\mu_i)x_{ir}}{(1+\tau\mu_i)^2}\frac{\partial\mu_i}{\partial\eta_i}\,, \qquad r = 1,\ldots,p,$$

con il valore atteso corrispondente zero. Dunque i parametri β e τ sono ortogonali. Di conseguenza, gli stimatori di massima verosimiglianza di β e τ sono asintoticamente indipendenti e, per l'inferenza su β, basta disporre del blocco dell'informazione osservata o attesa relativa a β.

La stima di massima verosimiglianza di β può essere ottenuta con l'algoritmo IRLS e $\hat{\beta}$ ha matrice di covarianza stimata

$$\widehat{Var}(\hat{\beta}) = (X^\top \hat{W} X)^{-1}\,,$$

con W matrice diagonale i cui elementi, nel caso di legame logaritmico, sono pari a

$$w_i = \frac{(\partial\mu_i/\partial\eta_i)^2}{Var(Y_i)} = \frac{\mu_i}{1+\tau\mu_i}\,.$$

La devianza risulta in tale caso

$$D(y;\hat{\mu}) = 2\sum_{i=1}^{n}\left\{y_i\log\left(\frac{y_i}{\hat{\mu}_i}\right) - \left(y_i+\frac{1}{\hat{\tau}}\right)\log\left(\frac{1+\hat{\tau}y_i}{1+\hat{\tau}\hat{\mu}_i}\right)\right\},$$

che ha la forma (2.51) per $\hat{\tau}\to 0^+$.

5.6 Modelli per dati di conteggio con inflazione di zeri

Spesso, la frequenza di conteggi pari a zero è superiore a quella attesa sotto un modello di Poisson o anche binomiale negativo.

Per la distribuzione di Poisson, va notato che la moda è pari alla parte intera della media. Infatti, se $Y_i \sim P(\mu)$, si ha, per $y_i = 1, 2, \ldots$,

$$\frac{Pr_\mu(Y_i = y_i)}{Pr_\mu(Y_i = y_i - 1)} = \frac{\mu}{y_i},$$

che risulta maggiore di 1 se $y_i < \mu$ e minore di 1 se $y_i > \mu$. Dunque, se $\mu < 1$ si ha $Pr_\mu(Y_i = 0) > Pr_\mu(Y_i = 1) > Pr_\mu(Y_i = 2) \ldots$ e la moda è pari a 0. Se $\mu > 1$ e μ non è un intero, la moda è uguale alla parte intera di μ. Se μ è un intero, allora sia $y_i = \mu - 1$ sia $y_i = \mu$ hanno probabilità massima.

Un GLM di Poisson può dunque non essere adeguato per distribuzioni empiriche con moda pari a zero e media relativamente grande. Si dice che distribuzioni empiriche con tale caratteristica mostrano una **inflazione di zeri** (sono *zero-inflated*) rispetto al modello di Poisson. Il fenomeno si manifesta per conteggi che riguardano caratteristiche per cui alcuni soggetti risultano del tutto 'inattivi' e dunque hanno necessariamente valore della risposta pari a zero. Ad esempio, per un campione di individui, si può rilevare, per la settimana di riferimento: il numero di sigarette fumate, il numero di ore di sport praticate, il numero di bevande alcoliche consumate, e così via. I non fumatori, chi non pratica alcuno sport, chi non beve, eccetera, avranno valore della risposta pari a zero.

L'inflazione di zeri è meno problematica per la distribuzione binomiale negativa traslata, che può avere moda uguale a 0 e media relativamente grande (cfr. Esercizio 5.11). Tuttavia, un modello binomiale negativo può non essere adatto a descrivere distribuzioni empiriche bimodali, con un massimo locale in zero e uno in un valore notevolmente più grande.

Le considerazioni precedenti suggeriscono, come modello naturale per una distribuzione con inflazione di zeri, un modello mistura tra una distribuzione usuale per dati di conteggio, come la Poisson o la binomiale negativa, e una distribuzione degenere in 0.

Il **modello di Poisson con inflazione di zeri** (*zero-inflated Poisson model*) assume che y_i sia realizzazione di

$$Y_i \sim \begin{cases} 0 & \text{con probabilità } 1 - \phi_i \\ P(\lambda_i) & \text{con probabilità } \phi_i \, . \end{cases}$$

Si ha pertanto

$$\begin{aligned} Pr(Y_i = 0) &= 1 - \phi_i + \phi_i e^{-\lambda_i} \\ Pr(Y_i = j) &= \phi_i \frac{e^{-\lambda_i} \lambda_i^j}{j!}, \qquad j = 1, 2, \ldots . \end{aligned}$$

I parametri ϕ_i e λ_i possono essere espressi in funzione di variabili esplicative $\boldsymbol{x}_{Ai}$ per ϕ_i e $\boldsymbol{x}_{Bi}$ per λ_i. Ad esempio,

$$\text{logit}(\phi_i) = \boldsymbol{x}_{Ai}\beta_A\,, \qquad \log\lambda_i = \boldsymbol{x}_{Bi}\beta_B\,.$$

Naturalmente, $\boldsymbol{x}_{Ai}$ e $\boldsymbol{x}_{Bi}$ possono anche coincidere.

Il modello così formulato equivale ad assumere che, per una variabile non osservabile $Z_i \sim Bi(1,\phi_i)$, si abbia $Y_i|Z_i = 0$ degenere in 0 e $Y_i|Z_i = 1 \sim P(\lambda_i)$. Si ha quindi

$$\begin{aligned} E(Y_i) &= 0(1-\phi_i) + \lambda_i\phi_i = \phi_i\lambda_i\,, \\ Var(Y_i) &= Var(E(Y_i|Z_i)) + E(Var(Y_i|Z_i)) = \phi_i\lambda_i[1+\lambda_i(1-\phi_i)]\,. \end{aligned}$$

Infatti, $E(Y_i|Z_i) = \lambda_i Z_i$ e $Var(Y_i|Z_i) = \lambda_i Z_i$. Essendo $Var(Y_i) > E(Y_i)$, il modello di Poisson con inflazione di zeri presenta sovradispersione se paragonato con il modello di Poisson con la stessa media.

La funzione di verosimiglianza è pari a

$$L(\beta_A,\beta_B) = \prod_{i=1}^{n}\{1-\phi_i+\phi_i e^{-\lambda_i}\}^{I_{\{0\}}(y_i)}\left\{\phi_i\frac{e^{-\lambda_i}\lambda_i^{y_i}}{y_i!}\right\}^{I_{\mathbb{N}^+}(y_i)}\,,$$

con $\phi_i = \exp(\boldsymbol{x}_{Ai}\beta_A)/(1+\exp(\boldsymbol{x}_{Ai}\beta_A))$, $\lambda_i = \exp(\boldsymbol{x}_{Bi}\beta_B)$ e $I_A(y_i) = 1$ se $y_i \in A$ e 0 altrimenti.

La funzione di log-verosimiglianza risulta quindi

$$\begin{aligned} l(\beta_A,\beta_B) = &\sum_{i:\,y_i=0}\log\left(1+e^{\boldsymbol{x}_{Ai}\beta_A}\exp(-e^{\boldsymbol{x}_{Bi}\beta_B})\right) - \sum_{i=1}^{n}\log\left(1+e^{\boldsymbol{x}_{Ai}\beta_A}\right) \\ &+ \sum_{i:\,y_i>0}\left(\boldsymbol{x}_{Ai}\beta_A - e^{\boldsymbol{x}_{Bi}\beta_B} + y_i\boldsymbol{x}_{Bi}\beta_B\right)\,. \end{aligned} \tag{5.20}$$

Le stime di massima verosimiglianza vanno reperite con metodi iterativi, quali il metodo di Newton-Raphson. Si noti che il modello di regressione di Poisson con inflazione di zeri non descrive direttamente l'effetto delle variabili esplicative su $E(Y_i) = \phi_i\lambda_i$, ma analizza separamente le due componenti ϕ_i e λ_i. Se tuttavia $\boldsymbol{x}_{Ai} = 1$, ossia se si adatta per ϕ_i un modello con la sola intercetta, allora $E(Y_i)$ risulta proporzionale a λ_i.

In alcuni casi, la sovradispersione permane anche nel modello condizionato ai valori positivi della risposta, $Y_i|Z_i = 1$. Trascurare tale aspetto comporta una sottostima degli *standard error* delle stime. Una soluzione spesso efficace consiste nell'adottare un modello binomiale negativo traslato con inflazione di zeri, secondo il quale si ha $Y_i = 0$ con probabilità $1-\phi_i$, mentre, con probabilità ϕ_i, la variabile Y_i è distribuita secondo una binomiale negativa traslata (5.19) con media μ_i e parametro di dispersione $\tau = 1/\kappa$.

5.7 Laboratori R: modelli per dati di conteggio

5.7.1 Alcol, sigarette e marijuana: analisi dei dati `Drugs`

I dati presentati nell'Esempio 1.9 e contenuti nel *data frame* `Drugs` (Agresti, 2015, Esempio 7.2.6) riportano gli esiti di un'indagine condotta su $n = 2\,276$ studenti dell'ultimo anno di una scuola superiore in Ohio. Si chiedeva agli studenti di dire se avevano o meno mai consumato alcol, sigarette o marijuana. La tabella di frequenze è una tabella di contingenza $2 \times 2 \times 2$ con totale prefissato. Le 3 variabili di classificazione dicotomiche sono indicate con `alc`, `sig` e `mar` (con modalità `yes` e `no`). Interessa valutare se la propensione all'uso di una delle 3 sostanze, ad esempio marijuana, è indipendente dall'aver fatto uso di una, o entrambe, le altre.

Si consideri in primo luogo il modello di indipendenza totale.

```
Drugs.glm.mi <- glm(count ~ alc + sig + mar, family = poisson,
                    data = Drugs)
summary(Drugs.glm.mi)

##  ...
##
## Coefficients:
##             Estimate Std. Error z value Pr(>|z|)
## (Intercept)   4.1725     0.0650   64.23  < 2e-16 ***
## alcyes        1.7851     0.0598   29.87  < 2e-16 ***
## sigyes        0.6493     0.0442   14.71  < 2e-16 ***
## maryes       -0.3154     0.0424   -7.43  1.1e-13 ***
## ---
## Signif. codes:  0 '***' 0.001 '**' 0.01 '*' 0.05 '.' 0.1 ' ' 1
##
## (Dispersion parameter for poisson family taken to be 1)
##
##     Null deviance: 2851.5  on 7  degrees of freedom
## Residual deviance: 1286.0  on 4  degrees of freedom
## AIC: 1343
##
## Number of Fisher Scoring iterations: 6
```

Il modello non sembra mostrare un buon adattamento.

Si considerano di seguito i tre possibili modelli di indipendenza condizionale.

```
Drugs.glm.ic1 <- update(Drugs.glm.mi, . ~ . + alc:sig + alc:mar)
summary(Drugs.glm.ic1)

##
## Call:
## glm(formula = count ~ alc + sig + mar + alc:sig + alc:mar,
##     family = poisson, data = Drugs)
##
##  ...
##
```

```
## Coefficients:
##                Estimate Std. Error z value Pr(>|z|)
## (Intercept)      5.6229     0.0601   93.64   <2e-16 ***
## alcyes          -0.0817     0.0781   -1.05      0.3
## sigyes          -1.8097     0.1591  -11.38   <2e-16 ***
## maryes          -4.1651     0.4507   -9.24   <2e-16 ***
## alcyes:sigyes    2.8737     0.1673   17.18   <2e-16 ***
## alcyes:maryes    4.1251     0.4529    9.11   <2e-16 ***
## ---
## Signif. codes:  0 '***' 0.001 '**' 0.01 '*' 0.05 '.' 0.1 ' ' 1
##
## (Dispersion parameter for poisson family taken to be 1)
##
##     Null deviance: 2851.46  on 7  degrees of freedom
## Residual deviance:  497.37  on 2  degrees of freedom
## AIC: 558.4
##
## Number of Fisher Scoring iterations: 5
```

```
Drugs.glm.ic2 <- update(Drugs.glm.mi, . ~ . + alc:sig + sig:mar)
summary(Drugs.glm.ic2)
```

```
##
## Call:
## glm(formula = count ~ alc + sig + mar + alc:sig + sig:mar,
##     family = poisson, data = Drugs)
##
##   ...
##
## Coefficients:
##                Estimate Std. Error z value Pr(>|z|)
## (Intercept)      5.5777     0.0603   92.46  < 2e-16 ***
## alcyes           0.5763     0.0746    7.73  1.1e-14 ***
## sigyes          -2.6941     0.1626  -16.57  < 2e-16 ***
## maryes          -2.7712     0.1520  -18.23  < 2e-16 ***
## alcyes:sigyes    2.8737     0.1673   17.18  < 2e-16 ***
## sigyes:maryes    3.2243     0.1610   20.03  < 2e-16 ***
## ---
## Signif. codes:  0 '***' 0.001 '**' 0.01 '*' 0.05 '.' 0.1 ' ' 1
##
## (Dispersion parameter for poisson family taken to be 1)
##
##     Null deviance: 2851.461  on 7  degrees of freedom
## Residual deviance:   92.018  on 2  degrees of freedom
## AIC: 153.1
##
## Number of Fisher Scoring iterations: 6
```

```
Drugs.glm.ic3 <- update(Drugs.glm.mi, . ~ . + alc:mar + sig:mar)
summary(Drugs.glm.ic3)
```

```
##
## Call:
## glm(formula = count ~ alc + sig + mar + alc:mar + sig:mar,
```

```
##     family = poisson, data = Drugs)
##
##   ...
##
## Coefficients:
##                Estimate Std. Error z value Pr(>|z|)
## (Intercept)      5.1921     0.0609   85.29  < 2e-16 ***
## alcyes           1.1272     0.0641   17.58  < 2e-16 ***
## sigyes          -0.2351     0.0555   -4.24  2.3e-05 ***
## maryes          -6.6209     0.4737  -13.98  < 2e-16 ***
## alcyes:maryes    4.1251     0.4529    9.11  < 2e-16 ***
## sigyes:maryes    3.2243     0.1610   20.03  < 2e-16 ***
## ---
## Signif. codes:  0 '***' 0.001 '**' 0.01 '*' 0.05 '.' 0.1 ' ' 1
##
## (Dispersion parameter for poisson family taken to be 1)
##
##     Null deviance: 2851.46  on 7  degrees of freedom
## Residual deviance:  187.75  on 2  degrees of freedom
## AIC: 248.8
##
## Number of Fisher Scoring iterations: 5
```

Si consideri infine il modello di associazione omogenea.

```
Drugs.glm.oa <- update(Drugs.glm.mi, . ~ . + alc:sig +
                         alc:mar + sig:mar)
summary(Drugs.glm.oa)
```

```
##
## Call:
## glm(formula = count ~ alc + sig + mar + alc:sig + alc:mar + sig:mar,
##     family = poisson, data = Drugs)
##
##   ...
##
## Coefficients:
##                Estimate Std. Error z value Pr(>|z|)
## (Intercept)      5.6334     0.0597   94.36  < 2e-16 ***
## alcyes           0.4877     0.0758    6.44  1.2e-10 ***
## sigyes          -1.8867     0.1627  -11.60  < 2e-16 ***
## maryes          -5.3090     0.4752  -11.17  < 2e-16 ***
## alcyes:sigyes    2.0545     0.1741   11.80  < 2e-16 ***
## alcyes:maryes    2.9860     0.4647    6.43  1.3e-10 ***
## sigyes:maryes    2.8479     0.1638   17.38  < 2e-16 ***
## ---
## Signif. codes:  0 '***' 0.001 '**' 0.01 '*' 0.05 '.' 0.1 ' ' 1
##
## (Dispersion parameter for poisson family taken to be 1)
##
##     Null deviance: 2851.46098  on 7  degrees of freedom
## Residual deviance:    0.37399  on 1  degrees of freedom
## AIC: 63.42
##
## Number of Fisher Scoring iterations: 4
```

L'adattamento, valutato con il criterio AIC, è decisamente migliore per quest'ultimo modello. Nel modello di associazione omogenea, la stima del rapporto delle quote per l'uso di alcol e sigarette risulta pari a $\exp(2.0545) \doteq 7.80$ sia per i consumatori di marijuana sia per coloro che hanno dichiarato di non averla consumata. La quota per la probabilità di fare uso di alcol per i fumatori di sigarette è stimata pari a 7.8 volte la medesima quota per i non fumatori, sia per i consumatori di marijuana sia per coloro che hanno dichiarato di non averla consumata. L'intervallo di confidenza di Wald con livello approssimato 0.95 per il rapporto di quote considerato è $\exp(2.0545 \pm 1.96(0.17406)) = (5.55, 10.98)$.

Va tuttavia notato che la devianza residua del modello di associazione omogenea ha un solo grado di libertà. Le equazioni di verosimiglianza impongono l'identità tra frequenze osservate e attese in tutte le sottotabelle 2×2. Ciò si riflette nel fatto che tutte le differenze assolute $|y_{jhk} - \hat{\mu}_{jhk}|$ sono uguali.

```
resid <- Drugs$count - fitted(Drugs.glm.oa)
cbind(Drugs$count, fitted(Drugs.glm.oa), resid)

##                  resid
## 1 911 910.38  0.617
## 2 538 538.62 -0.617
## 3  44  44.62 -0.617
## 4 456 455.38  0.617
## 5   3   3.62 -0.617
## 6  43  42.38  0.617
## 7   2   1.38  0.617
## 8 279 279.62 -0.617
```

Gli stessi risultati, relativamente all'associazione tra marijuana e alcol e tra marijuana e sigarette, in particolare i log-rapporti di quote stimati pari a 2.986 e a 2.848, rispettivamente, si ottengono con un modello di regressione logistica. A tal fine, si consideri come risposta Y_i, $i = 1, \ldots, 4$, la proporzione di utilizzatori di marijuana nei 4 gruppi definiti dagli incroci delle modalità dei due fattori alcol e sigarette e come esplicative, in forma additiva, i due fattori alcol e sigarette. I dati riorganizzati in tal senso sono contenuti nel *data frame* `Drugs2`.

```
Drugs2.glm <- glm(M_yes / n ~ alc + sig, weights = n,
                  family = binomial, data = Drugs2)
summary(Drugs2.glm)

##   ...
##
## Coefficients:
##             Estimate Std. Error z value Pr(>|z|)
## (Intercept)   -5.309      0.475  -11.17  < 2e-16 ***
## alcyes         2.986      0.465    6.43  1.3e-10 ***
## sigyes         2.848      0.164   17.38  < 2e-16 ***
## ---
## Signif. codes:  0 '***' 0.001 '**' 0.01 '*' 0.05 '.' 0.1 ' ' 1
##
## (Dispersion parameter for binomial family taken to be 1)
```

```
##
##     Null deviance: 843.82664  on 3  degrees of freedom
## Residual deviance:   0.37399  on 1  degrees of freedom
## AIC: 25.1
##
## Number of Fisher Scoring iterations: 4
```

La devianza residua è uguale a quella ottenuta nel modello log-lineare di associazione omogenea, mentre il modello nullo ipotizza che le quattro binomiali abbiano la stessa probabilità di successo e corrisponde al modello log-lineare di indipendenza congiunta di marijuana da alcol e sigarette.

Esercizio Si adatti il modello log-lineare di indipendenza congiunta dell'uso di marijuana dall'uso di alcol e di sigarette e si verifichi l'affermazione precedente. ◇

5.7.2 Opinioni sulla spesa pubblica: analisi dei dati `Spending`

I dati nel *data frame* `Spending` (Agresti, 2013, esercizio 9.5) provengono dalla General Social Survey del 1989 effettuata dal National Opinion Research Center negli Stati Uniti. In particolare, i dati si riferiscono all'opinione dei soggetti intervistati riguardo alla spesa governativa relativa all'ambiente (`e`), alla salute pubblica (`h`), al sostegno alle grandi città (`c`) e al supporto del rispetto della legge (`l`). Tutte le variabili sono su una scala ordinale con tre modalità: `1`, troppo bassa; `2`, adeguata; `3` troppo alta.

```
Spending$e <- factor(Spending$e)
Spending$h <- factor(Spending$h)
Spending$c <- factor(Spending$c)
Spending$l <- factor(Spending$l)
str(Spending)
```

```
## 'data.frame': 81 obs. of  5 variables:
##  $ e    : Factor w/ 3 levels "1","2","3": 1 1 1 1 1 1 1 1 1 2 ...
##  $ h    : Factor w/ 3 levels "1","2","3": 1 1 1 2 2 2 3 3 3 1 ...
##  $ c    : Factor w/ 3 levels "1","2","3": 1 2 3 1 2 3 1 2 3 1 ...
##  $ l    : Factor w/ 3 levels "1","2","3": 1 1 1 1 1 1 1 1 1 1 ...
##  $ count: int  62 90 74 11 22 19 2 2 1 11 ...
```

```
ftable(xtabs(count ~ e + h + l + c, data = Spending))
```

```
##        c  1  2  3
## e h l
## 1 1 1    62 90 74
##     2    17 42 31
##     3     5  3 11
##   2 1    11 22 19
##     2     7 18 14
##     3     0  1  3
##   3 1     2  2  1
##     2     3  0  3
```

```
##       3    1  1  1
## 2 1 1   11 21 20
##     2    3 13  8
##     3    0  2  3
##   2 1    1  6  6
##     2    4  9  5
##     3    0  0  2
##   3 1    1  2  4
##     2    0  1  3
##     3    1  1  1
## 3 1 1    3  2  9
##     2    0  1  2
##     3    0  0  1
##   2 1    1  2  4
##     2    0  1  2
##     3    0  0  0
##   3 1    1  0  1
##     2    0  0  2
##     3    0  0  3
```

La tabella rappresenta la distribuzione empirica congiunta delle quattro variabili. L'obiettivo è studiare la struttura di dipendenza tra le variabili sulla base del campione osservato.

Si può partire dal modello di indipendenza totale e provare ad aggiungere eventuali effetti di interazione tra le variabili, qualora fossero significativi.

```
Spending.glm <- glm(count ~ e + h + c + l, family = poisson,
                    data = Spending)
summary(Spending.glm)
```

```
##   ...
##
## Coefficients:
##              Estimate Std. Error z value Pr(>|z|)
## (Intercept)    3.7760     0.0986   38.30  < 2e-16 ***
## e2            -1.2438     0.1003  -12.40  < 2e-16 ***
## e3            -2.5405     0.1756  -14.47  < 2e-16 ***
## h2            -1.1458     0.0977  -11.72  < 2e-16 ***
## h3            -2.5177     0.1757  -14.33  < 2e-16 ***
## c2             0.5828     0.1078    5.40  6.5e-08 ***
## c3             0.5532     0.1084    5.10  3.4e-07 ***
## l2            -0.6931     0.0891   -7.78  7.2e-15 ***
## l3            -2.2460     0.1663  -13.51  < 2e-16 ***
## ---
## Signif. codes:  0 '***' 0.001 '**' 0.01 '*' 0.05 '.' 0.1 ' ' 1
##
## (Dispersion parameter for poisson family taken to be 1)
##
##     Null deviance: 1370.46  on 80  degrees of freedom
## Residual deviance:  124.34  on 72  degrees of freedom
## AIC: 349.2
##
## Number of Fisher Scoring iterations: 5
```

La devianza residua è piuttosto elevata e quindi si può pensare di introdurre qualche effetto di interazione a due, seguendo un approccio *forward*.

```
add1(Spending.glm, . ~ . + (.)^2, test = "Chisq")

## Single term additions
##
## Model:
## count ~ e + h + c + l
##        Df Deviance AIC   LRT Pr(>Chi)
## <none>       124.3 349
## e:h     4    100.2 333 24.18  7.4e-05 ***
## e:c     4    106.2 339 18.19   0.0011 **
## e:l     4    119.9 353  4.49   0.3442
## h:c     4    115.4 348  8.94   0.0625 .
## h:l     4     95.6 328 28.74  8.8e-06 ***
## c:l     4    109.7 343 14.63   0.0055 **
## ---
## Signif. codes:  0 '***' 0.001 '**' 0.01 '*' 0.05 '.' 0.1 ' ' 1

Spending.glm1 <- update(Spending.glm, . ~ . + h:l)
add1(Spending.glm1, . ~ . + (.)^2, test = "Chisq")

## Single term additions
##
## Model:
## count ~ e + h + c + l + h:l
##        Df Deviance AIC   LRT Pr(>Chi)
## <none>        95.6 328
## e:h     4     71.4 312 24.18  7.4e-05 ***
## e:c     4     77.4 318 18.19   0.0011 **
## e:l     4     91.1 332  4.49   0.3442
## h:c     4     86.7 327  8.94   0.0625 .
## c:l     4     81.0 322 14.63   0.0055 **
## ---
## Signif. codes:  0 '***' 0.001 '**' 0.01 '*' 0.05 '.' 0.1 ' ' 1

Spending.glm2 <- update(Spending.glm1, . ~ . +e:h)
add1(Spending.glm2, . ~ . + (.)^2, test = "Chisq")

## Single term additions
##
## Model:
## count ~ e + h + c + l + h:l + e:h
##        Df Deviance AIC   LRT Pr(>Chi)
## <none>        71.4 312
## e:c     4     53.2 302 18.19   0.0011 **
## e:l     4     68.5 317  2.95   0.5668
## h:c     4     62.5 311  8.94   0.0625 .
## c:l     4     56.8 306 14.63   0.0055 **
## ---
## Signif. codes:  0 '***' 0.001 '**' 0.01 '*' 0.05 '.' 0.1 ' ' 1

Spending.glm3 <- update(Spending.glm2, . ~ . +e:c)
add1(Spending.glm3, . ~ . + (.)^2, test = "Chisq")
```

```
## Single term additions
##
## Model:
## count ~ e + h + c + l + h:l + e:h + e:c
##        Df Deviance AIC   LRT Pr(>Chi)
## <none>        53.2 302
## e:l     4     50.3 307  2.95   0.5668
## h:c     4     46.3 303  6.96   0.1383
## c:l     4     39.4 296 13.82   0.0079 **
## ---
## Signif. codes:  0 '***' 0.001 '**' 0.01 '*' 0.05 '.' 0.1 ' ' 1
```

```
Spending.glm4 <- update(Spending.glm3, . ~ . + c:l)
add1(Spending.glm4, . ~ . + (.)^2, test = "Chisq")
```

```
## Single term additions
##
## Model:
## count ~ e + h + c + l + h:l + e:h + e:c + c:l
##        Df Deviance AIC  LRT Pr(>Chi)
## <none>        39.4 296
## e:l     4     37.0 302 2.45     0.65
## h:c     4     34.1 299 5.31     0.26
```

Alla fine, si sceglie il modello che prevede le interazioni tra `h` e `l`, tra `e` e `h`, tra `e` e `c` e tra `c` e `l`.

```
summary(Spending.glm4)
```

```
##
## Call:
## glm(formula = count ~ e + h + c + l + h:l + e:h + e:c + c:l,
##     family = poisson, data = Spending)
##
##   ...
##
## Coefficients:
##             Estimate Std. Error z value Pr(>|z|)
## (Intercept)   4.1054     0.1152   35.65  < 2e-16 ***
## e2           -1.8039     0.2486   -7.26  4.0e-13 ***
## e3           -3.4304     0.4848   -7.08  1.5e-12 ***
## h2           -1.5130     0.1456  -10.39  < 2e-16 ***
## h3           -3.6737     0.3423  -10.73  < 2e-16 ***
## c2            0.3829     0.1434    2.67  0.00759 **
## c3            0.2297     0.1469    1.56  0.11802
## l2           -1.2195     0.2097   -5.82  6.0e-09 ***
## l3           -2.7602     0.4089   -6.75  1.5e-11 ***
## h2:l2         0.7310     0.2062    3.54  0.00039 ***
## h3:l2         0.7554     0.4085    1.85  0.06445 .
## h2:l3        -0.0401     0.4734   -0.08  0.93248
## h3:l3         1.9564     0.4765    4.11  4.0e-05 ***
## e2:h2         0.3584     0.2370    1.51  0.13051
## e3:h2         0.6786     0.4114    1.65  0.09904 .
## e2:h3         1.4097     0.3979    3.54  0.00040 ***
```

```
## e3:h3          2.1669    0.5235    4.14  3.5e-05 ***
## e2:c2          0.4541    0.2841    1.60  0.10999
## e3:c2         -0.3292    0.6179   -0.53  0.59422
## e2:c3          0.5154    0.2874    1.79  0.07288 .
## e3:c3          1.1597    0.5077    2.28  0.02235 *
## c2:l2          0.4544    0.2424    1.87  0.06087 .
## c3:l2          0.3114    0.2486    1.25  0.21026
## c2:l3         -0.3364    0.5345   -0.63  0.52912
## c3:l3          0.8281    0.4490    1.84  0.06515 .
## ---
## Signif. codes:  0 '***' 0.001 '**' 0.01 '*' 0.05 '.' 0.1 ' ' 1
##
## (Dispersion parameter for poisson family taken to be 1)
##
##     Null deviance: 1370.458  on 80  degrees of freedom
## Residual deviance:   39.411  on 56  degrees of freedom
## AIC: 296.2
##
## Number of Fisher Scoring iterations: 5
```

La devianza residua del modello finale è pari a 39.41, che, confrontata con i gradi di libertà, 56, indica un buon adattamento.

Esercizio Si provi a partire dal modello saturo semplificandolo a ritroso, togliendo man mano le interazioni di ordine più elevato che risultino non significative. ◇

5.7.3 Fumo ed età della madre: analisi dei dati `Infant`

I dati nel *data frame* `Infant` (Agresti, 2013, Esercizio 10.4) rappresentano la distribuzione congiunta empirica di quattro variabili dicotomiche: `survival` (sopravvivenza del neonato), `gestation` (durata, in giorni, della gravidanza), `smoking` (numero di sigarette fumate giornalmente dalla madre) e `age` (età della madre).

```
Infant
```

```
##    survival gestation smoking age Freq
## 1        No     <=260      <5 <30   50
## 2       Yes     <=260      <5 <30  315
## 3        No      >260      <5 <30   24
## 4       Yes      >260      <5 <30 4012
## 5        No     <=260      >5 <30    9
## 6       Yes     <=260      >5 <30   40
## 7        No      >260      >5 <30    6
## 8       Yes      >260      >5 <30  459
## 9        No     <=260      <5 >30   41
## 10      Yes     <=260      <5 >30  147
## 11       No      >260      <5 >30   14
## 12      Yes      >260      <5 >30 1594
## 13       No     <=260      >5 >30    4
```

```
## 14       Yes     <=260       >5 >30   11
## 15        No      >260       >5 >30    1
## 16       Yes      >260       >5 >30  124
```

Per valutare le relazioni di dipendenza tra i 4 fattori si può partire dal modello saturo e semplificarlo togliendo via via le interazioni che non risultino significative, iniziando con quelle di ordine più elevato.

```
Infant.glm1 <- glm(Freq ~ (.)^4, family = poisson,
                   data = Infant)
drop1(Infant.glm1, test = "Chisq")

## Single term deletions
##
## Model:
## Freq ~ (survival + gestation + smoking + age)^4
##                                 Df Deviance AIC   LRT Pr(>Chi)
## <none>                              0.000 124
## survival:gestation:smoking:age  1    0.359 122 0.359     0.55

Infant.glm2 <- update(Infant.glm1,
                      . ~ . -survival:gestation:smoking:age)
drop1(Infant.glm2, test = "Chisq")

## Single term deletions
##
## Model:
## Freq ~ survival + gestation + smoking + age + survival:gestation +
##     survival:smoking + survival:age + gestation:smoking +
##     gestation:age + smoking:age + survival:gestation:smoking +
##     survival:gestation:age + survival:smoking:age +
##     gestation:smoking:age
##                            Df Deviance AIC   LRT Pr(>Chi)
## <none>                         0.359 122
## survival:gestation:smoking  1    0.586 121 0.226     0.63
## survival:gestation:age      1    0.809 121 0.450     0.50
## survival:smoking:age        1    0.694 121 0.335     0.56
## gestation:smoking:age       1    0.411 120 0.052     0.82

Infant.glm3 <- update(Infant.glm2,
                      . ~ . -gestation:smoking:age)
drop1(Infant.glm3, test = "Chisq")

## Single term deletions
##
## Model:
## Freq ~ survival + gestation + smoking + age + survival:gestation +
##     survival:smoking + survival:age + gestation:smoking +
##     gestation:age + smoking:age + survival:gestation:smoking +
##     survival:gestation:age + survival:smoking:age
##                            Df Deviance AIC   LRT Pr(>Chi)
## <none>                         0.411 120
## survival:gestation:smoking  1    0.638 119 0.227     0.63
## survival:gestation:age      1    0.853 119 0.442     0.51
## survival:smoking:age        1    0.918 119 0.507     0.48
```

```
Infant.glm4 <- update(Infant.glm3,
                      . ~ . -survival:gestation:smoking)
drop1(Infant.glm4, test = "Chisq")

## Single term deletions
##
## Model:
## Freq ~ survival + gestation + smoking + age + survival:gestation +
##     survival:smoking + survival:age + gestation:smoking +
##     gestation:age + smoking:age + survival:gestation:age +
##     survival:smoking:age
##                        Df Deviance AIC   LRT Pr(>Chi)
## <none>                       0.638 119
## gestation:smoking       1    0.751 117 0.112     0.74
## survival:gestation:age  1    1.163 117 0.524     0.47
## survival:smoking:age    1    1.206 117 0.567     0.45

Infant.glm5 <- update(Infant.glm4, . ~ . -gestation:smoking)
drop1(Infant.glm5, test = "Chisq")

## Single term deletions
##
## Model:
## Freq ~ survival + gestation + smoking + age + survival:gestation +
##     survival:smoking + survival:age + gestation:age + smoking:age +
##     survival:gestation:age + survival:smoking:age
##                        Df Deviance AIC   LRT Pr(>Chi)
## <none>                       0.751 117
## survival:gestation:age  1    1.265 115 0.515     0.47
## survival:smoking:age    1    1.308 115 0.557     0.46

Infant.glm6 <- update(Infant.glm5,
                      . ~ . -survival:gestation:age)
drop1(Infant.glm6, test = "Chisq")

## Single term deletions
##
## Model:
## Freq ~ survival + gestation + smoking + age + survival:gestation +
##     survival:smoking + survival:age + gestation:age + smoking:age +
##     survival:smoking:age
##                      Df Deviance AIC LRT Pr(>Chi)
## <none>                         1 115
## survival:gestation    1      340 451 338   <2e-16 ***
## gestation:age         1        4 116   3    0.087 .
## survival:smoking:age  1        2 114   1    0.456
## ---
## Signif. codes:  0 '***' 0.001 '**' 0.01 '*' 0.05 '.' 0.1 ' ' 1

Infant.glm7 <- update(Infant.glm6,
                      . ~ . -survival:smoking:age)
drop1(Infant.glm7, test = "Chisq")

## Single term deletions
##
```

```
## Model:
## Freq ~ survival + gestation + smoking + age + survival:gestation +
##     survival:smoking + survival:age + gestation:age + smoking:age
##                    Df Deviance AIC LRT Pr(>Chi)
## <none>                    2 114
## survival:gestation  1      340 450 338   <2e-16 ***
## survival:smoking    1        5 115   3    0.085 .
## survival:age        1        8 118   6    0.011 *
## gestation:age       1        5 115   3    0.087 .
## smoking:age         1       20 130  18    2e-05 ***
## ---
## Signif. codes:  0 '***' 0.001 '**' 0.01 '*' 0.05 '.' 0.1 ' ' 1
```

L'ultimo modello ottenuto, se ulteriormente semplificato, porterebbe ad un aumento dell'AIC e quindi si considera come modello finale. Il modello esclude tutte le interazioni di ordine superiore al secondo come pure l'interazione fra `smoking` e `gestation`. I fattori `smoking` e `gestation` risultano quindi indipendenti condizionatamente a `age` e `survival`.

```
summary(Infant.glm7)

##
## Call:
## glm(formula = Freq ~ survival + gestation + smoking + age +
##     survival:gestation + survival:smoking + survival:age +
##     gestation:age + smoking:age, family = poisson, data = Infant)
##
##  ...
##
## Coefficients:
##                          Estimate Std. Error z value Pr(>|z|)
## (Intercept)                3.9431     0.1262   31.24  < 2e-16 ***
## survivalYes                1.8142     0.1344   13.50  < 2e-16 ***
## gestation>260             -0.7724     0.1824   -4.24  2.3e-05 ***
## smoking>5                 -1.7131     0.2431   -7.05  1.8e-12 ***
## age>30                    -0.2920     0.1703   -1.71   0.0865 .
## survivalYes:gestation>260  3.3113     0.1845   17.95  < 2e-16 ***
## survivalYes:smoking>5     -0.4438     0.2447   -1.81   0.0698 .
## survivalYes:age>30        -0.4648     0.1800   -2.58   0.0098 **
## gestation>260:age>30      -0.1656     0.0960   -1.72   0.0846 .
## smoking>5:age>30          -0.4113     0.0995   -4.13  3.6e-05 ***
## ---
## Signif. codes:  0 '***' 0.001 '**' 0.01 '*' 0.05 '.' 0.1 ' ' 1
##
## (Dispersion parameter for poisson family taken to be 1)
##
##     Null deviance: 20311.0677  on 15  degrees of freedom
## Residual deviance:     1.8221  on  6  degrees of freedom
## AIC: 113.8
##
## Number of Fisher Scoring iterations: 4
```

La devianza residua è piccola, se confrontata con i relativi gradi di libertà, dando un'indicazione di bontà del modello. Anche un confronto tra le frequenze osservate e quelle teoriche mostra un ottimo adattamento del modello.

```
plot(Infant$Freq, ylab="Frequenze")
points(fitted(Infant.glm7), pch = 3, col = 2)
legend("top", pch = c(1, 3), col = c(1, 2),
       legend = c("osservate", "stimate"),
       text.col = 1:2, bty = "n")
```

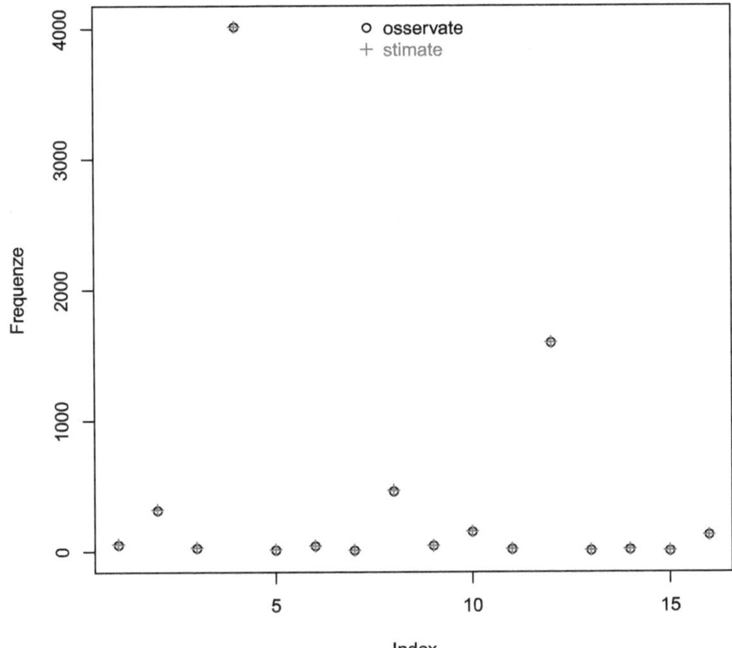

Esercizio Si ripeta l'analisi seguendo un approccio *forward*. ◇

Esercizio Si ripeta l'analisi dei dati, considerando `survival` come variabile risposta e le rimanenti tre come variabili esplicative. Si adatti un opportuno modello di regressione logistica e si individui il modello log-lineare corrispondente, verificando l'identità delle stime. ◇

Esercizio Si crei un fattore con nome `suge` avente 4 livelli ottenuti da tutte le combinazioni dei livelli di `survival` e `gestation`. Si specifichi un modello logit multinomiale additivo avente `suge` come risposta e `age` e `smoking` come esplicative. Si verifichi che le frequenze attese stimate sotto tale modello coincidono con le frequenze attese stimate in base al modello log-lineare con predittore `(survival+gestation+age+smoking)^2+survival:gestation:age+ survival:gestation:smoking`. ◇

5.7.4 Formiche e sandwich: analisi dei dati `Ants`

I dati contenuti nel *data frame* `ants` sono stati ottenuti tramite un esperimento condotto da studenti di un corso di laurea in Scienze Applicate di un'università australiana (Mackisack, 2017). Scopo dell'esperimento era valutare la preferenza delle formiche della specie *Iridomyrmex purpureus*, o *meat ants*, rispetto a diversi tipi di *sandwich*. Per ciascuno di 4 tipi di pane, `Bread` (1, segale; 2, integrale; 3, multicereale; 4, bianco), 3 tipi di farcitura, `Filling` (1, Vegemite; 2, burro di arachidi; 3 prosciutto e sottaceti) e presenza o meno di burro, `Butter` (1, presente; -1, assente), sono stati posizionati, in tempi casualizzati, due pezzi di *sandwich* nei pressi dell'ingresso di un formicaio. Tutti i 48 pezzi avevano la stessa dimensione. Dopo 5 minuti, su ciascun pezzo di *sandwich* è stato posizionato un bicchiere ed è stato contato il numero di formiche catturate, `Ant_count`. In un caso, il valore della risposta è pari a 67.5, poiché il posizionamento del bicchiere ha dimezzato una formica. Interessa valutare come il numero di formiche dipenda dalle caratteristiche del *sandwich*.

```
Ants$Bread <- as.factor(Ants$Bread)
Ants$Butter <- as.factor(Ants$Butter)
Ants$Filling <- as.factor(Ants$Filling)
head(Ants[, 1:4], 8)
```

```
##   Bread Filling Butter Ant_count
## 1     1       1      1        22
## 2     1       1     -1        18
## 3     1       2      1        27
## 4     1       2     -1        43
## 5     1       3      1        68
## 6     1       3     -1        44
## 7     2       1      1        57
## 8     2       1     -1        29
```

Le analisi esplorative riportate nel seguito mostrano che la varianza della risposta è considerevolmente più grande della media. Inoltre, sembrano rilevanti gli effetti marginali della farcitura e della presenza di burro, mentre il tipo di pane sembra meno importante. Sembra anche essere presente un effetto di interazione tra farcitura e presenza di burro.

```
summary(Ants$Ant_count)
```

```
##    Min. 1st Qu.  Median    Mean 3rd Qu.    Max.
##     2.0    28.8    42.5    43.6    57.2    97.0
```

```
var(Ants$Ant_count)
```

```
## [1] 327
```

```
with(Ants, {
  par(mfrow = c(2, 2))
  boxplot(Ant_count ~ Filling); boxplot(Ant_count ~ Butter)
  boxplot(Ant_count ~ Bread); boxplot(Ant_count ~ Filling:Butter)
})
```

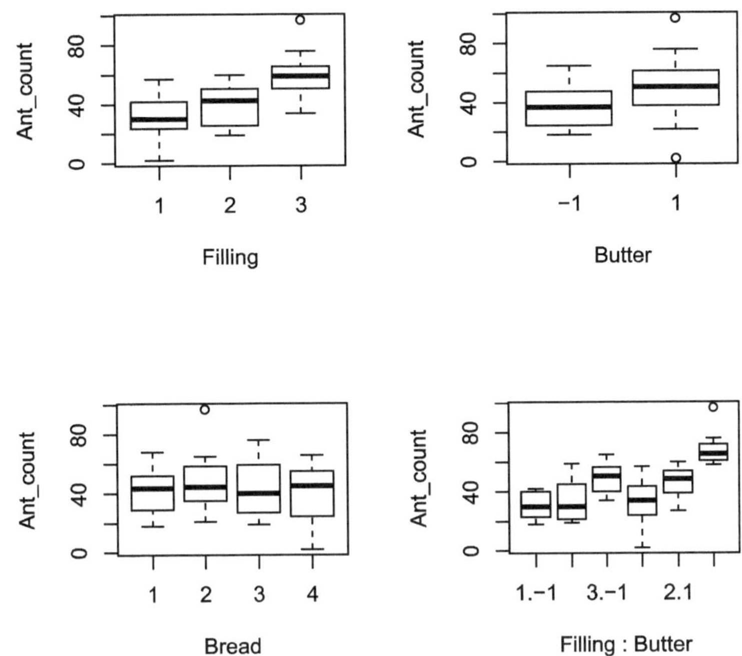

Esercizio Si valutino graficamente gli altri effetti di interazione a due. ◇

Si può provare ad adattare un modello lineare generalizzato di Poisson con funzione di legame canonica.

```
Ants.glm1 <- glm(Ant_count ~ Bread + Filling + Butter,
                 family = poisson, data = Ants)
summary(Ants.glm1)

##   ...
##
## Coefficients:
##             Estimate Std. Error z value Pr(>|z|)
## (Intercept)   3.2777     0.0640   51.19  < 2e-16 ***
## Bread2        0.1544     0.0608    2.54    0.011 *
## Bread3        0.0255     0.0627    0.41    0.684
## Bread4       -0.0303     0.0635   -0.48    0.634
## Filling2      0.2325     0.0594    3.91  9.0e-05 ***
## Filling3      0.6207     0.0550   11.28  < 2e-16 ***
## Butter1       0.2632     0.0441    5.97  2.4e-09 ***
## ---
## Signif. codes:  0 '***' 0.001 '**' 0.01 '*' 0.05 '.' 0.1 ' ' 1
##
## (Dispersion parameter for poisson family taken to be 1)
##
##     Null deviance: 377.15  on 47  degrees of freedom
## Residual deviance: 189.83  on 41  degrees of freedom
```

```
## AIC: 467.8
##
## Number of Fisher Scoring iterations: 4
```

```
Ants.glm2 <- glm(Ant_count ~ Filling + Butter,
                 family = poisson, data = Ants)
summary(Ants.glm2)
```

```
##   ...
##
## Coefficients:
##             Estimate Std. Error z value Pr(>|z|)
## (Intercept)   3.3177     0.0509   65.19  < 2e-16 ***
## Filling2      0.2325     0.0594    3.91  9.0e-05 ***
## Filling3      0.6207     0.0550   11.28  < 2e-16 ***
## Butter1       0.2632     0.0441    5.97  2.4e-09 ***
## ---
## Signif. codes:  0 '***' 0.001 '**' 0.01 '*' 0.05 '.' 0.1 ' ' 1
##
## (Dispersion parameter for poisson family taken to be 1)
##
##     Null deviance: 377.15  on 47  degrees of freedom
## Residual deviance: 200.63  on 44  degrees of freedom
## AIC: 472.6
##
## Number of Fisher Scoring iterations: 4
```

```
anova(Ants.glm2, Ants.glm1, test = "Chisq")
```

```
## Analysis of Deviance Table
##
## Model 1: Ant_count ~ Filling + Butter
## Model 2: Ant_count ~ Bread + Filling + Butter
##   Resid. Df Resid. Dev Df Deviance Pr(>Chi)
## 1        44        201
## 2        41        190  3     10.8    0.013 *
## ---
## Signif. codes:  0 '***' 0.001 '**' 0.01 '*' 0.05 '.' 0.1 ' ' 1
```

```
add1(Ants.glm1, . ~ (.)^2, test = "Chisq")
```

```
## Single term additions
##
## Model:
## Ant_count ~ Bread + Filling + Butter
##                Df Deviance AIC  LRT Pr(>Chi)
## <none>                 190 468
## Bread:Filling   6      186 476 3.51    0.742
## Bread:Butter    3      189 473 0.99    0.804
## Filling:Butter  2      183 465 6.78    0.034 *
## ---
## Signif. codes:  0 '***' 0.001 '**' 0.01 '*' 0.05 '.' 0.1 ' ' 1
```

```
Ants.glm3 <- update(Ants.glm1, . ~ . + Filling:Butter)
summary(Ants.glm3)
```

```
##
## Call:
## glm(formula = Ant_count ~ Bread + Filling + Butter + Filling:Butter,
##     family = poisson, data = Ants)
##
##   ...
##
## Coefficients:
##                  Estimate Std. Error z value Pr(>|z|)
## (Intercept)        3.3859     0.0747   45.35  < 2e-16 ***
## Bread2             0.1544     0.0608    2.54    0.011 *
## Bread3             0.0255     0.0627    0.41    0.684
## Bread4            -0.0303     0.0635   -0.48    0.634
## Filling2           0.0968     0.0881    1.10    0.272
## Filling3           0.4685     0.0813    5.76  8.3e-09 ***
## Butter1            0.0630     0.0888    0.71    0.478
## Filling2:Butter1   0.2484     0.1195    2.08    0.038 *
## Filling3:Butter1   0.2767     0.1106    2.50    0.012 *
## ---
## Signif. codes:  0 '***' 0.001 '**' 0.01 '*' 0.05 '.' 0.1 ' ' 1
##
## (Dispersion parameter for poisson family taken to be 1)
##
##     Null deviance: 377.15  on 47  degrees of freedom
## Residual deviance: 183.05  on 39  degrees of freedom
## AIC: 465
##
## Number of Fisher Scoring iterations: 4
```

```
add1(Ants.glm3, . ~ (.)^2, test = "Chisq")
```

```
## Single term additions
##
## Model:
## Ant_count ~ Bread + Filling + Butter + Filling:Butter
##               Df Deviance AIC  LRT Pr(>Chi)
## <none>                183 465
## Bread:Filling  6      180 473 3.51     0.74
## Bread:Butter   3      182 470 0.99     0.80
```

```
drop1(Ants.glm3, test = "Chisq")
```

```
## Single term deletions
##
## Model:
## Ant_count ~ Bread + Filling + Butter + Filling:Butter
##                Df Deviance AIC   LRT Pr(>Chi)
## <none>                 183 465
## Bread           3      194 470 10.79    0.013 *
## Filling:Butter  2      190 468  6.78    0.034 *
## ---
## Signif. codes:  0 '***' 0.001 '**' 0.01 '*' 0.05 '.' 0.1 ' ' 1
```

Il modello selezionato ha come esplicative `Bread`, `Filling`, `Butter` e l'interazione tra `Filling` e `Butter`.

Esercizio Si verifichi che il valore di AIC prodotto dal `summary` di `Ants.glm3` è uguale a quello ottenuto dalla (1.23). ◇

Il modello selezionato non mostra tuttavia un adattamento soddisfacente, sia per la presenza di almeno una osservazione anomala, in corrispondenza a $i = 19$, sia per la sovradispersione evidenziata dalla statistica di Pearson (2.54).

```
par(mfrow = c(2, 2))
plot(Ants.glm3, which = 1:4)
```

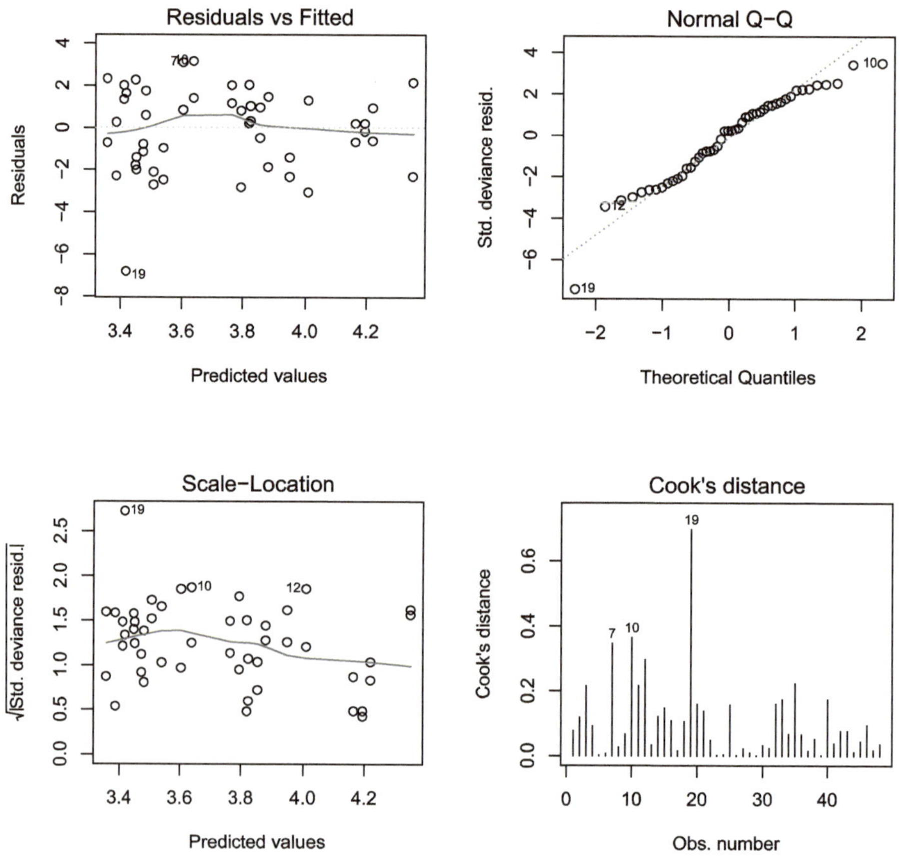


```
X2 <- sum(residuals(Ants.glm3, type = "pearson")^2)
pchisq(X2, 39, lower.tail = FALSE)
```

```
## [1] 4.14e-17
```

Un modello parametrico che permette di tener conto della sovradispersione è il modello di regressione con risposta binomiale negativa, che può essere adattato con la funzione `glm.nb` della libreria `MASS`. La parametrizzazione adottata con riferimento alla formula (5.19) è (μ_i, θ), con $\theta = \kappa = 1/\tau$ e funzione di legame logaritmica (*default*) per cui $\mu_i = \exp(\boldsymbol{x}_i\beta)$.

```
library(MASS)
Ants.nb1 <- glm.nb(Ant_count ~ Bread + Filling + Butter,
                   data = Ants)
summary(Ants.nb1)
```

```
##   ...
##
## Coefficients:
##             Estimate Std. Error z value Pr(>|z|)
## (Intercept)   3.2932     0.1271   25.90  < 2e-16 ***
## Bread2        0.1638     0.1323    1.24   0.2159
## Bread3        0.0279     0.1333    0.21   0.8340
## Bread4       -0.0348     0.1338   -0.26   0.7948
## Filling2      0.2223     0.1173    1.89   0.0582 .
## Filling3      0.6117     0.1151    5.31  1.1e-07 ***
## Butter1       0.2431     0.0940    2.59   0.0097 **
## ---
## Signif. codes:  0 '***' 0.001 '**' 0.01 '*' 0.05 '.' 0.1 ' ' 1
##
##   ...
##
##     Null deviance: 95.246  on 47  degrees of freedom
## Residual deviance: 55.316  on 41  degrees of freedom
## AIC: 405.8
##
## Number of Fisher Scoring iterations: 1
##
##
##               Theta:  12.26
##           Std. Err.:  3.60
##
##  2 x log-likelihood:  -389.80
```

```
Ants.nb2 <- glm.nb(Ant_count ~ Filling + Butter,
                   data = Ants)
summary(Ants.nb2)
```

```
##   ...
##
## Coefficients:
##             Estimate Std. Error z value Pr(>|z|)
## (Intercept)    3.337      0.100   33.35  < 2e-16 ***
## Filling2       0.221      0.121    1.83    0.067 .
## Filling3       0.608      0.119    5.12  3.1e-07 ***
## Butter1        0.244      0.097    2.51    0.012 *
## ---
## Signif. codes:  0 '***' 0.001 '**' 0.01 '*' 0.05 '.' 0.1 ' ' 1
##
```

```
##    ...
##
##     Null deviance: 89.818  on 47  degrees of freedom
## Residual deviance: 54.851  on 44  degrees of freedom
## AIC: 402.3
##
## Number of Fisher Scoring iterations: 1
##
##
##               Theta:  11.30
##           Std. Err.:  3.23
##
##  2 x log-likelihood:  -392.34
```

```
anova(Ants.nb2, Ants.nb1, test = "Chisq")
```

```
## Likelihood ratio tests of Negative Binomial Models
##
## Response: Ant_count
##                       Model theta Resid. df    2 x log-lik.   Test
## 1          Filling + Butter  11.3        44            -392
## 2 Bread + Filling + Butter  12.3        41            -390 1 vs 2
##    df LR stat. Pr(Chi)
## 1
## 2   3     2.55   0.467
```

```
Ants.nb3 <- glm.nb(Ant_count ~ Filling * Butter,
                   data = Ants)
summary(Ants.nb3)
```

```
##   ...
##
## Coefficients:
##                   Estimate Std. Error z value Pr(>|z|)
## (Intercept)         3.4259     0.1207   28.38   <2e-16 ***
## Filling2            0.0968     0.1696    0.57   0.5683
## Filling3            0.4685     0.1662    2.82   0.0048 **
## Butter1             0.0630     0.1700    0.37   0.7109
## Filling2:Butter1    0.2484     0.2373    1.05   0.2952
## Filling3:Butter1    0.2767     0.2330    1.19   0.2349
## ---
## Signif. codes:  0 '***' 0.001 '**' 0.01 '*' 0.05 '.' 0.1 ' ' 1
##
##   ...
##
##     Null deviance: 93.206  on 47  degrees of freedom
## Residual deviance: 55.124  on 42  degrees of freedom
## AIC: 404.7
##
## Number of Fisher Scoring iterations: 1
##
##
##               Theta:  11.90
##           Std. Err.:  3.46
```

```
##
##  2 x log-likelihood:  -390.72
```

```
anova(Ants.nb2, Ants.nb3, test = "Chisq")
```

```
## Likelihood ratio tests of Negative Binomial Models
##
## Response: Ant_count
##               Model theta Resid. df    2 x log-lik.   Test    df
## 1 Filling + Butter  11.3        44            -392
## 2 Filling * Butter  11.9        42            -391 1 vs 2      2
##   LR stat.  Pr(Chi)
## 1
## 2     1.63    0.443
```

Il modello selezionato ha come esplicative solamente `Filling` e `Butter`, e l'interazione non risulta più significativa. L'intervallo di confidenza di Wald con livello 0.95 per il parametro θ, che regola la sovradispersione, risulta $(4.97, 17.63)$, confermando la presenza di sovradispersione.

Si può verificare che il valore di AIC prodotto dal `summary` di `Ants.nb2` è uguale a quello ottenuto dalla definizione con i comandi seguenti.

```
th <- Ants.nb2$theta
AIC <- 2 * (length(coef(Ants.nb2)) + 1) -
  2 * sum(dnbinom(Ants$Ant_count, mu = fitted(Ants.nb2),
                  size = th, log = TRUE))
AIC
```

```
## [1] 402
```

Esercizio Si ripetano le analisi precedenti eliminando l'osservazione con etichetta 19. ◇

5.7.5 *Produttività di dottorandi: analisi dei dati* `Biochemists`

I dati contenuti nel *data frame* `Biochemists` (Long, 1990; Jackman, 2017) sono stati raccolti considerando dottori di ricerca in Biochimica che hanno conseguito il titolo nel periodo 1950–1967 in università degli Stati Uniti. Scopo dell'analisi era valutare le differenze di genere nella produttività scientifica. La variabile risposta è il numero di articoli scientifici, `art`, su riviste censite da *Chemical Abstracts* pubblicati nei 3 anni a cavallo del conseguimento del titolo. Le variabili concomitanti disponibili sono genere, `fem` (`Men`, `Women`), lo stato civile, `mar` (`Married`, `Single`), il numero di figli con non più di 5 anni, `kid5`, un indice di prestigio scientifico del dipartimento, `phd` (con valori tra 0 e 5), il numero di articoli scientifici pubblicati dal supervisore, `ment`, negli stessi 3 anni a cui è riferita la variabile `art`.

```
head(Biochemists, 8)
```

```
##   art   fem     mar kid5  phd ment
## 1   0   Men Married    0 2.52    7
## 2   0 Women  Single    0 2.05    6
## 3   0 Women  Single    0 3.75    6
## 4   0   Men Married    1 1.18    3
## 5   0 Women  Single    0 3.75   26
## 6   0 Women Married    2 3.59    2
## 7   0 Women  Single    0 3.19    3
## 8   0   Men Married    2 2.96    4
```

Le analisi esplorative mostrano che la distribuzione marginale della risposta è unimodale in zero con varianza abbastanza più grande della media. Si nota inoltre un possibile effetto del genere, del numero di figli e del numero di articoli del supervisore, mentre sembrano poco rilevanti lo stato civile e il prestigio scientifico del dipartimento.

```
table(Biochemists$art)
```

```
##
##   0   1   2   3   4   5   6   7   8   9  10  11  12  16  19
## 275 246 178  84  67  27  17  12   1   2   1   1   2   1   1
```

```
print(c(mean(Biochemists$art), var(Biochemists$art)))
```

```
## [1] 1.69 3.71
```

```
with(Biochemists,   round(prop.table(table(fem, art), 1),3))
```

```
##        art
## fem         0     1     2     3     4     5     6     7     8     9
##   Men   0.275 0.273 0.176 0.109 0.077 0.032 0.018 0.022 0.002 0.004
##   Women 0.330 0.264 0.216 0.071 0.069 0.026 0.019 0.002 0.000 0.000
##        art
## fem        10    11    12    16    19
##   Men   0.000 0.002 0.004 0.002 0.002
##   Women 0.002 0.000 0.000 0.000 0.000
```

```
with(Biochemists, {
  par(mfrow = c(2, 2))
  hist(art)
  plot(art ~ fem)
  plot(art ~ ment)
  abline(lm(art ~ ment), col = 2)
  marfem <- mar:fem
  plot(art ~ marfem)
})
```

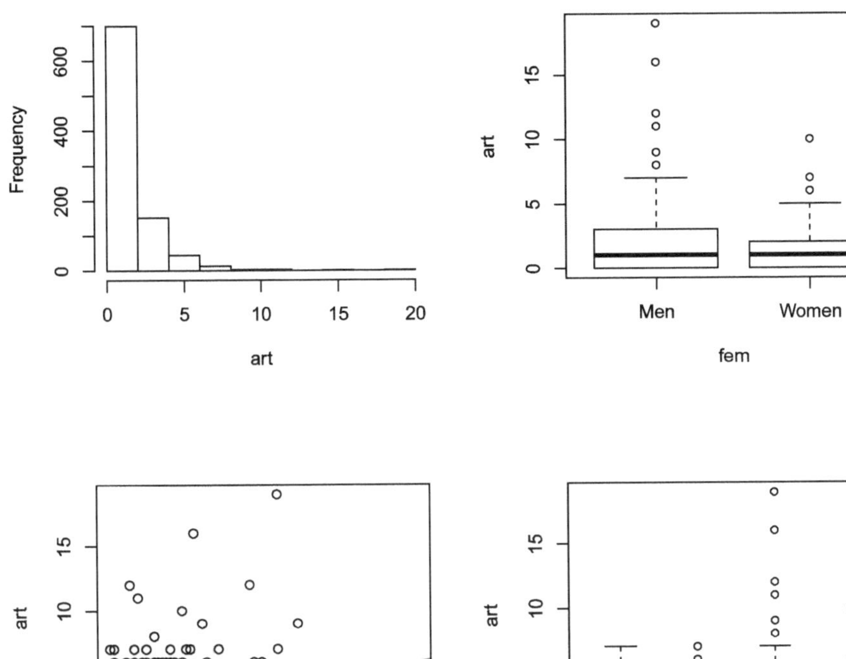

Si può provare ad adattare un modello di Poisson con funzione di legame canonica. Si seleziona il modello con esplicative `fem`, `mar`, `kid5`, `ment`. Tuttavia, il valore elevato di X^2, peraltro non riferibile a una distribuzione nulla chi-quadrato per la presenza di numerose frequenze molto basse, indica la possibile presenza di sovradispersione. Inoltre, il confronto fra frequenze relative osservate e stimate dal modello di Poisson evidenzia scostamenti notevoli, ad esempio per la frequenza dello zero.

```
bioChem.glm <- glm(art ~ ., family = poisson, data = Biochemists)
summary(bioChem.glm)
```

```
##   ...
##
## Coefficients:
##                Estimate Std. Error z value Pr(>|z|)
## (Intercept)     0.30462    0.10298    2.96   0.0031 **
## femWomen       -0.22459    0.05461   -4.11  3.9e-05 ***
## marMarried      0.15524    0.06137    2.53   0.0114 *
```

```
## kid5          -0.18488    0.04013   -4.61  4.1e-06 ***
## phd            0.01282    0.02640    0.49   0.6271
## ment           0.02554    0.00201   12.73  < 2e-16 ***
## ---
## Signif. codes:  0 '***' 0.001 '**' 0.01 '*' 0.05 '.' 0.1 ' ' 1
##
## (Dispersion parameter for poisson family taken to be 1)
##
##     Null deviance: 1817.4  on 914  degrees of freedom
## Residual deviance: 1634.4  on 909  degrees of freedom
## AIC: 3314
##
## Number of Fisher Scoring iterations: 5
```

```
bioChem.glm1 <- update(bioChem.glm, . ~ . - phd)
summary(bioChem.glm1)
```

```
##
## Call:
## glm(formula = art ~ fem + mar + kid5 + ment, family = poisson,
##     data = Biochemists)
##
##   ...
##
## Coefficients:
##             Estimate Std. Error z value Pr(>|z|)
## (Intercept)  0.34517    0.06012    5.74  9.4e-09 ***
## femWomen    -0.22530    0.05462   -4.13  3.7e-05 ***
## marMarried   0.15218    0.06107    2.49    0.013 *
## kid5        -0.18499    0.04014   -4.61  4.1e-06 ***
## ment         0.02576    0.00195   13.21  < 2e-16 ***
## ---
## Signif. codes:  0 '***' 0.001 '**' 0.01 '*' 0.05 '.' 0.1 ' ' 1
##
## (Dispersion parameter for poisson family taken to be 1)
##
##     Null deviance: 1817.4  on 914  degrees of freedom
## Residual deviance: 1634.6  on 910  degrees of freedom
## AIC: 3312
##
## Number of Fisher Scoring iterations: 5
```

```
add1(bioChem.glm1, . ~ (.)^2, test = "Chisq")
```

```
## Single term additions
##
## Model:
## art ~ fem + mar + kid5 + ment
##           Df Deviance  AIC  LRT Pr(>Chi)
## <none>           1635 3312
## fem:mar    1     1634 3314 0.24    0.623
## fem:kid5   1     1635 3314 0.05    0.830
## fem:ment   1     1635 3314 0.08    0.773
## mar:kid5   0     1635 3312 0.00
```

```
## mar:ment   1      1635 3314 0.01     0.932
## kid5:ment  1      1631 3311 3.66     0.056 .
## ---
## Signif. codes:  0 '***' 0.001 '**' 0.01 '*' 0.05 '.' 0.1 ' ' 1
```

```
X2 <- sum(residuals(bioChem.glm1, type = "pearson")^2)
X2
```

```
## [1] 1660
```

```
mean(Biochemists$art == 0)
```

```
## [1] 0.301
```

```
mean(dpois(0, fitted(bioChem.glm1)))
```

```
## [1] 0.209
```

```
obs <- prop.table(table(Biochemists$art))[1:8]
poi.exp <- sapply(0:7, function(x)
  mean(dpois(x, fitted(bioChem.glm1))))
cbind(obs, poi.exp)
```

```
##      obs poi.exp
## 0 0.3005 0.20905
## 1 0.2689 0.30996
## 2 0.1945 0.24228
## 3 0.0918 0.13471
## 4 0.0732 0.06111
## 5 0.0295 0.02488
## 6 0.0186 0.00989
## 7 0.0131 0.00411
```

Si può quindi valutare se un modello di regressione binomiale negativo porti un miglioramento. Le frequenze stimate dal modello binomiale negativo selezionato, avente come esplicative `fem`, `kid5` e `ment`, risultano decisamente più prossime a quelle osservate.

```
library(MASS)
bioChem.nbc <- glm.nb(art ~ . ,  data = Biochemists)
summary(bioChem.nbc)
```

```
##   ...
##
## Coefficients:
##             Estimate Std. Error z value Pr(>|z|)
## (Intercept)  0.25614    0.13735    1.86  0.06219 .
## femWomen    -0.21642    0.07264   -2.98  0.00289 **
## marMarried   0.15049    0.08210    1.83  0.06679 .
## kid5        -0.17642    0.05281   -3.34  0.00084 ***
## phd          0.01527    0.03587    0.43  0.67033
## ment         0.02908    0.00321    9.05  < 2e-16 ***
## ---
## Signif. codes:  0 '***' 0.001 '**' 0.01 '*' 0.05 '.' 0.1 ' ' 1
##
##   ...
```

```
##
##     Null deviance: 1109.0  on 914  degrees of freedom
## Residual deviance: 1004.3  on 909  degrees of freedom
## AIC: 3136
##
## Number of Fisher Scoring iterations: 1
##
##
##               Theta:  2.264
##           Std. Err.:  0.271
##
##  2 x log-likelihood:  -3121.917
```

```
bioChem.nb1 <- glm.nb(art ~ fem + kid5 + ment + mar,
                      data = Biochemists)
summary(bioChem.nb1)
```

```
##   ...
##
## Coefficients:
##               Estimate Std. Error z value Pr(>|z|)
## (Intercept)  0.30333    0.08139    3.73  0.00019 ***
## femWomen    -0.21667    0.07262   -2.98  0.00285 **
## kid5        -0.17680    0.05283   -3.35  0.00082 ***
## ment         0.02943    0.00311    9.47  < 2e-16 ***
## marMarried   0.14694    0.08177    1.80  0.07231 .
## ---
## Signif. codes:  0 '***' 0.001 '**' 0.01 '*' 0.05 '.' 0.1 ' ' 1
##
##   ...
##
##     Null deviance: 1108.9  on 914  degrees of freedom
## Residual deviance: 1004.4  on 910  degrees of freedom
## AIC: 3134
##
## Number of Fisher Scoring iterations: 1
##
##
##               Theta:  2.264
##           Std. Err.:  0.271
##
##  2 x log-likelihood:  -3122.096
```

```
bioChem.nb <- glm.nb(art ~ fem + kid5 + ment,
                     data = Biochemists)
summary(bioChem.nb)
```

```
##   ...
##
## Coefficients:
##               Estimate Std. Error z value Pr(>|z|)
## (Intercept)  0.39102    0.06453    6.06  1.4e-09 ***
## femWomen    -0.23270    0.07218   -3.22   0.0013 **
## kid5        -0.13775    0.04815   -2.86   0.0042 **
```

```
## ment          0.02937    0.00312    9.42  < 2e-16 ***
## ---
## Signif. codes:  0 '***' 0.001 '**' 0.01 '*' 0.05 '.' 0.1 ' ' 1
##
##   ...
##
##     Null deviance: 1105.0  on 914  degrees of freedom
## Residual deviance: 1004.2  on 911  degrees of freedom
## AIC: 3135
##
## Number of Fisher Scoring iterations: 1
##
##
##               Theta:  2.241
##           Std. Err.:  0.267
##
##  2 x log-likelihood:  -3125.329
```

```
add1(bioChem.nb, . ~ (.)^2, test = "Chisq")
```

```
## Single term additions
##
## Model:
## art ~ fem + kid5 + ment
##           Df Deviance  AIC   LRT Pr(>Chi)
## <none>          1004 3133
## fem:kid5   1     1004 3135 0.029     0.87
## fem:ment   1     1004 3135 0.015     0.90
## kid5:ment  1     1003 3134 0.964     0.33
```

```
mean(Biochemists$art == 0)
```

```
## [1] 0.301
```

```
mean(dpois(0, fitted(bioChem.glm)))
```

```
## [1] 0.209
```

```
mean(dnbinom(0, m = fitted(bioChem.nb),
             size = bioChem.nb$theta))
```

```
## [1] 0.304
```

```
obs <- prop.table(table(Biochemists$art))[1:8]
poi.exp <- sapply(0:7, function(x)
  mean(dpois(x, fitted(bioChem.glm))))
nb.exp <- sapply(0:7, function(x)
  mean(dnbinom(x, m = fitted(bioChem.nb),
               size = bioChem.nb$theta)))
cbind(obs, poi.exp, nb.exp)
```

```
##      obs poi.exp nb.exp
## 0 0.3005 0.20921 0.3037
## 1 0.2689 0.30984 0.2721
## 2 0.1945 0.24210 0.1800
## 3 0.0918 0.13467 0.1064
## 4 0.0732 0.06117 0.0599
```

```
## 5 0.0295 0.02496 0.0331
## 6 0.0186 0.00993 0.0183
## 7 0.0131 0.00414 0.0103
```

Anche il test X^2 di Pearson mostra un adattamento più soddisfacente.

```
mat <- cbind(obs, poi.exp, nb.exp)
tot <- colSums(mat)
n <- nrow(Biochemists)
X2Poi <- n*(sum((mat[,1] - mat[,2])^2 / mat[,2]) +
           (tot[1] - tot[2])^2 / (1 - tot[2]))
X2Poi

## obs
##  98

pchisq(X2Poi, 3, lower.tail = FALSE)

##      obs
## 4.27e-21

X2NB<-n * (sum((mat[,1] - mat[,3])^2 / mat[,3]) +
           (tot[1] - tot[3])^2 / (1 - tot[3]))
X2NB

## obs
## 9.13

pchisq(X2NB, 3, lower.tail = FALSE)

##    obs
## 0.0276
```

Si desidera valutare infine se i modelli con inflazione di zeri possano dare un ulteriore miglioramento. L'adattamento di un modello con inflazione di zeri, Poisson o binomiale negativo, può essere effettuato utilizzando la funzione `zeroinfl` della libreria `pscl` (Jackman, 2017; Zeileis *et al.*, 2008). Nel caso Poisson, viene utilizzato il legame logit per il parametro $1-\phi_i$ che esprime la probabilità che la risposta sia degenere in zero e il legame logaritmico per la media λ_i della Poisson. Eventuali diversi insiemi di variabili esplicative per i predittori lineari corrispondenti a λ_i e a $1-\phi_i$ sono indicati nella formula del modello separati dal simbolo `|`. Se si chiede l'adattamento di un modello binomiale negativo con inflazione di zeri, viene utilizzato il legame logit per il parametro $1-\phi_i$ che esprime la probabilità che la risposta sia degenere in zero, il legame logaritmico per la media μ_i della binomiale negativa traslata e la parametrizzazione $\theta = \kappa = 1/\tau$ per il parametro di dispersione.

Considerando in primo luogo il modello di Poisson con inflazione di zeri, si nota che l'adattamento resta modesto.

```
library(pscl)
bioChem.ZIPc<-zeroinfl(art ~ ., data = Biochemists)
summary(bioChem.ZIPc)

##   ...
##
```

```
## Count model coefficients (poisson with log link):
##              Estimate Std. Error z value Pr(>|z|)
## (Intercept)  0.64084    0.12131    5.28  1.3e-07 ***
## femWomen    -0.20914    0.06340   -3.30  0.00097 ***
## marMarried   0.10375    0.07111    1.46  0.14456
## kid5        -0.14332    0.04743   -3.02  0.00251 **
## phd         -0.00617    0.03101   -0.20  0.84238
## ment         0.01810    0.00229    7.89  3.1e-15 ***
##
## Zero-inflation model coefficients (binomial with logit link):
##              Estimate Std. Error z value Pr(>|z|)
## (Intercept) -0.57706    0.50939   -1.13    0.257
## femWomen     0.10975    0.28008    0.39    0.695
## marMarried  -0.35401    0.31761   -1.11    0.265
## kid5         0.21710    0.19648    1.10    0.269
## phd          0.00127    0.14526    0.01    0.993
## ment        -0.13411    0.04524   -2.96    0.003 **
## ---
## Signif. codes:  0 '***' 0.001 '**' 0.01 '*' 0.05 '.' 0.1 ' ' 1
##
## Number of iterations in BFGS optimization: 21
## Log-likelihood: -1.6e+03 on 12 Df
```

```
bioChem.ZIP <- zeroinfl(art ~ fem + kid5 + ment | ment,
                        data = Biochemists)
summary(bioChem.ZIP)
```

```
##   ...
##
## Count model coefficients (poisson with log link):
##              Estimate Std. Error z value Pr(>|z|)
## (Intercept)  0.69452    0.05303   13.10  < 2e-16 ***
## femWomen    -0.23386    0.05840   -4.00  6.2e-05 ***
## kid5        -0.12652    0.03967   -3.19   0.0014 **
## ment         0.01800    0.00222    8.10  5.7e-16 ***
##
## Zero-inflation model coefficients (binomial with logit link):
##              Estimate Std. Error z value Pr(>|z|)
## (Intercept)  -0.6849     0.2053   -3.34  0.00085 ***
## ment         -0.1268     0.0398   -3.18  0.00145 **
## ---
## Signif. codes:  0 '***' 0.001 '**' 0.01 '*' 0.05 '.' 0.1 ' ' 1
##
## Number of iterations in BFGS optimization: 13
## Log-likelihood: -1.61e+03 on 6 Df
```

```
Wp <- 2 * (bioChem.ZIPc$loglik - bioChem.ZIP$loglik)
pchisq(Wp, 6, lower.tail = FALSE)
```

```
## [1] 0.404
```

```
co <- coef(bioChem.ZIP)
X <- model.matrix(bioChem.ZIP)
p <- ncol(X)
muhat <- as.vector(exp(X %*% co[1:p]))
```

```
cphihat <- plogis(co[p + 1] + co[p + 2] * Biochemists$ment)
phihat <- 1 - cphihat
ZIP.exp <- sapply(0:7, function(x)
  mean(phihat * dpois(x, muhat)))
ZIP.exp[1] <- ZIP.exp[1] + mean(cphihat)
cbind(obs, poi.exp, nb.exp, ZIP.exp)

##      obs poi.exp nb.exp ZIP.exp
## 0 0.3005 0.20921 0.3037 0.29839
## 1 0.2689 0.30984 0.2721 0.21568
## 2 0.1945 0.24210 0.1800 0.21033
## 3 0.0918 0.13467 0.1064 0.14236
## 4 0.0732 0.06117 0.0599 0.07586
## 5 0.0295 0.02496 0.0331 0.03437
## 6 0.0186 0.00993 0.0183 0.01404
## 7 0.0131 0.00414 0.0103 0.00544
```

Si può quindi valutare se un modello binomiale negativo con inflazione di zeri possa dare risultati migliori. Come per il modello di Poisson con inflazione di zeri, l'unica variabile concomitante che influenza la probabilità di inflazione di zeri risulta essere `ment`, ossia il numero di articoli pubblicati dal supervisore. L'adattamento del modello binomiale negativo con inflazione di zeri sembra più che soddisfacente e si ha una lieve riduzione di AIC rispetto al modello binomiale negativo. La semplicità interpretativa del modello binomiale negativo potrebbe tuttavia portare a preferire quest'ultimo.

```
bioChem.ZINBc <- zeroinfl(art ~ ., data = Biochemists,
                          dist = "negbin")
summary(bioChem.ZINBc)

##   ...
##
## Count model coefficients (negbin with log link):
##             Estimate Std. Error z value Pr(>|z|)
## (Intercept)  0.41675    0.14360    2.90   0.0037 **
## femWomen    -0.19551    0.07559   -2.59   0.0097 **
## marMarried   0.09758    0.08445    1.16   0.2479
## kid5        -0.15173    0.05421   -2.80   0.0051 **
## phd         -0.00070    0.03627   -0.02   0.9846
## ment         0.02479    0.00349    7.10  1.3e-12 ***
## Log(theta)   0.97636    0.13547    7.21  5.7e-13 ***
##
## Zero-inflation model coefficients (binomial with logit link):
##             Estimate Std. Error z value Pr(>|z|)
## (Intercept)  -0.1917     1.3228   -0.14   0.8848
## femWomen      0.6359     0.8489    0.75   0.4538
## marMarried   -1.4995     0.9387   -1.60   0.1102
## kid5          0.6284     0.4428    1.42   0.1558
## phd          -0.0377     0.3080   -0.12   0.9025
## ment         -0.8823     0.3162   -2.79   0.0053 **
## ---
## Signif. codes:  0 '***' 0.001 '**' 0.01 '*' 0.05 '.' 0.1 ' ' 1
```

```
##
## Theta = 2.655
## Number of iterations in BFGS optimization: 43
## Log-likelihood: -1.55e+03 on 13 Df
```

```
bioChem.ZINB <- zeroinfl(art ~ fem + kid5 + ment | ment,
                         data = Biochemists, dist = "negbin")
summary(bioChem.ZINB)
```

```
##   ...
##
## Count model coefficients (negbin with log link):
##              Estimate Std. Error z value Pr(>|z|)
## (Intercept)  0.49365    0.07130    6.92  4.4e-12 ***
## femWomen    -0.22761    0.07150   -3.18   0.0015 **
## kid5        -0.13095    0.04797   -2.73   0.0063 **
## ment         0.02435    0.00346    7.04  1.9e-12 ***
## Log(theta)   0.99167    0.14161    7.00  2.5e-12 ***
##
## Zero-inflation model coefficients (binomial with logit link):
##              Estimate Std. Error z value Pr(>|z|)
## (Intercept)   -0.795      0.350   -2.27    0.023 *
## ment          -0.619      0.249   -2.49    0.013 *
## ---
## Signif. codes:  0 '***' 0.001 '**' 0.01 '*' 0.05 '.' 0.1 ' ' 1
##
## Theta = 2.696
## Number of iterations in BFGS optimization: 27
## Log-likelihood: -1.55e+03 on 7 Df
```

```
wp <- 2 * (bioChem.ZINBc$loglik - bioChem.ZINB$loglik)
pchisq(wp, 6, lower.tail = FALSE)
```

```
## [1] 0.146
```

```
co <- coef(bioChem.ZINB)
X <- model.matrix(bioChem.ZINB)
p <- ncol(X)
muhat <- as.vector(exp(X %*% co[1:p]))
cphihat <- plogis(co[p + 1] + co[p + 2] * Biochemists$ment)
phihat <- 1 - cphihat
thetahat <- bioChem.ZINB$theta
ZINB.exp <- sapply(0:7, function(x)
  mean(phihat * dnbinom(x, m = muhat, size = thetahat)))
ZINB.exp[1] <- ZINB.exp[1] + mean(cphihat)
cbind(obs, poi.exp, nb.exp, ZIP.exp, ZINB.exp)
```

```
##      obs poi.exp nb.exp ZIP.exp ZINB.exp
## 0 0.3005 0.20921 0.3037 0.29839   0.3130
## 1 0.2689 0.30984 0.2721 0.21568   0.2545
## 2 0.1945 0.24210 0.1800 0.21033   0.1805
## 3 0.0918 0.13467 0.1064 0.14236   0.1107
## 4 0.0732 0.06117 0.0599 0.07586   0.0632
## 5 0.0295 0.02496 0.0331 0.03437   0.0348
## 6 0.0186 0.00993 0.0183 0.01404   0.0189
```

```
## 7 0.0131 0.00414 0.0103 0.00544   0.0103

print(c(AIC(bioChem.glm), AIC(bioChem.nb), AIC(bioChem.ZIP),
      AIC(bioChem.ZINB)))

## [1] 3314 3135 3228 3124
```

5.8 Nota bibliografica

Un riferimento generale per gli argomenti trattati in questo capitolo è Agresti (2015, Capitolo 7). Monografie dedicate ai modelli di regressione per dati di conteggio sono Hilbe (2011) e Cameron e Trivedi (2013), che trattano anche modelli con risposte binomiali negative e con inflazione di zeri.

La letteratura relativa ai modelli log-lineari per tabelle di frequenza è estremamente ampia. Una sintesi dello sviluppo storico è in Fienberg e Rinaldo (2007), che analizza anche le conseguenze della presenza di celle con frequenza zero sull'esistenza delle stime di massima verosimiglianza. L'interpretazione dei termini di interazione per tabelle con tre variabili di classificazione è dovuta a Bartlett (1935). Birch (1963), considerato fondamentale nello sviluppo della metodologia statistica (Fienberg, 1992b), evidenza la semplice forma della statistica sufficiente minimale e delle equazioni di verosimiglianza in modelli log-lineari con struttura gerarchica. Una monografia molto influente è Bishop *et al.* (1975). Tra i testi di riferimento più recenti, spiccano Agresti (2013) e Kateri (2014). Modelli log-lineari con strutture di indipendenza condizionale possono essere rappresentati e studiati tramite modelli grafici (Darroch *et al.*, 1980; Cox e Wermuth, 1996; Roverato, 2017).

Estensioni dei modelli log-lineari per tabelle di frequenza che permettono di descrivere anche relazioni fra distribuzioni marginali sono stati proposti da Lang e Agresti (1994); per un'introduzione, si veda Kateri (2014, paragrafi 5.6 e 5.7.2).

5.9 Esercizi

5.1 Siano y_{hj} realizzazioni di variabili casuali indipendenti con distribuzione $P(\mu_{hj})$, $h = 1, \ldots, m_j$, $j = 1, \ldots, p$. Il modello $\log(\mu_{hj}) = \beta_j$ assume medie costanti $\mu_j = \exp(\beta_j)$ nei p gruppi.

(a) Si ottengano per via diretta la stima di massima verosimiglianza di $\beta = (\beta_1, \ldots, \beta_p)^\top$ e la matrice di informazione attesa $i_{\beta\beta}$.
(b) Si mostri che il modello può essere rappresentato come un GLM con $n = \sum_{j=1}^p m_j$, y_i, $i = 1, \ldots, n$, generica componente del vettore

$$y = (y_{11}, \ldots, y_{m_1 1}, \ldots, y_{1p}, \ldots, y_{m_p p})^\top$$

e

$$X = [\underline{x}_1, \ldots, \underline{x}_p] = \begin{pmatrix} \underline{1}_{m_1} & \underline{0}_{m_1} & \cdots & \underline{0}_{m_1} \\ \underline{0}_{m_2} & \underline{1}_{m_2} & \cdots & \underline{0}_{m_2} \\ \vdots & \vdots & \vdots & \vdots \\ \underline{0}_{m_p} & \underline{0}_{m_p} & \cdots & \underline{1}_{m_p} \end{pmatrix},$$

dove $\underline{1}_{m_j}$ e $\underline{0}_{m_j}$, $j = 1, \ldots, p$, sono vettori colonna con dimensione m_j aventi tutte le componenti uguali a uno e a zero, rispettivamente.

(c) Si ottenga la matrice W definita nella (2.36) e si verifichi che la matrice $i_{\beta\beta}$ ottenuta al punto (a) coincide con quella derivante dall'espressione generale (2.35).

(d) Si ottenga un intervallo di confidenza di Wald con livello approssimato 0.95 per μ_j/μ_k, $j \neq k$.

(e) Si ottenga il test del rapporto di verosimiglianza per verificare il modello nullo contro il modello corrente e se ne indichi la distribuzione nulla approssimata.

(f) Si ottengano la devianza (2.52) e la statistica di Pearson, indicandone i gradi di libertà. Quando si può utilizzare tale statistica come test di bontà di adattamento? Qual è la distribuzione nulla approssimata di riferimento?

5.2 Si riconsideri l'Esempio 5.1.

(a) Si adatti il modello con R.

(b) Si ottengano la matrice del modello X, la matrice W (cfr. formula 2.36) e la matrice di covarianza stimata di $\hat{\beta}$. Si verifichi che le radici quadrate degli elementi sulla diagonale coincidono con gli *standard error* riportati nel `summary` di `glm` dell'Esempio 5.1.

(c) Si ottenga il diagramma di dispersione dei punti (x_i, y_i) e si sovrapponga la curva dei valori predetti.

(d) Si ottengano sia gli intervalli di confidenza di Wald sia quelli basati sulla radice con segno del log-rapporto di verosimiglianza (2.39) con livello approssimato 0.95 per i parametri del modello.

(e) Si ottenga un intervallo di previsione con livello approssimato 0.95 per il predittore lineare con $x = 10$.

(f) Si ottenga un intervallo di previsione con livello approssimato 0.95 per il numero medio di eventi ansiogeni avvenuti 9 mesi addietro.

(g) Si valuti la bontà di adattamento del modello e si propongano eventuali miglioramenti.

5.3 Il *data frame* `Aziende` contiene dati relativi al numero di aziende che hanno chiuso l'attività nel primo trimestre del 2005 in 16 diverse regioni italiane. In particolare, per ogni regione (`regione`) è riportato il numero di aziende che hanno chiuso l'attività (`numero`), la dimensione media dell'azienda (`dimensione`) ed il salario medio per dipendente (`salario`).

(a) Si specifichi un GLM opportuno per valutare la relazione tra il numero di aziende che hanno chiuso l'attività e le altre variabili.
(b) Si adatti con R il modello specificato al punto precedente, si commenti il risultato ottenuto e si fornisca l'espressione del modello stimato.
(c) Si adatti il modello che esclude la variabile `dimensione`. Si commenti il risultato ottenuto, anche confrontandolo con quello del punto (b). Quale modello risulta preferibile?
(d) Si analizzino i residui del modello scelto al punto precedente.

5.4 I dati contenuti nel *data frame* `Britishdoc` (Agresti, 2015, Esercizio 7.36) riguardano uno studio prospettico sulla mortalità dei medici nel Regno Unito. Per diverse fasce di età (`age`), e per fumatori e non fumatori (`smoke` con livelli `y` e `n`), vengono riportati il numero totale di anni-uomo osservati (`person.years`) e il numero di decessi osservati per infarto (`deaths`).

(a) Si individuino le unità statistiche, la variabile risposta e le variabili concomitanti, indicando la tipologia di ciascuna variabile.
(b) Si conduca un'analisi grafica per valutare la dipendenza dall'età del tasso di mortalità (decessi/anni-uomo) e la differenza di andamento tra fumatori e non fumatori.
(c) Si specifichi un modello di regressione Poisson, additivo rispetto a età e fumo, per il logaritmo del tasso di mortalità (cfr. paragrafo 5.3), trattando la variabile età come una variabile numerica, ad esempio con valori pari ai valori centrali delle classi.
(d) Si adatti con R il modello del punto precedente.
(e) Si indichino le stime e gli intervalli di confidenza per i coefficienti. Si fornisca un'interpretazione dei valori ottenuti per le stime.
(f) Si valuti la bontà di adattamento del modello.
(g) Si adatti con R un modello che include anche l'interazione tra fumo ed età.
(h) Si valuti se è opportuno aggiungere come esplicativa il quadrato della variabile età.

5.5 Si adatti il modello di indipendenza ai dati dell'Esempio 1.8, relativo ai guasti di compressori. Si ottengano le frequenze attese e il test di indipendenza X^2.

5.6 Si verifichi che, sotto il modello (5.15), vale la (5.16).

5.7 I dati contenuti nel *data frame* `Bartlett` (Hand *et al.*, 1994, p. 15) sono stati raccolti tramite un esperimento per valutare come la sopravvivenza di piante di susino (fattore con due livelli, `Dead` e `Alive`) sia legata al periodo in cui l'albero è stato messo a dimora (fattore con due livelli, `Now` e `Spring`) e alla lunghezza della pianta (fattore con due livelli, `Long` e `Short`). Per ciascuna combinazione di periodo di messa a dimora e lunghezza, sono state osservate 240 piante.

(a) Si individuino le unità statistiche, le variabili rilevate e la loro tipologia.
(b) Si specifichi un modello statistico per i dati a disposizione, tenendo conto dello schema di campionamento.

(c) Si specifichi un modello di Poisson log-lineare adatto ad analizzare la dipendenza tra sopravvivenza, periodo e lunghezza.
(d) Si adatti con R il modello del punto precedente.
(e) Utilizzando gli stessi dati opportunamente riorganizzati nel *data frame* `Bartlett2`, si adatti con R un modello di regressione logistica considerando come variabile risposta la proporzione di piante che sopravvivono per ciascuna combinazione di periodo e lunghezza.
(f) Si verifichi che le stime dei parametri e i relativi *standard error* coincidono con quelli deducibili dall'adattamento del modello log-lineare corrispondente.

5.8 I dati contenuti nel *data frame* `Esito` riassumono un'indagine sulla *performance* universitaria ed il tempo libero. In particolare, sono riportate le frequenze `freq` per ciascuna combinazione delle variabili rilevate: genere (`sex`, con livelli `m` e `f`), voto all'esame (`voto`, con livelli, `ins`, `suff` e `buono`), ed il numero di ore dedicate ad attività ricreative durante la settimana (`ore` con livelli, `m10` meno di 10 ore, `m15` tra 10 e 15 ore e `m20` più di 15 ore). Si desidera studiare le relazioni esistenti tra le variabili.

(a) Si consideri in primo luogo il modello di indipendenza totale e se ne valuti la bontà di adattamento.
(b) Si valuti l'opportunità di passare al modello di associazione omogenea.
(c) Si valuti infine se qualche interazione del secondo ordine risulta non significativa.
(d) Si interpreti il modello finale in termini di relazioni di indipendenza tra le variabili.

5.9 I dati contenuti nel *data frame* `Drugs3` sono relativi alla medesima indagine considerata nell'Esempio del paragrafo 5.7.1 e riportano le due ulteriori variabili `gender` (con modalità `Female` e `Male`) e `race` (con modalità `White` e `Other`). È sensato trattare `gender` e `race` come variabili esplicative. Si spieghi perché qualsiasi modello log-lineare per analizzare questi dati dovrebbe includere gli effetti principali `gender` e `race` e la loro interazione. Si selezioni un opportuno modello log-lineare per i dati a disposizione e si interpretino le associazioni condizionali stimate.

5.10 Si svolgano i calcoli dettagliati che conducono alla funzione di log-verosimiglianza (5.20).

5.11 Si mostri che la distribuzione binomiale negativa traslata con funzione di probabilità (5.19) ha moda pari alla parte intera di $(\kappa - 1)(1 - \pi)/\pi$. Si verifichi che la moda è sempre più piccola della media.

5.12 Per i dati dell'Esempio 5.5, si ottengano la stima di massima verosimiglianza di (μ, κ) nonché le frequenze teoriche stimate tramite il modello binomiale negativo, utilizzando la funzione `glm.nb` illustrata nel paragrafo 5.7.4.

5.13 In un'indagine campionaria è stato chiesto agli intervistati quanti rapporti sessuali avessero avuto nell'ultimo mese. Le medie campionarie sono risultate pari a 5.9 per i maschi e 4.3 per le femmine; le varianze campionarie sono 54.8 e 34.4, rispettivamente. La moda, sia per i maschi che per le femmine, è risultata pari a zero. Si discuta l'appropriatezza di un GLM Poisson per questi dati, motivando la risposta, ed eventualmente si proponga un modello che potrebbe risultare appropriato.

5.14 I dati contenuti nel *data frame* `Homicide` (Agresti, 2015, Esercizio 7.31) contengono le risposte di 1 308 intervistati negli Stati Uniti alla domanda "quanti soggetti conosci personalmente che siano stati vittima di un omicidio negli ultimi 12 mesi?" Le variabili osservate sono il numero di vittime, `count`, e il colore della pelle del rispondente, `race`, (0, bianco; 1, nero). Sia y_i la risposta del soggetto i-esimo, $i = 1, \ldots, 1\,308$, e sia $x_i = 1$ per i neri e $x_i = 0$ per i bianchi.

(a) Si adatti un modello di regressione di Poisson con legame canonico e predittore lineare $\beta_1 + \beta_2 x_i$. Si interpretino le stime dei coefficienti.
(b) Si ottengano le distribuzioni di frequenza della risposta per bianchi e neri e si confrontino le frequenze osservate con quelle attese sotto il modello stimato.
(c) Si ottenga la statistica di Pearson (cfr. Esempio 2.12) e si valuti, eventualmente dopo aver combinato in un'unica classe i valori più elevati della risposta, la bontà di adattamento del modello.
(d) Si valuti se i dati presentano sovradispersione rispetto al modello di Poisson.
(e) Si adatti un modello di regressione binomiale negativo con funzione di legame logaritmica e si confrontino le frequenze attese con quelle ottenute con il modello di Poisson. Si valuti la bontà di adattamento.
(f) Si ottenga un intervallo di confidenza con livello approssimato 0.95 per il rapporto tra la media di omicidi riportati da bianchi e neri sia adottando il modello di Poisson sia adottando il modello binomiale negativo. Si commentino i risultati.
(g) Si valuti se può essere opportuno adattare un modello con inflazione di zeri.

Capitolo 6
Quasi-verosimiglianza

6.1 Modelli di quasi-verosimiglianza

Per un modello lineare normale lo stimatore di massima verosimiglianza del vettore dei coefficienti di regressione gode di importanti proprietà anche quando non vale l'ipotesi di normalità, ma valgono le più deboli ipotesi del secondo ordine (cfr. paragrafo 1.6.1). In particolare, lo stimatore rimane non distorto, con distribuzione approssimata normale, ed è efficiente nel senso stabilito dal teorema di Gauss–Markov.

Analogamente, si può osservare che le equazioni di verosimiglianza per β in un GLM, cfr. formula (2.28),

$$l_r = \sum_{i=1}^{n} \frac{(y_i - \mu_i)}{Var(Y_i)} \frac{\partial \mu_i}{\partial \beta_r} = 0 , \quad r = 1, \ldots, p , \tag{6.1}$$

dipendono dalla distribuzione della risposta solo attraverso $E(Y_i) = \mu_i$ e $Var(Y_i) = \phi v(\mu_i)$. Richiedono inoltre che sia specificata la relazione $g(\mu_i) = \eta_i$ che lega μ_i al predittore lineare $\eta_i = \boldsymbol{x}_i \beta = \sum_{r=1}^{p} x_{ir} \beta_r$. È perciò interessante studiare le proprietà dello stimatore $\hat{\beta}$, soluzione della (6.1), sotto le più deboli ipotesi del secondo ordine di un GLM

$$E(Y_i) = \mu(\boldsymbol{x}_i \beta) = g^{-1}(\boldsymbol{x}_i \beta) , \tag{6.2}$$

$$Var(Y_i) = \phi v(\mu_i) , \tag{6.3}$$

$$Y_i \text{ e } Y_j \text{ indipendenti se } i \neq j , \tag{6.4}$$

dove $\phi > 0$ è un parametro ignoto, detto parametro di dispersione.

Il modello statistico semiparametrico specificato dalle assunzioni (6.2)–(6.4) è detto modello di quasi-verosimiglianza. Se $v(\mu_i) = 1$ e $g(\mu_i) = \mu_i$ le ipotesi (6.2)–(6.4) corrispondono a un caso particolare delle usuali ipotesi del secondo ordine del modello lineare classico.

A. Salvan, N. Sartori, L. Pace, *Modelli Lineari Generalizzati*, UNITEXT 124,
https://doi.org/10.1007/978-88-470-4002-1_6

Il modello statistico specificato dalle (6.2)–(6.4) può essere formulato tanto per dati continui quanto per dati discreti. In particolare, per dati discreti che rappresentano proporzioni o conteggi, le ipotesi del secondo ordine (6.2)–(6.4) comportano un incremento di flessibilità rispetto alle specificazioni parametriche usuali dei modelli lineari generalizzati con risposta binomiale o Poisson. Va infatti ricordato che l'adozione di un modello lineare generalizzato per studiare un problema di regressione comporta una certa rigidità nella modellazione della varianza della risposta. Per risposte con distribuzione discreta il parametro di dispersione ϕ nella (2.20) è noto e dunque la varianza della risposta è interamente determinata dalla media: $Var(Y_i) = \mu_i(1 - \mu_i)/m_i$ per $m_i Y_i \sim Bi(m_i, \mu_i)$ e $Var(Y_i) = \mu_i$ per $Y_i \sim P(\mu_i)$.

Nelle applicazioni tuttavia può a volte essere più plausibile assumere che la varianza della risposta sia maggiore di quella prevista dal GLM, ossia che i dati mostrino **sovradispersione** (o, più raramente, **sottodispersione**) rispetto al modello parametrico per cui la varianza delle osservazioni è interamente determinata dal valore atteso. Modelli parametrici che tengono conto della sovradispersione sono stati presentati nei paragrafi 3.8 e 5.5.1. In particolare, sono stati introdotti il modello beta-binomiale per dati che rappresentano proporzioni e il modello binomiale negativo per dati di conteggio. Sono disponibili in letteratura ulteriori modelli parametrici che consentono la sovradispersione, si veda Agresti (2015, note ai paragrafi 7.4 e 8.4, p. 260 e 282).

Il modello di quasi-verosimiglianza (6.2)–(6.4) consente di tener conto della sovradispersione, permettendo un incremento della varianza rispetto al corrispondente GLM dato da un fattore ϕ, senza dover specificare un modello parametrico. L'adattamento con R risulta particolarmente semplice, potendo ancora sfruttare la funzione `glm` con la specificazione `quasi` del parametro `family` (cfr. paragrafo 6.4). Uno schema riassuntivo dei modelli per dati binari e di conteggio con sovradispersione è riportato nell'Appendice H.

Per poter studiare le proprietà campionarie dello stimatore $\hat{\beta}$ soluzione delle equazioni (6.1) sotto le ipotesi del secondo ordine (6.2)–(6.4), nel paragrafo seguente si introducono brevemente alcune idee di base relative all'inferenza basata su equazioni di stima non distorte.

6.2 Inferenza basata su equazioni di stima non distorte

La proprietà (1.5) viene talora espressa dicendo che l'equazione di verosimiglianza $l_*(\theta) = 0$ è un'equazione di stima non distorta. Con $y = (y_1, \dots, y_n)$ e $\theta \in \Theta \subseteq \mathbb{R}^d$, si dice che la funzione

$$q(y;\theta) = (q_1(y;\theta), \dots, q_d(y;\theta))^\top$$

fornisce un'**equazione di stima non distorta** per θ se

$$E_\theta(q(Y;\theta)) = 0\,, \qquad \text{per ogni } \theta \in \Theta\,. \tag{6.5}$$

La distribuzione di Y nella (6.5) può dipendere, oltre che da θ, anche da ulteriori aspetti di interesse secondario.

La non distorsione dell'equazione di verosimiglianza è l'assunzione principale per dimostrare che lo stimatore di massima verosimiglianza è consistente. Si veda ad esempio Pace e Salvan (2001, Teorema 6.2). Il risultato di consistenza si estende in modo immediato a stimatori definiti tramite equazioni di stima non distorte. Si supponga che, per una legge dei grandi numeri, $n^{-1}q(Y;\theta) \overset{p}{\to} 0$ per $n \to +\infty$, quando θ è il vero valore del parametro, e che, per y fissato, $q(y;\theta)$ sia una funzione biunivoca e continua di θ in un intorno del vero valore del parametro. Allora lo stimatore definito come soluzione rispetto a θ di $q(y;\theta) = 0$ è consistente, ossia converge in probabilità al vero valore del parametro per $n \to \infty$ (si veda ad esempio Liang e Zeger, 1995, paragrafo 2.3).

Sotto condizioni di regolarità analoghe a quelle richieste per la *score*, gli stimatori basati su $q(y;\theta)$ hanno distribuzione approssimata normale al divergere di n. Si indichi con $\tilde{\theta}$ la soluzione di $q(y;\theta) = 0$. Siano inoltre

$$J(\theta) = E_\theta(q(Y;\theta)q(Y;\theta)^\top)$$

e

$$H(\theta) = -E_\theta\left(\frac{\partial q(Y;\theta)}{\partial \theta^\top}\right).$$

Si assume che $H(\theta)$ sia simmetrica. Se $q(y;\theta)$ è la *score* di un modello correttamente specificato con verosimiglianza regolare, per l'identità dell'informazione (1.6), $J(\theta) = H(\theta) = i(\theta)$.

Da $q(y;\tilde{\theta}) = 0$, mediante linearizzazione locale, si ottiene la rappresentazione

$$\tilde{\theta} - \theta = -\left(\frac{\partial q(y;\theta)}{\partial \theta^\top}\right)^{-1} q(y;\theta) + \dots .$$

Se, al divergere di n, per un teorema del limite centrale,

$$q(Y;\theta) \dot{\sim} N_d(0, J(\theta))$$

e, per una legge dei grandi numeri,

$$-\frac{\partial q(Y;\theta)}{\partial \theta^\top} \doteq H(\theta),$$

allora,

$$\tilde{\theta} - \theta \dot{\sim} N_d\left(0, H(\theta)^{-1}J(\theta)H(\theta)^{-1}\right). \tag{6.6}$$

La (6.6) generalizza il risultato di approssimazione (1.8) per gli stimatori di massima verosimiglianza. Si noti la forma a *sandwich* della matrice di covarianza asintotica.

6.3 Proprietà di $\hat{\beta}$ nel modello di quasi-verosimiglianza

È immediato verificare che le equazioni di stima (6.1) per β sono non distorte purché sia $E(Y_i) = \mu_i = g^{-1}(\boldsymbol{x}_i\beta)$. In altre parole, l'assunzione parametrica $Y_i \sim DE_1(\mu_i, \phi v(\mu_i))$ potrebbe anche non essere soddisfatta; ciò che risulta essenziale è l'ipotesi sulla media. Inoltre, l'unica ulteriore caratteristica della distribuzione che risulta necessario conoscere per poter esplicitare le (6.1) è la funzione di varianza $v(\mu_i)$, poiché la soluzione non dipende da ϕ.

È agevole verificare che, anche sotto le ipotesi più deboli (6.2)–(6.4), continua a valere l'identità dell'informazione

$$E(l_r l_s) = -E(l_{rs}) ,$$

ove

$$l_{rs} = \frac{\partial}{\partial \beta_s} l_r .$$

L'identità può essere dimostrata osservando che

$$\begin{aligned} E(l_r l_s) &= \frac{1}{\phi^2} E\left\{ \sum_{i=1}^n \frac{(Y_i - \mu_i)}{v(\mu_i)} \frac{\partial \mu_i}{\partial \beta_r} \sum_{j=1}^n \frac{(Y_j - \mu_j)}{v(\mu_j)} \frac{\partial \mu_j}{\partial \beta_s} \right\} \\ &= \frac{1}{\phi^2} \sum_{i=1}^n \sum_{j=1}^n \frac{\partial \mu_i}{\partial \beta_r} \frac{\partial \mu_j}{\partial \beta_s} \frac{1}{v(\mu_i)} \frac{1}{v(\mu_j)} E[(Y_i - \mu_i)(Y_j - \mu_j)] . \end{aligned}$$

Poiché $E[(Y_i - \mu_i)(Y_j - \mu_j)]$ è diverso da zero solo per $i = j$, e pari allora a $\phi v(\mu_i)$, si ottiene

$$E(l_r l_s) = \frac{1}{\phi} \sum_{i=1}^n \frac{1}{v(\mu_i)} \frac{\partial \mu_i}{\partial \beta_r} \frac{\partial \mu_i}{\partial \beta_s} .$$

D'altra parte, risulta

$$l_{rs} = \frac{\partial}{\partial \beta_s} l_r = \frac{1}{\phi} \sum_{i=1}^n \left\{ (Y_i - \mu_i) \frac{\partial}{\partial \beta_s} \left(\frac{1}{v(\mu_i)} \frac{\partial \mu_i}{\partial \beta_r} \right) - \frac{1}{v(\mu_i)} \frac{\partial \mu_i}{\partial \beta_r} \frac{\partial \mu_i}{\partial \beta_s} \right\} , \quad (6.7)$$

da cui per confronto si consegue il risultato, poiché il valore atteso del primo addendo entro parentesi graffe della (6.7) è zero.

Le identità $E(l_r) = 0$ e $E(l_r l_s) = -E(l_{rs})$, mostrano che anche sotto il modello di quasi-verosimiglianza valgono le (1.5) e (1.6). Per questa analogia, il modello è detto di quasi-verosimiglianza (Wedderburn, 1974). Pertanto, in base a quanto esposto nel paragrafo precedente, anche nell'ambito delle assunzioni del secondo ordine si mantiene la consistenza di $\hat{\beta}$ nonché la validità per n elevato dell'approssimazione

$$\hat{\beta} \dot{\sim} N_p(\beta, (X^\top W X)^{-1}), \tag{6.8}$$

con $W = \text{diag}(w_i)$ con $w_i = 1/\{(g'(\mu_i))^2 Var(Y_i)\}$.

Si può quindi affermare che lo stimatore di β basato sull'equazione di stima (6.1) ha proprietà di robustezza nel senso che, pur essendo ottenuto sotto le assunzioni (2.17) e (2.18) circa il modello generatore dei dati, le sue proprietà statistiche fondamentali (consistenza, normalità asintotica) continuano a valere anche sotto le ipotesi più deboli (6.2)–(6.4). Se ϕ non è noto, come accade ad esempio se si ammette la possibile presenza di sovradispersione, occorre disporre di una sua stima per poter valutare la matrice di covarianza asintotica di $\hat{\beta}$. Lo stimatore $\tilde{\phi}$ (2.45) basato sul metodo dei momenti è ancora appropriato; esso rimane infatti consistente anche sotto le assunzioni del modello di quasi-verosimiglianza (6.2)–(6.4).

Vale inoltre una proprietà di ottimalità dello stimatore $\hat{\beta}$ sotto il modello di quasi-verosimiglianza, che generalizza il teorema di Gauss–Markov. McCullagh (1983) ha infatti dimostrato che, sotto le ipotesi (6.2)–(6.4), tra tutti gli stimatori basati su equazioni di stima non distorte e lineari in y, lo stimatore $\hat{\beta}$ soluzione dell'equazione (6.1) ha la massima precisione asintotica. Ciò va inteso nel senso che per ogni combinazione lineare $a^\top \beta$, lo stimatore $a^\top \hat{\beta}$ ha varianza asintotica minima. Si noti che lo stimatore $\hat{\beta}$ soluzione della (6.1), o, in forma matriciale, della (2.31), non coincide con il valore di β che minimizza la forma quadratica

$$(y - \mu)^\top Var(Y)^{-1}(y - \mu).$$

In tal senso, si può dire che $\hat{\beta}$ rappresenta la corretta generalizzazione dello stimatore dei minimi quadrati sotto il modello di quasi-verosimiglianza.

In base alla (6.8), la matrice di covarianza asintotica di $\hat{\beta}$ può essere stimata tramite

$$\widehat{Var}(\hat{\beta}) = (X^\top \hat{W} X)^{-1}, \tag{6.9}$$

dove $\hat{W}$ è la matrice W con $\mu_i = \hat{\mu}_i$ e $\phi = \tilde{\phi}$. Purché sia correttamente specificata la funzione di varianza nelle assunzioni (6.2)–(6.4), la stima (6.9) è consistente, nel senso che, moltiplicata per n converge in probabilità alla varianza asintotica di $\sqrt{n}(\hat{\beta} - \beta)$.

Nei modelli binomiali e Poisson la stima di β coincide con quella basata sulle assunzioni parametriche, mentre la matrice di covarianza stimata è moltiplicata per il fattore $\tilde{\phi}$, e dunque gli *standard error* sono moltiplicati per il fattore $\sqrt{\tilde{\phi}}$, risultando più grandi di quelli ottenuti sulla base del modello parametrico se $\tilde{\phi} > 1$, ciò che indica la presenza di sovradispersione.

Si può definire una stima di $Var(\hat{\beta})$, robusta rispetto all'assunzione relativa alla funzione di varianza. L'equazione di stima (6.1) può essere scritta nella forma matriciale (2.31) ossia $q(y;\beta) = 0$, con

$$q(y;\beta) = D^\top V^{-1}(y-\mu)\,,$$

dove $(y-\mu)^\top = (y_1-\mu_1,\dots,y_n-\mu_n)$, $V = \phi\,\mathrm{diag}[v(\mu_i)]$ e D ha generico elemento

$$d_{ir} = \frac{\partial\mu_i}{\partial\beta_r} = \frac{\partial\mu_i}{\partial\eta_i}x_{ir} = \frac{1}{g'(\mu_i)}x_{ir}\,.$$

Si ha quindi $D = \mathrm{diag}(1/g'(\mu_i))X$ e si può scrivere

$$q(y;\beta) = X^\top W_0(y-\mu)\,,$$

con $W_0 = \phi^{-1}\,\mathrm{diag}[1/(v(\mu_i)g'(\mu_i))]$. Si ha dunque, per le proprietà asintotiche degli stimatori basati su equazioni di stima non distorte,

$$Var(\hat\beta) \doteq H(\beta)^{-1}J(\beta)H(\beta)^{-1}\,,$$

con

$$\begin{aligned} H(\beta) &= -E\left(\frac{\partial q(Y;\beta)}{\partial\beta^\top}\right) = -\frac{\partial(X^\top W_0)}{\partial\beta^\top}E(Y-\mu) + X^\top W_0\left(\frac{\partial\mu(\beta)}{\partial\beta^\top}\right) \\ &= X^\top W_0 D = X^\top\mathrm{diag}(w_i)X = X^\top WX\,, \end{aligned}$$

(si veda la (2.36)) e

$$J(\beta) = Var(q(Y;\beta)) = X^\top W_0 Var(Y)W_0X\,.$$

Risulta allora

$$Var(\hat\beta) \doteq (X^\top WX)^{-1}X^\top W_0 Var(Y)W_0X(X^\top WX)^{-1}\,.$$

Se $Var(Y) = \phi\,\mathrm{diag}[v(\mu_i)]$, dalle assunzioni (6.3) e (6.4), si ha $W_0Var(Y)W_0 = W$ e si riottiene l'espressione $Var(\hat\beta) \doteq (X^\top WX)^{-1}$ che può essere stimata tramite la (6.9). Una stima robusta, anche rispetto all'assunzione che $Var(Y_i) = \phi v(\mu_i)$, si può ottenere stimando $Var(Y)$ con $\mathrm{diag}[(y_i-\hat\mu_i)^2)]$ e risulta

$$\widehat{Var}_R(\hat\beta) = (X^\top\hat WX)^{-1}X^\top\hat W_0\,\mathrm{diag}[(y_i-\hat\mu_i)^2]\hat W_0X(X^\top\hat WX)^{-1}\,, \qquad (6.10)$$

con $\hat W_0 = (1/\tilde\phi)\,\mathrm{diag}[1/(v(\hat\mu_i)g'(\hat\mu_i))]$. Lo stimatore (6.10) è detto **stimatore sandwich**.

Ad esempio, se, come nel modello di Poisson nullo con legame identità, $E(Y_i) = \beta_1$ e $Var(Y_i) = \mu_i = \beta_1$, si ha $(X^\top\hat WX)^{-1} = \tilde\phi\hat\beta_1/n = \tilde\phi\bar y/n$ e $X^\top\hat W_0 =$

$(1/(\tilde{\phi}\bar{y}))\underline{1}_n^\top I_n$. Lo stimatore robusto risulta quindi $\widehat{Var}_R(\hat{\beta}_1) = \sum_{i=1}^n (y_i - \bar{y})^2/n^2$, mentre lo stimatore basato sulle assunzioni del modello è $\widehat{Var}(\hat{\beta}) = \bar{y}/n$.

Sotto le ipotesi (6.2)–(6.4), è possibile definire una funzione $l_Q(\beta)$ avente $q(y;\beta)$ come vettore delle derivate parziali rispetto a β. Tale funzione è detta **funzione di quasi log-verosimiglianza**. Si può ad esempio considerare come funzione di quasi log-verosimiglianza

$$l_Q(\beta) = \sum_{i=1}^{n} \int_{y_i}^{\mu_i} \frac{y_i - t}{\phi v(t)} dt \; . \tag{6.11}$$

Utilizzando la funzione $l_Q(\beta)$, con ϕ sostituito con la stima $\tilde{\phi}$, si possono definire test per ipotesi di riduzione del modello secondo le linee del paragrafo 2.4. Le distribuzioni nulle approssimate rimangono le stesse.

6.4 Laboratori R: quasi-verosimiglianza e sovradispersione

6.4.1 Formiche e sandwich: analisi dei dati `Ants` *(cont.)*

Si consideri nuovamente l'esempio del paragrafo 5.7.4.

```
Ants$Bread <- as.factor(Ants$Bread)
Ants$Butter <- as.factor(Ants$Butter)
Ants$Filling <- as.factor(Ants$Filling)
```

Adattando un modello di regressione Poisson con legame canonico ed esplicative `Bread`, `Filling`, `Butter`, nonché l'interazione tra le ultime due variabili, si ottiene

```
ants.glm <- glm(Ant_count ~ Bread + Filling * Butter,
                family = poisson, data = Ants)
summary(ants.glm)

##   ...
##
## Coefficients:
##                  Estimate Std. Error z value Pr(>|z|)
## (Intercept)        3.3859     0.0747   45.35  < 2e-16 ***
## Bread2             0.1544     0.0608    2.54    0.011 *
## Bread3             0.0255     0.0627    0.41    0.684
## Bread4            -0.0303     0.0635   -0.48    0.634
## Filling2           0.0968     0.0881    1.10    0.272
## Filling3           0.4685     0.0813    5.76  8.3e-09 ***
## Butter1            0.0630     0.0888    0.71    0.478
## Filling2:Butter1   0.2484     0.1195    2.08    0.038 *
## Filling3:Butter1   0.2767     0.1106    2.50    0.012 *
## ---
```

```
## Signif. codes:  0 '***' 0.001 '**' 0.01 '*' 0.05 '.' 0.1 ' ' 1
##
## (Dispersion parameter for poisson family taken to be 1)
##
##     Null deviance: 377.15  on 47  degrees of freedom
## Residual deviance: 183.05  on 39  degrees of freedom
## AIC: 465
##
## Number of Fisher Scoring iterations: 4
```

La statistica X^2 di Pearson (2.54) risulta

```
X2 <- sum((residuals(ants.glm, type = "pearson"))^2)
X2
```

```
## [1] 163
```

```
pchisq(X2, 39, lower.tail = FALSE)
```

```
## [1] 4.14e-17
```

e indica la presenza di sovradispersione. Adottando il modello di quasi-verosimiglianza con la medesima specificazione per $E(Y_i)$ e con $Var(Y_i) = \phi\mu_i$, la stima di ϕ (2.45) è $\tilde{\phi} = X^2/(n-p)$

```
tildephi <- X2 / (48 - 9)
tildephi
```

```
## [1] 4.18
```

Le stime e i relativi *standard error* si possono ottenere direttamente con

```
ants.glm.q <- glm(Ant_count ~ Bread + Filling * Butter,
                  family = quasi(link = "log", variance = "mu"),
                  data = Ants)
summary(ants.glm.q)
```

```
##  ...
##
## Coefficients:
##                   Estimate Std. Error t value Pr(>|t|)
## (Intercept)         3.3859     0.1527   22.18   <2e-16 ***
## Bread2              0.1544     0.1242    1.24   0.2213
## Bread3              0.0255     0.1281    0.20   0.8432
## Bread4             -0.0303     0.1299   -0.23   0.8170
## Filling2            0.0968     0.1801    0.54   0.5940
## Filling3            0.4685     0.1662    2.82   0.0075 **
## Butter1             0.0630     0.1815    0.35   0.7304
## Filling2:Butter1    0.2484     0.2443    1.02   0.3156
## Filling3:Butter1    0.2767     0.2262    1.22   0.2285
## ---
## Signif. codes:  0 '***' 0.001 '**' 0.01 '*' 0.05 '.' 0.1 ' ' 1
##
## (Dispersion parameter for quasi family taken to be 4.18)
```

```
##
##     Null deviance: 377.15  on 47  degrees of freedom
## Residual deviance: 183.05  on 39  degrees of freedom
## AIC: NA
##
## Number of Fisher Scoring iterations: 4
```

L'adattamento conferma la presenza di sovradispersione con $\tilde{\phi} = 4.18$. Le stime dei coefficienti di regressione restano uguali a quelle del modello di Poisson, mentre gli *standard error* sono più grandi. Va notato che la devianza nulla e la devianza residua riportate nel `summary` sono esattamente le stesse del modello parametrico di regressione Poisson. La devianza residua non deve essere quindi utilizzata per valutare l'adeguatezza di un modello di quasi-verosimiglianza. In effetti, divisa per $n - p$ rappresenta una stima di ϕ asintoticamente equivalente a $\tilde{\phi}$.

La stima robusta degli *standard error* basata sulla (6.10) può essere ottenuta con

```
library(gee)
obs <- 1:48 # la funzione gee richiede di numerare le osservazioni
summary(gee(Ant_count ~ Bread + Filling * Butter, id = obs,
            family = poisson, data = Ants, scale.fix = TRUE))
```

```
##   ...
##
## Coefficients:
##                   Estimate Naive S.E. Naive z Robust S.E. Robust z
## (Intercept)         3.3859     0.0747  45.346      0.1219   27.779
## Bread2              0.1544     0.0608   2.542      0.1089    1.418
## Bread3              0.0255     0.0627   0.407      0.0894    0.285
## Bread4             -0.0303     0.0635  -0.476      0.1020   -0.297
## Filling2            0.0968     0.0881   1.099      0.1667    0.581
## Filling3            0.4685     0.0813   5.762      0.1346    3.482
## Butter1             0.0630     0.0888   0.710      0.1911    0.330
## Filling2:Butter1    0.2484     0.1195   2.079      0.2461    1.009
## Filling3:Butter1    0.2767     0.1106   2.501      0.2130    1.299
##
## Estimated Scale Parameter:  1
## Number of Iterations:  1
##
##   ...
```

e appare confrontabile con quella ottenuta con la quasi-verosimiglianza. L'opzione `scale.fix=TRUE` fa sì che gli *standard error naive* coincidano con quelli del MLG Poisson, altrimenti sarebbero quelli basati sul modello di quasi-verosimiglianza Poisson.

L'inflazione degli *standard error* ottenuta con il modello di quasi-verosimiglianza può suggerire semplificazioni del modello. Il confronto tra modelli annidati è ottenuto con una statistica del tipo rapporto di verosimiglianza basata sulla quasi-verosimiglianza (6.11). In alternativa, specificando l'opzione `test="Rao"`, il confronto tra modelli utilizzerebbe una statistica di tipo *score*.

```
drop1(ants.glm.q, test = "Chisq")

## Single term deletions
##
## Model:
## Ant_count ~ Bread + Filling * Butter
##                  Df Deviance scaled dev. Pr(>Chi)
## <none>                  183
## Bread             3     194        2.58     0.46
## Filling:Butter    2     190        1.62     0.44

ants.glm.q1 <- update(ants.glm.q, . ~ . - Bread)
drop1(ants.glm.q1, test = "Chisq")

## Single term deletions
##
## Model:
## Ant_count ~ Filling + Butter + Filling:Butter
##                  Df Deviance scaled dev. Pr(>Chi)
## <none>                  194
## Filling:Butter    2     201        1.61     0.45

ants.glm.q2 <- update(ants.glm.q1, . ~ . - Filling:Butter)
summary(ants.glm.q2)

##
## Call:
## glm(formula = Ant_count ~ Filling + Butter,
##     family = quasi(link = "log", variance = "mu"), data = Ants)
##
##   ...
##
## Coefficients:
##             Estimate Std. Error t value Pr(>|t|)
## (Intercept)   3.3177     0.1026   32.32  < 2e-16 ***
## Filling2      0.2325     0.1198    1.94   0.0587 .
## Filling3      0.6207     0.1110    5.59  1.3e-06 ***
## Butter1       0.2632     0.0889    2.96   0.0049 **
## ---
## Signif. codes:  0 '***' 0.001 '**' 0.01 '*' 0.05 '.' 0.1 ' ' 1
##
## (Dispersion parameter for quasi family taken to be 4.07)
##
##     Null deviance: 377.15  on 47  degrees of freedom
## Residual deviance: 200.63  on 44  degrees of freedom
## AIC: NA
##
## Number of Fisher Scoring iterations: 4
```

Si arriva quindi a considerare significative solamente le variabili `Filling` e `Butter`, proprio come con il modello binomiale negativo adattato nel paragrafo 5.7.4.

6.4.2 *Studio in teratologia: analisi dei dati* `Rats`

I dati contenuti nel *data frame* `Rats` si riferiscono ad un esperimento di laboratorio volto a studiare l'effetto del regime alimentare sullo sviluppo fetale dei ratti (Moore e Tsiatis, 1991; Agresti, 2015, paragrafo 8.2.4). L'esperimento consisteva nell'assegnare casualmente ciascuna femmina di ratto con dieta carente di ferro ad uno di quattro gruppi. Al primo gruppo venivano fatte iniezioni di un placebo, mentre ai rimanenti tre gruppi venivano fatte iniezioni con un supplemento di ferro. Queste venivano fatte nei giorni 7 e 10 nel secondo gruppo, nei giorni 0 e 7 nel terzo gruppo e settimanalmente nel quarto gruppo. Le 58 femmine di ratto venivano rese gravide e sacrificate dopo 3 settimane. Il numero di feti morti (`s`) in ciascuna nidiata era registrato assieme al numero totale di feti della nidiata (`n`) e al livello di emoglobina della madre (`h`). La probabilità di morte dei feti può variare tra nidiate, anche all'interno dello stesso gruppo e con lo stesso livello di emoglobina, a causa di variabili non rilevate e della variabilità genetica.

```
head(Rats)
```

```
##   litter group   h  n  s
## 1      1     1 4.1 10  1
## 2      2     1 3.2 11  4
## 3      3     1 4.7 12  9
## 4      4     1 3.5  4  4
## 5      5     1 3.2 10 10
## 6      6     1 5.9 11  9
```

Il tasso di mortalità è sostanzialmente diverso tra il gruppo placebo e i rimanenti tre gruppi

```
with(Rats, tapply(s, group, sum) / tapply(n, group, sum))
```

```
##      1      2      3      4
## 0.7584 0.1017 0.0345 0.0481
```

Si può pensare di dicotomizzare la variabile gruppo distinguendo tra il gruppo placebo e il complesso dei gruppi trattati e di valutare se la probabilità di morte del feto dipenda da questa variabile, tenendo conto del livello di emoglobina della madre.

```
Rats$placebo <- ifelse(Rats$group == 1, 1, 0)
```

Come primo modello si considera una regressione logistica

```
Rats.glm <- glm(s / n ~ placebo + h, weights = n,
                family = binomial, data = Rats)
summary(Rats.glm)
```

```
##  ...
##
## Coefficients:
##             Estimate Std. Error z value Pr(>|z|)
## (Intercept)  -0.6239     0.7900   -0.79    0.430
```

```
## placebo        2.6509     0.4824     5.50  3.9e-08 ***
## h             -0.1871     0.0743    -2.52    0.012 *
## ---
## Signif. codes:  0 '***' 0.001 '**' 0.01 '*' 0.05 '.' 0.1 ' ' 1
##
## (Dispersion parameter for binomial family taken to be 1)
##
##     Null deviance: 509.43  on 57  degrees of freedom
## Residual deviance: 170.57  on 55  degrees of freedom
## AIC: 248
##
## Number of Fisher Scoring iterations: 5
```

La probabilità di morte, anche tenendo conto del livello di emoglobina, sembra sostanzialmente più elevata nel gruppo placebo. Tuttavia, la somma dei quadrati dei residui di Pearson è piuttosto elevata, se confrontata con i gradi di libertà. Infatti

```
pears.res <- resid(Rats.glm, type = "pearson")
sum(pears.res^2)

## [1] 160

Rats.glm$df.residual

## [1] 55

# la stima del parametro di dispersione nella QL e'
sum(pears.res^2) / Rats.glm$df.residual

## [1] 2.91
```

Sembra quindi esserci evidenza di sovradispersione. Si può considerare un modello di quasi-verosimiglianza.

```
Rats.ql <- glm(s / n ~ placebo + h, weights = n, data = Rats,
               family = quasi(link = "logit", variance = "mu(1-mu)"))
summary(Rats.ql)

##   ...
##
## Coefficients:
##             Estimate Std. Error t value Pr(>|t|)
## (Intercept)   -0.624      1.347   -0.46   0.6450
## placebo        2.651      0.822    3.22   0.0021 **
## h             -0.187      0.127   -1.48   0.1451
## ---
## Signif. codes:  0 '***' 0.001 '**' 0.01 '*' 0.05 '.' 0.1 ' ' 1
##
## (Dispersion parameter for quasi family taken to be 2.91)
##
##     Null deviance: 509.43  on 57  degrees of freedom
## Residual deviance: 170.57  on 55  degrees of freedom
## AIC: NA
##
## Number of Fisher Scoring iterations: 6
```

Anche tenendo conto della sovradispersione resta una forte evidenza a favore di una più elevata mortalità nel gruppo placebo, mentre il livello di emoglobina non risulta più significativo.

Vista la possibilità che ci siano variabili esplicative non misurate, ad esempio genetiche, risulta naturale permettere che la probabilità di morte possa variare tra diverse nidiate con gli stessi valori di emoglobina e appartenenti allo stesso gruppo. Si può quindi utilizzare un modello beta-binomiale, introdotto nel paragrafo 3.8.

```
library(VGAM)
Rats.bb <- vglm(cbind(s, n-s) ~ placebo + h, data = Rats,
                betabinomial(zero = 2,irho = 0.2))
# due parametri: mu e rho
# zero=2 indica l'assenza di covariate in logit(rho)
# irho e' un valore iniziale per il parametro rho
summary(Rats.bb)
```

```
##   ...
##
## Coefficients:
##                Estimate Std. Error z value Pr(>|z|)
## (Intercept):1   -0.501      1.191   -0.42  0.67400
## (Intercept):2   -1.168      0.325   -3.59  0.00033 ***
## placebo          2.560      0.764    3.35  0.00081 ***
## h               -0.155      0.109   -1.42  0.15436
## ---
## Signif. codes:  0 '***' 0.001 '**' 0.01 '*' 0.05 '.' 0.1 ' ' 1
##
## Names of linear predictors: logitlink(mu), logitlink(rho)
##
## Log-likelihood: -93.2 on 112 degrees of freedom
##
## Number of Fisher scoring iterations: 8
##
## ...
```

```
# stima del parametro rho nella varianza della beta-binomiale
plogis(coef(Rats.bb)[2])
```

```
## (Intercept):2
##         0.237
```

Tenendo conto della stima del parametro ρ, la varianza della variabile risposta (cfr. formula (3.6)) risulta circa il doppio della corrispondente varianza del modello binomiale per una nidiata di numerosità 5 e circa il triplo per una nidiata di numerosità 9.

Infine si può stimare un modello di quasi-verosimiglianza che assuma la varianza del modello beta-binomiale tramite la funzione `quasibin` della libreria `aod` (Lesnoff e Lancelot, 2012).

```
library(aod)
Rats.qbb <- quasibin(cbind(s, n-s) ~ placebo + h, data = Rats)
Rats.qbb
```

```
## Quasi-likelihood generalized linear model
```

```
## --------------------------------------
## quasibin(formula = cbind(s, n - s) ~ placebo + h, data = Rats)
##
## Fixed-effect coefficients:
##              Estimate Std. Error z value Pr(>|z|)
## (Intercept)    -0.724      1.379  -0.525   0.5996
## placebo         2.757      0.852   3.236   0.0012
## h              -0.176      0.128  -1.369   0.1709
##
## Overdispersion parameter:
##   phi
## 0.199
##
## Pearson's chi-squared goodness-of-fit statistic = 55
```

Riassumendo, entrambi gli approcci, quasi-verosimiglianza e modello beta-binomiale, danno *standard error* molto simili e sostanzialmente diversi da quelli ottenuti con il modello binomiale.

Esercizio Un grafico dei residui standardizzati del modello binomiale in funzione della numerosità delle nidiate può essere utile per giudicare se un modello con varianza di tipo beta-binomiale possa essere più adeguato. In tal caso i residui mostrano una variabilità crescente al crescere della numerosità. Si ottenga il grafico per i dati appena analizzati. ◇

Esercizio Si ottenga la stima robusta (6.10) degli *standard error* del modello di quasi-verosimiglianza e la si confronti con quella ottenuta con gli altri approcci. ◇

6.5 Nota bibliografica

Per un'introduzione all'inferenza basata su equazioni di stima, si veda Davison (2003, paragrafo 7.2). Godambe (1991) è una raccolta di contributi metodologici sull'inferenza basata su equazioni di stima. Il concetto di quasi-verosimiglianza fu introdotto da Wedderburn (1974). McCullagh (1983) studia le proprietà asintotiche di statistiche basate sulla quasi-verosimiglianza. Un'esposizione introduttiva, assieme ad estensioni per osservazioni dipendenti, è McCullagh e Nelder (1989, Capitolo 9); un resoconto sintetico è dato in McCullagh (1991). Per approfondimenti, si rinvia a Heyde (1997).

6.6 Esercizi

6.1 Siano $Y_1, \ldots, Y_n$ variabili casuali con supporto $\mathbb{N}$, identicamente distribuite con media μ. Si mostri che l'equazione di stima per μ basata sul modello binomiale negativo traslato è non distorta. Si confrontino lo *standard error* della stima di μ basata sul modello binomiale negativo traslato e quello robusto basato sulla (6.10).

6.2 Con i dati `Ants` considerati nei paragrafi 5.7.4 e 6.4.1, si adatti un modello di quasi-verosimiglianza avente come esplicative il tipo di farcitura e la presenza o meno di burro, con legame logaritmico e con funzione di varianza quadratica (opzione `variance="mu^2"`). Si confronti la stima degli *standard error* con quella ottenuta adattando un modello di regressione binomiale negativo avente le stesse variabili esplicative. Si confrontino i risultati con quelli degli altri metodi considerati nel paragrafo 6.4.1.

6.3 Con i dati `Ants` e i diversi modelli considerati nel paragrafo 6.4.1 e nell'Esercizio 6.2 si ottengano gli intervalli di previsione per il numero medio di formiche presenti in un panino con pane integrale, con farcitura prosciutto e sottaceti, e con burro. Si commentino i risultati.

6.4 Con i dati `Biochemists` considerati nel paragrafo 5.7.5, si adatti un modello di quasi-verosimiglianza avente come esplicative `fem`, `mar`, `kid5` e `ment`. Si confronti la stima degli *standard error* con quella ottenuta con il modello di regressione binomiale negativo avente le stesse variabili esplicative stimato nel paragrafo 5.7.5.

6.5 I dati nel *data frame* `Bioassay` si riferiscono ad un esperimento biologico (Finney, 1947, Tabella 9). La variabile `y` rappresenta il numero di eventi osservati su un totale di `den` esposti ad una dose `z`. Si adatti un modello binomiale con funzione legame probit. Per controllare la possibile presenza di sovradispersione, si consideri un modello di quasi-verosimiglianza, anche valutando in modo robusto gli *standard error*.

6.6 Si riconsideri l'Esercizio 3.9. Si valuti la possibile presenza di sovradispersione e si confrontino i risultati dell'adattamento dei diversi modelli che permettono di tenerne conto. Si proponga un modello finale e si interpretino i risultati.

Capitolo 7
Modelli per risposte correlate

7.1 Modelli marginali e modelli con effetti individuali

In molte situazioni la risposta è multivariata. Si pensi all'osservazione longitudinale, ossia ripetuta in vari tempi o occasioni, di una caratteristica di un soggetto. Ad esempio, in una sperimentazione clinica, per ciascun paziente, si possono rilevare in vari tempi la pressione arteriosa, la severità di un sintomo, eccetera. Dati longitudinali in ambito economico sono spesso chiamati *dati panel*. In un'indagine sociologica, si ha una risposta multivariata quando gli intervistati sono chiamati ad esprimere il loro livello di accordo con diverse scelte politiche, quali legalizzazione dell'aborto, unioni civili, legalizzazione delle droghe leggere. Quando l'unità statistica è un gruppo (*cluster*), ad esempio una famiglia, si può essere interessati alla descrizione di una variabile risposta, quale il livello di istruzione, per tutti i componenti della famiglia. In questi casi, la risposta per ciascuna unità, o gruppo, è multivariata e andrà analizzata come realizzazione di un vettore casuale con componenti dipendenti. Le osservazioni su unità statistiche diverse saranno ancora considerate indipendenti.

Siano y_{ij} le osservazioni sulla risposta per l'i-esima unità statistica, $i = 1, \ldots, n$, $j = 1, \ldots, m$. Per ogni soggetto sono così disponibili m osservazioni. Più in generale, m può variare da unità a unità, in particolare negli studi longitudinali o con dati a gruppi (*cluster*). Il numero totale di osservazioni è $N = nm$ o $N = \sum_{i=1}^{n} m_i$ se il numero m_i di osservazioni sull'unità i-esima dipende da i.

Il vettore delle osservazioni sulla risposta per l'i-esima unità è indicato con

$$\boldsymbol{y}_i = (y_{i1}, \ldots, y_{im_i})^\top .$$

Il vettore riga p-dimensionale delle variabili esplicative per l'osservazione j-esima sull'unità i-esima è indicato con $\boldsymbol{x}_{ij}$. I valori delle variabili esplicative possono dipendere da j, in particolare negli studi longitudinali.

Sia Y_{ij} la variabile casuale di cui y_{ij} è realizzazione e sia $\mu_{ij} = E(Y_{ij})$. Le variabili casuali Y_{ij} e Y_{ih}, $j \neq h$, che descrivono osservazioni relative all'unità i-esima, sono tipicamente correlate e il modello statistico che sarà specificato deve

A. Salvan, N. Sartori, L. Pace, *Modelli Lineari Generalizzati*, UNITEXT 124,
https://doi.org/10.1007/978-88-470-4002-1_7

tener conto di tale correlazione. Esistono diverse tipologie di modelli per l'analisi di risposte correlate. Si indicano di seguito quelle principali.

- **Modelli marginali.** Descrivono l'effetto delle variabili esplicative sui valori attesi marginali μ_{ij}. La descrizione della correlazione tra le osservazioni relative ad una stessa unità non è di diretto interesse, ma di essa occorre tener conto per una appropriata valutazione degli *standard error* degli stimatori.
- **Modelli con effetti individuali** (*subject specific*). La loro assunzione principale è che vi siano delle caratteristiche non osservabili comuni a tutte le osservazioni relative ad una stessa unità. Esistono due modi per descriverle.
  - **Modelli con effetti fissi.** Viene introdotto un parametro, tipicamente di intercetta, per ciascuna unità i, $i = 1, \ldots, n$. Nel loro complesso, tali parametri sono detti **parametri incidentali**, e non sono di diretto interesse per l'inferenza. La dimensione del vettore dei parametri incidentali dipende da n. Sono pertanto violate le condizioni di regolarità per la consistenza degli stimatori di massima verosimiglianza, anche relativamente ai parametri di interesse. Importanti eccezioni sono rappresentate dai casi in cui esiste una statistica sufficiente per i parametri incidentali per ogni valore fissato del parametro di interesse. Allora possono essere recuperate procedure di inferenza efficaci operando nel modello condizionale a tale statistica sufficiente (si veda ad esempio Pace e Salvan, 1996, paragrafo 4.5). Non saranno trattati in questa sede esempi di modelli con effetti fissi.
  - **Modelli con effetti casuali.** Le caratteristiche non osservabili comuni a tutte le osservazioni relative alla stessa unità sono descritte come realizzazione di una variabile casuale, detta effetto casuale. Gli effetti casuali relativi a unità diverse sono assunti indipendenti. La presenza degli effetti casuali comporta che vi sia correlazione tra osservazioni relative ad una stessa unità. I modelli con effetti casuali si estendono facilmente per trattare dati con **struttura multilivello.** Ad esempio, vengono effettuate misurazioni ripetute (livello 1) su diversi soggetti (livello 2) assegnati a caso a diversi trattamenti (livello 3). Le misurazioni al livello k sono trattate come indipendenti condizionatatamente alle osservazioni al livello $k + 1$, $k = 1, 2$.

7.2 Modelli marginali

7.2.1 *Modelli marginali per risposte normali*

Si indichi con y il vettore N-dimensionale delle risposte per gli n soggetti

$$y = \begin{pmatrix} y_1 \\ \vdots \\ y_n \end{pmatrix} .$$

Un modello lineare normale multivariato per $\boldsymbol{y}_1, \ldots, \boldsymbol{y}_n$ assume che si tratti di realizzazioni di vettori casuali indipendenti $\boldsymbol{Y}_1, \ldots, \boldsymbol{Y}_n$, con $\boldsymbol{Y}_i \sim N_{m_i}(\boldsymbol{\mu}_i, V_i)$, $i = 1, \ldots, n$. Si assume $\boldsymbol{\mu}_i = \boldsymbol{X}_i \beta$, dove $\boldsymbol{X}_i$ è la matrice del modello $m_i \times p$ per l'unità i-esima, avente come riga j-esima $\boldsymbol{x}_{ij}$, $j = 1, \ldots, m_i$, e $\beta = (\beta_1, \ldots, \beta_p)^\top$.

Il vettore casuale

$$\boldsymbol{Y} = \begin{pmatrix} \boldsymbol{Y}_1 \\ \vdots \\ \boldsymbol{Y}_n \end{pmatrix}$$

ha distribuzione normale multivariata con dimensione N, vettore delle medie $\boldsymbol{\mu} = (\boldsymbol{\mu}_1^\top, \ldots, \boldsymbol{\mu}_n^\top)^\top$ e matrice di covarianza

$$\boldsymbol{V} = \begin{pmatrix} V_1 & 0 & \cdots & 0 \\ 0 & V_2 & \cdots & 0 \\ \vdots & \vdots & \vdots & \vdots \\ 0 & 0 & \cdots & V_n \end{pmatrix}.$$

Spesso, se le numerosità m_i sono costanti, si assume che $V_1 = \ldots = V_n$, estendendo il modello lineare classico con risposte omoschedastiche.

Sia

$$\boldsymbol{X} = \begin{pmatrix} \boldsymbol{X}_1 \\ \vdots \\ \boldsymbol{X}_n \end{pmatrix}.$$

Se $\boldsymbol{V}$ è nota, lo stimatore di massima verosimiglianza di β è lo stimatore dei minimi quadrati generalizzati (1.33), soluzione delle equazioni normali (1.31)

$$\boldsymbol{X}^\top \boldsymbol{V}^{-1}(\boldsymbol{Y} - \boldsymbol{X}\beta) = \sum_{i=1}^{n} \boldsymbol{X}_i^\top V_i^{-1}(\boldsymbol{Y}_i - \boldsymbol{X}_i\beta) = 0\,. \tag{7.1}$$

La (7.1) è soddisfatta per $\beta = \hat{\beta}$, stimatore dei minimi quadrati generalizzati, pari a

$$\hat{\beta} = (\boldsymbol{X}^\top \boldsymbol{V}^{-1}\boldsymbol{X})^{-1}\boldsymbol{X}^\top \boldsymbol{V}^{-1}\boldsymbol{Y} = \left(\sum_{i=1}^{n} \boldsymbol{X}_i^\top V_i^{-1}\boldsymbol{X}_i\right)^{-1} \left(\sum_{i=1}^{n} \boldsymbol{X}_i^\top V_i^{-1}\boldsymbol{Y}_i\right). \tag{7.2}$$

Lo stimatore $\hat{\beta}$ ha distribuzione normale con media β e matrice di covarianza

$$Var(\hat{\beta}) = (\boldsymbol{X}^\top \boldsymbol{V}^{-1}\boldsymbol{X})^{-1} = \left(\sum_{i=1}^{n} \boldsymbol{X}_i^\top V_i^{-1}\boldsymbol{X}_i\right)^{-1}. \tag{7.3}$$

Nella maggior parte dei casi V non è nota e va stimata assieme a β. Va tuttavia tenuto presente che in generale V dipende da $\sum_{i=1}^{n} m_i(m_i + 1)/2$ parametri. Ciò rende necessario attribuire a V una qualche struttura, ad esempio, con m_i costanti e pari a m, $V_1 = \ldots = V_n$. Alcune tipiche assunzioni relative alla struttura delle matrici V_i sono le seguenti, dove si assume, per semplicità, sempre $m_i = m$ e $Var(Y_{ij}) = \sigma^2$.

- **Equicorrelazione.** Tutti gli elementi non diagonali sono uguali, ossia, per $\rho \in (-1/(m-1), 1)$,

$$V_i = \sigma^2 \begin{pmatrix} 1 & \rho & \cdots & \rho \\ \rho & 1 & \cdots & \rho \\ \vdots & \vdots & \vdots & \vdots \\ \rho & \rho & \cdots & 1 \end{pmatrix}. \tag{7.4}$$

Questa struttura è appropriata, ad esempio, per osservazioni relative alla stessa unità di primo livello, quali le famiglie appartenenti allo stesso comune. Il parametro ρ è detto **coefficiente di correlazione intra-classe.** Si può mostrare che V_i ha determinante pari a $(\sigma^2)^m(1-\rho)^{m-1}[1+\rho(m-1)]$, che risulta positivo purché $\rho \in (-1/(m-1), 1)$. La matrice di correlazione nella (7.4) è detta con struttura **scambiabile** o **sferica.** La stima $\hat{\beta}$ è identica a quella ottenuta assumendo l'indipendenza delle componenti di $\boldsymbol{Y}_i$ qualora sia soddisfatta la condizione (1.34) del paragrafo 1.6.3 con $X = \boldsymbol{X}$ e $\Omega = \boldsymbol{V}$.

- **Autoregressione.** Con osservazioni longitudinali, è spesso ragionevole ipotizzare che la correlazione tra le osservazioni relative ad una stessa unità diminuisca all'aumentare della distanza temporale tra le osservazioni. La forma più comunemente adottata è quella autoregressiva del primo ordine, $Cor(Y_{ij}, Y_{ik}) = \rho^{|j-k|}$, con $\rho \in (-1, 1)$, ossia

$$V_i = \sigma^2 \begin{pmatrix} 1 & \rho & \rho^2 & \cdots & \rho^{m-1} \\ \rho & 1 & \rho & \cdots & \rho^{m-2} \\ \rho^2 & \rho & 1 & \cdots & \cdots \\ \vdots & \vdots & \vdots & \vdots & \vdots \\ \rho^{m-1} & \cdots & \cdots & \rho & 1 \end{pmatrix}. \tag{7.5}$$

- **Non strutturata.** Se non si assume alcuna struttura per V_i,

$$V_i = \sigma^2 \begin{pmatrix} 1 & \rho_{12} & \cdots & \rho_{1m} \\ \rho_{21} & 1 & \cdots & \rho_{2m} \\ \vdots & \vdots & \vdots & \vdots \\ \rho_{m1} & \rho_{m2} & \cdots & 1 \end{pmatrix}, \tag{7.6}$$

si hanno $m(m-1)/2$ parametri di correlazione. La forma (7.6) è utilizzabile solo se m è molto più piccolo di n. La stima di V_i non strutturata può poi suggerire una struttura semplificata per V_i da adottare nel modello finale.

Esempio 7.1 (Analisi della varianza multivariata) Come estensione dell'analisi della varianza con un fattore di classificazione, si considera, con risposte multivariate, il problema di verificare l'uguaglianza dei vettori dei valori attesi in G gruppi con numerosità n_g, $g = 1, \dots, G$. Si assuma $m_i = m$, $i = 1, \dots, n$, e che le stesse variabili siano osservate per tutte le unità. Si indichi con y_{gij} la risposta relativa alla variabile j per l'i-esima unità del g-esimo gruppo, $j = 1, \dots, m$, $i = 1, \dots, n_g$. Si assuma che il vettore $\boldsymbol{y}_{gi}$ sia realizzazione di $\boldsymbol{Y}_{gi}$, con

$$\boldsymbol{Y}_{gi} \sim N_m(\boldsymbol{\mu}_g, \Sigma) ,$$

ossia che la risposta abbia distribuzione normale con la stessa matrice di covarianza per tutte le unità e con vettore delle medie costante entro i gruppi. Il vettore $\boldsymbol{\mu}_g$ ha elementi μ_{gj}, $j = 1, \dots, m$. Si può rappresentare il modello statistico come un modello lineare multivariato scrivendo

$$\mu_{gj} = \beta_{0j} + \beta_{gj} ,$$

con opportuni vincoli per l'identificabilità, ad esempio $\beta_{1j} = 0$ per ogni j. L'ipotesi nulla di omogeneità

$$H_0 : \boldsymbol{\mu}_1 = \dots = \boldsymbol{\mu}_G ,$$

o problema di analisi della varianza multivariata, è equivalente a

$$H_0 : \beta_{2j} = \dots = \beta_{Gj} = 0 , \qquad j = 1, \dots, m .$$

Il test del rapporto di verosimiglianza, noto come test lambda di Wilks, estende il ben noto test per l'analisi della varianza con un solo fattore di classificazione.

Con due soli gruppi, $G = 2$, e $m = 1$, si ha il problema a due campioni relativo al confronto tra distribuzioni normali univariate con medie possibilmente diverse e uguale varianza. In tal caso, il test del rapporto di verosimiglianza è equivalente al test che rifiuta l'ipotesi nulla per valori elevati della statistica test t a due campioni bilaterale,

$$t^2 = \frac{\dfrac{n_1 n_2}{n_1 + n_2}(\bar{y}_1 - \bar{y}_2)^2}{\dfrac{n_1\hat{\sigma}_1^2 + n_2\hat{\sigma}_2^2}{n_1 + n_2 - 2}} ,$$

dove, omettendo l'indice j che assume un solo valore, $\bar{y}_g = n_g^{-1} \sum_{i=1}^{n_g} y_{gi}$, $n_g\hat{\sigma}_g^2 = \sum_{i=1}^{n_g}(y_{gi} - \bar{y}_g)^2$, $g = 1, 2$. La distribuzione nulla di t^2 è F_{1,n_1+n_2-2}. Si veda ad esempio Pace e Salvan (2001, Esempio 3.18).

L'estensione multivariata del problema a due campioni, $G = 2$, $m > 1$, conduce alla statistica T^2 di Hotelling (Hotelling, 1931)

$$T^2 = \frac{n_1 n_2}{n_1 + n_2}(\bar{\boldsymbol{y}}_1 - \bar{\boldsymbol{y}}_2)^\top S^{-1}(\bar{\boldsymbol{y}}_1 - \bar{\boldsymbol{y}}_2) ,$$

dove $\bar{y}_g = n_g^{-1} \sum_{i=1}^{n_g} y_{gi}$, $g = 1, 2$, e

$$S = \frac{\sum_{i=1}^{n_1}(y_{1i} - \bar{y}_1)(y_{1i} - \bar{y}_1)^\top + \sum_{i=1}^{n_2}(y_{2i} - \bar{y}_2)(y_{2i} - \bar{y}_2)^\top}{n_1 + n_2 - 2}$$

è la stima *pooled* di Σ. Sotto H_0,

$$\frac{n_1 + n_2 - m - 1}{(n_1 + n_2 - 2)m} T^2 \sim F_{m, n_1+n_2-m-1} \,.$$

Per dettagli, si veda ad esempio Johnson e Wichern (2007, paragrafo 6.3).

Come illustrazione, si considerino i dati dell'Esempio 1.10 relativi alla crescita dentale dei bambini, misurata su un campione di $n = 27$ soggetti, 11 femmine e 16 maschi. Per ciascun soggetto, è riportata la misura, alle età di 8, 10, 12 e 14 anni, della distanza (in mm) tra l'ipofisi e la fessura pterigo-mascellare. Viene inoltre riportato il genere. Come prima semplice analisi, si consideri il problema di confrontare le medie della variabile 4-dimensionale descritta dalle misurazioni alle 4 età dei due gruppi, femmine e maschi. Il test T^2 si può ottenere con le istruzioni seguenti.

```
head(Orthodont)
```

```
##   genere dist8a dist10a dist12a dist14a
## 1      F   21.0    20.0    21.5    23.0
## 2      F   21.0    21.5    24.0    25.5
## 3      F   20.5    24.0    24.5    26.0
## 4      F   23.5    24.5    25.0    26.5
## 5      F   21.5    23.0    22.5    23.5
## 6      F   20.0    21.0    21.0    22.5
```

```
OrthoF <- Orthodont[Orthodont$genere == "F",]
OrthoM <- Orthodont[Orthodont$genere == "M",]
OrthoF <- OrthoF[, -c(1)]
OrthoM <- OrthoM[, -c(1)]
library(Hotelling)
ht <- hotelling.test(OrthoF, OrthoM)
ht$stats
```

```
## $statistic
## [1] 16.5
##
## $m
## [1] 0.22
##
## $df
## [1]  4 22
##
## $nx
## [1] 11
##
```

```
## $ny
## [1] 16
##
## $p
## [1] 4

ht$pval

## [1] 0.0203
```

Vi è una moderata evidenza contro l'ipotesi di uguaglianza delle 4 medie nei due gruppi. L'analisi così condotta non tiene conto tuttavia la dipendenza dal tempo. Modelli più appropriati sono considerati nel paragrafo 7.5.2. △

7.2.2 *Modelli marginali per risposte non normali: GEE*

Liang e Zeger (1986) proposero un approccio generale per la specificazione e l'analisi di modelli marginali: la metodologia delle equazioni di stima generalizzate (GEE, *Generalized Estimating Equations*). Partendo dall'osservazione che, per risposte non normali, e in particolare per dati binari e di conteggio, non sono disponibili famiglie di distribuzioni multivariate sufficientemente flessibili e trattabili, gli Autori svilupparono un'estensione dei modelli lineari generalizzati, e in particolare del modello di quasi-verosimiglianza (6.2)–(6.4), per analizzare risposte multivariate correlate.

Le equazioni di stima (6.1) nel modello di quasi-verosimiglianza,

$$l_r = \sum_{i=1}^{n} \frac{(y_i - \mu_i)}{Var(Y_i)} \frac{\partial \mu_i}{\partial \beta_r} = 0\,, \qquad r = 1, \ldots, p\,,$$

forniscono uno stimatore consistente di β purché siano correttamente specificati il predittore lineare e la funzione di legame, indipendentemente dalla corretta specificazione della varianza della risposta. Tali equazioni possono essere scritte in forma matriciale, cfr. (2.31), come

$$D^\top V^{-1}(y - \mu) = 0\,,$$

con $(y - \mu)^\top = (y_1 - \mu_1, \ldots, y_n - \mu_n)$, $V = \text{diag}[Var(Y_i)]$ e D matrice $n \times p$ con generico elemento $d_{ir} = \partial\mu_i/\partial\beta_r$, $i = 1, \ldots, n$, $r = 1, \ldots, p$.

Per riposte multivariate $\boldsymbol{y}_i$, con $m_i = m$ per semplicità, le ipotesi del secondo ordine (6.2)–(6.4) si possono generalizzare nella forma

$$E(\boldsymbol{Y}_i) = \boldsymbol{\mu}_i\,, \qquad \text{con} \qquad g(\mu_{ij}) = \boldsymbol{x}_{ij}\beta\,, \tag{7.7}$$

$$Var(\boldsymbol{Y}_i) = V_i = \phi A_i^{1/2} R(\alpha) A_i^{1/2}\,, \tag{7.8}$$

$$\boldsymbol{Y}_i, \boldsymbol{Y}_h \ \text{ indipendenti se } \ i \neq h\,. \tag{7.9}$$

Nelle (7.7)–(7.9), μ_{ij} è il generico elemento di $\boldsymbol{\mu}_i$ e $g(\cdot)$ è la funzione di legame marginale. Inoltre, le matrici coinvolte nell'espressione della matrice di covarianza V_i sono $A_i = \text{diag}(v(\mu_{ij}))$ e $R(\alpha)$, matrice di correlazione di $\boldsymbol{Y}_i$, dipendente dai parametri di correlazione α. Infine, ϕ è un parametro di dispersione positivo.

Sia D_i la matrice $m \times p$ con generico elemento $\partial\mu_{ij}/\partial\beta_r$, $j = 1,\ldots,m$, $r = 1,\ldots,p$. Le equazioni di stima generalizzate hanno la forma

$$\sum_{i=1}^{n} D_i^\top V_i^{-1}(\boldsymbol{y}_i - \boldsymbol{\mu}_i) = 0 . \tag{7.10}$$

La soluzione viene calcolata tramite un processo iterativo. Le (7.10) vanno risolte rispetto a β, utilizzando le stime correnti di α e ϕ, $\tilde{\alpha}$ e $\tilde{\phi}$, calcolate con il metodo dei momenti. In particolare, la stima di ϕ si basa su una generalizzazione della (2.45), mentre la stima di α dipende dalla struttura di $R(\alpha)$ ed è calcolata, tipicamente con il metodo dei momenti, sulla base delle quantità empiriche

$$\hat{R}_{jh} = \frac{1}{N-p}\sum_{i=1}^{n} r_{ij}^P r_{ih}^P ,$$

funzione dei residui di Pearson $r_{ij}^P = (y_{ij} - \hat{\mu}_{ij})/\{v(\hat{\mu}_{ij})\}^{1/2}$.

Sotto condizioni di regolarità, che includono la consistenza degli stimatori di ϕ e α, Liang e Zeger (1986) mostrano che, per $n \to \infty$,

$$\sqrt{n}(\hat{\beta} - \beta) \xrightarrow{d} N_p(0, \Sigma) ,$$

dove, Σ/n è asintoticamente equivalente alla matrice di covarianza *sandwich*

$$\left(\sum_{i=1}^{n} D_i^\top V_i^{-1} D_i\right)^{-1} \left(\sum_{i=1}^{n} D_i^\top V_i^{-1} Var(\boldsymbol{Y}_i) V_i^{-1} D_i\right)\left(\sum_{i=1}^{n} D_i^\top V_i^{-1} D_i\right)^{-1} . \tag{7.11}$$

Lo stimatore di tale matrice si ottiene sostituendo β con $\hat{\beta}$, α con $\tilde{\alpha}$ e ϕ con $\tilde{\phi}$. Inoltre, $Var(\boldsymbol{Y}_i)$ viene stimata tramite $(\boldsymbol{y}_i - \hat{\boldsymbol{\mu}}_i)(\boldsymbol{y}_i - \hat{\boldsymbol{\mu}}_i)^\top$. Se la matrice di covarianza di $\boldsymbol{Y}_i$ è correttamente specificata nelle (7.7)–(7.9), si ha $Var(\boldsymbol{Y}_i) = V_i$ e la (7.11) si semplifica nella forma $\left(\sum_{i=1}^{n} D_i^\top V_i^{-1} D_i\right)^{-1}$.

Come si è già sottolineato per il modello di quasi-verosimiglianza, la corretta specificazione della varianza della risposta non è necessaria per la non distorsione delle equazioni di stima. Analogamente, per le equazioni di stima generalizzate, la consistenza dello stimatore di β ottenuto dalla (7.10) si mantiene anche se la matrice di correlazione $R(\alpha)$ non è correttamente specificata, ma è semplicemente formulata come ipotesi di lavoro (working correlation matrix). La corretta specificazione di $R(\alpha)$ influisce tuttavia sull'efficienza dello stimatore di β. È opportuno che la specificazione di $R(\alpha)$ tenga conto della natura delle osservazioni (longitudinale, *cluster*, eccetera) e dei risultati di analisi preliminari. Sono preferibili, ove risultino adeguate, specificazioni di $R(\alpha)$ dipendenti da un piccolo numero di parametri, quali le strutture di equicorrelazione o autoregressiva (paragrafo 7.2.1).

Il notevole vantaggio della metodologia delle equazioni di stima generalizzate è rappresentato dalla semplicità computazionale e dalla possibilità di evitare di specificare una distribuzione congiunta per le osservazioni relative alla stessa unità. Inoltre, la stima consistente dei parametri di regressione non richiede la corretta specificazione della matrice di correlazione. Non essendo disponibile una funzione di verosimiglianza dedotta da una densità congiunta, l'inferenza su β è fatta calcolando test e regioni di confidenza di Wald. La funzione `gee` della libreria `gee` di R (Carey, 2019) permette di ottenere l'inferenza basata sulle equazioni di stima generalizzate. Le stime robuste degli *standard error* dei parametri di regressione sono indicate come `Robust S.E.`, mentre le stime basate sul modello sono indicate come `Naive S.E.`. Con `family=gaussian` si possono in particolare adattare modelli marginali normali. Per risposte binarie o politomiche la correlazione non è una misura naturale di associazione. Una specificazione in termini di rapporti di quote è proposta ad esempio in Fitzmaurice *et al.* (1993).

7.3 Modelli con effetti casuali

7.3.1 Modelli con effetti casuali per risposte normali

I modelli con effetti casuali descrivono la struttura multilivello dei dati. Si consideri, ad esempio, un'indagine in cui a ciascuno di n soggetti, estratti casualmente da una popolazione di interesse, viene misurato in m occasioni il livello di ematocrito nel sangue, Y_{ij}, $i = 1, \dots, n$, $j = 1, \dots, m$. Per l'inferenza sul livello medio μ di ematocrito nella popolazione, un modello adeguato può essere

$$Y_{ij} = \mu + a_i + \varepsilon_{ij} \, , \tag{7.12}$$

dove a_i rappresenta l'effetto del soggetto i-esimo e ε_{ij} è un errore casuale. Poiché i soggetti sono estratti casualmente dalla popolazione, gli effetti a_i possono essere considerati realizzazioni di variabili casuali indipendenti e identicamente distribuite con media zero. Nel seguito si assume una distribuzione normale, $a_i \sim N(0, \sigma_a^2)$. Inoltre si assume che gli errori ε_{ij} siano realizzazioni di variabili casuali indipendenti con distribuzione $N(0, \sigma_\varepsilon^2)$, indipendenti dalle a_i. Risulta allora

$$E(Y_{ij}) = \mu \qquad \text{e} \qquad Var(Y_{ij}) = \sigma_a^2 + \sigma_\varepsilon^2 .$$

Le osservazioni relative a soggetti diversi sono indipendenti, mentre la covarianza tra misurazioni diverse ($j \neq h$) sullo stesso soggetto è

$$Cov(Y_{ij}, Y_{ih}) = E((a_i + \varepsilon_{ij})(a_i + \varepsilon_{ih})) = \sigma_a^2$$

e quindi

$$Cor(Y_{ij}, Y_{ih}) = \frac{\sigma_a^2}{\sigma_a^2 + \sigma_\varepsilon^2} = \rho,$$

indipendente da j e h. Si ha dunque

$$Var(\boldsymbol{Y}_i) = V_i = (\sigma_a^2 + \sigma_\varepsilon^2) \begin{pmatrix} 1 & \rho & \cdots & \rho \\ \rho & 1 & \cdots & \rho \\ \vdots & \vdots & \vdots & \vdots \\ \rho & \rho & \cdots & 1 \end{pmatrix}.$$

La matrice V_i ha la struttura di equicorrelazione (7.4), con $\rho > 0$. Il parametro ρ è il coefficiente di correlazione intra-classe e rappresenta la quota di varianza totale dovuta alla variabilità delle misure sulla stessa unità (*within subject*).

Nel modello (7.12), μ è detto **effetto fisso** e a_i è detto **effetto casuale**. Si tratta dunque di un **modello misto** in cui compaiono sia effetti fissi sia effetti casuali.

Come secondo esempio di modello misto, si consideri un insieme di dati longitudinali, in cui Y_{ij} è la risposta per l'unità i-esima al tempo j, $i = 1, \ldots, n$, $j = 1, \ldots, m$. Un modello lineare della forma

$$Y_{ij} = \beta_1 + a_i + (\beta_2 + b_i)j + \varepsilon_{ij} \tag{7.13}$$

assume una relazione lineare tra tempo e risposta con coefficienti $\beta_1 + a_i$ e $\beta_2 + b_i$ variabili da unità a unità. I parametri β_1 e β_2 sono effetti fissi, mentre a_i e b_i sono effetti casuali. Gli effetti fissi rappresentano intercetta e coefficiente angolare a livello di popolazione, mentre a_i e b_i rappresentano la deviazione rispetto ai valori di popolazione per l'i-esima unità. Il termine ε_{ij} è un errore casuale. Considerando per semplicità le quantità a_i, b_i e ε_{ij} realizzazioni di variabili casuali indipendenti con distribuzione $N(0, \sigma_a^2)$, $N(0, \sigma_b^2)$ e $N(0, \sigma_\varepsilon^2)$, rispettivamente, si ha

$$\begin{aligned} E(Y_{ij}) &= \beta_1 + \beta_2 j \\ Var(Y_{ij}) &= \sigma_a^2 + \sigma_b^2 j^2 + \sigma_\varepsilon^2 \\ Cov(Y_{ij}, Y_{ih}) &= \sigma_a^2 + \sigma_b^2 j\, h \end{aligned}$$

e quindi $Cor(Y_{ij}, Y_{ih})$ ha elementi dipendenti da j e da h.

In generale, un **modello lineare normale con effetti misti** può essere scritto nella forma

$$Y_{ij} = \boldsymbol{x}_{ij}\beta + \boldsymbol{z}_{ij}\boldsymbol{u}_i + \varepsilon_{ij}, \tag{7.14}$$

con β vettore p-dimensionale di effetti fissi, $\boldsymbol{u}_i \sim N_q(0, \Sigma_u)$ vettore q-dimensionale di effetti casuali, mentre marginalmente $\varepsilon_{ij} \sim N(0, \sigma_\varepsilon^2)$, indipendente da $\boldsymbol{u}_i$. Si osservi che il modello (7.13) può essere scritto nella forma (7.14), ponendo

$\boldsymbol{x}_{ij} = \boldsymbol{z}_{ij} = (1, j)$, $\beta = (\beta_1, \beta_2)^\top$, $\boldsymbol{u}_i = (a_i, b_i)^\top$. In genere le componenti di $\boldsymbol{z}_{ij}$ sono un sottoinsieme di quelle di $\boldsymbol{x}_{ij}$.

Il modello (7.14) prevede dunque $E(Y_{ij}) = \mu_{ij} = \boldsymbol{x}_{ij}\beta$. Il termine $\boldsymbol{z}_{ij}\boldsymbol{u}_i$ descrive la variabilità tra unità (o *cluster*), mentre ε_{ij} descrive la variabilità interna alle unità.

Le componenti del vettore degli effetti fissi β possono essere associate a variabili esplicative che dipendono unicamente dall'unità i-esima, come pure a variabili esplicative che dipendono anche da j. Le componenti di β del primo tipo sono dette **effetti fissi fra unità** (*between-subject*) e quelle del secondo tipo sono dette **effetti fissi entro le unità** (*within-subject*).

La specificazione più semplice della distribuzione delle quantità $\boldsymbol{u}_i$ e ε_{ij} assume l'indipendenza tra errori casuali ed effetti casuali, nonché l'indipendenza tra effetti casuali relativi a diverse unità e tra errori casuali sia relativi a diverse unità sia relativi alla medesima unità. Quest'ultima assunzione è piuttosto discutibile, in particolare con dati longitudinali, e modelli più realistici assumono una struttura di correlazione tra ε_{ij} e ε_{ih}. Trascurare tale correlazione comporta in genere una valutazione errata degli *standard error* relativi a effetti fissi entro le unità, quale ad esempio β_2 nella (7.13).

In termini matriciali, il modello (7.14) può essere scritto compattamente come

$$\boldsymbol{Y}_i = \boldsymbol{X}_i\beta + \boldsymbol{Z}_i\boldsymbol{u}_i + \boldsymbol{\varepsilon}_i\,, \tag{7.15}$$

dove $\boldsymbol{X}_i$ è definita come nel paragrafo 7.2.1, $\boldsymbol{Z}_i$ è la matrice del modello $m \times q$ degli effetti casuali avente come riga j-esima $\boldsymbol{z}_{ij}$ e $\boldsymbol{\varepsilon}_i \sim N_m(0, \sigma_\varepsilon^2 I_m)$. Condizionatamente agli effetti casuali,

$$E(\boldsymbol{Y}_i|\boldsymbol{u}_i) = \boldsymbol{X}_i\beta + \boldsymbol{Z}_i\boldsymbol{u}_i\,,$$

che ha la forma di un modello lineare con $\boldsymbol{Z}_i\boldsymbol{u}_i$ come *offset*. Quindi gli effetti fissi sono interpretabili a livello di unità solo a parità di effetto casuale.

Inoltre, marginalmente, $\boldsymbol{Y}_i$ ha distribuzione normale con $E(\boldsymbol{Y}_i) = \boldsymbol{X}_i\beta$ e

$$Var(\boldsymbol{Y}_i) = \boldsymbol{Z}_i\Sigma_u\boldsymbol{Z}_i^\top + \sigma_\varepsilon^2 I_m\,. \tag{7.16}$$

L'addendo $\boldsymbol{Z}_i\Sigma_u\boldsymbol{Z}_i^\top$ è la componente dovuta alla variabilità tra unità, mentre $\sigma_\varepsilon^2 I_m$ esprime la variabilità entro le unità.

Il modello (7.15) può essere esteso per permettere la correlazione tra errori relativi alla medesima unità, assumendo $\boldsymbol{\varepsilon}_i \sim N_m(0, \boldsymbol{R})$ anziché $\boldsymbol{\varepsilon}_i \sim N_m(0, \sigma_\varepsilon^2 I_m)$. Si ha allora $Var(\boldsymbol{Y}_i) = \boldsymbol{Z}_i\Sigma_u\boldsymbol{Z}_i^\top + \boldsymbol{R}$. Con dati longitudinali, si può ad esempio assumere una struttura autoregressiva con $Cor(\varepsilon_{ij}, \varepsilon_{ih}) = \rho^{|j-h|}$, o più in generale, una struttura di Toeplitz con $Cor(\varepsilon_{ij}, \varepsilon_{ih}) = \rho_{|j-h|}$, dipendente da $m-1$ parametri.

L'inferenza sui parametri β e sulle componenti ignote di Σ_u e $\boldsymbol{R}$ si basa sulla verosimiglianza del modello marginale per $\boldsymbol{y} = \left(\boldsymbol{y}_1^\top, \ldots, \boldsymbol{y}_n^\top\right)^\top$. Posto $V_i = Var(\boldsymbol{Y}_i) = \boldsymbol{Z}_i\Sigma_u\boldsymbol{Z}_i^\top + \boldsymbol{R}$, lo stimatore di massima verosimiglianza di β con $V_1, \ldots, V_n$ note ha la forma (7.2) e ha distribuzione normale con media β e matrice di covarianza (7.3).

Lo stimatore di massima verosimiglianza dei parametri che definiscono le matrici $V_1, \ldots, V_n$ presenta in genere distorsione elevata. Nel modello lineare normale classico, allo stimatore di massima verosimiglianza della varianza dell'errore, si preferisce lo stimatore corretto per i gradi di libertà. In modo analogo, nel presente contesto si adotta una stima basata su una **verosimiglianza marginale**. Si tratta della verosimiglianza ottenuta a partire dal modello statistico per una trasformazione $\boldsymbol{A}\boldsymbol{Y}$ di $\boldsymbol{Y}$ con densità non dipendente da β. La trasformazione $\boldsymbol{A}\boldsymbol{Y}$ fornisce i residui linearmente indipendenti della regressione lineare di $\boldsymbol{Y}$ su $\boldsymbol{X}$. Per questo motivo, il metodo è detto della **massima verosimiglianza residua** o **ristretta**, (REML, *restricted maximum likelihood estimation*). Per approfondimenti, si veda Davison (2003, paragrafo 12.2).

Per l'adattamento di modelli lineari normali con effetti misti si può utilizzare la funzione `lme` della libreria `nlme` di R (Pinheiro *et al.*, 2020).

7.3.2 Modelli con effetti casuali per risposte non normali

Una generalizzazione del modello lineare normale con effetti misti, che permette di trattare anche, ad esempio, risposte y_{ij} dicotomiche o di conteggio, assume che, condizionatamente a $\boldsymbol{u}_i$, le osservazioni sulla risposta Y_{ij} siano indipendenti e distribuite secondo un modello lineare generalizzato con

$$g\left(E(Y_{ij}|\boldsymbol{u}_i)\right) = \boldsymbol{x}_{ij}\beta + \boldsymbol{z}_{ij}\boldsymbol{u}_i \,. \tag{7.17}$$

Tale modello è detto **modello lineare generalizzato con effetti misti** (GLMM, *generalized linear mixed effects model*). La specificazione del modello richiede che venga assegnata una distribuzione per gli effetti casuali $\boldsymbol{u}_i$. In genere si assume che si tratti di realizzazioni indipendenti di una $N_q(0, \Sigma_u)$.

Spesso l'effetto casuale è unidimensionale, con distribuzione $N(0, \sigma_u^2)$, e introduce nel modello un'**intercetta casuale**. Ad esempio, per n studenti di un dato corso di laurea, si rilevano il voto di maturità x_i e il superamento o meno entro il primo anno di ciascuno degli m esami obbligatori previsti. Sia $y_{ij} = 1$ se lo studente i-esimo supera il j-esimo esame e zero altrimenti, $i = 1, \ldots, n$, $j = 1, \ldots, m$. Un possibile modello lineare generalizzato con effetti misti assume la (7.17) della forma

$$g(E(Y_{ij}|u_i)) = \beta_{1j} + u_i + \beta_2 x_i \,,$$

dove $\beta_{1j} + u_i$ è un'intercetta casuale. L'effetto casuale non osservabile u_i sintetizza le caratteristiche del soggetto quali abilità, motivazione personale, incoraggiamento familiare. Il parametro β_{1j} esprime la difficoltà media dell'esame j-esimo, $j = 1, \ldots, m$.

In un modello lineare generalizzato misto, si ha

$$E(Y_{ij}|\boldsymbol{u}_i) = g^{-1}(\boldsymbol{x}_{ij}\beta + \boldsymbol{z}_{ij}\boldsymbol{u}_i)$$

e dunque, marginalmente,

$$\mu_{ij} = E(Y_{ij}) = E(E(Y_{ij}|\boldsymbol{u}_j)) = \int g^{-1}(\boldsymbol{x}_{ij}\beta + \boldsymbol{z}_{ij}\boldsymbol{u}_i)p(\boldsymbol{u}_i;\Sigma_u)d\boldsymbol{u}_i\,,$$

con $p(\boldsymbol{u}_i;\Sigma_u)$ densità di una $N_q(0,\Sigma_u)$.

Solo se $g(\cdot)$ è la funzione di legame identità si ha $\mu_{ij} = \boldsymbol{x}_{ij}\beta$ e dunque il modello marginale corrispondente al modello lineare generalizzato misto ha la medesima funzione di legame e gli stessi effetti fissi. Solo in questo caso i coefficienti di regressione β hanno la medesima interpretazione sia che si adotti il modello marginale sia che si adotti il modello con effetti individuali.

L'inferenza su (β,Σ_u) si basa sulla funzione di verosimiglianza marginale costruita dalla densità marginale di $\boldsymbol{Y}$

$$L(\beta,\Sigma_u) = p(\boldsymbol{y};\beta,\Sigma_u) = \int p(\boldsymbol{y}|\boldsymbol{u};\beta)p(\boldsymbol{u};\Sigma_u)d\boldsymbol{u}\,.$$

L'integrale va calcolato con opportune approssimazioni, quali l'integrazione numerica, i metodi Monte Carlo o le approssimazioni di Laplace. Per approfondimenti, si veda ad esempio Agresti (2015, paragrafi 9.5.2 e 9.5.3).

Esempio 7.2 (Modelli per dati binari appaiati) Siano (y_{i1}, y_{i2}) coppie di osservazioni binarie per l'i-esimo soggetto. Ad esempio, in una sperimentazione clinica *cross-over* per il confronto di due terapie somministrate in tempi successivi a ciascuno di n soggetti, $y_{ij} = 1$ se il paziente i-esimo risponde positivamente alla terapia j-esima, $i = 1,\dots,n$, $j = 1,2$, e zero altrimenti. Un modello di regressione logistica con intercetta casuale assume

$$\text{logit}\big(Pr(Y_{ij} = 1|u_i)\big) = \beta_1 + \beta_2 x_j + u_i\,, \tag{7.18}$$

con $x_1 = 0$, $x_2 = 1$ e $u_1,\dots,u_n$ indipendenti e con distribuzione $N(0,\sigma_u^2)$. Il parametro β_2 rappresenta il log-rapporto delle quote per il soggetto i-esimo (*subject-specific*). Marginalmente,

$$Pr\big(Y_{ij} = 1\big) = \int \frac{e^{\beta_1+\beta_2 x_j+u_i}}{1+e^{\beta_1+\beta_2 x_j+u_i}}\,p(u_i;\sigma_u^2)du_i\,.$$

Dunque il modello marginale (*population averaged*) non ha più la forma di un modello di regressione logistica. Differisce quindi dal modello logit marginale

$$\text{logit}\big(Pr(Y_{ij} = 1)\big) = \beta_1 + \beta_2 x_j\,. \tag{7.19}$$

Nella (7.19), β_2 è il log-rapporto delle quote a livello di popolazione. Il parametro β_2 ha quindi interpretazioni diverse, e stime diverse, nel modello con effetti casuali e nel modello marginale.

Se invece si adotta la funzione di legame identità e il modello con intercetta casuale

$$Pr\left(Y_{ij} = 1|u_i\right) = \beta_1 + \beta_2 x_j + u_i \,,$$

allora, per $i = 1, \ldots, n$, si ha

$$\begin{aligned}\beta_2 &= Pr\,(Y_{i2} = 1|u_i) - Pr\,(Y_{i1} = 1|u_i) \\ &= E\,\{Pr\,(Y_{i2} = 1|u_i) - Pr\,(Y_{i1} = 1|u_i)\}\,.\end{aligned}$$

Dunque β_2 rappresenta, sia condizionatamente a u_i sia marginalmente, la differenza tra le probabilità di successo delle due terapie. La funzione di legame identità è tuttavia in genere poco appropriata con dati binari. △

Il modello con intercetta casuale (7.18) dell'esempio precedente è un caso particolare del **modello logistico-normale** con effetti misti per dati binari. Il modello ha la struttura generale

$$\text{logit}\left(Pr(Y_{ij} = 1|\boldsymbol{u}_i)\right) = \boldsymbol{x}_{ij}\beta + \boldsymbol{z}_{ij}\boldsymbol{u}_i \,,$$

con Y_{ij} e Y_{ih} indipendenti condizionatamente a $\boldsymbol{u}_i$ e $\boldsymbol{u}_i \sim N_q(0, \Sigma_u)$ indipendenti per $i = 1, \ldots, n$.

Per un modello logistico-normale con intercetta casuale

$$\text{logit}\left(Pr(Y_{ij} = 1|u_i)\right) = \boldsymbol{x}_{ij}\beta + u_i \,,$$

si può mostrare che, marginalmente, $Cov(Y_{ij}, Y_{ih}) \geq 0$ e che la correlazione aumenta con σ_u^2. Inoltre, gli effetti β sono tendenzialmente maggiori in valore assoluto degli effetti nel corrispondente modello marginale. Questi ultimi sono infatti circa uguali a $\beta/\sqrt{1 + 0.35\sigma_u^2}$ (Agresti, 2015, paragrafo 9.4.1).

Con dati di conteggio, un **modello log-lineare Poisson-normale** con effetti misti assume che, condizionatamente agli effetti casuali $\boldsymbol{u}_i$, le variabili Y_{ij} siano indipendenti con distribuzione di Poisson con media

$$E(Y_{ij}|\boldsymbol{u}_i) = \exp\left(\boldsymbol{x}_{ij}\beta + \boldsymbol{z}_{ij}\boldsymbol{u}_i\right)$$

e che $\boldsymbol{u}_i \sim N_q(0, \Sigma_u)$. Nel modello con intercetta casuale si ha

$$E(Y_{ij}|u_i) = e^{u_i} e^{\boldsymbol{x}_{ij}\beta} \,.$$

Se si assumesse $\exp(u_i) \sim Ga(\kappa, \kappa)$ si otterrebbe un modello marginale binomiale negativo (cfr. paragrafo 5.5).

Il modello log-lineare Poisson-normale con effetti misti presenta il vantaggio di poter trattare effetti casuali multidimensionali e dati con struttura multilivello. Il modello marginale corrispondente al modello con intercetta casuale ha valore atteso

$$E(Y_{ij}) = E(e^{u_i})e^{\boldsymbol{x}_{ij}\beta} = e^{\sigma_u^2/2} e^{\boldsymbol{x}_{ij}\beta} \,.$$

Infatti, se $Y \sim N(\mu, \sigma^2)$, $E(\exp(tY)) = \exp(t\mu + t^2\sigma^2/2)$ è la funzione generatrice dei momenti di Y. Dunque, la trasformazione logaritmica della media è pari a $u_i + \boldsymbol{x}_{ij}\beta$ condizionatamente a $\boldsymbol{u}_i$ e a $\sigma_u^2/2 + \boldsymbol{x}_{ij}\beta$ marginalmente. Pertanto, gli effetti β delle variabili esplicative (tranne l'intercetta) sono gli stessi sia condizionatamente sia marginalmente. Si ottiene inoltre (Esercizio 7.3)

$$Var(Y_{ij}) = E(Y_{ij})\left\{1 + E(Y_{ij})(e^{\sigma_u^2} - 1)\right\}. \tag{7.20}$$

Si ha quindi il modello di Poisson se $\sigma_u^2 = 0$ e un modello con sovradispersione rispetto al modello di Poisson se $\sigma_u^2 > 0$. Si può verificare che, marginalmente, le osservazioni relative alla medesima unità hanno correlazione positiva.

La funzione `glmer` della libreria `lme4` di R (Bates *et al.*, 2015) permette la stima di un'ampia gamma di modelli con effetti misti.

7.3.3 Previsione degli effetti casuali

Una volta disponibili le stime di β e Σ_u, è possibile ottenere una **previsione degli effetti casuali** $\boldsymbol{u}_i$. Si parla di previsione anziché di stima poiché gli effetti casuali sono variabili casuali e non parametri. Nei modelli multilivello, utilizzati ad esempio per descrivere i risultati a un test di abilità somministrato a studenti appartenenti a diverse classi di diverse scuole, la previsione degli effetti casuali delle scuole può essere utilizzata per individuare scuole che si distinguano per valori eccezionalmente alti, o bassi, dei risultati degli studenti al test, dopo aver tenuto conto degli effetti fissi.

In un modello lineare normale con effetti misti (7.15), è possibile ottenere il miglior predittore lineare non distorto (BLUP, *Best Linear Unbiased Predictor*) $\tilde{\boldsymbol{u}}_i$ di $\boldsymbol{u}_i$. Si tratta di una funzione lineare di $\boldsymbol{Y}_i$ con media zero e tale che, per qualunque combinazione lineare $\boldsymbol{a}^\top \boldsymbol{u}_i$, l'errore quadratico $E(\boldsymbol{a}^\top \boldsymbol{u}_i - \boldsymbol{a}^\top \tilde{\boldsymbol{u}}_i)^2$ è minimo nella classe dei predittori lineari non distorti.

Si può mostrare che $\tilde{\boldsymbol{u}}_i$ coincide con la stima di $E(\boldsymbol{u}_i|\boldsymbol{Y}_i = \boldsymbol{y}_i)$. Tale valore atteso è facilmente calcolabile a partire dalla distribuzione congiunta

$$\begin{pmatrix} \boldsymbol{Y}_i \\ \boldsymbol{u}_i \end{pmatrix} \sim N_{m_i+q}\left(\begin{pmatrix} \boldsymbol{X}_i\beta \\ 0 \end{pmatrix}, \begin{pmatrix} V_i & \boldsymbol{Z}_i\Sigma_u \\ \Sigma_u \boldsymbol{Z}_i^\top & \Sigma_u \end{pmatrix}\right),$$

dove $V_i = \boldsymbol{Z}_i \Sigma_u \boldsymbol{Z}_i^\top + \boldsymbol{R}$ e

$$Cov(\boldsymbol{Y}_i, \boldsymbol{u}_i) = E[(\boldsymbol{X}_i\beta + \boldsymbol{Z}_i\boldsymbol{u}_i + \boldsymbol{\varepsilon}_i)\boldsymbol{u}_i^\top] = \boldsymbol{Z}_i\Sigma_u.$$

Per i risultati relativi alle distribuzioni condizionate in normali multivariate (cfr. ad es. formula (A.14) in Pace e Salvan, 2001), risulta

$$E(\boldsymbol{u}_i|\boldsymbol{Y}_i = \boldsymbol{y}_i) = 0 + \Sigma_u \boldsymbol{Z}_i^\top V_i^{-1}(\boldsymbol{y}_i - \boldsymbol{X}_i\beta)$$

e dunque, se le matrici di covarianza coinvolte sono note,

$$\tilde{\boldsymbol{u}}_i = \Sigma_u \boldsymbol{Z}_i^\top V_i^{-1}(\boldsymbol{y}_i - \boldsymbol{X}_i\hat{\beta}) .$$

Se V_i e Σ_u non sono note, andranno sostituite con le loro stime. Si può inoltre mostrare (Henderson, 1975) che

$$Var(\tilde{\boldsymbol{u}}_i - \boldsymbol{u}_i) = \left\{\Sigma_u^{-1} + \boldsymbol{Z}_i^\top \boldsymbol{R}^{-1}\left[I_n - \boldsymbol{X}_i\left(\boldsymbol{X}_i^\top \boldsymbol{R}^{-1}\boldsymbol{X}_i\right)^{-1}\boldsymbol{X}_i^\top \boldsymbol{R}^{-1}\right]\boldsymbol{Z}_i\right\}^{-1} .$$

Anche nei modelli lineari generalizzati misti, si possono ottenere previsioni degli effetti casuali basate su stime di $E(\boldsymbol{u}_i|\boldsymbol{Y}_i = \boldsymbol{y}_i)$, ottenute numericamente a partire dalla distribuzione congiunta di $(\boldsymbol{Y}_i, \boldsymbol{u}_i)$.

La funzione `ranef` delle librerie `nlme` e `lme4` di R fornisce le previsioni degli effetti casuali. In `lme4`, le previsioni si basano sulle mode di $\boldsymbol{u}_i|\boldsymbol{Y}_i = \boldsymbol{y}_i$. Le funzioni `fitted`, come pure `predict`, forniscono i valori predetti della risposta $g^{-1}(\boldsymbol{x}_{ij}\hat{\beta} + \boldsymbol{z}_{ij}\tilde{\boldsymbol{u}}_i)$.

7.4 Osservazioni conclusive

L'analisi di regressione di risposte correlate può basarsi su diverse tipologie di modelli. In questo capitolo sono stati introdotti gli elementi di base relativamente ai modelli marginali e con effetti casuali. In sintesi, gli elementi salienti di differenziazione tra le le due classi di modelli sono i seguenti.

I modelli marginali descrivono in modo naturale effetti medi di popolazione, mentre i modelli con effetti casuali sono particolarmente adatti a descrivere gli effetti entro le unità, o *cluster*. Ad esempio, in uno studio longitudinale, si può essere interessati a valutare l'effetto di diversi trattamenti somministrati a differenti gruppi di unità osservate in più occasioni. In alternativa, oggetto di interesse primario possono essere gli effetti entro le unità. Ad esempio, in uno studio longitudinale, si può essere interessati a valutare l'effetto dell'assunzione giornaliera di calorie sul peso dei soggetti.

Il modello marginale che corrisponde a un dato modello con effetti casuali dipende dalla distribuzione degli effetti casuali. Va quindi valutata la stabilità delle conclusioni rispetto a possibili diverse specificazioni di tale distribuzione. Il modello marginale risultante non è in genere riconducibile a un modello con una legge esplicita. Tuttavia, mentre un modello con effetti casuali induce sempre un modello marginale, ottenuto mediante integrazione della densità congiunta rispetto agli effetti casuali, risulta meno evidente quale sia un modello con effetti misti corrispondente a un dato modello marginale.

I modelli con effetti casuali introducono una modellazione per la sovradispersione binomiale e Poisson alternativa ai modelli mistura parametrici (quali la beta-binomiale o la binomiale negativa) o alla quasi-verosimiglianza. Descrivono inoltre in modo diretto la sovradispersione causata da dipendenza entro le unità.

Nei modelli marginali, l'inferenza basata sulle equazioni di stima generalizzate fa tipicamente ricorso a test e intervalli di confidenza di Wald, con una stima robusta (*sandwich*) degli *standard error*. L'inferenza risulta robusta rispetto ad una possibile errata specificazione della struttura di correlazione. Tuttavia, una scelta inappropriata della matrice di correlazione comporta una perdita di efficienza degli stimatori. Inoltre, la stima *sandwich* può richiedere un numero elevato di osservazioni per fornire approssimazioni accurate degli *standard error*. Per i modelli con effetti casuali, l'inferenza può invece basarsi direttamente sulla funzione di verosimiglianza.

7.5 Laboratori R: modelli marginali e con effetti casuali

7.5.1 *Riabilitazione post infarto: analisi dei dati* `Stroke`

I dati contenuti nel *data frame* `Stroke` (Dobson e Barnett, 2008, paragrafo 11.2) e riportati nella Tabella 7.1 sono stati ottenuti nell'ambito di una sperimentazione

Tabella 7.1 Riabilitazione post infarto

Subject	Group	week1	week2	week3	week4	week5	week6	week7	week8
1	A	45	45	45	45	80	80	80	90
2	A	20	25	25	25	30	35	30	50
3	A	50	50	55	70	70	75	90	90
4	A	25	25	35	40	60	60	70	80
5	A	100	100	100	100	100	100	100	100
6	A	20	20	30	50	50	60	85	95
7	A	30	35	35	40	50	60	75	85
8	A	30	35	45	50	55	65	65	70
9	B	40	55	60	70	80	85	90	90
10	B	65	65	70	70	80	80	80	80
11	B	30	30	40	45	65	85	85	85
12	B	25	35	35	35	40	45	45	45
13	B	45	45	80	80	80	80	80	80
14	B	15	15	10	10	10	20	20	20
15	B	35	35	35	45	45	45	50	50
16	B	40	40	40	55	55	55	60	65
17	C	20	20	30	30	30	30	30	30
18	C	35	35	35	40	40	40	40	40
19	C	35	35	35	40	40	40	45	45
20	C	45	65	65	65	80	85	95	100
21	C	45	65	70	90	90	95	95	100
22	C	25	30	30	35	40	40	40	40
23	C	25	25	30	30	30	30	35	40
24	C	15	35	35	35	40	50	65	65

clinica volta a confrontare diverse terapie di riabilitazione post infarto. I 24 pazienti del campione appartenevano a tre gruppi sperimentali: A, sottoposti a terapia innovativa; B, sottoposti a terapia tradizionale nello stesso ospedale dei pazienti trattati con A; C, sottoposti a terapia tradizionale in un diverso ospedale. Ogni gruppo era formato da 8 pazienti. La variabile risposta è un indice di abilità funzionale, l'indice di Bartel, con valori tra 0 e 100. Ogni paziente è stato valutato settimanalmente per 8 settimane. Lo studio aveva l'obiettivo di verificare se il trattamento A fosse superiore agli altri due.

Come analisi esplorativa, si considerano le traiettorie individuali e quelle medie per ciascun gruppo di trattamento. Sembra, in effetti, che il gruppo A abbia avuto i risultati migliori.

```
week <- 1:8
plot(week, rep(100, 8), type = "n", ylab = "ability score",
     ylim = c(5, 120))
title("Traiettorie individuali")
for (i in 1:8) lines(week, Stroke[i, 3:10], lty = 1)
for (i in 9:16) lines(week, Stroke[i, 3:10], lty = 2, col = 2)
for (i in 17:24) lines(week, Stroke[i, 3:10], lty = 6, col = 4)
legend("topleft", c("A", "B", "C" ), col = c(1, 2, 4),
       lty = c(1, 2, 6), bty = "n")
```

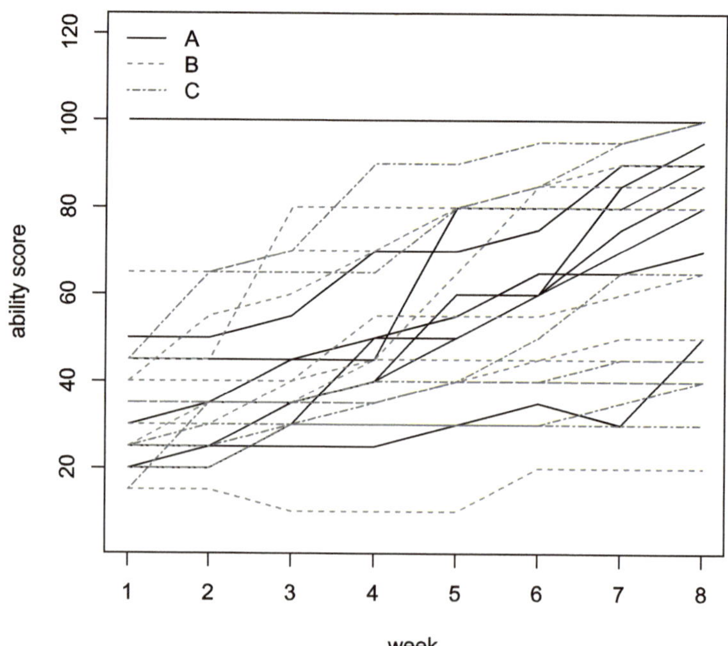

```
week <- 1:8
plot(week, rep(100, 8), type = "n", ylab = "ability score",
     ylim=c(5, 120))
title("Traiettorie medie dei gruppi")
meanA <- apply(Stroke[Stroke$Group == "A", 3:10], 2, mean)
meanB <- apply(Stroke[Stroke$Group == "B", 3:10], 2, mean)
meanC <- apply(Stroke[Stroke$Group == "C", 3:10], 2, mean)
lines(week, meanA, lty = 1)
lines(week, meanB, lty = 2, col = 2)
lines(week, meanC, lty = 6, col = 4)
legend("topleft", c("A", "B", "C" ), col = c(1, 2, 4),
       lty = c(1, 2, 6), bty = "n")
```

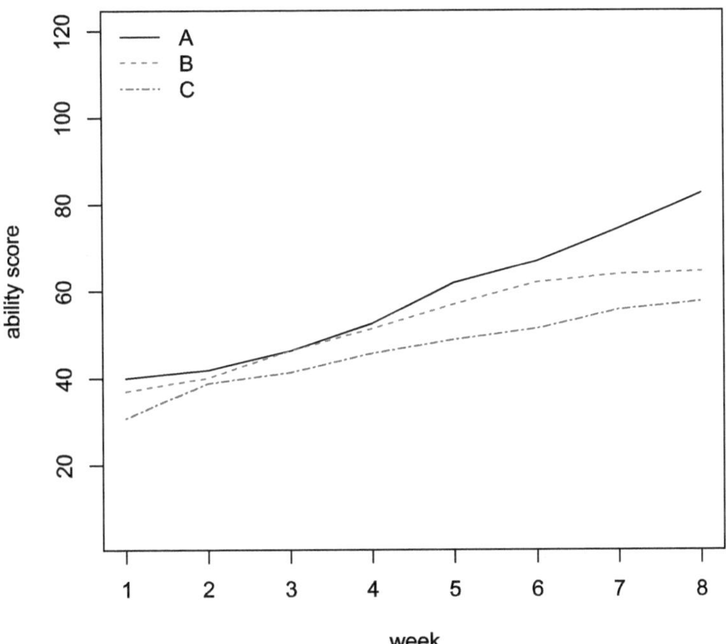

La matrice dei diagrammi di dispersione della risposta in tempi diversi per tutti i 24 pazienti e la corrispondente matrice di correlazione mostrano correlazione positiva e tanto maggiore quanto più prossime sono le misurazioni.

```
pairs(Stroke[, 3:10])
```

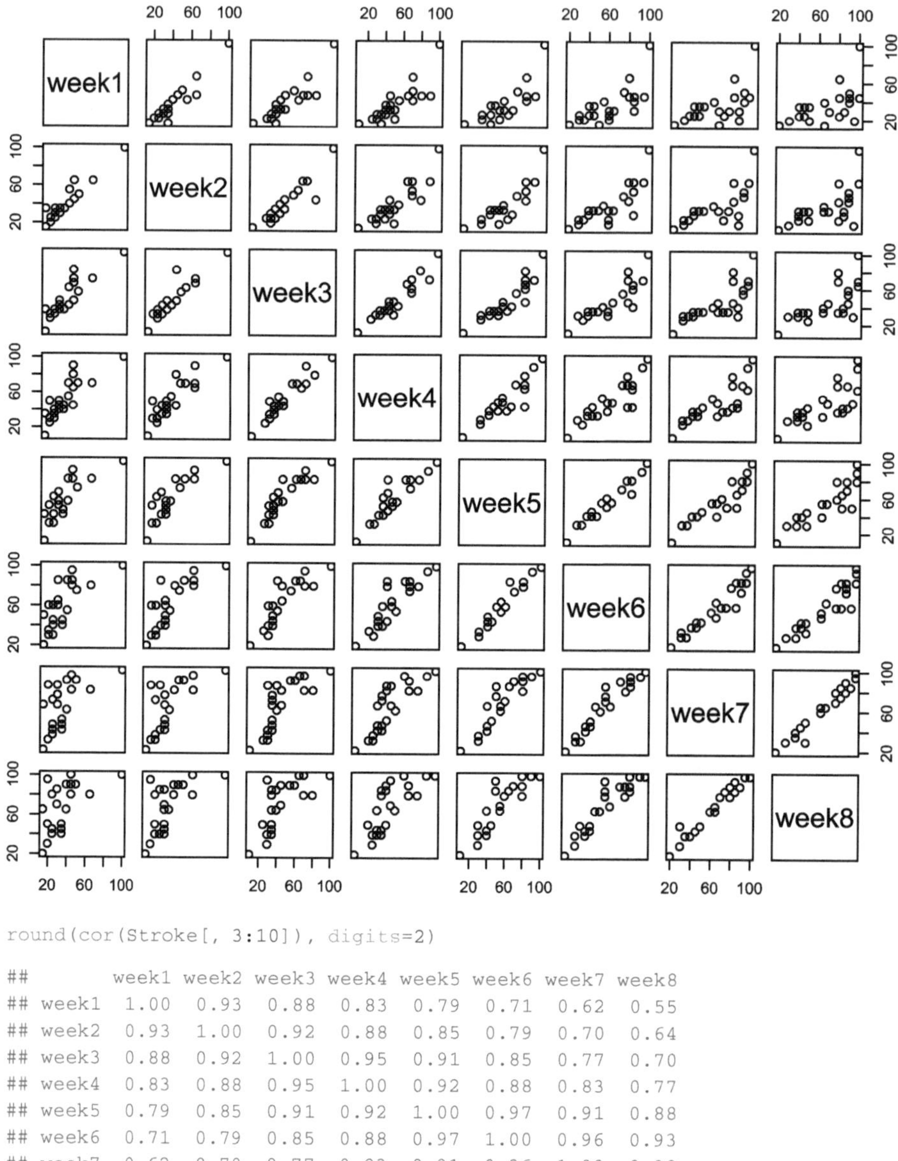


```
round(cor(Stroke[, 3:10]), digits=2)

##       week1 week2 week3 week4 week5 week6 week7 week8
## week1  1.00  0.93  0.88  0.83  0.79  0.71  0.62  0.55
## week2  0.93  1.00  0.92  0.88  0.85  0.79  0.70  0.64
## week3  0.88  0.92  1.00  0.95  0.91  0.85  0.77  0.70
## week4  0.83  0.88  0.95  1.00  0.92  0.88  0.83  0.77
## week5  0.79  0.85  0.91  0.92  1.00  0.97  0.91  0.88
## week6  0.71  0.79  0.85  0.88  0.97  1.00  0.96  0.93
## week7  0.62  0.70  0.77  0.83  0.91  0.96  1.00  0.98
## week8  0.55  0.64  0.70  0.77  0.88  0.93  0.98  1.00
```

Per l'analisi con R, e in particolare con la funzione `gee`, conviene riorganizzare i dati in un *data frame* in cui le osservazioni relative allo stesso paziente, `caso`, sono riportate una sotto l'altra in ordine temporale (formato 'lungo' del *data frame*).

```
caso <- NULL
for (i in 1:24) caso <- c(caso, rep(i, 8))
gruppo <- c(rep("A", 64), rep("B", 64), rep("C", 64))
settimana <- rep(1:8, 24)
y <- as.vector(t(Stroke[, 3:10]))
```

```
Stroke1 <- data.frame(caso, gruppo, settimana, y)
rm(caso, gruppo, settimana, y)
head(Stroke1)
```

```
##   caso gruppo settimana  y
## 1    1      A         1 45
## 2    1      A         2 45
## 3    1      A         3 45
## 4    1      A         4 45
## 5    1      A         5 80
## 6    1      A         6 80
```

Con i dati così riorganizzati, si possono rappresentare graficamente le traiettorie individuali in una matrice di grafici (*Trellis plot*) con la funzione `xyplot` della libreria `lattice` (Sarkar, 2008).

```
library(lattice)
xyplot(y ~ settimana | as.factor(caso), group = gruppo,
       data = Stroke1, cex = 0.5, par.settings =
         list(superpose.symbol = list(pch = c(1, 3, 20))),
       as.table = T, auto.key = list(points = T, columns = 3))
```

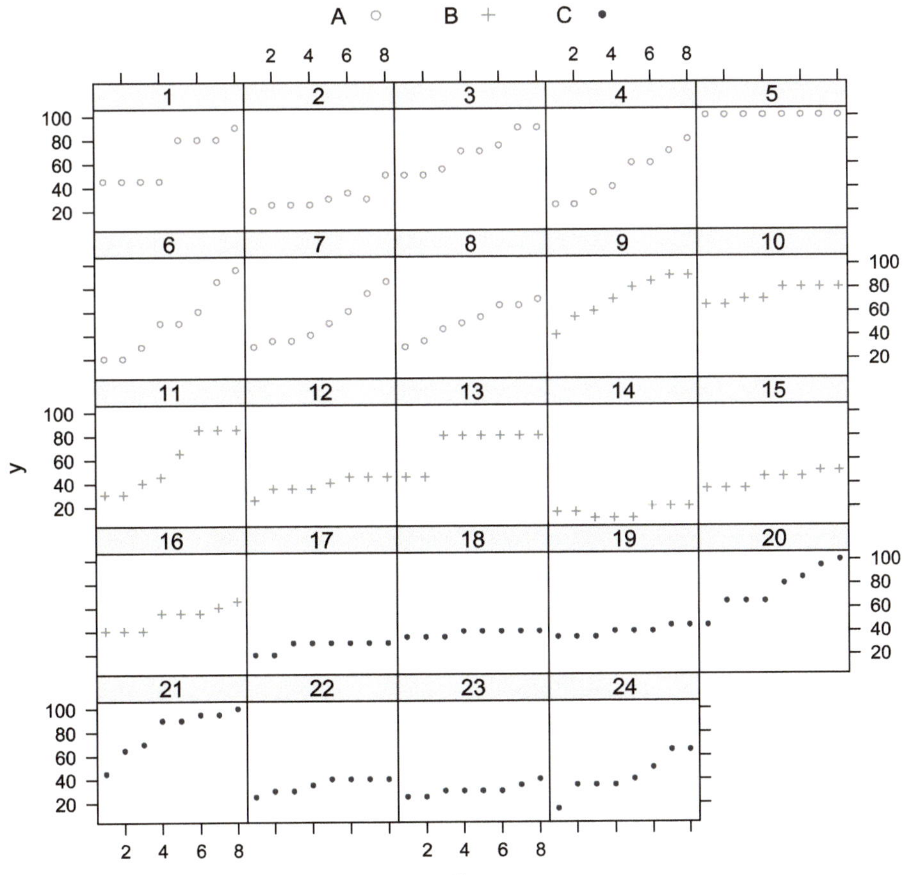

Sia $\boldsymbol{Y}_i$ il vettore casuale che descrive le 8 osservazioni relative all'i-esimo paziente, $i = 1, \ldots, 24$. Si considera di seguito l'adattamento di un modello marginale che prevede una relazione lineare tra valore atteso del punteggio e settimana, $j = 1, \ldots, 8$, con intercetta e coefficiente angolare diversi tra i tre gruppi di trattamento

$$E(\boldsymbol{Y}_i) = \boldsymbol{\mu}_i\,, \qquad \mu_{ij} = \beta_1 + \beta_2 x_{iB} + \beta_3 x_{iC} + \beta_4 j + \beta_5 x_{iB} j + \beta_6 x_{iC} j\,,$$

dove x_{iB} e x_{iC} sono le variabili indicatrici per i gruppi B e C. Per la matrice di correlazione, si considerano le 3 diverse scelte: indipendenza, (7.4) e (7.5). Tuttavia le prime due sembrano poco plausibili in base alle analisi preliminari. Scegliendo `family = gaussian` si assume nella (7.8) $A_i = I_8, i = 1, \ldots, 24$.

```
library(gee)
stroke.gee.ind <- gee(y ~ gruppo + settimana + gruppo:settimana,
                      id = caso, family = gaussian,
                      corstr = "independence", data = Stroke1)

##   ...

summary(stroke.gee.ind)

##   ...
##
## Coefficients:
##                     Estimate Naive S.E.   Naive z Robust S.E.  Robust z
## (Intercept)          29.8214       5.77   5.16477       10.18   2.93064
## gruppoB               3.3482       8.17   0.41003       11.63   0.28781
## gruppoC              -0.0223       8.17  -0.00273       10.90  -0.00205
## settimana             6.3244       1.14   5.53111        1.13   5.58951
## gruppoB:settimana    -1.9940       1.62  -1.23314        1.48  -1.34950
## gruppoC:settimana    -2.6860       1.62  -1.66106        1.47  -1.82710
##
## Estimated Scale Parameter:  439
## Number of Iterations:  1
##
##   ...


stroke.gee.exch <- gee(y ~ gruppo + settimana + gruppo:settimana,
                       id = caso, family = gaussian,
                       corstr = "exchangeable", data = Stroke1)

##   ...

summary(stroke.gee.exch)

##   ...
##
## Coefficients:
##                     Estimate Naive S.E.   Naive z Robust S.E.  Robust z
## (Intercept)          29.8214      7.131   4.18173       10.18   2.93064
## gruppoB               3.3482     10.085   0.33199       11.63   0.28781
## gruppoC              -0.0223     10.085  -0.00221       10.90  -0.00205
## settimana             6.3244      0.496  12.75689        1.13   5.58951
## gruppoB:settimana    -1.9940      0.701  -2.84411        1.48  -1.34950
## gruppoC:settimana    -2.6860      0.701  -3.83105        1.47  -1.82710
```

```
##
## Estimated Scale Parameter:  439
## Number of Iterations:  1
##
## Working Correlation
##       [,1]  [,2]  [,3]  [,4]  [,5]  [,6]  [,7]  [,8]
## [1,] 1.000 0.812 0.812 0.812 0.812 0.812 0.812 0.812
## [2,] 0.812 1.000 0.812 0.812 0.812 0.812 0.812 0.812
## [3,] 0.812 0.812 1.000 0.812 0.812 0.812 0.812 0.812
## [4,] 0.812 0.812 0.812 1.000 0.812 0.812 0.812 0.812
## [5,] 0.812 0.812 0.812 0.812 1.000 0.812 0.812 0.812
## [6,] 0.812 0.812 0.812 0.812 0.812 1.000 0.812 0.812
## [7,] 0.812 0.812 0.812 0.812 0.812 0.812 1.000 0.812
## [8,] 0.812 0.812 0.812 0.812 0.812 0.812 0.812 1.000
```

```
stroke.gee.ar1 <- gee(y ~ gruppo + settimana + gruppo:settimana,
                      id = caso, family = gaussian,
                      corstr = "AR-M", Mv = 1, data = Stroke1)
```

```
##  ...
```

```
summary(stroke.gee.ar1)
```

```
##  ...
##
## Coefficients:
##                    Estimate Naive S.E. Naive z Robust S.E. Robust z
## (Intercept)           33.49      7.746  4.3236        9.71   3.4475
## gruppoB               -0.27     10.955 -0.0247       10.90  -0.0248
## gruppoC               -6.40     10.955 -0.5838       10.33  -0.6192
## settimana              6.07      0.752  8.0736        1.03   5.8724
## gruppoB:settimana     -2.14      1.064 -2.0130        1.33  -1.6085
## gruppoC:settimana     -2.24      1.064 -2.1019        1.47  -1.5191
##
## Estimated Scale Parameter:  444
## Number of Iterations:  4
##
## Working Correlation
##       [,1]  [,2]  [,3]  [,4]  [,5]  [,6]  [,7]  [,8]
## [1,] 1.000 0.960 0.921 0.884 0.849 0.814 0.782 0.750
## [2,] 0.960 1.000 0.960 0.921 0.884 0.849 0.814 0.782
## [3,] 0.921 0.960 1.000 0.960 0.921 0.884 0.849 0.814
## [4,] 0.884 0.921 0.960 1.000 0.960 0.921 0.884 0.849
## [5,] 0.849 0.884 0.921 0.960 1.000 0.960 0.921 0.884
## [6,] 0.814 0.849 0.884 0.921 0.960 1.000 0.960 0.921
## [7,] 0.782 0.814 0.849 0.884 0.921 0.960 1.000 0.960
## [8,] 0.750 0.782 0.814 0.849 0.884 0.921 0.960 1.000
```

Le stime dei parametri risultano identiche per le strutture di indipendenza e di equicorrelazione, e leggermente diverse per la struttura autoregressiva. Gli *standard error* `Naive` più prossimi a quelli robusti si hanno con la struttura autoregressiva, che sembra, anche per questo, quella preferibile. Va d'altra parte tenuto presente che le stime robuste degli *standard error* richiedono numerosità campionarie piuttosto elevate, mentre qui la dimensione del campione è ridotta. Non emergono differenze significative fra i 3 gruppi quanto a intercette e coefficienti della variabile settimana.

Un test di Wald per $H_0 : \beta_5 = \beta_6 = 0$ della forma (1.15) può essere calcolato, utilizzando la matrice di covarianza stimata in modo robusto dello stimatore di $\beta = (\beta_1, \ldots, \beta_6)^\top$, nel modo seguente.

```
be56 <- stroke.gee.ar1$coefficients[5:6]
cov <- stroke.gee.ar1$robust.variance[5:6, 5:6]
WeP <- t(be56) %*% solve(cov) %*% be56
WeP
```

```
##      [,1]
## [1,] 3.17
```

```
pchisq(WeP, 2, lower.tail = FALSE)
```

```
##       [,1]
## [1,] 0.205
```

Il test conferma la non significatività dell'interazione tra settimana e gruppo.

Lo stesso test può essere ottenuto tramite la funzione `anova` applicata al risultato dell'adattamento dello stesso modello tramite la funzione `geeglm` della libreria `geepack` (Halekoh *et al.*, 2005).

```
library(geepack)
stroke.gee.ar1.1 <- geeglm(y ~ gruppo* settimana, id = caso,
                           family = gaussian, corstr = "ar1",
                           data = Stroke1)
summary(stroke.gee.ar1.1)
```

```
##  ...
##
## Coefficients:
##                  Estimate Std.err  Wald Pr(>|W|)
## (Intercept)        33.239   9.757 11.61  0.00066 ***
## gruppoB             0.121  10.957  0.00  0.99122
## gruppoC            -5.960  10.376  0.33  0.56566
## settimana           6.077   1.035 34.45  4.4e-09 ***
## gruppoB:settimana  -2.139   1.333  2.58  0.10854
## gruppoC:settimana  -2.243   1.472  2.32  0.12756
## ---
## Signif. codes:  0 '***' 0.001 '**' 0.01 '*' 0.05 '.' 0.1 ' ' 1
##
## Correlation structure = ar1
## Estimated Scale Parameters:
##
##             Estimate Std.err
## (Intercept)      430     103
##   Link = identity
##
## Estimated Correlation Parameters:
##       Estimate Std.err
## alpha    0.933  0.0158
## Number of clusters:   24  Maximum cluster size: 8
```

```
stroke.gee.ar1.1.rid <- geeglm(y ~ gruppo + settimana, id = caso,
                               family = gaussian, corstr = "ar1",
```

```
                              data = Stroke1)
anova(stroke.gee.ar1.1.rid, stroke.gee.ar1.1)

## Analysis of 'Wald statistic' Table
##
## Model 1 y ~ gruppo * settimana
## Model 2 y ~ gruppo + settimana
##   Df   X2 P(>|Chi|)
## 1  2 3.17       0.2
```

Esercizio Si adatti tramite la funzione `geeglm` il modello con struttura autoregressiva avente solo `settimana` come esplicativa. Si effettui un confronto con il corrispondente modello additivo sopra considerato. ◇

Si consideri ora l'analisi tramite un modello lineare normale con effetti misti, avente come solo effetto casuale un termine di intercetta,

$$Y_{ij} = \beta_1 + \beta_2 x_{iB} + \beta_3 x_{iC} + \beta_4 j + \beta_5 x_{iB} j + \beta_6 x_{iC} j + u_i + \varepsilon_{ij} ,$$

con $u_i \sim N(0, \sigma_u^2)$ e $\varepsilon_{ij} \sim N(0, \sigma_\varepsilon^2)$ indipendenti e indipendenti da u_i, $i = 1, \ldots, 24$, $j = 1, \ldots, 8$. L'argomento `random` della funzione `lme` specifica la formula della componente $\boldsymbol{z}_{ij} \boldsymbol{u}_i$, nella fattispecie si indica un'intercetta casuale per ogni livello della variabile `caso`.

```
# mixed effects random intercept
library(nlme)
stroke.lme <- lme(y ~ gruppo * settimana, random = ~ 1 | caso,
                  data = Stroke1)
summary(stroke.lme)

## Linear mixed-effects model fit by REML
##  Data: Stroke1
##     AIC  BIC logLik
##    1453 1479   -718
##
## Random effects:
##  Formula: ~1 | caso
##         (Intercept) Residual
## StdDev:        20.1     8.56
##
## Fixed effects: y ~ gruppo * settimana
##                   Value Std.Error  DF t-value p-value
## (Intercept)       29.82      7.50 165    3.98  0.0001
## gruppoB            3.35     10.60  21    0.32  0.7553
## gruppoC           -0.02     10.60  21    0.00  0.9983
## settimana          6.32      0.47 165   13.54  0.0000
## gruppoB:settimana -1.99      0.66 165   -3.02  0.0030
## gruppoC:settimana -2.69      0.66 165   -4.07  0.0001
##
##  ...
##
## Number of Observations: 192
## Number of Groups: 24
```

Le stime puntuali dei coefficienti sono uguali a quelle ottenute dal modello marginale con equicorrelazione, mentre gli *standard error* sono prossimi a quelli `Naive` con la struttura di equicorrelazione. Si consideri infine un modello con errori correlati con struttura autoregressiva del primo ordine.

```
# mixed effects random intercept - AR1 errors
#library(nlme)
stroke.lme1 <- lme(y~ gruppo * settimana, random = ~ 1 | caso,
                   correlation = corAR1(form = ~ 1 | caso),
                   data = Stroke1)
summary(stroke.lme1)
```

```
## Linear mixed-effects model fit by REML
##  Data: Stroke1
##    AIC  BIC logLik
##   1322 1351   -652
##
## Random effects:
##  Formula: ~1 | caso
##         (Intercept) Residual
## StdDev:     0.00584     21.4
##
## Correlation Structure: AR(1)
##  Formula: ~1 | caso
##  Parameter estimate(s):
##  Phi
## 0.95
## Fixed effects: y ~ gruppo * settimana
##                   Value Std.Error  DF t-value p-value
## (Intercept)        33.4      7.94 165    4.21  0.0000
## gruppoB            -0.1     11.22  21   -0.01  0.9919
## gruppoC            -6.2     11.22  21   -0.55  0.5850
## settimana           6.1      0.84 165    7.20  0.0000
## gruppoB:settimana  -2.1      1.19 165   -1.79  0.0746
## gruppoC:settimana  -2.2      1.19 165   -1.88  0.0624
##
##   ...
##
## Number of Observations: 192
## Number of Groups: 24
```

Le differenze tra i coefficienti angolari tornano a essere poco significative e, nella sostanza, i risultati sono molto simili a quelli del modello marginale con correlazione autoregressiva.

Si possono ottenere le previsioni (BLUP) degli effetti casuali con

```
t(ranef(stroke.lme))
```

```
##                1     2    3     4    5     6     7     8    9   10
## (Intercept) 5.35 -27.7 10.2 -8.71 40.8 -6.88 -6.88 -6.26 18.2 20.6
##               11    12   13    14    15    16    17    18    19   20
## (Intercept) 5.35 -14.2 18.2 -36.8 -9.93 -1.38 -18.3 -7.87 -6.65 28.2
##               21    22    23    24
## (Intercept) 34.3 -10.9 -15.2 -3.59
```

```
t(ranef(stroke.lme1))

##                     1         2        3         4        5        6
## (Intercept) 5.37e-07 -2.34e-06 7.95e-07 -7.71e-07 3.45e-06 -3.8e-07
##                     7         8        9        10       11       12
## (Intercept) -3.8e-07 -9.14e-07 1.33e-06 1.91e-06 5.82e-07 -1.36e-06
##                    13        14        15       16        17        18
## (Intercept) 1.15e-06 -2.98e-06 -7.45e-07 1.14e-07 -1.67e-06 -5.99e-07
##                     19       20      21        22        23        24
## (Intercept)  -3.99e-07 2.5e-06 2.6e-06 -1.01e-06 -1.08e-06 -3.51e-07
```

e il grafico dei valori predetti con

```
xyplot(fitted(stroke.lme) ~ settimana | as.factor(caso),
       group = gruppo, cex = 0.5, type = "l",
       par.settings = list(superpose.line =
                             list(lty = c(1, 2, 3))),
       as.table = T, auto.key = list(lines = T,columns = 3),
       data = Stroke1)
```

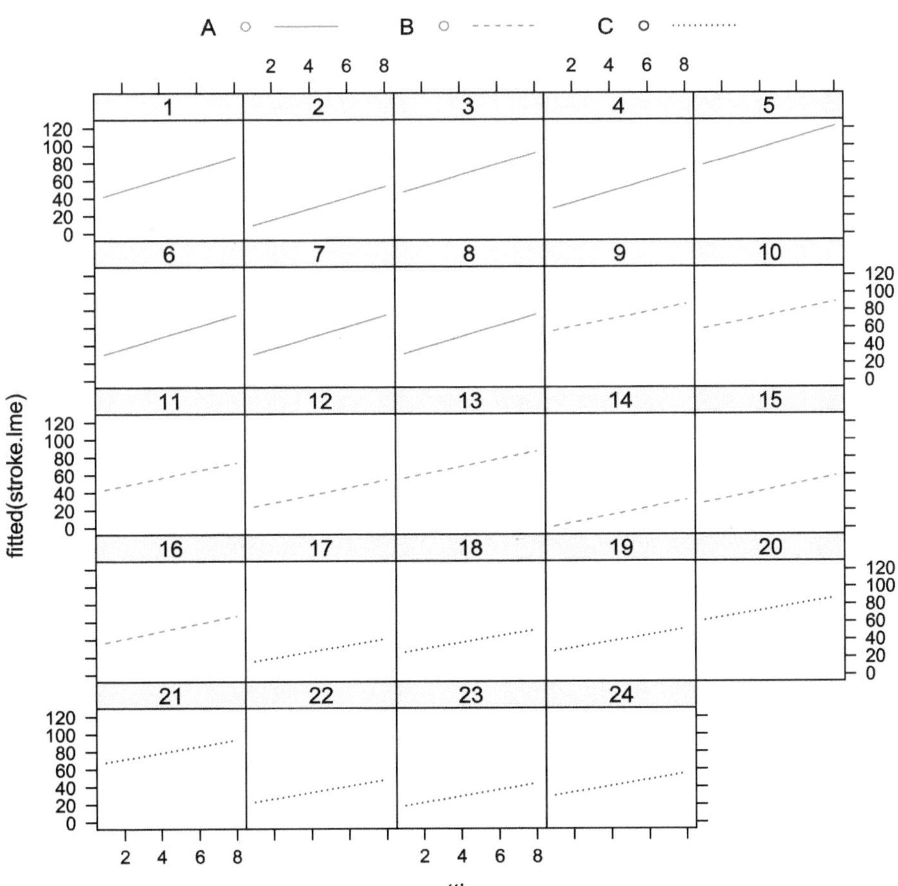

```
xyplot(fitted(stroke.lme1) ~ settimana | as.factor(caso),
       group = gruppo, cex = 0.5, type = "l",
       par.settings = list(superpose.line =
                            list(lty = c(1,2,3))),
       as.table = T, auto.key = list(lines = T,columns = 3),
       data = Stroke1)
```

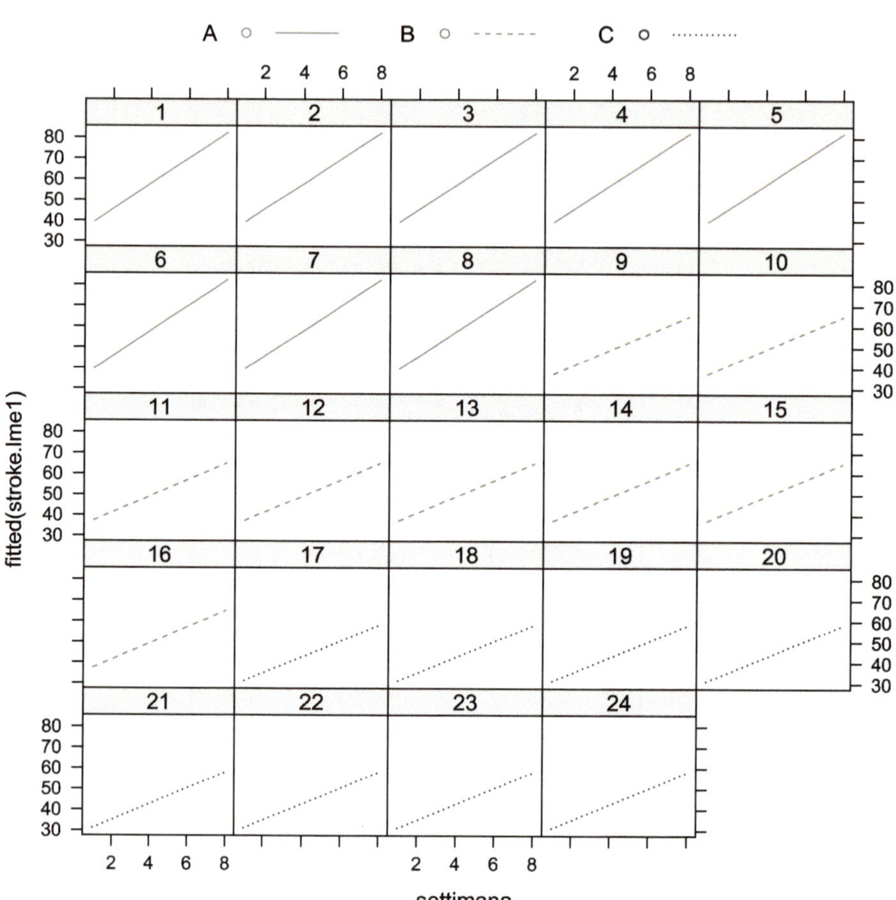

Si noti che, adattando il modello con errori correlati con struttura autoregressiva del primo ordine, i valori predetti $\tilde{u}_i$ sono praticamente nulli (i grafici dei valori predetti entro ciascun gruppo di trattamento sono di fatto coincidenti). Ciò è in accordo con la variabilità stimata degli effetti casuali $\hat{\sigma}_u^2 \doteq 0.0058^2 \doteq 3.4\,(10^{-5})$, estremamente piccola.

7.5.2 *Crescita dentale: analisi dei dati* `Orthodont`

Si considerino nuovamente i dati dell'Esempio 1.10. Si desidera valutare se vi siano differenze significative fra femmine e maschi, tenendo conto della natura longitudinale dei dati.

Come nell'esempio del paragrafo precedente, si conduce in primo luogo un'analisi esplorativa. Si osserva un andamento crescente della risposta in funzione dell'età, con i maschi che presentano valori tendenzialmente maggiori delle femmine. La matrice dei diagrammi di dispersione e la matrice di correlazione indicano correlazione positiva tra le misurazioni, con andamento pressoché costante al variare della distanza temporale tra le misurazioni.

```
Orthodont

##    genere dist8a dist10a dist12a dist14a
## 1       F   21.0    20.0    21.5    23.0
## 2       F   21.0    21.5    24.0    25.5
## 3       F   20.5    24.0    24.5    26.0
## 4       F   23.5    24.5    25.0    26.5
## 5       F   21.5    23.0    22.5    23.5
## 6       F   20.0    21.0    21.0    22.5
## 7       F   21.5    22.5    23.0    25.0
## 8       F   23.0    23.0    23.5    24.0
## 9       F   20.0    21.0    22.0    21.5
## 10      F   16.5    19.0    19.0    19.5
## 11      F   24.5    25.0    28.0    28.0
## 12      M   26.0    25.0    29.0    31.0
## 13      M   21.5    22.5    23.0    26.5
## 14      M   23.0    22.5    24.0    27.5
## 15      M   25.5    27.5    26.5    27.0
## 16      M   20.0    23.5    22.5    26.0
## 17      M   24.5    25.5    27.0    28.5
## 18      M   22.0    22.0    24.5    26.5
## 19      M   24.0    21.5    24.5    25.5
## 20      M   23.0    20.5    31.0    26.0
## 21      M   27.5    28.0    31.0    31.5
## 22      M   23.0    23.0    23.5    25.0
## 23      M   21.5    23.5    24.0    28.0
## 24      M   17.0    24.5    26.0    29.5
## 25      M   22.5    25.5    25.5    26.0
## 26      M   23.0    24.5    26.0    30.0
## 27      M   22.0    21.5    23.5    25.0
```

```
#analisi esplorativa singole curve
age <- c(8, 10, 12, 14)
plot(age, c(rep(15, 2), rep(34, 2)), type = "n",
     ylab = "dist", xlab = "eta")
for(i in 1:11) lines(age, Orthodont[i, 2:5], lty = 1)
for(i in 12:27) lines(age, Orthodont[i, 2:5], lty = 2, col = 2)
legend("topleft", c("F", "M"), col = 1:2, lty = 1:2, bty = "n")
```

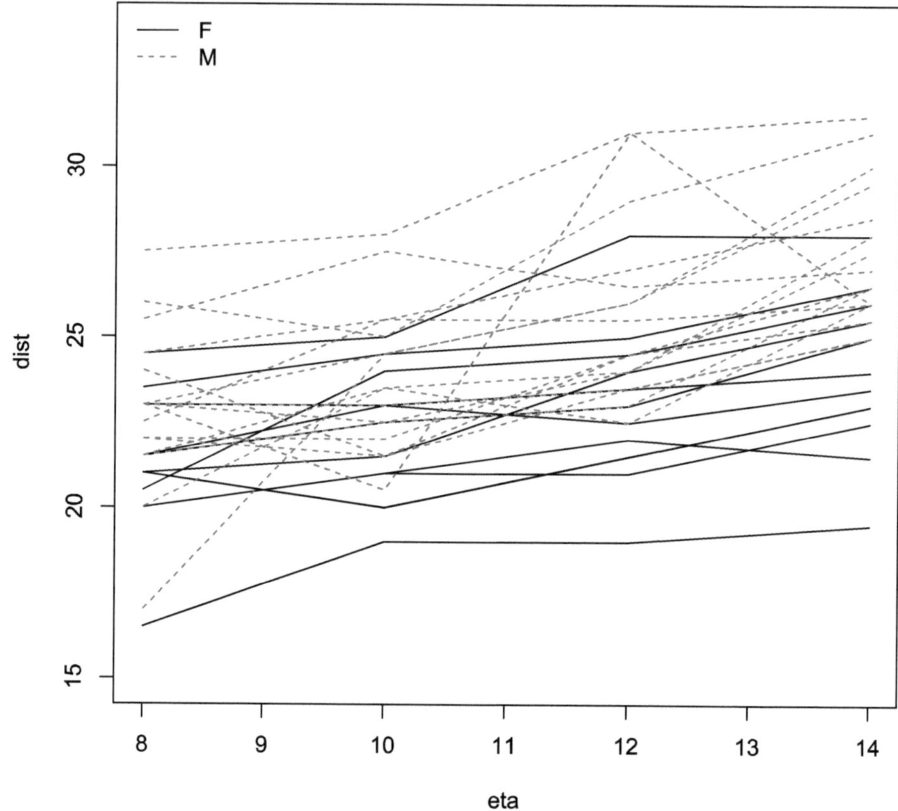

```
#analisi esplorativa curve medie
plot(age, c(rep(15, 2), rep(34, 2)), type = "n",
     ylab = "dist media", xlab = "eta")
meanF <- apply(Orthodont[1:11, 2:5], 2, mean)
meanM <- apply(Orthodont[12:27, 2:5], 2, mean)
lines(age, meanF, lty = 1)
lines(age, meanM, lty = 2, col = 2)
legend("topleft", c("F", "M"), col = 1:2, lty = 1:2, bty = "n")
```

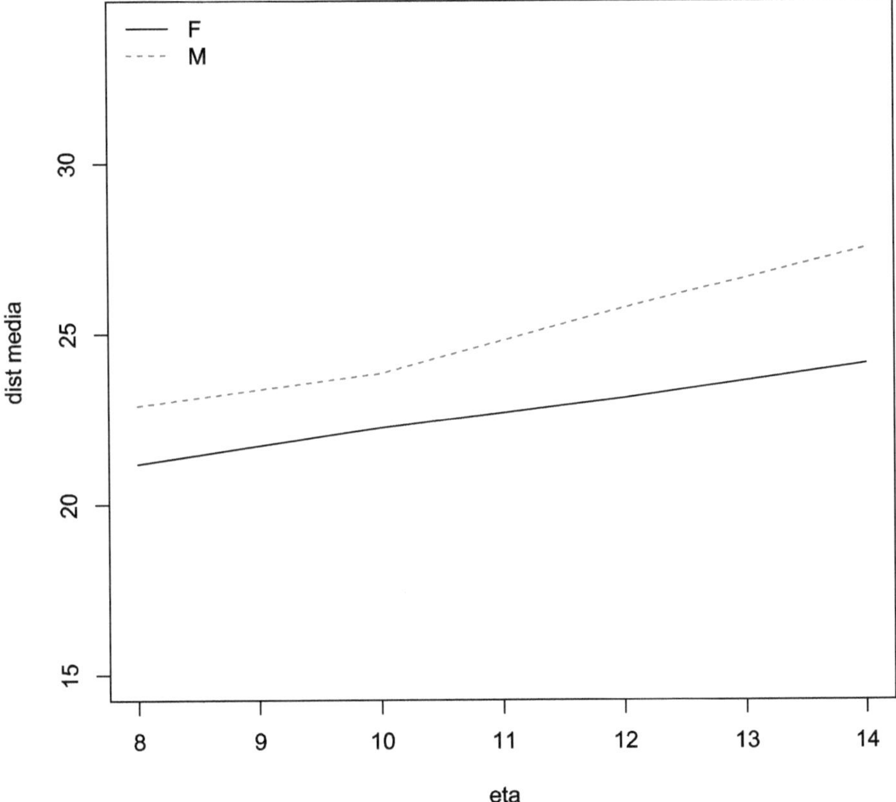

```
pairs(Orthodont[, 2:5])
```

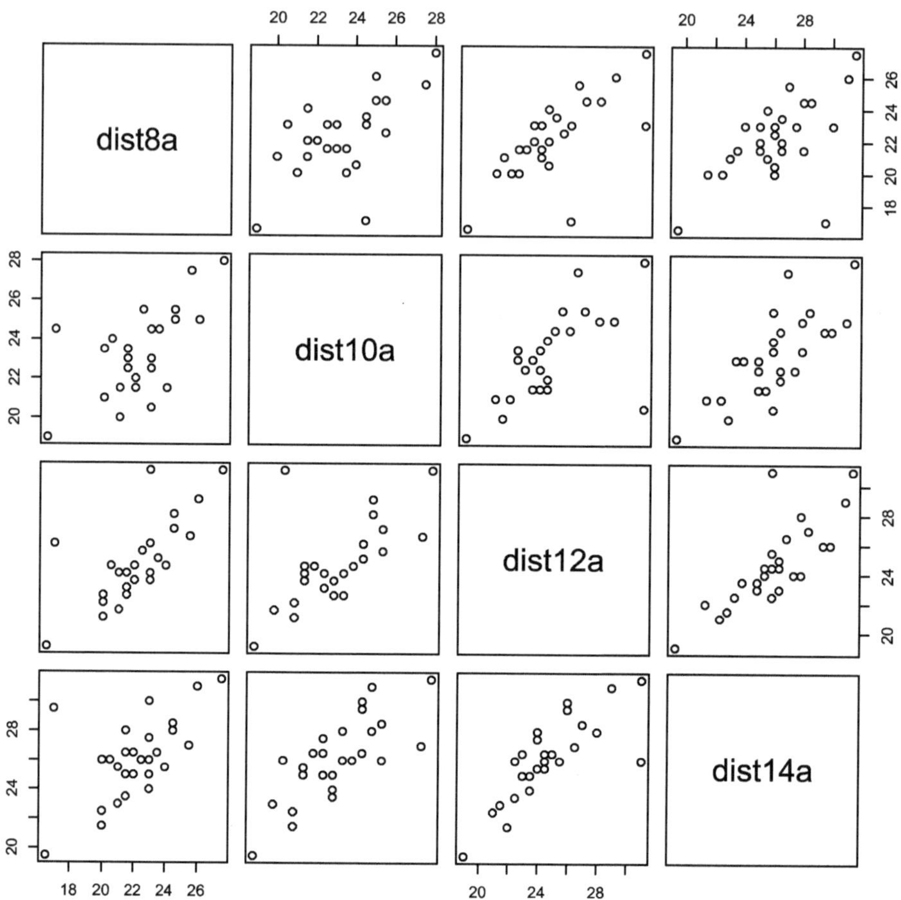


```
round(cor(Orthodont[, 2:5]), digits = 2)

##         dist8a dist10a dist12a dist14a
## dist8a    1.00    0.63    0.71    0.60
## dist10a   0.63    1.00    0.63    0.76
## dist12a   0.71    0.63    1.00    0.79
## dist14a   0.60    0.76    0.79    1.00
```

I dati riorganizzati secondo il formato lungo sono nel *data frame* `Orthodont1`.

```
##   caso genere eta    y
## 1    1      F   8 21.0
## 2    1      F  10 20.0
## 3    1      F  12 21.5
## 4    1      F  14 23.0
## 5    2      F   8 21.0
## 6    2      F  10 21.5
```

I grafici delle traiettorie individuali confermano che vi è una certa variabilità individuale.

```
library(lattice)
xyplot(y ~ eta | as.factor(caso), group = genere,
       cex = 0.5, par.settings =
           list(superpose.symbol = list(pch = c(1, 3, 20))),
       as.table = T, auto.key = list(points = T, columns = 2),
       data = Orthodont1)
```

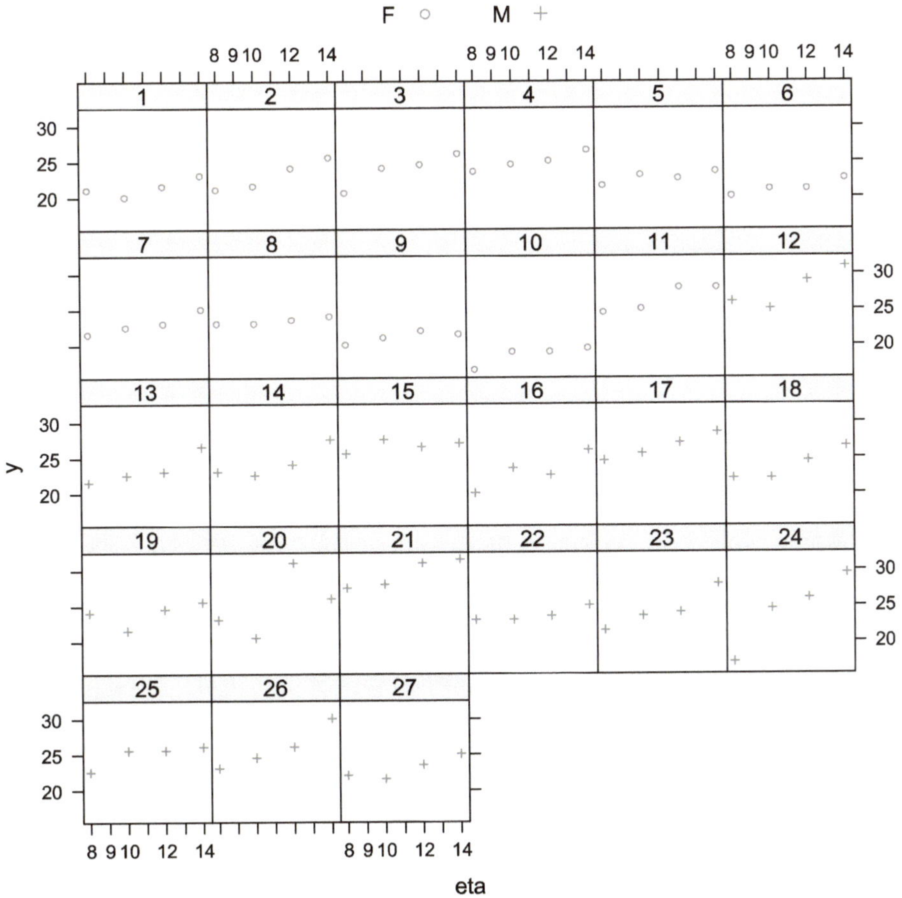

Si consideri l'analisi tramite un modello lineare normale con effetti misti, avente un termine di intercetta come solo effetto casuale. In particolare, indicata con y_{ij} la distanza misurata sul soggetto i-esimo all'età t_j, $i = 1, \ldots, 27$, $j = 1, \ldots, 4$, $(t_1, t_2, t_3, t_4) = (8, 10, 12, 14)$, e posto $x_i = 1$ se l'i-esima unità è maschio e $x_i = 0$ se femmina, si consideri il modello

$$Y_{ij} = \beta_1 + \beta_2 x_i + \beta_3 t_j + \beta_4 t_j x_i + u_i + \varepsilon_{ij} , \tag{7.21}$$

con $\beta = (\beta_1, \beta_2, \beta_3, \beta_4)^\top \in \mathbb{R}^4$, $u_i \sim N(0, \sigma_u^2)$, $\varepsilon_{ij} \sim N(0, \sigma_\varepsilon^2)$ indipendenti e indipendenti da u_i.

```
library(nlme)
ortho.lme <- lme(y ~ genere * eta, random = ~ 1 | caso,
                 data = Orthodont1)
summary(ortho.lme)
```

```
## Linear mixed-effects model fit by REML
##  Data: Orthodont1
##   AIC BIC logLik
##   446 462   -217
##
## Random effects:
##  Formula: ~1 | caso
##         (Intercept) Residual
## StdDev:        1.82     1.39
##
## Fixed effects: y ~ genere * eta
##               Value Std.Error DF t-value p-value
## (Intercept) 17.37     1.184 79   14.68  0.0000
## genereM     -1.03     1.537 25   -0.67  0.5082
## eta          0.48     0.093 79    5.13  0.0000
## genereM:eta  0.30     0.121 79    2.51  0.0141
##
##   ...
##
## Number of Observations: 108
## Number of Groups: 27
```

Il modello stimato per la media della risposta risulta $\hat{\mu}_{ij} = 17.37 + 0.48t_j$ per le femmine e $\hat{\mu}_{ij} = 16.34 + 0.78t_j$ per i maschi.

Dal `summary`, si ha $\hat{\sigma}_u^2 = 1.816^2$ e $\hat{\sigma}_\varepsilon^2 = 1.386^2$. Risulta dunque $\widehat{Cor}(Y_{ij}, Y_{ih}) = 1.816^2/(1.816^2 + 1.386^2) \doteq 0.63$, per ogni $j, h = 1, \ldots, 4$, $j \neq h$. La correlazione stimata tra misurazioni sullo stesso soggetto a età diverse risulta positiva e in linea con i risultati dell'analisi esplorativa.

Per verificare la significatività dell'interazione, $H_0 : \beta_4 = 0$, si può adattare il modello ridotto e condurre il test del rapporto di verosimiglianza tramite la funzione `anova`. Tuttavia, le istruzioni seguenti producono un messaggio di *warning*.

```
ortho.lme0 <- lme(y ~ genere + eta , random = ~ 1 | caso,
                  data = Orthodont1)
anova(ortho.lme,ortho.lme0)
```

```
## Warning in anova.lme(ortho.lme, ortho.lme0): fitted objects with
different fixed effects. REML comparisons are not meaningful.
```

```
##            Model df AIC BIC logLik   Test L.Ratio p-value
## ortho.lme      1  6 446 462   -217
## ortho.lme0     2  5 448 461   -219 1 vs 2    3.76  0.0526
```

Per effettuare correttamente il test, occorre infatti confrontare le log-verosimiglianze massimizzate, mentre i modelli precedentemente adattati adottano, per la stima di σ_ε^2 e σ_u^2, il metodo della massima verosimiglianza ristretta (REML). Si può ottenere la verosimiglianza massimizzata utilizzando l'opzione `method="ML"`.

```
ortho.lme.ml <- lme(y ~ genere * eta, random = ~ 1 | caso,
                    method = "ML", data = Orthodont1)
ortho0.lme.ml<-lme(y ~ genere + eta, random = ~ 1 | caso,
                   method = "ML", data = Orthodont1)
anova(ortho.lme.ml,ortho0.lme.ml)
```

```
##               Model df AIC BIC logLik   Test L.Ratio p-value
## ortho.lme.ml      1  6 441 457   -214
## ortho0.lme.ml     2  5 445 458   -217 1 vs 2    6.22  0.0126
```

Il risultato suggerisce di mantenere il termine di interazione nel modello.

L'analisi seguente indica che non sembra invece opportuno considerare una struttura autoregressiva per gli errori relativi alla medesima unità. Infatti, la stima della correlazione è piuttosto piccola in valore assoluto e pari a -0.0375.

```
ortho.lme1 <- lme(y ~ genere * eta, random = ~ 1 | caso,
                  correlation = corAR1(form = ~ 1 | caso),
                  data = Orthodont1)
summary(ortho.lme1)
```

```
## Linear mixed-effects model fit by REML
##  Data: Orthodont1
##   AIC BIC logLik
##   448 466   -217
##
## Random effects:
##  Formula: ~1 | caso
##         (Intercept) Residual
## StdDev:        1.83     1.37
##
## Correlation Structure: AR(1)
##  Formula: ~1 | caso
##  Parameter estimate(s):
##     Phi
## -0.0375
## Fixed effects: y ~ genere * eta
##             Value Std.Error DF t-value p-value
## (Intercept) 17.38     1.166 79   14.90   0.000
## genereM     -1.05     1.515 25   -0.69   0.494
## eta          0.48     0.092 79    5.23   0.000
## genereM:eta  0.31     0.119 79    2.57   0.012
##
##   ...
##
## Number of Observations: 108
## Number of Groups: 27
```

Si può inoltre valutare se è utile considerare variabili da unità a unità anche i coefficienti angolari, come nel modello (7.13).

```
ortho.lme2 <- lme(y ~ genere * eta, random = ~ 1 + eta | caso,
                  method = "ML", data = Orthodont1)
summary(ortho.lme2)
```

```
## Linear mixed-effects model fit by maximum likelihood
##  Data: Orthodont1
##   AIC BIC logLik
##   444 465   -214
##
## Random effects:
##  Formula: ~1 + eta | caso
##  Structure: General positive-definite, Log-Cholesky parametrization
##             StdDev Corr
## (Intercept) 2.135  (Intr)
## eta         0.154  -0.603
## Residual    1.310
##
## Fixed effects: y ~ genere * eta
##             Value Std.Error DF t-value p-value
## (Intercept) 17.37     1.205 79   14.42  0.0000
## genereM     -1.03     1.565 25   -0.66  0.5155
## eta          0.48     0.102 79    4.72  0.0000
## genereM:eta  0.30     0.132 79    2.31  0.0237
##
##   ...
##
## Number of Observations: 108
## Number of Groups: 27
```

```
anova(ortho.lme2, ortho.lme.ml)
```

```
##              Model df AIC BIC logLik   Test L.Ratio p-value
## ortho.lme2       1  8 444 465   -214
## ortho.lme.ml     2  6 441 457   -214 1 vs 2   0.833   0.659
```

La conclusione è che risulta preferibile il modello (7.21). Dall'analisi dei risultati del modello finale emerge un effetto significativo dell'età e dell'interazione tra genere e età.

I grafici dei valori predetti si ottengono con

```
xyplot(fitted(ortho.lme) ~ eta | as.factor(caso),
       group = genere, cex = 0.5, type = "l",
       par.settings =
           list(superpose.line = list(lty = c(1, 2, 3))),
       as.table = T, auto.key = list(lines = T, columns = 2),
       data = Orthodont1)
```

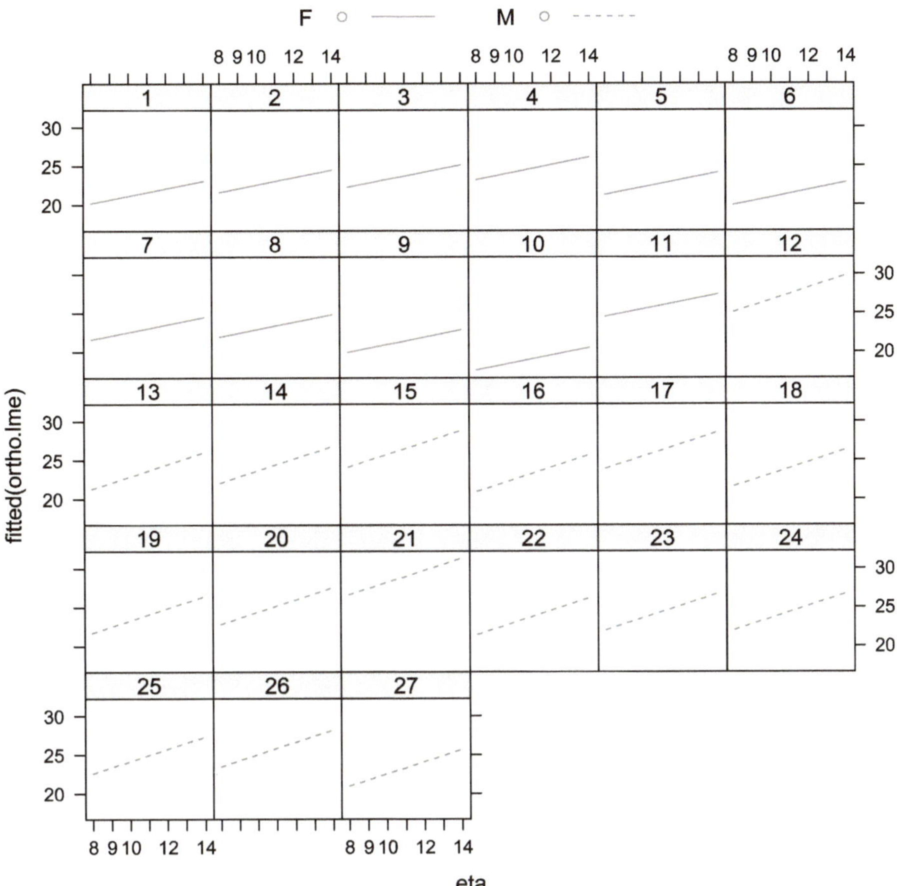

Ci si può infine chiedere se l'analisi tramite un modello marginale conduca a conclusioni analoghe. In base alle analisi precedenti si considera solamente la scelta di una matrice di covarianza con struttura di equicorrelazione. I risultati confermano le conclusioni già ottenute.

```
library(gee)
ortho.gee.exch <- gee(y ~ genere * eta, id = caso,
                      family = gaussian,
                      corstr = "exchangeable",
                      data = Orthodont1)

##   ...

summary(ortho.gee.exch)

##   ...
##
## Coefficients:
##                Estimate Naive S.E. Naive z Robust S.E. Robust z
```

```
## (Intercept)   17.373     1.192  14.578     0.7252   23.956
## genereM       -1.032     1.548  -0.667     1.3778   -0.749
## eta            0.480     0.095   5.047     0.0631    7.596
## genereM:eta    0.305     0.123   2.469     0.1169    2.608
##
## Estimated Scale Parameter:  5.09
## Number of Iterations:  1
##
## Working Correlation
##      [,1] [,2] [,3] [,4]
## [1,] 1.00 0.61 0.61 0.61
## [2,] 0.61 1.00 0.61 0.61
## [3,] 0.61 0.61 1.00 0.61
## [4,] 0.61 0.61 0.61 1.00
```

7.5.3 *Problemi respiratori pediatrici: analisi dei dati* `Ohio`

I dati contenuti nel *data frame* `Ohio` (Fitzmaurice e Laird, 1993; Halekoh *et al.*, 2005) sono estratti da uno studio longitudinale sugli effetti dell'inquinamento e riguardano 537 bambini residenti a Steubenville, Ohio, USA. Ciascun bambino è stato esaminato annualmente dai 7 ai 10 anni, rilevando la presenza di rantoli nel respiro, `resp` (1 presenza, 0 assenza) e un indicatore del fatto che la madre fosse fumatrice nel primo anno dello studio, `smoke` (1 fumatrice, 0 non fumatrice). La variabile età è stata riscalata in modo da assumere valore 0 all'età 9, `age` (con valori -2, -1, 0, 1). La variabile `id` identifica le unità statistiche.

```
library(geepack)
head(Ohio, 10)
```

```
##    resp id age smoke
## 1     0  0  -2     0
## 2     0  0  -1     0
## 3     0  0   0     0
## 4     0  0   1     0
## 5     0  1  -2     0
## 6     0  1  -1     0
## 7     0  1   0     0
## 8     0  1   1     0
## 9     0  2  -2     0
## 10    0  2  -1     0
```

Una prima analisi esplorativa evidenzia una tendenziale decrescita nel tempo dell'incidenza di problemi respiratori, con una lieve differenza tra i soggetti con madre fumatrice e non fumatrice.

```
perc <- with(Ohio,
             prop.table(table(resp , age, smoke), c(2, 3))[2,,])
perc
```

```
##      smoke
## age      0     1
##    -2 0.160 0.166
##    -1 0.149 0.209
##    0  0.143 0.187
##    1  0.106 0.139
```

```
eta <- c(7, 8, 9, 10)
plot(eta, perc[,1], xlab = "eta", ylab = "prop. resp",
     ylim = c(0.05, 0.25), type = "l")
lines(eta, perc[,2], lty = "dashed", col = 2)
legend("topright", col=c(1, 2), lty = c(1, 2),
       c("non fum.", "fum."), bty = "n")
```

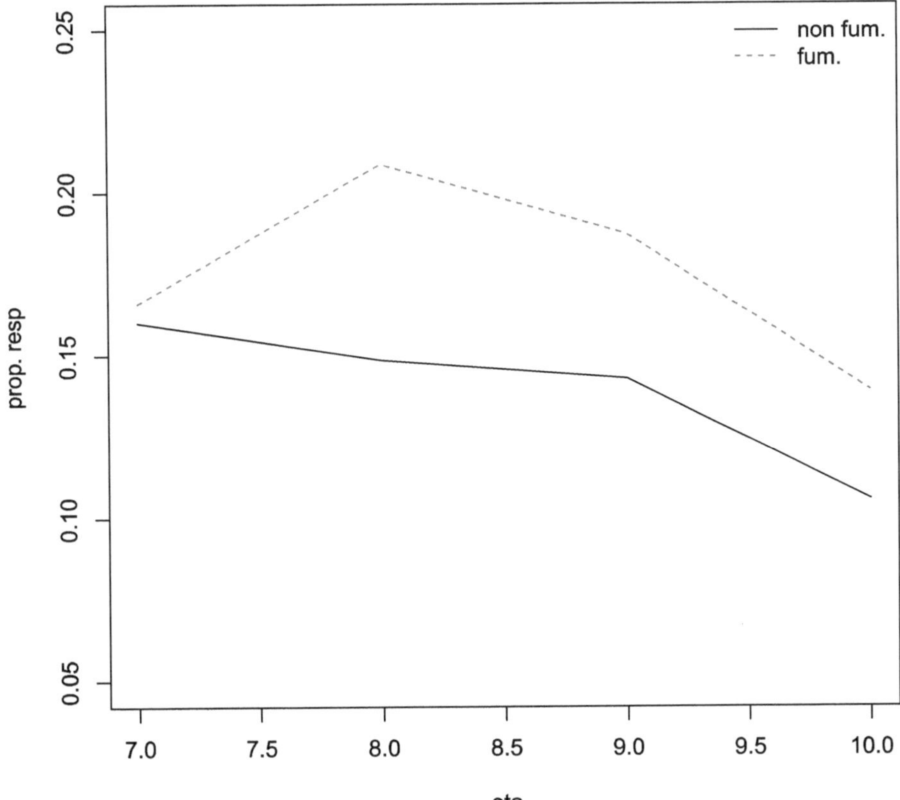

Una modellazione marginale tramite equazioni di stima generalizzate si focalizza sulle distribuzioni marginali di problemi respiratori alle diverse età, trattando la dipendenza tra le risposte di uno stesso soggetto come un aspetto di disturbo. Sia Y_{ij} la variabile risposta del soggetto i al tempo j, dove $Y_{ij} = 1$ indica la presenza di problemi respiratori. Un possibile modello marginale assume

$$\text{logit}(\mu_{ij}) = \text{logit}(Pr(Y_{ij} = 1)) = \beta_1 + \beta_2 x_j + \beta_3 z_i \,, \tag{7.22}$$

con x_j uguale a $-2, -1, 0, 1$, rispettivamente per $j = 1, \ldots, 4$, e $z_i = 1$ se la madre del soggetto i era fumatrice all'inizio dello studio e zero altrimenti, $i = 1, \ldots, 537$. Il modello assume inoltre per $\boldsymbol{Y}_i = (Y_{i1}, \ldots, Y_{i4})^\top$

$$Var(\boldsymbol{Y}_i) = V_i = \phi A_i^{1/2} R(\alpha) A_i^{1/2} ,$$

dove $A_i = \text{diag}[\mu_{ij}(1 - \mu_{ij})]$, $\phi > 0$ e $R(\alpha)$ *working correlation* da specificare. I vettori $\boldsymbol{Y}_i$ e $\boldsymbol{Y}_h$ con $i \neq h$ sono assunti indipendenti.

Adottando una *working correlation* scambiabile si ha

```
library(gee)
ohio.gee <- gee(resp ~ age + smoke, id = id, data = Ohio,
                family = binomial, corstr = "exchangeable")

##   ...

summary(ohio.gee)

##   ...
##
## Coefficients:
##              Estimate Naive S.E. Naive z Robust S.E. Robust z
## (Intercept)    -1.880     0.1148   -16.4      0.1139   -16.51
## age            -0.113     0.0435    -2.6      0.0439    -2.59
## smoke           0.265     0.1770     1.5      0.1777     1.49
##
## Estimated Scale Parameter:  1
## Number of Iterations:  2
##
## Working Correlation
##       [,1]  [,2]  [,3]  [,4]
## [1,] 1.000 0.354 0.354 0.354
## [2,] 0.354 1.000 0.354 0.354
## [3,] 0.354 0.354 1.000 0.354
## [4,] 0.354 0.354 0.354 1.000
```

L'età sembra avere un effetto significativo sulla probabilità di problemi respiratori, mentre l'avere la madre fumatrice non pare essere particolarmente rilevante. La stima della correlazione tra coppie di risposte dello stesso soggetto è pari a 0.354. Si noti come una *working correlation* di indipendenza porti a stime dei coefficienti essenzialmente uguali. Tuttavia, gli *standard error* risultano più piccoli per i coefficienti di variabili non dipendenti dal tempo (β_1 e β_3) mentre è più grande lo *standard error* relativo al coefficiente della variabile dipendente dal tempo (β_2).

```
ohio.gee.ind <- gee(resp ~ age + smoke, id = id, data = Ohio,
                    family = binomial, corstr = "independence")

##   ...

summary(ohio.gee.ind)

##   ...
##
```

```
## Coefficients:
##             Estimate Naive S.E. Naive z Robust S.E. Robust z
## (Intercept)   -1.884     0.0839   -22.5      0.1142   -16.49
## age           -0.113     0.0541    -2.1      0.0439    -2.58
## smoke          0.272     0.1235     2.2      0.1780     1.53
##
## Estimated Scale Parameter:  1
## Number of Iterations:  1
##
## Working Correlation
##      [,1] [,2] [,3] [,4]
## [1,]    1    0    0    0
## [2,]    0    1    0    0
## [3,]    0    0    1    0
## [4,]    0    0    0    1
```

Esercizio Provare ad utilizzare come *working correlation* una struttura autoregressiva di ordine 1, oppure una non strutturata. ◇

Esercizio Provare ad includere nel modello anche l'effetto di interazione tra x_j e z_i. ◇

Come alternativa al modello marginale, si può adattare un modello logistico-normale con intercetta casuale in cui si considerano le variabili x_j e z_i del modello (7.22) come effetti fissi. Il modello assume

$$\text{logit}(Pr(Y_{ij} = 1|u_i)) = \beta_1 + \beta_2 x_j + \beta_3 z_i + u_i \,, \tag{7.23}$$

con $u_i \sim N(0, \sigma_u^2)$, $i = 1, \dots, 537$.

La funzione `glmer` del pacchetto `lme4` permette di adattare modelli lineari generalizzati con effetti misti approssimando la verosimiglianza marginale attraverso integrazione numerica o l'approssimazione analitica di Laplace. In particolare, l'integrazione numerica è una quadratura di Gauss–Hermite adattiva che risulta più accurata dell'approssimazione di Laplace quando il numero di osservazioni per ogni soggetto, o *cluster*, è esiguo, purché si scelga un numero relativamente elevato di punti di quadratura, `nAGQ` (con valore di *default* uguale a 1 che dà l'approssimazione di Laplace).

```
library(lme4)
ohio.re <- glmer(resp ~ age + smoke + (1 | id), data = Ohio,
                 family = binomial, nAGQ = 70)
summary(ohio.re)
```

```
## Generalized linear mixed model fit by maximum likelihood (Adaptive
##   Gauss-Hermite Quadrature, nAGQ = 70) [glmerMod]
##  Family: binomial  ( logit )
## Formula: resp ~ age + smoke + (1 | id)
##    Data: Ohio
##
```

```
##      AIC      BIC   logLik deviance df.resid
##     1603     1626     -798     1595     2144
##
##   ...
##
## Random effects:
##  Groups Name        Variance Std.Dev.
##  id     (Intercept) 4.69     2.16
## Number of obs: 2148, groups:  id, 537
##
## Fixed effects:
##             Estimate Std. Error z value Pr(>|z|)
## (Intercept)  -3.1014     0.2190  -14.16   <2e-16 ***
## age          -0.1756     0.0677   -2.60   0.0095 **
## smoke         0.3986     0.2731    1.46   0.1444
## ---
## Signif. codes:  0 '***' 0.001 '**' 0.01 '*' 0.05 '.' 0.1 ' ' 1
##
##   ...
```

Le stime degli effetti fissi hanno un'interpretazione in termini di log-rapporto delle quote entro le unità per quanto riguarda la variabile `age` e di effetti 'fra unità' per quanto riguarda la variabile `smoke`. Per un dato soggetto la quota stimata di presenza di problemi respiratori all'aumentare di un anno di età varia per il fattore $\exp(-0.176) = 0.839$. L'effetto della madre fumatrice non risulta significativo e ciò implica che la probabilità stimata di presenza di problemi respiratori è simile per soggetti con madre fumatrice o non fumatrice, a parità di effetto casuale.

La varianza stimata degli effetti casuali è 4.69 e quindi c'è una cospicua associazione tra le risposte nelle quattro situazioni. Infatti, si potrebbe vedere che 373 dei 537 soggetti hanno lo stesso valore della variabile risposta nelle quattro età. Questa polarizzazione delle risposte pone in dubbio l'assunzione di normalità degli effetti casuali.

Le stime dei parametri del modello marginale (7.22) sono a livello di popolazione e risultano più piccole in valore assoluto di quelle del modello con effetti casuali (7.23). Questo riflette la variabilità degli effetti casuali ($\hat{\sigma}_u^2 = 4.69$) e la corrispondente correlazione fra i quattro valori della variabile risposta per lo stesso soggetto. Anche se le stime dei parametri del modello GLMM sono circa una volta e mezza quelle del modello marginale, lo stesso accade per gli *standard error*. I due approcci danno quindi conclusioni simili, indicando un'attenuazione della presenza di problemi respiratori con l'aumentare dell'età.

7.5.4 Malaria in Kenya: analisi dei dati `Malaria`

I dati contenuti nel *data frame* `Malaria` (Stevenson *et al.*, 2013) sono relativi all'incidenza della malaria rilevata tramite un'indagine svolta in 46 comunità geograficamente distinte in una regione occidentale del Kenya. La rilevazione è stata effettuata separatamente con due indagini campionarie: una sulla popolazione scolastica delle comunità e una su tutta la popolazione delle comunità, per un totale di 8 204 soggetti. Nel seguito si considera solamente l'indagine sulla popolazione scolastica (4 852 soggetti), considerando le 46 comunità come *cluster*. Un'analisi più approfondita potrebbe considerare anche la dipendenza spaziale tra i soggetti rilevati, visto che è disponibile anche la localizzazione geografica della residenza.

Ai soggetti partecipanti all'indagine è stato somministrato un test diagnostico per la malaria (*Rapid Diagnostic Test*). L'esito è registrato nella variabile `RDT` (1 positivo, 0 negativo). Tra le variabili concomitanti vi sono il sesso del soggetto, `Gender` (`Female`, `Male`), l'età (`Age`) e lo stato socio-economico, `SES` (valori interi da 1, povero, a 5, ricco). Sono inoltre disponibili alcune variabili indicatrici: `Travel` (1 se il soggetto ha viaggiato al di fuori del villaggio negli ultimi tre mesi, e 0 altrimenti), `IRS` (1 se è stato applicato un insetticida all'interno della casa negli ultimi 12 mesi, e 0 altrimenti), `MosqCntl` (1 se nella casa c'è qualche forma di controllo per le zanzare, e 0 altrimenti), `NetUse` (1 se il soggetto ha dormito sotto una zanzariera nella notte precedente alla somministrazione del test, e 0 altrimenti). Infine, la variabile `Cluster` identifica le diverse comunità.

```
Malaria2 <- subset(Malaria, subset = (Survey == "school"))
```

Si noti come l'incidenza della malaria sia molto eterogenea tra le diverse comunità.

```
with(Malaria2, round(prop.table(table(RDT, Cluster), 2), 2))

##    Cluster
## RDT 21004 21006 21008 21016 21021 21023 21024 21025 21030
##   0  0.65  0.44  0.79  0.56  0.43  0.91  0.86  0.71  0.42
##   1  0.35  0.56  0.21  0.44  0.57  0.09  0.14  0.29  0.58
##    Cluster
## RDT 21032 21034 21039 21042 21044 21045 21046 21049 21051
##   0  0.41  0.85  0.35  0.29  0.79  0.75  0.92  0.65  0.89
##   1  0.59  0.15  0.65  0.71  0.21  0.25  0.08  0.35  0.11
##    Cluster
## RDT 21054 21055 21057 21058 21061 21066 21069 21073 21074
##   0  0.89  0.78  0.84  0.83  0.81  0.44  0.77  0.96  0.96
##   1  0.11  0.22  0.16  0.17  0.19  0.56  0.23  0.04  0.04
##    Cluster
## RDT 21077 21079 21082 21083 21085 21093 21096 21097 21099
##   0  0.92  0.74  0.47  0.30  0.74  0.82  0.96  0.82  0.64
##   1  0.08  0.26  0.53  0.70  0.26  0.18  0.04  0.18  0.36
##    Cluster
## RDT 21100 21104 21106 21108 21110 21113 21115 21116 21117
##   0  0.84  0.98  0.84  0.76  0.95  0.88  0.81  0.75  1.00
##   1  0.16  0.02  0.16  0.24  0.05  0.12  0.19  0.25  0.00
##    Cluster
## RDT 21121
##   0  0.93
##   1  0.07
```

Si consideri un modello marginale per la probabilità che per un soggetto nell'intera popolazione scolastica il test diagnostico dia esito positivo alla malaria. Un primo possibile modello utilizza una *working correlation* scambiabile per le osservazioni all'interno della stessa comunità e include come variabili esplicative tutte le variabili concomitanti descritte in precedenza. La funzione `gee` richiede che le osservazioni relative a una stessa unità siano consecutive nel *data frame*. Per riorganizzare in questo senso il *data frame*, si utilizza la funzione `sort.list` per riordinare le righe in base ai valori della variabile `Malaria2$Cluster`.

```
# dati riordinati rispetto alla variabile Cluster
Malaria2 <- Malaria2[sort.list(Malaria2$Cluster),]
library(gee)
Malaria.gee.ex <- gee(RDT ~ Gender + Age + NetUse + MosqCntl +
                      IRS + Travel + factor(SES),
                     id = Cluster, data = Malaria2,
                     family = binomial, corstr = "exchangeable")

##   ...

summary(Malaria.gee.ex)$coef

##                Estimate Naive S.E. Naive z Robust S.E. Robust z
## (Intercept)    -0.62696     0.2266  -2.767      0.2968  -2.1124
## GenderMale      0.08978     0.0598   1.501      0.0696   1.2906
## Age            -0.03603     0.0139  -2.587      0.0165  -2.1856
## NetUse         -0.04812     0.0684  -0.703      0.0773  -0.6229
## MosqCntl       -0.07214     0.1942  -0.372      0.1909  -0.3779
## IRS             0.07609     0.0704   1.081      0.0934   0.8146
## Travel          0.05614     0.0847   0.663      0.1147   0.4895
## factor(SES)2    0.01626     0.0882   0.184      0.0958   0.1698
## factor(SES)3   -0.00279     0.0995  -0.028      0.1065  -0.0262
## factor(SES)4   -0.14781     0.0959  -1.541      0.0894  -1.6533
## factor(SES)5   -0.36122     0.1021  -3.539      0.0983  -3.6755
```

Molti coefficienti non sembrano significativi. Semplificando il modello con un approccio *backward* si arriva a un modello che include solamente l'età e lo stato socio-economico come variabili rilevanti. In particolare, all'aumentare dell'età diminuisce la probabilità di risultare positivi alla malaria. Il fenomeno è noto in letteratura, in quanto in zone ad alta incidenza della malattia lo sviluppo di anticorpi specifici per la malaria tende ad aumentare con l'età (Stevenson *et al.*, 2013). Analoga relazione con la probabilità di risultare positivi alla malaria vale anche all'aumentare del benessere socio-economico. La correlazione stimata all'interno dei *cluster* risulta pari a 0.187.

```
Malaria.gee.ex2 <- gee(RDT ~ Age + factor(SES), id=Cluster,
                      data = Malaria2, family = binomial,
                      corstr = "exchangeable")

##   ...

summary(Malaria.gee.ex2)$coef

##                Estimate Naive S.E. Naive z Robust S.E. Robust z
```

```
## (Intercept)  -0.55005    0.2178 -2.5252     0.2775  -1.9823
## Age          -0.03376    0.0138 -2.4415     0.0165  -2.0520
## factor(SES)2  0.00224    0.0868  0.0258     0.0950   0.0235
## factor(SES)3 -0.01194    0.0981 -0.1217     0.0991  -0.1205
## factor(SES)4 -0.16403    0.0937 -1.7514     0.0913  -1.7973
## factor(SES)5 -0.38044    0.0990 -3.8445     0.0959  -3.9652
```

Esercizio Si effettuino i passi dell'analisi *backward* che porta dal modello iniziale `Malaria.gee.ex` a quello finale `Malaria.gee.ex2`. ◇

Esercizio Si effettui l'analisi utilizzando una *working correlation* di indipendenza. Si noti come i risultati siano sostanzialmente diversi rispetto a quelli ottenuti sotto l'ipotesi di scambiabilità. ◇

Un approccio con effetti casuali considera invece un modello logistico-normale per la probabilità di positività alla malaria per un soggetto appartenente ad un generico *cluster*. Anche in questo caso si parte da un modello che include come variabili esplicative tutte le variabili concomitanti. Si può usare l'approssimazione di Laplace per il calcolo della verosimiglianza marginale, poiché vi sono mediamente più di cento osservazioni per *cluster*.

```
library(lme4)
Malaria.glmm <- glmer(RDT ~ Gender + Age + NetUse + MosqCntl +
                      IRS + Travel + factor(SES) + (1 | Cluster),
                      data = Malaria2, family = binomial)
summary(Malaria.glmm)
```

```
## Generalized linear mixed model fit by maximum likelihood (Laplace
##   Approximation) [glmerMod]
##  Family: binomial  ( logit )
## Formula:
## RDT ~ Gender + Age + NetUse + MosqCntl + IRS + Travel + factor(SES) +
##     (1 | Cluster)
##    Data: Malaria2
##
##      AIC      BIC   logLik deviance df.resid
##     4739     4817    -2358     4715     4840
##
##   ...
##
## Random effects:
##  Groups  Name        Variance Std.Dev.
##  Cluster (Intercept) 1.42     1.19
## Number of obs: 4852, groups:  Cluster, 46
##
## Fixed effects:
##              Estimate Std. Error z value Pr(>|z|)
## (Intercept) -0.81227    0.28837   -2.82  0.00485 **
## GenderMale   0.11010    0.07366    1.49  0.13501
## Age         -0.04490    0.01697   -2.65  0.00815 **
## NetUse      -0.06139    0.08346   -0.74  0.46201
## MosqCntl    -0.10558    0.24076   -0.44  0.66102
```

```
## IRS             0.09818    0.08722    1.13  0.26028
## Travel          0.07290    0.10222    0.71  0.47577
## factor(SES)2    0.02136    0.10929    0.20  0.84506
## factor(SES)3   -0.00212    0.12281   -0.02  0.98624
## factor(SES)4   -0.18439    0.11739   -1.57  0.11626
## factor(SES)5   -0.43924    0.12344   -3.56  0.00037 ***
## ---
## Signif. codes:  0 '***' 0.001 '**' 0.01 '*' 0.05 '.' 0.1 ' ' 1
##
##   ...
```

Anche in questo caso si può semplificare il modello con un approccio *backward*, arrivando a un modello che include le stesse variabili esplicative trovate con l'approccio marginale. Le stime del modello marginale e di quello ad effetti casuali sono abbastanza simili. In effetti, la varianza stimata degli effetti casuali è 1.42 e, anche in questo esempio, i due approcci portano a conclusioni equivalenti.

```
Malaria.glmm2 <- glmer(RDT ~ Age + factor(SES) + (1 | Cluster),
                       data = Malaria2, family = binomial)
summary(Malaria.glmm2)
```

```
## Generalized linear mixed model fit by maximum likelihood (Laplace
##   Approximation) [glmerMod]
##  Family: binomial  ( logit )
## Formula: RDT ~ Age + factor(SES) + (1 | Cluster)
##    Data: Malaria2
##
##      AIC      BIC   logLik deviance df.resid
##     4734     4779    -2360     4720     4845
##
##   ...
##
## Random effects:
##  Groups  Name        Variance Std.Dev.
##  Cluster (Intercept) 1.43     1.19
## Number of obs: 4852, groups:  Cluster, 46
##
## Fixed effects:
##              Estimate Std. Error z value Pr(>|z|)
## (Intercept)  -0.71648    0.27966   -2.56  0.01041 *
## Age          -0.04208    0.01686   -2.50  0.01256 *
## factor(SES)2  0.00447    0.10800    0.04  0.96696
## factor(SES)3 -0.01436    0.12109   -0.12  0.90562
## factor(SES)4 -0.20411    0.11504   -1.77  0.07603 .
## factor(SES)5 -0.46409    0.11985   -3.87  0.00011 ***
## ---
## Signif. codes:  0 '***' 0.001 '**' 0.01 '*' 0.05 '.' 0.1 ' ' 1
##
##   ...
```

Esercizio Si effettuino i passaggi dell'analisi *backward* che porta dal modello iniziale `Malaria.glmm` a quello conclusivo `Malaria.glmm2`. ◇

7.6 Nota bibliografica

Sono numerosi i testi da indicare per approfondimenti sui modelli per risposte correlate. Tra i principali, Agresti (2015, Capitolo 9), Fitzmaurice *et al.* (2008), McCulloch *et al.* (2008), Song (2007), Molenberghs e Verbeke (2005), Diggle *et al.* (2002), Fahrmeir e Tutz (2001).

Modelli lineari e non lineari per risposte normali correlate sono approfonditi in Pinheiro e Bates (2000). L'introduzione in Liang e Zeger (1986) della metodologia GEE è considerata una tappa fondamentale nello sviluppo e nella diffusione di metodi per l'analisi di dati longitudinali (Diggle, 1997).

I modelli con effetti misti per risposte normali, denominati anche modelli per componenti di varianza, hanno una lunga storia, che risale alla seconda metà dell'Ottocento (per un resoconto, si veda Searle *et al.*, 1992, Capitolo 2). Per una presentazione dettagliata delle stime BLUP per gli effetti casuali si veda Robinson (1991). Un modello con effetti misti per risposte normali induce un modello marginale normale multivariato con una struttura particolare per la matrice di covarianza (cfr. formula (7.16)). All'inferenza in modelli normali multivariati sono dedicati numerosi testi, ad esempio Johnson e Wichern (2007). Per alcuni primi esempi di modelli con effetti casuali per risposte binomiali o Poisson, si citano Williams (1982) e Breslow (1984). La denominazione GLMM per i modelli con effetti casuali per risposte non normali appare in Breslow e Clayton (1993), ove viene introdotto l'uso dell'approssimazione di Laplace per la verosimiglianza marginale. L'approccio bayesiano rende concettualmente e computazionalmente semplici la modellazione e l'inferenza per modelli gerarchici multilivello, si veda Gelman e Hill (2007).

7.7 Esercizi

7.1 Con i dati analizzati nel paragrafo 7.5.1, si verifichi l'ipotesi di eguaglianza delle medie della variabile 8-dimensionale (`week1`,..., `week8`) nei due gruppi di pazienti: (1) sottoposti a terapia innovativa (terapia A) e (2) sottoposti a terapia tradizionale (terapie B e C).

7.2 Siano (y_{i1}, y_{i2}) due osservazioni in tempi successivi del livello di colesterolo di $2n$ pazienti con ipercolesterolemia suddivisi casualmente in due gruppi. Il primo, per $i = 1, \ldots, n$, è stato sottoposto a una dieta, il secondo, per $i = n + 1, \ldots, 2n$, è stato trattato con un farmaco. Si assuma che i dati siano realizzazione del modello

$$Y_{ij} = \beta_1 + \beta_2 x_i + \beta_3 j + \varepsilon_{ij}\,, \quad i = 1, \ldots, 2n\,, \quad j = 1, 2\,,$$

con $x_i = 0$ per $i = 1, \ldots, n$ e $x_i = 1$ per $i = n + 1, \ldots, 2n$. Si assume che gli errori ε_{ij} abbiano media 0, varianza $\sigma^2 > 0$ e $Cov(\varepsilon_{i1}, \varepsilon_{i2}) = \sigma^2\rho$, e che errori relativi a pazienti diversi siano incorrelati.

(a) Si indichi se il modello è di tipo marginale oppure con effetti individuali.
(b) Si spieghi perché β_2 rappresenta l'effetto tra le unità e β_3 l'effetto entro le unità.

(c) Siano $\bar{Y}_j^A = n^{-1}\sum_{i=1}^n Y_{ij}$ e $\bar{Y}_j^B = n^{-1}\sum_{i=n+1}^{2n} Y_{ij}$, $j = 1, 2$, le medie campionarie della risposta nelle due occasioni dei due gruppi di pazienti trattati con dieta (A) e con farmaco (B). Si verifichi che

$$\hat{\beta}_2 = \frac{\bar{Y}_1^B + \bar{Y}_2^B}{2} - \frac{\bar{Y}_1^A + \bar{Y}_2^A}{2}$$

è uno stimatore non distorto di β_2 e

$$\hat{\beta}_3 = \frac{\bar{Y}_2^A + \bar{Y}_2^B}{2} - \frac{\bar{Y}_1^A + \bar{Y}_1^B}{2}$$

è uno stimatore non distorto di β_3.

(d) Si verifichi che

$$Var(\hat{\beta}_2) = \frac{\sigma^2(1+\rho)}{n}, \qquad Var(\hat{\beta}_3) = \frac{\sigma^2(1-\rho)}{n}.$$

(e) Che conseguenze avrebbe sugli *standard error* delle stime trattare erroneamente le osservazioni relative allo stesso soggetto come indipendenti?

(f) Si formuli un modello normale con effetti casuali che ha come modello marginale corrispondente quello sopra descritto.

7.3 Si mostri che vale la relazione (7.20).

7.4 Siano Z_1 e Z_2 variabili casuali rappresentabili come $Z_j = u + \varepsilon_j$, $j = 1, 2$, con u, ε_1 e ε_2 variabili casuali indipendenti con varianza finita. Si verifichi che

$$Cor(Z_1, Z_2) = \frac{Var(u)}{\sqrt{\{Var(u) + Var(\varepsilon_1)\}\{Var(u) + Var(\varepsilon_2)\}}}.$$

Si spieghi perché questo mostra che in un modello lineare generalizzato con intercetta casuale e legame identità le osservazioni relative ad una stessa unità hanno correlazione positiva. Si verifichi che la correlazione è funzione crescente di $Var(u)$.

7.5 I dati nel *data frame* `Testingresso` si riferiscono al test d'ingresso ai corsi di laurea in Scienze Statistiche dell'Università di Padova per l'anno accademico 2014/2015. In particolare, sono riportate le risposte di $n = 63$ candidati (`subject`) a $m = 10$ domande di comprensione di un testo (`item`). La variabile risposta (`y`) assume valore 1 se la risposta è corretta e 0 altrimenti.

(a) Come analisi preliminare si valutino le percentuali di risposte corrette per soggetto e per domanda.

(b) Si specifichi un modello con intercetta casuale analogo al modello (7.23) per la probabilità di risposta corretta dello studente i-esimo alla domanda j-esima.

(c) Si stimi il modello definito al punto precedente e si interpretino i risultati.

(d) Si desidera verificare l'ipotesi che le domande abbiano uguale difficoltà. Si espliciti l'ipotesi nulla corrispondente e si ottenga il test del rapporto di verosimiglianza.

7.6 I dati nel *data frame* `Dogs` (Dobson e Barnett, 2008, Tabella 11.8) riguardano uno studio relativo alla possibilità di valutare il volume ventricolare sinistro (`y`) in funzione di una variabile che misura la conduttanza (`x`). È stato condotto un esperimento su $n = 5$ cani in $m = 8$ situazioni (`condition`).

(a) Si individuino le unità statistiche, la variabile risposta e le variabili concomitanti, indicando la tipologia di ciascuna variabile.
(b) Si conduca un'analisi esplorativa dei dati.
(c) Siano y_{ij} e x_{ij} volume ventricolare e conduttanza per il cane i-esimo nella situazione j-esima. Si assuma che le osservazioni y_{ij} siano realizzazioni di variabili casuali Y_{ij} con $E(Y_{ij}) = \beta_1 + \beta_2 x_{ij}$ e si adatti un modello normale che assume l'indipendenza di tutte le variabili Y_{ij}.
(d) Si adatti un modello marginale tramite equazioni di stima generalizzate, valutando la struttura più adeguata per la matrice di correlazione *working*.
(e) Si adatti un modello con effetti casuali.
(f) Si confrontino i risultati ottenuti e si indichi quale modello si ritiene preferibile e perché.

7.7 I dati `petrol` nella libreria `MASS` (Venables e Ripley, 2002, paragrafo 10.1) sono stati raccolti in un esperimento avente l'obiettivo di valutare l'effetto di diverse caratteristiche del petrolio grezzo sulla percentuale di benzina prodotta dal petrolio grezzo. A tal fine, è stato condotto un esperimento in cui, per 10 configurazioni delle variabili:

- `SG`: gravità specifica (in °API);
- `VP`: pressione del petrolio allo stato gassoso (in psi, *pounds/square inch*);
- `V10`: temperatura (in gradi Farenheit) alla quale il 10% di petrolio passa allo stato gassoso,

sono stati misurati:

- `EP`: volatilità della benzina prodotta (misurato dal livello ASTM in gradi Farenheit);
- `Y`: percentuale di benzina prodotta dal petrolio grezzo.

La variabile `No` con valori da `A` a `J` indica le 10 configurazioni sperimentali delle variabili `SG`, `VP` e `V10`.

(a) Si individuino le unità statistiche, la variabile risposta e le variabili concomitanti, indicando la tipologia di ciascuna variabile.
(b) Si conduca un'analisi esplorativa dei dati con l'obiettivo di valutare come la relazione tra `EP` e `Y` vari al variare della configurazione sperimentale.
(c) Si adatti un modello lineare con interazione (analisi della covarianza) per spiegare la percentuale di benzina prodotta in funzione della configurazione sperimentale (`No`) e della volatilità (`EP`). Si valuti la significatività dell'interazione e si commenti il risultato.
(d) Si consideri ora come unità statistica la singola configurazione sperimentale, sulla quale sono state effettuate m_i misurazioni (da 2 a 4) delle variabili `EP` e `Y`. Siano y_{ij} e x_{ij} la percentuale di benzina prodotta (`Y`) e la volatilità (`EP`),

rispettivamente, per la prova j-esima, $j = 1, \dots, m_i$, con la configurazione i-esima, $i = 1, \dots, 10$. Siano inoltre SG_i, VP_i e $V10_i$ i valori delle variabili `SG`, `VP` e `V10` per ciascuna configurazione i, $i = 1, \dots, 10$. Si consideri il modello lineare normale con effetti misti che assume che le osservazioni y_{ij} siano realizzazioni di variabili casuali Y_{ij},

$$Y_{ij} = \beta_1 + a_i + \beta_2 x_{ij} + \beta_3 SG_i + \beta_4 VP_i + \beta_5 V10_i + \varepsilon_{ij} ,$$

dove $a_i \sim N(0, \sigma_a^2)$ e $\varepsilon_{ij} \sim N(0, \sigma_\varepsilon^2)$, indipendenti. Si interpreti tale modello e lo si adatti ai dati tramite la funzione `lme` di R. Si valuti se alcune variabili esplicative possano essere eliminate.

(e) Si valuti se sia opportuno introdurre un ulteriore effetto casuale anche per il coefficiente di regressione di Y_{ij} su x_{ij} per ogni unità, secondo il modello

$$Y_{ij} = \beta_1 + a_i + (\beta_2 + b_i) x_{ij} + \beta_3 SG_i + \beta_4 VP_i + \beta_5 V10_i + \varepsilon_{ij} ,$$

con $b_i \sim N(0, \sigma_b^2)$, indipendente dalle variabili a_i e ε_{ij}.

7.8 Si riconsiderino i dati `Orthodont1` analizzati nel paragrafo 7.5.2. Si verifichi che, adottando il modello marginale con struttura di correlazione di indipendenza si ottengono le stesse stime calcolate con la struttura scambiabile. Si verifichi che ciò non accade rimuovendo, ad esempio, le ultime due righe del *file*, ossia eliminando le osservazioni alle età 12 e 14 dell'ultimo soggetto.

7.9 I dati nel *data frame* `epil` della libreria `MASS` si riferiscono a pazienti affetti da epilessia. Il numero complessivo di crisi epilettiche è stato registrato per un periodo base di 8 settimane (`base`, o `lbase` in scala logaritmica e ricentrata). Successivamente i pazienti sono stati assegnati in modo casuale ad un gruppo trattamento o ad un gruppo di controllo (`trt`). Il conteggio di crisi epilettiche (`y`) è stato poi registrato per quattro successivi periodi di due settimane (`period`). Le altre variabili esplicative sono l'età del soggetto (`age`, o `lage` in scala logaritmica e ricentrata) e `V4`, indicatore del quarto periodo.

(a) Come analisi preliminare si ottenga una matrice di grafici che riporti per ogni paziente il numero di crisi epilettiche in funzione del periodo.
(b) Si specifichi un modello lineare generalizzato Poisson con legame canonico, con intercetta casuale per ogni soggetto, e con variabili esplicative `lbase`, `trt`, `lage`, `V4` e l'interazione tra `lbase` e `trt`.
(c) Si stimi il modello definito al punto precedente e si interpretino i risultati.
(d) Si semplifichi il modello precedente togliendo sia l'effetto di interazione tra `lbase` e `trt` che `lage`. Si espliciti l'ipotesi nulla corrispondente e si ottenga il test del rapporto di verosimiglianza.
(e) Si adatti un modello marginale tramite equazioni di stima generalizzate, utilizzando una matrice di correlazione *working* autoregressiva o scambiabile. Si confrontino i risultati con quelli ottenuti con il modello con effetti casuali.

Appendice A: Dati utilizzati nel testo

La Tabella A.1 elenca gli insiemi di dati utilizzati nel testo, assieme a una loro breve descrizione e alla posizione in cui sono presentati o analizzati. Gli insiemi di dati utilizzati solamente negli esercizi non sono elencati nella tabella, ma sono presenti nel pacchetto `MLGdata`.

Tabella A.1 Dati utilizzati in questo libro ed esempi o paragrafi dove vengono analizzati. Tutti i *data frame* sono inclusi nel pacchetto `MLGdata`, tranne `downs.bc` che è presente nel pacchetto `boot`

data frame di R	Breve descrizione	Paragrafi
`Aids`	Mortalità per AIDS	Esempi 1.5, 2.7, 2.8, 2.9, 2.10, 2.15, paragrafo 2.6.1
`Ants`	Formiche e *sandwich* preferito	paragrafi 5.7.4, 6.4.1
`Beetles`	Efficacia di un insetticida	Esempio 1.6, Esempio 3.1, paragrafo 3.9.1
`Beetles10`	Efficacia di un insetticida (dati non raggruppati)	paragrafi 3.1, 3.7
`Biochemists`	Produzione scientifica di dottorandi	paragrafo 5.7.5
`Cement`	Resistenza del cemento	paragrafo 2.6.4
`Chimps`	Scimpanzé e apprendimento	paragrafo 2.6.3
`Chlorsulfuron`	Efficacia di un erbicida	Esempio 1.3, paragrafo 1.8.3
`Clotting`	Tempi di coagulazione del sangue	Esempio 1.2, paragrafi 1.8.2 e 2.6.2
`Credit`	*Credit scoring* di clienti	Esempio 1.4, paragrafo 3.9.2
`Customer`	Soddisfazione della clientela	Esempio 1.7, paragrafo 4.4.2
`Customer3`	Soddisfazione della clientela (dati raggruppati)	paragrafo 4.4.2
`downs.bc`	Sindrome di Down	paragrafo 3.9.3, Esempio 5.2
`Drugs`	Alcol, sigarette e marijuana	Esempio 1.9, paragrafo 5.7.1
`Drugs2`	Alcol, sigarette e marijuana (dati raggruppati)	paragrafo 5.7.1
`Infant`	Gravidanza, fumo ed età della madre	paragrafo 5.7.3
`Malaria`	Incidenza della malaria in Kenya	paragrafo 7.5.4
`Mental`	Livello di menomazione	paragrafo 4.4.3

A. Salvan, N. Sartori, L. Pace, *Modelli Lineari Generalizzati*, UNITEXT 124,
https://doi.org/10.1007/978-88-470-4002-1

Tabella A.1 (cont.)

data frame di R	Breve descrizione	Paragrafi
`Neonati`	Peso di neonati alla nascita	Esempio 1.1, paragrafo 1.8.1
`Ohio`	Problemi respiratori	paragrafo 7.5.3
`Orthodont`	Crescita dentale	Esempi 1.10, 7.1, paragrafo 7.5.2
`Pneu`	Pneumoconiosi	paragrafo 4.4.4
`Rats`	Studio in teratologia	paragrafo 6.4.2
`Snore`	Russare e patologie cardiache	Esempi 5.3, 5.4
`Spending`	Opinioni sulla spesa pubblica	paragrafo 5.7.2
`Stroke`	Riabilitazione post infarto	paragrafo 7.5.1
`Vehicle`	Veicolo preferito	paragrafo 4.4.1

Appendice B: Distribuzioni di probabilità

Distribuzioni univariate discrete

Tabella B.1 Alcune distribuzioni discrete disponibili in R. Per $\star$ = `d`, si ottiene la funzione di probabilità calcolata in `y`; per $\star$ = `p`, la funzione di ripartizione calcolata in `y`; per $\star$ = `q`, il quantile corrispondente alla probabilità `y`; per $\star$ = `r`, la simulazione di `y` valori

Distribuzione	Funzione di probabilità	Comandi
Binomiale $Bi(m, \pi)$	$p(y; m, \pi) = \binom{m}{y} \pi^y (1-\pi)^{m-y}$ $y = 0, \ldots, m; m = 1, 2, \ldots, 0 < \pi < 1$	`★binom(y,m,p)`
Binomiale[a] negativa traslata $Bineg(k, \pi) - k$	$p(y; k, \pi) = \binom{k+y-1}{k-1} \pi^k (1-\pi)^y$ $y = 0, 1, \ldots; k \geq 0, 0 < \pi < 1$	`★nbinom(y,k,p)`
Geometrica traslata $Ge(\pi) - 1$	$p(y; \pi) = \pi(1-\pi)^y$ $y = 0, 1, \ldots; 0 < \pi < 1$	`★geom(y,p)`
Ipergeometrica $Ig(n, N, F)$	$p(y; n, N, F) = \binom{F}{y}\binom{N-F}{n-y} / \binom{N}{n}$ $y = \max(0, n+F-N), \ldots, \min(n, F);$ $0 \leq n \leq N, F = 1, \ldots, N-1, N = 1, 2, \ldots$	`★hyper(y,F,N-F,n)`
Poisson $P(\mu)$	$p(y; \mu) = e^{-\mu} \mu^y / y!$ $y = 0, 1, \ldots; \mu > 0$	`★pois(y,mu)`

[a] In R, la binomiale negativa è definita come $Y^* - k$, con Y^* avente funzione di probabilità (2.59); inoltre k può essere un valore reale positivo, indicato con κ nella (5.19).

Distribuzioni univariate continue

Tabella B.2 Alcune distribuzioni continue disponibili in R. Per $\star$ = d, si ottiene la densità calcolata in y; per $\star$ = p, la funzione di ripartizione calcolata in y; per $\star$ = q, il quantile corrispondente alla probabilità y; per $\star$ = r, la simulazione di y valori. Il simbolo $B(\alpha,\beta)$ indica la funzione beta, $B(\alpha,\beta) = \Gamma(\alpha)\Gamma(\beta)/\Gamma(\alpha+\beta)$

Distribuzione	Funzione di densità	Comandi
Beta $Be(\alpha,\beta)$	$p(y;\alpha,\beta) = y^{\alpha-1}(1-y)^{\beta-1}/B(\alpha,\beta)$ $0 \le y \le 1; \alpha,\beta > 0$	`⋆beta(y,alpha,beta)`
Cauchy $Cau(\mu,\sigma)$	$p(y;\mu,\sigma) = \left\{\pi\sigma\left(1+\left(\frac{y-\mu}{\sigma}\right)^2\right)\right\}^{-1}$ $y \in \mathbb{R}; \mu \in \mathbb{R}, \sigma > 0$	`⋆cauchy(y,mu,sigma)`
Chi-quadrato χ^2_ν	$p(y;\nu) = \frac{y^{\nu/2-1}e^{-y/2}}{\Gamma(\nu/2)2^{\nu/2}}$ $y > 0; \nu > 0$	`⋆chisq(y, nu)`
Esponenziale $Esp(\lambda)$	$p(y;\lambda) = \lambda\exp(-\lambda y)$ $y > 0; \lambda > 0$	`⋆exp(y,lambda)`
F di Fisher F_{ν_1,ν_2}	$p(y;\nu_1,\nu_2) = \frac{(\nu_1/\nu_2)^{\nu_1/2}y^{\nu_1/2-1}}{B(\nu_1/2,\nu_2/2)[1+(\nu_1/\nu_2)y]^{(\nu_1+\nu_2)/2}}$ $y > 0; \nu_1,\nu_2 > 0$	`⋆f(y,nu1,nu2)`
Gamma $Ga(\alpha,\lambda)$	$p(y;\alpha,\lambda) = \lambda^\alpha y^{\alpha-1}e^{-\lambda y}/\Gamma(\alpha)$ $y > 0; \alpha,\lambda > 0$	`⋆gamma(y,alpha,lambda)`
Logistica $Lo(\mu,\sigma)$	$p(y;\mu,\sigma) = \frac{1}{\sigma}\exp\left(\frac{y-\mu}{\sigma}\right)\{1+\exp(\frac{y-\mu}{\sigma})\}^{-2}$ $y \in \mathbb{R}; \mu \in \mathbb{R}, \sigma > 0$	`⋆logis(y,mu,sigma)`
Lognormale $Ln(\mu,\sigma)$	$p(y;\mu,\sigma) = \frac{\exp\{-\frac{1}{2}\left(\frac{\log y-\mu}{\sigma}\right)^2\}}{\sigma y\sqrt{2\pi}}$ $y > 0; \mu \in \mathbb{R}, \sigma > 0$	`⋆lnorm(y,mu,sigma)`
Normale $N(\mu,\sigma^2)$	$p(y;\mu,\sigma) = \frac{\exp\{-\frac{1}{2\sigma^2}(y-\mu)^2\}}{\sigma\sqrt{2\pi}}$ $y \in \mathbb{R}; \mu \in \mathbb{R}, \sigma > 0$	`⋆norm(y,mu,sigma)`
t di Student t_ν	$p(y;\nu) = \frac{\Gamma((\nu+1)/2)(1+y^2/\nu)^{-(\nu+1)/2}}{\Gamma(\nu/2)\sqrt{\nu\pi}}$ $y \in \mathbb{R}; \nu > 0$	`⋆t(y,nu)`
Uniforme $U(\theta_1,\theta_2)$	$p(y;\theta_1,\theta_2) = (\theta_2-\theta_1)^{-1}$ $\theta_1 \le y \le \theta_2; \theta_1 \in \mathbb{R}, \theta_2 > \theta_1$	`⋆unif(y,theta1,theta2)`
Weibull $Wei(\gamma,\beta)$	$p(y;\gamma,\beta) = \gamma\beta^{-\gamma}y^{\gamma-1}\exp\{-(y/\beta)^\gamma\}$ $y > 0; \gamma,\beta > 0$	`⋆weibull(y,gamma,beta)`

Distribuzioni multivariate

Si indica con $Y = (Y_1, \ldots, Y_d)^\top$ un vettore casuale d-dimensionale e con $y = (y_1, \ldots, y_d)^\top$ una sua realizzazione.

Tabella B.3 Alcune distribuzioni multivariate disponibili in R

Distribuzione	Funzione di probabilità/densità
Multinomiale $Mn_d(n, \pi)$	$p_Y(y; \pi) = \frac{n!}{y_1! \cdots y_d!} \pi_1^{y_1} \cdots \pi_d^{y_d}$ $y \in \mathbb{N}^d \colon \sum_{i=1}^d y_i = n$ $\pi = (\pi_1, \ldots, \pi_d)$, con $0 < \pi_i < 1, i = 1, \ldots, d$, e $\sum_{i=1}^d \pi_i = 1$
Normale multivariata $N_d(\mu, \Sigma)$	$p_Y(y; \mu, \Sigma) = \frac{1}{(2\pi)^{d/2} \lvert\Sigma\rvert^{1/2}} \exp\left\{-\frac{1}{2}(y-\mu)^\top \Sigma^{-1}(y-\mu)\right\}$ $y \in \mathbb{R}^d$, $\mu \in \mathbb{R}^d$, Σ matrice $d \times d$ simmetrica e definita positiva

Sono disponibili in R per le distribuzioni multinomiale e normale multivariate le funzioni `⋆multinom(y, size, prob)` e `⋆mvnorm(y, mean, sigma)`, nella libreria `mvtnorm` (Genz *et al.*, 2020). Per entrambe le distribuzioni, con $\star =$ `d`, si ottiene la densità calcolata in `y`; con $\star =$ `r`, la simulazione di `y` vettori. Per la normale multivariata è disponibile anche la funzione di ripartizione calcolabile con $\star =$ `p`.

Appendice C: Identità tra stime dei minimi quadrati ordinari e generalizzati

Seguendo Zyskind (1967), la dimostrazione dell'equivalenza delle identità (1.34) e $\hat{\beta} = \hat{\beta}_{GLS}$ può essere svolta nei tre passi seguenti.

i) Siano M e Σ matrici $n \times n$ di pieno rango, con Σ simmetrica definita positiva. Sia poi X una matrice del modello $n \times p$, con $n > p$ e rango p. Con $\beta \in \mathbb{R}^p$, i modelli

$$Y = X\beta + \varepsilon, \qquad \varepsilon \sim N_n(0, \Sigma) \tag{C.1}$$

e

$$MY = MX\beta + \zeta, \qquad \zeta \sim N_n(0, M\Sigma M^\top) \tag{C.2}$$

sono equivalenti.
Si indichino con $\hat{\beta}^{(1)}_{GLS}$ e $\hat{\beta}^{(2)}_{GLS}$ le stime dei minimi quadrati generalizzati nei modelli (C.1) e (C.2), e similmente con $\hat{\beta}^{(1)}$ e $\hat{\beta}^{(2)}$ le stime dei minimi quadrati ordinari. Si verifica subito che

$$\hat{\beta}^{(1)}_{GLS} = \hat{\beta}^{(2)}_{GLS} = (X^\top \Sigma^{-1} X)^{-1} X^\top \Sigma^{-1} y$$

mentre le stime

$$\hat{\beta}^{(1)} = (X^\top X)^{-1} X^\top y$$

e

$$\hat{\beta}^{(2)} = (X^\top M^\top M X)^{-1} X^\top M^\top M y$$

in generale sono diverse.

ii) Un primo problema è dunque determinare quando anche le stime dei minimi quadrati ordinari nei modelli (C.1) e (C.2) sono uguali. Si ha $\hat{\beta}^{(1)} = \hat{\beta}^{(2)}$ se e solo se

$$X^\top M^\top M X (X^\top X)^{-1} X^\top y = X^\top M^\top M y\,. \tag{C.3}$$

Inserendo nella (C.3) la scomposizione ortogonale $y = \hat{y} + e$, dove $\hat{y} = Py$ e inoltre $e = (I_n - P)y$ con $P = X(X^\top X)^{-1}X^\top$ matrice di proiezione in $\mathcal{V}_X$, spazio vettoriale generato dalle colonne di X, si ottiene che $\hat{\beta}^{(1)} = \hat{\beta}^{(2)}$ se solo se

$$X^\top M^\top MP(\hat{y} + e) = X^\top M^\top M(\hat{y} + e)$$

ossia se e solo se

$$X^\top M^\top M\hat{y} = X^\top M^\top M\hat{y} + X^\top M^\top Me$$

e in definitiva se solo e se

$$X^\top M^\top Me = 0 .$$

Sia $\mathcal{V}_X^\perp$ il complemento ortogonale di $\mathcal{V}_X$ in $\mathbb{R}^n$, ossia il sottospazio vettoriale di $\mathbb{R}^n$ a cui appartiene e. Se $\hat{\beta}^{(1)} = \hat{\beta}^{(2)}$ vale anche che $e \in \mathcal{V}_{M^\top MX}^\perp$, dove $\mathcal{V}_{M^\top MX}^\perp$ indica il complemento ortogonale di $\mathcal{V}_{M^\top MX}$ in $\mathbb{R}^n$. Viceversa, se $e \in \mathcal{V}_{M^\top MX}^\perp$ allora $\hat{\beta}^{(1)} = \hat{\beta}^{(2)}$. In definitiva,

$$\hat{\beta}^{(1)} = \hat{\beta}^{(2)} \quad \Longleftrightarrow \quad \mathcal{V}_X = \mathcal{V}_{M^\top MX} .$$

iii) Il problema di interesse è determinare quando, per il modello (C.1), la stima dei minimi quadrati generalizzati è uguale alla stima dei minimi quadrati ordinari. Questo si riconduce al problema del punto *ii)*, perché la scelta di M tale che $M^\top M = \Sigma^{-1}$ fa sì che $\hat{\beta}^{(2)} = \hat{\beta}^{(1)}_{GLS}$. Pertanto

$$\hat{\beta}^{(1)}_{GLS} = \hat{\beta}^{(1)} \quad \Longleftrightarrow \quad \mathcal{V}_X = \mathcal{V}_{\Sigma^{-1}X} .$$

Una condizione necessaria e sufficiente affinché $\hat{\beta}^{(1)}_{GLS} = \hat{\beta}^{(1)}$ ancora più conveniente è fornita dal risultato

$$\mathcal{V}_X = \mathcal{V}_{\Sigma^{-1}X} \quad \Longleftrightarrow \quad \mathcal{V}_X = \mathcal{V}_{\Sigma X} ,$$

che si mostra come segue.
Lo spazio generato dalle colonne di X è

$$\mathcal{V}_X = \{u \in \mathbb{R}^n \; : \; \exists b \in \mathbb{R}^p \; : \; u = Xb\}$$

per cui $\mathcal{V}_X = \mathcal{V}_{\Sigma^{-1}X}$ se e solo se

$$\forall b \in \mathbb{R}^p \quad \exists b' \in \mathbb{R}^p \; : \; Xb = \Sigma^{-1}Xb' . \tag{C.4}$$

Il valore b' è unico: se fosse $Xb = \Sigma^{-1}Xb' = \Sigma^{-1}Xb''$ allora sarebbe $\Sigma^{-1}X(b' - b'') = 0$, equivalente a $X(b' - b'') = 0$, per cui $b' = b''$ perché X ha pieno rango di colonna p significa che $Xb = 0$ se e solo se $b = 0$.
Si ha dunque dalla (C.4) che

$$\forall b' \in \mathbb{R}^p \quad \exists b \in \mathbb{R}^p \; : \; Xb' = \Sigma Xb$$

ossia $\mathcal{V}_X = \mathcal{V}_{\Sigma X}$.
Infine, se $\Sigma = \sigma^2\Omega$, si ha $\mathcal{V}_{\Sigma X} = \mathcal{V}_{\Omega X}$ e dunque la (1.34).

Appendice D: Il metodo delta

Sia θ un parametro scalare e sia $\hat{\theta}_n$ uno stimatore di θ basato su $y_1, \ldots, y_n$ con distribuzione approssimata, sotto θ, per n sufficientemente grande,

$$\hat{\theta}_n \dot{\sim} N\left(\theta, \frac{\sigma^2(\theta)}{n}\right) .$$

Si può allora scrivere

$$\hat{\theta}_n \doteq \theta + \frac{1}{\sqrt{n}} U , \tag{D.1}$$

con $U \dot{\sim} N(0, \sigma^2(\theta))$.

Si consideri ora $\psi = h(\theta)$, una funzione scalare d'interesse, con $h(\cdot)$ derivabile due volte con derivata seconda continua. Si indichi con $h'(\cdot)$ la derivata prima e si assuma $h'(\theta) \neq 0$. Lo stimatore per sostituzione $\hat{\psi}_n = h(\hat{\theta}_n)$ può essere approssimato sfruttando la (D.1), tramite uno sviluppo di Taylor arrestato al primo ordine, come

$$\hat{\psi}_n \doteq h(\theta) + h'(\theta) \frac{1}{\sqrt{n}} U . \tag{D.2}$$

Dunque, per n sufficientemente grande, $E_\theta(\hat{\psi}_n) \doteq h(\theta) = \psi$ e

$$Var_\theta(\hat{\psi}_n) \doteq \{h'(\theta)\}^2 \frac{\sigma^2(\theta)}{n} \doteq \{h'(\theta)\}^2 Var_\theta(\hat{\theta}_n) . \tag{D.3}$$

Inoltre,

$$\hat{\psi}_n \dot{\sim} N\left(\psi, \{h'(\theta)\}^2 \frac{\sigma^2(\theta)}{n}\right) . \tag{D.4}$$

Infine, con riferimento alle distribuzioni campionarie stimate, si ha che, se $\hat{\theta}_n \dot{\sim} N(\theta,\ se^2(\hat{\theta}_n))$, allora $\hat{\psi}_n \dot{\sim} N(\psi,\ \{h'(\hat{\theta}_n)\}^2\ se^2(\hat{\theta}_n))$, dove $se^2(\hat{\theta}_n) = \sigma^2(\hat{\theta}_n)/n$.

Esempio D.1 (Stima del tasso di guasto di un'esponenziale) Sia $y_1, \dots, y_n$ un campione casuale semplice tratto da una distribuzione esponenziale con media $\theta = 1/\lambda$, $\theta, \lambda > 0$, dove λ è il tasso di guasto. La media campionaria $\bar{Y}_n$ è lo stimatore di massima verosimiglianza di θ e ha media pari a θ, varianza pari a θ^2/n e distribuzione approssimata, per n sufficientemente grande, sotto θ,

$$\bar{Y}_n \dot{\sim} N\left(\theta, \frac{\theta^2}{n}\right).$$

Quindi, lo stimatore $\hat{\lambda}_n = 1/\bar{Y}_n$ ha distribuzione approssimata

$$\hat{\lambda}_n \dot{\sim} N\left(\lambda, \frac{1}{n\theta^2}\right),$$

dove $\lambda = 1/\theta$, o anche, con la varianza stimata,

$$\hat{\lambda}_n \dot{\sim} N\left(\lambda, \frac{1}{n\bar{y}_n^2}\right). \quad \triangle$$

Più in generale, sia θ un parametro d-dimensionale e sia $\hat{\theta}_n$ uno stimatore di θ basato su $y_1, \dots, y_n$ con distribuzione approssimata, sotto θ per n sufficientemente grande,

$$\hat{\theta}_n \dot{\sim} N_d\left(\theta, \frac{1}{n}V(\theta)\right),$$

con $V(\theta)$ matrice di covarianza $d \times d$. Si può allora scrivere

$$\hat{\theta}_n \doteq \theta + \frac{1}{\sqrt{n}}U, \tag{D.5}$$

con $U \dot{\sim} N_d(0, V(\theta))$.

Si consideri $\psi = h(\theta)$, una funzione da $\mathbb{R}^d$ in $\mathbb{R}^k$ $(k \leq d)$ con componenti $h_j(\theta)$, $j = 1, \dots, k$, differenziabili. Si indichi con $(\partial h/\partial\theta)$ la matrice $k \times d$ con generico elemento

$$(\partial h/\partial\theta)_{jr} = \partial h_j(\theta)/\partial\theta_r, \qquad j = 1, \dots, k, r = 1, \dots, d.$$

Si assume che $(\partial h/\partial\theta)$ calcolata in θ abbia rango massimo k.

Lo stimatore per sostituzione $\hat{\psi}_n = h(\hat{\theta}_n)$ può essere approssimato sfruttando la (D.5) come

$$\hat{\psi}_n \doteq h(\theta) + (\partial h/\partial\theta)\frac{1}{\sqrt{n}}U. \tag{D.6}$$

Dunque, per n sufficientemente grande, $E_\theta(\hat{\psi}_n) \doteq h(\theta) = \psi$ e

$$\begin{aligned} Var_\theta(\hat{\psi}_n) &\doteq \frac{1}{n}(\partial h/\partial\theta)V(\theta)(\partial h/\partial\theta)^\top \\ &\doteq (\partial h/\partial\theta)Var_\theta(\hat{\theta}_n)(\partial h/\partial\theta)^\top . \end{aligned} \tag{D.7}$$

Inoltre,

$$\hat{\psi}_n \dot{\sim} N_k\left(\psi, \frac{1}{n}\left(\frac{\partial h}{\partial\theta}\right)V(\theta)\left(\frac{\partial h}{\partial\theta}\right)^\top\right) . \tag{D.8}$$

Infine, con riferimento alle distribuzioni campionarie stimate, se vale l'approssimazione $\hat{\theta}_n \dot{\sim} N_d(\theta, \widehat{Var}(\hat{\theta}_n))$, con $\widehat{Var}(\hat{\theta}_n) = V(\hat{\theta}_n)/n$, allora

$$\hat{\psi}_n \dot{\sim} N_k\left(\psi, \left(\widehat{\frac{\partial h}{\partial\theta}}\right)\widehat{Var}(\hat{\theta}_n)\left(\widehat{\frac{\partial h}{\partial\theta}}\right)^\top\right) ,$$

con $\left(\widehat{\frac{\partial h}{\partial\theta}}\right)$ pari a $\left(\frac{\partial h}{\partial\theta}\right)$ valutata in $\theta = \hat{\theta}_n$.

Stabilizzazione della varianza

I risultati (D.4) e (D.8) evidenziano la conservazione della normalità asintotica sotto trasformazioni non lineari lisce di $\hat{\theta}_n$. Si può sfruttare l'invarianza del tipo di distribuzione asintotica, reperendo la scala di presentazione della statistica ove la situazione si presenta più conveniente. In particolare, si può reperire una trasformazione $h(\cdot)$ che renda la varianza asintotica indipendente da θ, come accade per la stima di μ in un modello normale.

Si consideri che θ sia scalare. Si dice parametrizzazione che stabilizza la varianza la parametrizzazione $\psi = h(\theta)$ tale che

$$\sigma(\theta)\, h'(\theta) = c\,, \tag{D.9}$$

ove c è una costante diversa da zero. Infatti per l'inferenza su $\psi = h(\theta)$ basata sulla statistica $h(\hat{\theta}_n)$ si può sfruttare l'approssimazione $h(\hat{\theta}_n) \dot{\sim} N(\psi, c^2/n)$, in base alla quale si ottengono intervalli di confidenza per ψ con ampiezza costante, come nel modello normale con varianza nota o, più in generale, in un modello di posizione. Rendere la precisione (asintotica) di uno stimatore indipendente dal parametro da stimare consente di avvicinarsi a una situazione di omoschedasticità se $\hat{\theta}_n$ è la stima della media della risposta in un modello di regressione.

Tabella D.1 Esempi di trasformazioni che stabilizzano la varianza

Modello con parametro θ	$\hat{\theta}_n$	$\frac{\sigma^2(\theta)}{n}$	$\psi(\theta)$	$\frac{\sigma^2(\theta)}{n}(\psi'(\theta))^2$	Autore
Y_i i.i.d., $i=1,\ldots,n$, Poisson con media μ	$\bar{Y}_n$	$\frac{\mu}{n}$	$\sqrt{\mu}$	$\frac{1}{4n}$	Bartlett (1936), Anscombe (1948)
Y_i i.i.d., $i=1,\ldots,n$, $B_i(1,\pi)$	$\bar{Y}_n$	$\frac{\pi(1-\pi)}{n}$	$\arcsin\sqrt{\pi}$	$\frac{1}{4n}$	Anscombe (1948)
Y_i i.i.d., $i=1,\ldots,n$, $Ga(\alpha,\alpha/\mu)$ α noto	$\bar{Y}_n$	$\frac{\mu^2}{n\alpha}$	$\log\mu$	$\frac{1}{n\alpha}$	
(X_i,Y_i) i.i.d., $i=1,\ldots,n$, normale bivariata con correlazione ρ	r (correlazione campionaria)	$\frac{(1-\rho^2)^2}{n}$	$\text{arctanh}(\rho) = \frac{1}{2}\log\frac{1+\rho}{1-\rho}$	$\frac{1}{n}$	Fisher (1921)

Risolvendo rispetto a $h(\cdot)$ l'equazione (D.9), si verifica facilmente che una parametrizzazione che stabilizza la varianza è

$$\psi(\theta) = c\int_{\theta_0}^{\theta}\sigma(t)^{-1}\,dt\,.$$

Nella Tabella D.1 si riportano alcuni esempi di trasformazioni che stabilizzano la varianza. Holland (1973) ha mostrato che stabilizzare la varianza, ossia rendere la matrice di covarianza proporzionale alla matrice identità, non è possibile nel caso multivariato.

Appendice E: Funzioni generatrici dei momenti e dei cumulanti

La funzione generatrice dei momenti di una variabile casuale univariata Y, indicata con $M_Y(t)$, è definita come

$$M_Y(t) = E(e^{tY}) .$$

Qualunque sia la distribuzione di Y, si ha ovviamente $M_Y(0) = 1$. Per $t \neq 0$, il valore $M_Y(t)$ può non essere finito se il supporto di Y è illimitato. Se $M_Y(t) < +\infty$ per ogni $t \in (-\varepsilon, +\varepsilon)$, dove $\varepsilon > 0$, si dice che Y ha funzione generatrice dei momenti propria. Quando $M_Y(t)$ è propria, i momenti di Y di ogni ordine r, $r = 1, 2, \ldots$, $E(Y^r)$, sono finiti e possono essere calcolati tramite la formula

$$E(Y^r) = \frac{d^r}{dt^r} M_Y(t)\Big|_{t=0} .$$

Le variabili casuali con funzione generatrice dei momenti propria sono caratterizzate da $M_Y(t)$. Si dimostra infatti che variabili casuali con la medesima funzione generatrice dei momenti propria hanno necessariamente la stessa funzione di ripartizione, e quindi identica legge di probabilità.

Per calcolare in particolare $E(Y)$ e $Var(Y)$ è spesso più semplice considerare $K_Y(t) = \log M_Y(t)$, detta funzione generatrice dei cumulanti. Il generico cumulante r-esimo, $r = 1, 2, \ldots$, di Y è definito da

$$\kappa_r(Y) = \frac{d^r}{dt^r} K_Y(t)\Big|_{t=0} .$$

Come è facile verificare,

$$\kappa_1(Y) = \frac{d}{dt} K_Y(t)\Big|_{t=0} = E(Y) , \qquad \kappa_2(Y) = \frac{d^2}{dt^2} K_Y(t)\Big|_{t=0} = Var(Y) .$$

Inoltre, il terzo cumulante coincide con il momento terzo centrale

$$\kappa_3(Y) = \frac{d^3}{dt^3} K_Y(t)\Big|_{t=0} = E\left\{(Y - E(Y))^3\right\}$$

ed è pari a zero per una distribuzione simmetrica. Il quarto cumulante coincide con il momento quarto centrale meno tre volte il quadrato della varianza

$$\kappa_4(Y) = \frac{d^4}{dt^4} K_Y(t)\Big|_{t=0} = E\left\{(Y - E(Y))^4\right\} - 3\{Var\,(Y)\}^2$$

ed è pari a zero per una distribuzione normale o che ha la stessa curtosi della distribuzione normale.

Appendice F: Codice R per l'Esempio 2.9

```
set.seed(123)
Nsim <- 10^4  # numero di campioni simulati
beta.vero <- coef(aids.glm)
X <- model.matrix(aids.glm)
mu.vero <- exp(X %*% beta.vero)
n <- length(mu.vero)

stime.sim <- se.sim <- matrix(NA,ncol = Nsim,
                              nrow = length(coef(aids.glm)))
for (i in 1:Nsim)
{
  ystar <- rpois(n, mu.vero) # y simulato
  mod <- glm(ystar ~ aids$tempo, family = poisson)
  stime.sim[, i] <- coef(mod)
  se.sim[, i] <- summary(mod)$coef[, 2]
}

# statistiche di Wald
z.sim <- (stime.sim - coef(aids.glm)) / se.sim
# copertura empirica intervalli alla Wald
cop95 <- apply(z.sim, 1, function(x) mean(abs(x) < qnorm(0.975)))
# medie delle stime
medie <- rowMeans(stime.sim)
# deviazione standard delle stime
sd <- apply(stime.sim, 1, sd)
# medie degli standard error stimati
se.medio <- apply(se.sim, 1, mean)

# risultati
out <- cbind(beta.vero, medie, sd, se.medio, cop95)
out
```

Appendice G: Equivalenza tra residui di Pearson e di devianza

Con la notazione del paragrafo 2.4, si consideri lo sviluppo di Taylor del generico residuo di devianza $D_i = D_i(y_i; \hat{\mu}_i)$, come funzione di y_i, attorno a $\hat{\mu}_i$,

$$D_i(y_i; \hat{\mu}_i) = D_i(\hat{\mu}_i; \hat{\mu}_i) + (y_i - \hat{\mu}_i) D_i' + \frac{1}{2}(y_i - \hat{\mu}_i)^2 D_i'' + \ldots ,$$

dove si sono indicate con D_i' e D_i'' le derivate prima e seconda di $D_i(y_i; \hat{\mu}_i)$ rispetto a y_i, valutate in $y_i = \hat{\mu}_i$. I termini trascurati sono dell'ordine di $(y_i - \hat{\mu}_i)^3$.

Risulta $D_i(\hat{\mu}_i; \hat{\mu}_i) = 0$. Inoltre,

$$\frac{\partial D_i(y_i; \hat{\mu}_i)}{\partial y_i} = 2\omega_i \left\{ \theta(y_i) - \theta(\hat{\mu}_i) + y_i \theta'(y_i) - b'(\theta(y_i))\theta'(y_i) \right\} ,$$

che, calcolata in $y_i = \hat{\mu}_i$, dà

$$\left. \frac{\partial D_i(y_i; \hat{\mu}_i)}{\partial y_i} \right|_{y_i = \hat{\mu}_i} = 2\omega_i \left\{ \theta(\hat{\mu}_i) - \theta(\hat{\mu}_i) + \hat{\mu}_i \theta'(\hat{\mu}_i) - b'(\theta(\hat{\mu}_i))\theta'(\hat{\mu}_i) \right\} ,$$

e risulta pari a zero poiché $b'(\theta(\hat{\mu}_i)) = \hat{\mu}_i$.

Si consideri quindi la derivata seconda

$$\begin{aligned} \frac{\partial^2 D_i(y_i; \hat{\mu}_i)}{\partial y_i^2} = 2\omega_i \big\{ & \theta'(y_i) + \theta'(y_i) + y_i \theta''(y_i) \\ & - b''(\theta(y_i))[\theta'(y_i)]^2 - b'(\theta(y_i))\theta''(y_i) \big\} , \end{aligned}$$

che, calcolata in $y_i = \hat{\mu}_i$, ricordando che $\theta'(\mu_i) = 1/v(\mu_i)$, dà

$$\begin{aligned} \left. \frac{\partial^2 D_i(y_i; \hat{\mu}_i)}{\partial y_i^2} \right|_{y_i = \hat{\mu}_i} &= 2\omega_i \left\{ 2/v(\hat{\mu}_i) + \hat{\mu}_i \theta''(\hat{\mu}_i) - v(\hat{\mu}_i)/v(\hat{\mu}_i)^2 - \hat{\mu}_i \theta''(\hat{\mu}_i) \right\} \\ &= 2\omega_i \frac{1}{v(\hat{\mu}_i)} . \end{aligned}$$

Si ha quindi, per y_i prossimo a $\hat{\mu}_i$,

$$D_i(y_i;\hat{\mu}_i) \doteq \frac{1}{2}(y_i - \hat{\mu}_i)^2 2\omega_i / v(\hat{\mu}_i) = \omega_i \frac{(y_i - \hat{\mu}_i)^2}{v(\hat{\mu}_i)} . \tag{G.1}$$

Come conseguenza, si ha pure, per y_i prossimo a $\hat{\mu}_i$,

$$r_i^D = \text{sgn}(y_i - \hat{\mu}_i)\sqrt{D_i(y_i;\hat{\mu}_i)} \doteq \frac{y_i - \hat{\mu}_i}{\sqrt{v(\hat{\mu}_i)/\omega_i}} = r_i^P .$$

Dalla (G.1), si ottiene infine l'equivalenza tra la devianza (residua) e la statistica di Pearson, X^2, per $y_i \doteq \hat{\mu}_i$, $i = 1, \ldots, n$,

$$D(y;\hat{\mu}) = \sum_{i=1}^{n} D_i(y_i;\hat{\mu}_i) \doteq \sum_{i=1}^{n} \omega_i \frac{(y_i - \hat{\mu}_i)^2}{v(\hat{\mu}_i)} = X^2 .$$

Appendice H: Modelli per la sovradispersione: schema

Tabella H.1 Modelli per dati binari raggruppati e di conteggio con sovradispersione, varianza della risposta e funzione R per l'adattamento; BB beta-binomiale, QL quasi-verosimiglianza, NB binomiale negativa traslata, ZIP Poisson con inflazione di zeri, ZINB binomiale negativa con inflazione di zeri

Modelli per	$Var(Y_i)$	Funzioni R
dati binari		paragrafo 6.4.2
BB	$\frac{\mu_i(1-\mu_i)}{m_i}\{1+\rho(m_i-1)\}$	libreria `VGAM` funzione `vglm`
QL	$\frac{\mu_i(1-\mu_i)}{m_i}\phi$ (o altra)	funzione `glm` `family=quasi(link="",variance="")` o `quasibinomial`
QL	$\frac{\mu_i(1-\mu_i)}{m_i}\{1+\rho(m_i-1)\}$	libreria `aod` funzione `quasibin`
dati di conteggio		paragrafi 5.7.4, 5.7.5 e 6.4.1
NB	$\mu_i(1+\mu_i/\kappa)$	libreria `MASS` funzione `glm.nb` (`Theta=`κ)
ZIP	$\phi_i\mu_i\{1+\mu_i(1-\phi_i)\}$	libreria `pscl` funzione `zeroinfl`
ZINB	$\phi_i\mu_i\{1+\mu_i/\kappa+\mu_i(1-\phi_i)\}$	libreria `pscl` funzione `zeroinfl` con `dist="negbin"`
QL	$\mu_i\phi$ (o altra)	funzione `glm` `family=quasi(link="",variance="")` o `quasipoisson`

Bibliografia

Agresti, A. (2010). *Analysis of Ordinal Categorical Data*, 2nd ed. Wiley, New York.

Agresti, A. (2013). *Categorical Data Analysis*, 3rd ed. Wiley, New York.

Agresti, A. (2015). *Foundations of Linear and Generalized Linear Models*. Wiley, Hoboken.

Akaike, H. (1973) Information theory and an extension of the maximum likelihood principle. In *Second International Symposium on Information Theory*, B.N. Petrov and F. Caski (Eds.), pp. 267–281. Akadémiai Kiadó, Budapest. Reprinted in *Breakthroughs in Statistics*, volume 1, S. Kotz and N.L. Johnson (Eds.), pp. 610–624. Springer, New York.

Aldrich, J. (2005). Fisher and regression. *Statistical Science*, **20**, 401–417.

Anscombe, F.J. (1948). The transformation of Poisson, binomial and negative binomial data. *Biometrika*, **35**, 246–254.

Ashford, J.R. (1959). An approach to the analysis of data for semi-quantal responses in biological assay. *Biometrics*, **15**, 573–581.

Azzalini, A. (2001). *Inferenza Statistica. Una Presentazione basata sul Concetto di Verosimiglianza*, seconda ed. Springer Verlag, Milano.

Bartlett, M.S. (1935). Contingency table interactions. *Supplement to the Journal of the Royal Statistical Society*, **2**, 248–252.

Bartlett, M.S. (1936). The square root transformation in analysis of variance. *Supplement to the Journal of the Royal Statistical Society*, **3**, 68–78.

Bates, D.M., Maechler, M., Bolker, B. e Walker, S. (2015). Fitting linear mixed-effects models using lme4. *Journal of Statistical Software*, **67**, 1–48.

Bates, D.M. e Watts, D.G. (1988). *Nonlinear Regression Analysis and its Applications*. Wiley, New York.

Berkson, J. (1944). Application of the logistic function to bio-assay. *Journal of the American Statistical Association*, **39**, 357–365.

Birch, M.W. (1963). Maximum likelihood in three-way contingency tables. *Journal of the Royal Statistical Society* B, **25**, 220–233.

Bishop, Y.M.M., Fienberg, S.E. e Holland, P.W. (1975). *Discrete Multivariate Analysis: Theory and Practice*. MIT, Cambridge, MA.

Bliss, C.I. (1935). The calculation of the dosage-mortality curve. *Annals of Applied Biology*, **22**, 134–167.

Brazzale, A.R. (2005). `hoa`: An R package bundle for higher order likelihood inference. *R-News*, **5/1**, 20–27.

Brazzale, A.R., Davison, A.C. e Reid, N. (2007). *Applied Asymptotics: Case Studies in Small-Sample Statistics*. Cambridge University Press, Cambridge.

Breslow, N.E. (1984). Extra Poisson variation in log-linear models. *Applied Statistics*, **33**, 38–44.

Breslow, N.E. e Clayton, D.G. (1993). Approximate inference in generalized linear mixed models. *Journal of the American Statistical Association*, **88**, 9–25.

Breslow, N.E. e Day, N.E. (1980). *Statistical Methods in Cancer Research.* **1**: *The Analysis of Case-Control Studies*. I.A.R.C., Lyon.

Bretz, F., Hothorn, T. e Westfall, P. (2010). *Multiple Comparisons Using R.* CRC Press, Boca Raton.

Brown, B.W. e Hollander, M. (1977). *Statistics: A Biomedical Introduction.* Wiley, New York.

Buja, A., Berk, R., Brown, L., George, E., Pitkin, E., Traskin, M., Zhao, L. e Zhang, K. (2019). Models as approximations I: Consequences illustrated with linear regression. *Statistical Science*, **34**, 523–544.

Burnham, K.P. e Anderson, D.R. (2002). *Model Selection and Multimodel Inference: A Practical Information Theoretic Approach*, 2nd ed. Springer, New York.

Cameron, A.C. e Trivedi, P.K. (2013). *Regression Analysis of Count Data*, 2nd ed. Cambridge University Press, Cambridge.

Canty, A. e Ripley, B.D. (2019). *boot: Bootstrap R (S-plus) Functions*. R package version 1.3–24.

Carey, V.J. (2019). *gee: Generalized Estimation Equation Solver*. R package version 4.13–20. Ported from S-Plus to R by Thomas Lumley and Brian Ripley, https://CRAN.R-project.org/package=gee

Christensen, R.H.B. (2019). *ordinal–Regression Models for Ordinal Data* R package version 2019.12–10, http://CRAN.R-project.org/package=ordinal

Cox, D.R. (1972). Regression models and life tables (with discussion). *Journal of the Royal Statistical Society* B, **34**, 187–220.

Cox, D.R. e Snell, E.J. (1989). *Analysis of Binary Data*, 2nd ed. Chapman & Hall/CRC, London.

Cox, D.R. e Wermuth, N. (1996). *Multivariate Dependencies: Models, Analysis and Interpretation*, Chapman & Hall, London.

Daniel, W.W. (1999). *Biostatistics: A Foundation for Analysis in the Health Sciences*. Wiley, New York.

Darroch, J.N., Lauritzen, S.L. e Speed, T.P. (1980). Markov fields and log-linear interaction models for contingency tables. *The Annals of Statistics*, **8**, 522–539.

Davison, A.C. (1988). Approximate conditional inference in generalized linear models. *Journal of the Royal Statistical Society* B, **50**, 445–461.

Davison, A.C. (2003). *Statistical Models*. Cambridge University Press, Cambridge.

Davison, A.C. e Hinkley, D.V. (1997). *Bootstrap Methods and their Application*. Cambridge University Press, Cambridge.

Diggle, P.J. (1997). Introduction to paper by K.Y. Liang e S.L.M. Zeger. In *Breakthroughs in Statistics: Volume III*, S. Kotz and N. Johnson (Eds.), pp. 463–469. Springer, New York.

Diggle, P.J., Heagerty, P., Liang, K.-Y. e Zeger, S.L. (2002). *Analysis of Longitudinal Data*. Oxford University Press, Oxford.

Dobson, A.J. (1990). *An Introduction to Generalized Linear Models*. CRC Press, London.

Dobson, A.J. e Barnett A. (2008). *An Introduction to Generalized Linear Models*, 3rd ed. CRC Press, Boca Raton.

Draper, N.R. e Smith, H. (1998). *Applied Regression Analysis*, 3rd ed. Wiley, New York.

Dunn, K.P. e Smyth, G.K. (1996). Randomized quantile residuals. *Journal of Computational and Graphical Statistics*, **5**, 236–244.

Dunn, K.P. e Smyth, G.K. (2018). *Generalized Linear Models with Examples in R*. Springer, New York.

Durrett, R. (1999). *Essentials of Stochastic Processes*. Springer-Verlag, New York.

Efron, B. e Hastie, T. (2016). *Computer Age Statistical Inference*. Cambridge University Press, Cambridge.

Fahrmeir, L. e Tutz, G. (2001). *Multivariate Statistical Modelling Based on Generalized Linear Models*, 2nd ed. Springer, New York.

Fienberg, S.E. (1992a). A brief history of statistics in three and one-half chapters: A review essay. *Statistical Science*, **7**, 208–225.

Fienberg, S.E. (1992b). Introduction to paper by M.W. Birch. In *Breakthroughs in Statistics: Volume II, Methodology and Distribution*, S. Kotz and N. Johnson (Eds.), pp. 453–461. Springer, New York.

Fienberg, S.E. e Rinaldo, A. (2007). Three centuries of categorical data analysis: Log-linear models and maximum likelihood estimation. *Journal of Statistical Planning and Inference*, **137**, 3430–3445.

Finney, D.J. (1947). *Probit Analysis*. Cambridge University Press, Cambridge.

Firth, D. (1993). Bias reduction of maximum likelihood estimates. *Biometrika*, **80**, 27–38.

Fisher, R.A. (1921). On the 'probable error' of a coefficient of correlation deduced from a small sample. *Metron*, **1**, 3–32.

Fisher, R.A. (1922). On the mathematical foundations of theoretical statistics. *Philosophical Transactions of the Royal Society* A, **222**, 309–368.

Fitzmaurice G.M., Davidian M., Verbeke G. e Molenberghs, G. (Eds.) (2008). *Longitudinal Data Analysis*. CRC Press, Boca Raton.

Fitzmaurice, G.M. e Laird, N.M. (1993). A likelihood-based method for analyzing longitudinal binary responses. *Biometrika*, **80**, 141–151.

Fitzmaurice, G.M., Laird, N.M. e Rotnitzky, A.G. (1993). Regression models for discrete longitudinal responses. *Statistical Science*, **8**, 284–299.

Gelman, A. e Hill, J. (2007). *Data Analysis Using Regression and Multilevel/Hierarchical Models*. Cambridge University Press, Cambridge.

Genz, A., Bretz, F., Miwa, T., Mi, X., Leisch, F., Scheipl, F. e Hothorn, T. (2020). *mvtnorm: Multivariate Normal and t distributions*. R package version 1.1–0, https://CRAN.R-project.org/package=mvtnorm

Godambe, V.P. (Ed.) (1991). *Estimating Functions*. Clarendon Press, Oxford.

Green, P.J. e Silverman, B. (1993). *Nonparametric Regression and Generalized Linear Models*. Chapman & Hall, London.

Greene, W.H. (2011). *Econometric Analysis*, 7th ed. Prentice Hall, Upper Saddle River.

Grigoletto, F., Pauli, F. e Ventura, L. (2016). *Modello Lineare - Teoria e Applicazioni con R*. Giappichelli, Torino.

Guillén, M. (2014). Regression with categorical dependent variables. In *Predictive Modeling Applications in Actuarial Science - Volume I: Predictive Modeling Techniques*, E.W. Frees, R.A. Derrig and G. Meyers (Eds.) pp. 65–86. Cambridge University Press, Cambridge.

Haberman, S.J. (1978). *Analysis of Qualitative Data*. Vol. I. *Introductory Topics*. Academic Press, New York.

Halekoh, U., Højsgaard, S. e Yan, J. (2005). The R package geepack for generalized estimating equations. *Journal of Statistical Software*, **15**, 1–11.

Hand, D.J., Daly, F., Lunn, A.D., McConway, K.J. e Ostrowski, E. (1994). *Small Data Sets*. Chapman & Hall/CRC, London.

Hanley, J.A. e McNeil, B.J. (1982). The meaning and use of the area under a receiving operating characteristic (ROC) curve. *Radiology*, **143**, 29–36.

Hastie, T.J. e Tibshirani, R.J. (1990). *Generalized Additive Models*. Chapman & Hall/CRC, London.

Hauck, W.W. e Donner, A. (1977). Wald's test as applied to hypotheses in logit analysis. *Journal of the American Statistical Association*, **72**, 851–853.

Henderson, C.R. (1975). Best linear unbiased estimation and prediction under a selection model. *Biometrics*, **31**, 423–447.

Heyde, C.C. (1997). *Quasi-Likelihood and its Applications*. Springer, New York.

Hilbe, J.M. (2011). *Negative Binomial Regression*, 2nd ed. Cambridge University Press, Cambridge.

Hirji, K.F. (2006). *Exact Analysis of Discrete Data*. Chapman & Hall/CRC, Boca Raton.

Holland, P.W. (1973). Covariance stabilizing transformations. *The Annals of Statistics*, **1**, 84–92.

Hotelling, H. (1931). The generalization of Student's ratio. *The Annals Mathematical Statistics*, **2**, 360–378.

Hothorn, T., Bretz, F. e Westfall, P. (2008). Simultaneous inference in general parametric models. *Biometrical Journal*, **50**, 346–363.

Jackman, S. (2017). *pscl: Classes and Methods for R Developed in the Political Science Computational Laboratory.* United States Studies Center, University of Sydney, Sydney. R package version 1.5.2, https://github.com/atahk/pscl/

Johnson, R.A. e Wichern, D.W. (2007). *Applied Multivariate Statistical Analysis*, 6th ed. Prentice Hall, NJ.

Jørgensen, B. (1987). Exponential dispersion models. *Journal of the Royal Statistical Society* B, **49**, 127–162.

Jørgensen, B. (1997). *The Theory of Dispersion Models*. Chapman & Hall, London.

Kateri, M. (2014). *Contingency Table Analysis. Methods and Implementation Using R.* Birkhäuser/Springer, New York.

Kosmidis, I. (2019). *brglm2: Bias Reduction in Generalized Linear Models. R package version 0.5.1*, https://CRAN.R-project.org/package=brglm2

Kosmidis, I., Kenne Pagui, E.C. e Sartori, N. (2020). Mean and median bias reduction in generalized linear models. *Statistics and Computing*, **30**, 43–59.

Lang, J.B. e Agresti, A. (1994). Simultaneously modeling joint and marginal distributions of multivariate categorical responses. *Journal of the American Statistical Association*, **89**, 625–632.

Lehmann, E.L. (1986). *Testing Statistical Hypotheses*, 2nd ed. Wiley, New York.

Lesnoff, M. e Lancelot, R. (2012). *aod: Analysis of Overdispersed Data.* R package version 1.3.1, http://cran.r-project.org/package=aod

Liang, K.Y. e Zeger, S.L. (1986). Longitudinal data analysis using generalized linear models. *Biometrika*, **73**, 13–22.

Liang, K.Y. e Zeger, S.L. (1995). Inference based on estimating functions in the presence of nuisance parameters. *Statistical Science*, **10**, 158–173.

Little, R.J.A. e Rubin, D.B. (2002). *Statistical Analysis with Missing Data*, 2nd ed. Wiley, New York.

Liu, I. e Agresti, A. (2005). The analysis of ordered categorical data: An overview and a survey of recent developments. *Test*, **14**, 1–73.

Long, J.S. (1990). The origins of sex differences in science. *Social Forces*, **68**, 1297–1316.

Lumley, T. (2013). *biglm: bounded memory linear and generalized linear models. R package version 0.9–1*, https://CRAN.R-project.org/package=biglm

Mackisack, M. (2017). What is the use of experiments conducted by Statistics students? *Journal of Statistics Education*, **2**, 12–15.

Madsen, H. e Thyregod, P. (2010). *Introduction to General and Generalized Linear Models*. CRC Press, Boca Raton.

Madsen, M. (1976). Statistical analysis of multiple contingency tables - Two examples. *Scandinavian Journal of Statistics*, **3**, 97–106.

Maindonald, J. e Braun, W.J. (2010). *Data Analysis and Graphics Using R – An Example-Based Approach*, 3rd ed. Cambridge University Press, Cambridge.

McCullagh, P. (1980). Regression models for ordinal variables. *Journal of the Royal Statistical Society* B, **42**, 109–142.

McCullagh, P. (1983). Quasi-likelihood functions. *The Annals of Statistics*, **11**, 59–67.

McCullagh, P. (1991). Quasi-likelihood and estimating functions. In *Statistical Theory and Modelling*, D.V. Hinkley, N. Reid e E.J. Snell (Eds.), pp. 265–286. Chapman & Hall, London.

McCullagh, P. e Nelder, J.A. (1989). *Generalized Linear Models*, 2nd ed. Chapman & Hall/CRC, London.

McCulloch, C.E., Searle, S.R. e Neuhaus, J.M. (2008). *Generalized, Linear, and Mixed Models*, 2nd ed. Wiley, New York.

McFadden, D. (1974). Conditional logit analysis of qualitative choice behavior. In *Frontiers in Econometrics*, P. Zarembka (Ed.), pp. 105–142. Academic Press, New York.

Molenberghs, G. e Verbeke, G. (2005). *Models for Discrete Longitudinal Data.* Springer, New York.

Moore, D.F. e Tsiatis, A. (1991). Robust estimation of the variance in moment methods for extra-binomial and extra-Poisson variation. *Biometrics*, **47**, 383–401.

Nelder, J.A. e Wedderburn, R.W.M. (1972). Generalized linear models. *Journal of the Royal Statistical Society* A, **135**, 370–384.

Pace, L. e Salvan, A. (1996). *Teoria della Statistica: Metodi, Modelli, Approssimazioni Asintotiche*. Cedam, Padova.

Pace, L. e Salvan, A. (2001). *Introduzione alla Statistica - II. Inferenza, Verosimiglianza, Modelli*. Cedam, Padova.

Pearl, J., Glymour, M. e Jewell, N.P. (2016). *Causal Inference in Statistics: A Primer*. Wiley, Chichester.

Pearson, K. (1900). On the criterion that a given system of deviations from the probable in the case of a correlated system of variables is such that it can be reasonably supposed to have arisen from random sampling. *Philosophical Magazine, 5th Series*, **50**, 157–175.

Pinheiro, J.C. e Bates, D.M. (2000). *Mixed Effects Models in S and S-PLUS*. Springer, New York.

Pinheiro, J.C., Bates, D.M., DebRoy, S., Sarkar, D. e R Core Team (2020). *nlme: Linear and Nonlinear Mixed Effects Models*. R package version 3.1–144, https://CRAN.R-project.org/package=nlme

Potthoff, R.F. e Roy, S.N. (1964). A generalized multivariate analysis of variance model useful especially for growth curve problems. *Biometrika*, **51**, 313–326.

Pregibon, D. (1980). Goodness of link tests for generalized linear models. *Applied Statistics*, **29**, 15–24.

R Core Team (2019). *R: A Language and Environment for Statistical Computing*. R Foundation for Statistical Computing, Vienna, Austria. URL https://www.R-project.org/

Rao, C.R. (1973). *Linear Statistical Inference and its Applications*, 2nd ed. Wiley, New York.

Rao, C.R. e Chakravarti, I.M. (1956). Some small sample tests of significance for a Poisson distribution. *Biometrics*, **12**, 264–282.

Robin, X., Turck, N., Hainard, A., Tiberti, N., Lisacek, F., Sanchez, J. e Müller, M. (2011). pROC: an open-source package for R and S+ to analyze and compare ROC curves. *BMC Bioinformatics*, **12**, 77.

Robinson, G.K. (1991). That BLUP is a good thing: the estimation of random effects. *Statistical Science*, **6**, 15–32.

Roverato, A. (2017). *Graphical Models for Categorical Data*. Cambridge University Press, Cambridge.

Sarkar, D. (2008). *Lattice: Multivariate Data Visualization with R*. Springer, New York.

Searle, S.R. (1971). *Linear Models*. Wiley, New York.

Searle, S.R., Casella, G. e McCulloch, C.E. (1992). *Variance Components*. Wiley, New York.

Seiden, P., Kappel, D. e Streibig, J.C. (1998). Response of *Brassica napus L.* tissue culture to metsulfuron methyl and chlorsulfuron. *Weed Research*, **38**, 221–228.

Senn, S. (2003). A Conversation with John Nelder. *Statistical Science*, **18**, 118–131.

Silvey, S.D. (1975). *Statistical Inference*. Chapman & Hall, London.

Simonoff, J.S. (1996). *Smoothing Methods in Statistics*. Springer, New York.

Song, P.X.-K. (2007). *Correlated Data Analysis: Modeling, Analytics and Applications*. Springer, New York.

Stevenson, J.C., Stresman, G.H., Gitonga, C.W., Gillig, J., Owaga, C., Marube, E., Odongo, W., Okoth, A., China, P., Oriango, R. e Brooker, S.J. (2013). Reliability of school surveys in estimating geographic variation in malaria transmission in the western Kenyan highlands. *PLoS One*, **8**, e77641.

Stigler, S.M. (1981). Gauss and the invention of least squares. *The Annals of Statistics*, **9**, 465–474.

Taylor, J. e Tibshirani, R.J. (2015). Statistical learning and selective inference. *Proceedings of the National Academy of Sciences*, **112**, 7629–7634.

Thisted, R.A. (1988). *Elements of Statistical Computing*. Chapman & Hall/CRC, Boca Raton.

Tukey, J.W. (1977). *Exploratory Data Analysis*. Addison-Wesley, Reading, MA.

Venables, W.N. e Ripley, B.D. (2002). *Modern Applied Statistics with S*, 4th ed. Springer, New York.

Wang, X., Roy, V. e Zhu, Z. (2018). A new algorithm to estimate monotone nonparametric link functions and a comparison with parametric approach. *Statistics and Computing*, **28**, 1083–1094.

Wedderburn, R.W.M. (1974). Quasi-likelihood functions, generalized linear models, and the Gauss-Newton method. *Biometrika*, **61**, 439–447.

White, H. (2001). *Asymptotic Theory for Econometricians*. Academic Press, San Diego.

Williams, D.A. (1982). Extra-binomial variation in logistic linear models. *Applied Statistics*, **31**, 144–148.

Wood, S.N. (2017). *Generalized Additive Models: An Introduction with R*, 2nd ed. CRC Press, Boca Raton.

Xie, Y. (2015). *Dynamic Documents with R and knitr*, 2nd ed. CRC Press, Boca Raton.

Yee, T.W. (2015). *Vector Generalized Linear and Additive Models – With an Implementation in R*. Springer, New York.

Yee, T.W. (2020). On the Hauck-Donner effect in Wald tests: Detection, tipping points, and parameter space characterization. *arXiv preprint arXiv:2001.08431*.

Zeileis, A., Kleiber, C. e Jackman, S. (2008). Regression models for count data in R. *Journal of Statistical Software*, **27**, 1–25.

Zyskind, G. (1967). On canonical forms, non-negative covariance matrices and best and simple least squares linear estimators in linear models. *The Annals of Mathematical Statistics*, **38**, 1092–1109.

Indice analitico